教育部职业教育与成人教育司推荐教材
中等职业学校数控技术应用专业教学用书

Mastercam软件应用技术基础（第2版）

颜新宁　陈伟金　谢楚绒　编著
杨　晖　王　猛　葛金印　主审

電子工業出版社
Publishing House of Electronics Industry
北京 • BEIJING

内 容 简 介

本书采用项目训练法，通过10个精选的生产实例，深入浅出地介绍了Mastercam的基本命令，特别是该软件在数控机床的实际操作加工中的应用。本书中每一个加工实例的介绍，均按照产品或模具的实际生产的流程展开，从建立产品或模具的2D/3D模型、制定加工工艺、编制刀具路径、模拟加工过程、经后处理得到NC程序、填写加工程序单、操作数控机床加工，直到检验产品。本书思路清晰、步骤详尽、重点突出、内容易懂，使初学者能够根据本书的指导，从一开始就进入实际生产的环境，迅速掌握使用Mastercam软件顺利地设计和加工出产品来，培养初学者设计、编程、操作数控机床加工的能力。

本书既可以作为中职学校数控技术应用、模具设计等专业的教学用书，也可作为数控技术应用短期培训教材。

本书配有电子教学参考资料包（教学指南、电子教案、习题答案），详见前言。

图书在版编目（CIP）数据

Mastercam软件应用技术基础 / 颜新宁编著. —2版. 北京：电子工业出版社，2009.1
教育部职业教育与成人教育司推荐教材. 中等职业学校教学用书. 数控技术应用专业

ISBN 978-7-121-06626-9

I. M　Ⅱ.颜　Ⅲ.模具－计算机辅助设计－应用软件，Mastercam－专业学校－教材　Ⅳ.TG76-39

中国版本图书馆CIP数据核字（2008）第063135号

策划编辑：白　楠
责任编辑：李　影　张　凌
印　　刷：北京虎彩文化传播有限公司
装　　订：北京虎彩文化传播有限公司
出版发行：电子工业出版社
　　　　　北京市海淀区万寿路173信箱　邮编　100036
开　　本：787×1 092　1/16　印张：17　字数：505.6千字
版　　次：2005年6月第1版
　　　　　2009年1月第2版
印　　次：2025年2月第22次印刷
定　　价：28.00元

凡所购买电子工业出版社图书有缺损问题，请向购买书店调换。若书店售缺，请与本社发行部联系，联系及邮购电话：（010）88254888，88258888。

质量投诉请发邮件至zlts@phei.com.cn，盗版侵权举报请发邮件至dbqq@phei.com.cn。

本书咨询联系方式：（010）88254583，zling@phei.com.cn。

前　言

众所周知，Mastercam 软件由于具有强大的 CAD/CAM 功能，其装机量已名列前茅，无论在制造行业，还是在学校的教学科研中，都拥有广泛的用户群，成为最流行的 CAD/CAM 软件之一。然而，以往关于学习 Mastercam 软件的众多书籍，基本上是注重命令的介绍及对软件功能的解释，内容多且杂，使初学者抓不住重点，入门困难，更没有与数控机床操作加工有机地结合起来。因此，怎样深入浅出地介绍 Mastercam 软件的基础知识，如何将 Mastercam 软件的学习与实际加工操作相结合，培养数控技术应用专业领域技能型紧缺人才，提高其动手操作能力，是我们编写这本教材的初衷和要解决的问题。

本书抓住 Mastercam 软件的重点内容，取其精华部分，克服了过去那种学习完软件、熟悉了各种命令而不能实际综合应用的不足。在加工中解决出现的问题，促进与提高应用 Mastercam 软件的编程实战能力，高效率地掌握 Mastercam 软件的有关基础知识。

本书的编者都具有十多年的数控及模具生产实际经验，书中所列举的实例既有一般产品的设计与加工，又有模具前模、后模、铜电极的设计与加工。在项目的安排上本着由浅入深的原则，所有参数的设置均与实际生产相符合。书中所采用的实例，都在部分中等职业学校数控专业近几年的教学实践中得到应用。本书通过 10 个零件的设计与加工训练，除了让初学者学会并掌握 Mastercam 软件技术以外，还能掌握数控机床的加工实际操作技能。

本书在内容上注意难易搭配，充分考虑到不同地区的办学条件及教学要求，对于不具备生产加工条件的学校与培训机构在使用本书时，可以使用 Mastercam 软件的模拟加工功能。因此，本书既可以作为中职学校数控应用技术、模具设计等专业的教学用书，也可作为数控技术应用短期培训教材。

本书由颜新宁、陈伟金、谢楚缄编著，杨晖、王猛、葛金印主审。其中，陈伟金编写了第 11 章及第 14 章，并验证了所有项目的加工工艺，谢楚缄编写了第 13 章，其余各章均由颜新宁编写，全书由颜新宁统稿。在编写过程中，主审杨晖、王猛、葛金印给了我们热情的支持与指导，东莞理工学校及电子工业出版社给予了大力支持，在此一并表示衷心的感谢。

为了方便教学，本书还配有电子教学参考资料包（教学指南、电子教案及习题答案），免费提供给教学教师使用。请有此需要的教师登录华信教育资源网（http://www.hxedu.com.cn 或

http://www.huaxin.edu.cn)，或与电子工业出版社联系，E-mail:hxedu@phei.com.cn。

由于编者水平有限，书中缺点错误难免，恳请广大读者批评指正。

编　者

2008 年 10 月

目 录

第 1 章　Mastercam 的基础知识

本章主要介绍 Mastercam 软件的用途、启动方法、工作界面的组成、命令的输入方法、点的输入方法、档案的存取、常用快捷键、绘图前的设置等基础知识。

1.1　Mastercam 的用途

Mastercam 是美国 CNC Software 公司研制与开发的 CAD/CAM 系统，其装机量为世界第一，是可应用在 PC 平台的 CAD/CAM 软件。它包含了 Design、Lathe、Mill 和 Wire 4 大模块。其中，Design 模块用于零件的三维造型，Mill 模块用于铣削加工，Lathe 模块用于车削加工，Wire 模块用于线切割加工。本书仅对 Mastercam 9.1 套装软件中的 Mill 模块进行介绍，其中包含了三维造型（CAD）及铣削加工（CAM）功能。

Mastercam 是一个三维软件，用来表达零件的方法与二维的软件（如 AutoCAD）不同，不是通过投影的方法来表达，而是通过建立二维或三维的空间模型来表达。建立模型后，可以利用该模型来产生刀具路径，模拟刀具路径，验证加工过程，计算加工时间，经后处理后，产生 NC 数控程序，并可传送至数控机床。

1.2　Mastercam 的启动

Mastercam 系统的启动可采用下述两种方法。

① 双击桌面快捷图标。

② 依次单击开始→程序→Mastercam9.1→Mill 命令。

1.3　Mastercam 工作界面简介

Mastercam 的界面，分为标题栏、工具栏、主菜单区、辅助菜单区、绘图区、坐标轴图标、工作坐标系图标、光标位置坐标、单位、系统提示区等部分，如图 1-1 所示。

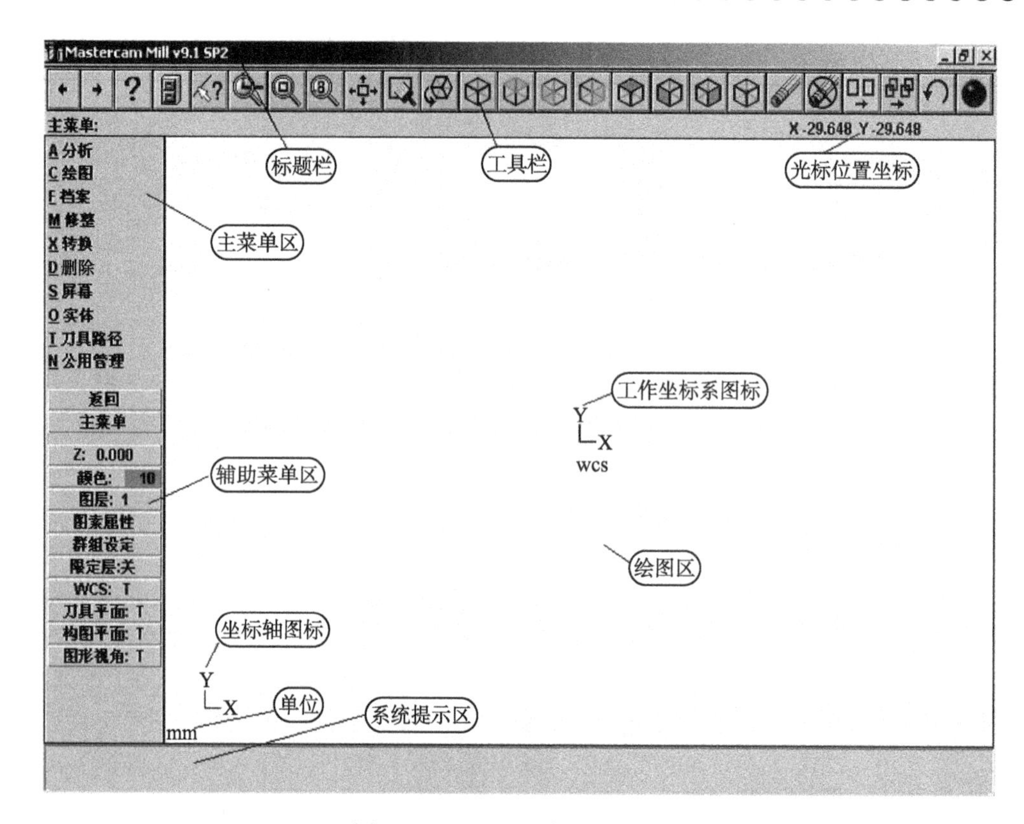

图 1-1　Mastercam 软件工作界面

1.4　命令的输入方法

Mastercam 命令的输入方法主要有：

① 用鼠标单击主菜单区中相应的命令项，如“C 绘图”。

② 用鼠标单击辅助菜单区或工具栏的命令按钮，如“ ”。

③ 用键盘输入主菜单表区中相应的命令项前面的字母，如“C 绘图”前的“C”。

④ 用键盘快捷键输入，如“Alt+S”组合键。

⑤ 用鼠标右键菜单选项。在绘图区单击鼠标右键，出现如图 1-2 所示菜单，单击相应的命令。

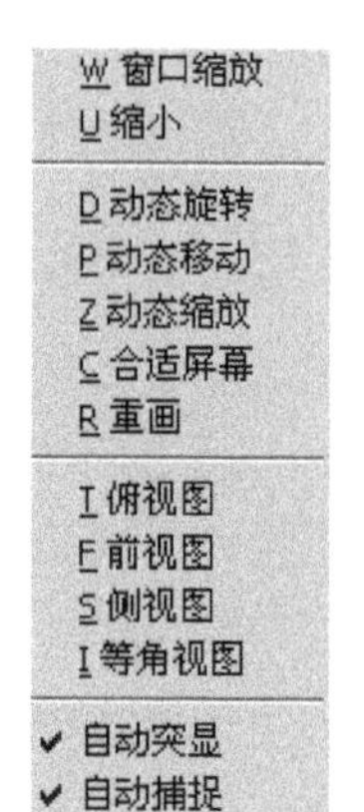

图 1-2　鼠标右键菜单

1.5　点的快速输入方法

通过键盘可以快速、精确地输入坐标点，如绘制一点，其（X，Y）坐标为（30，20），方法为：

① 按 F9 键，显示坐标轴。

② 单击绘图→点→指定位置→任意点命令，过程如图 1-3 所示。在提示区出现提示：画点：指定一点。

③ 通过键盘直接输入“**30，20**”，在提示区出现：请输入坐标值：30,20，回车或按鼠标左或右键，绘制好点（**30，20**），如图 1-4 所示。

④ 输入坐标时，也可从键盘输入“**X30Y20**”。注意：此处“X30”与“Y20”之间无逗号隔开，在提示区出现：请输入坐标值：X30Y20，回车，绘制好点（**30，20**）。结果同上。

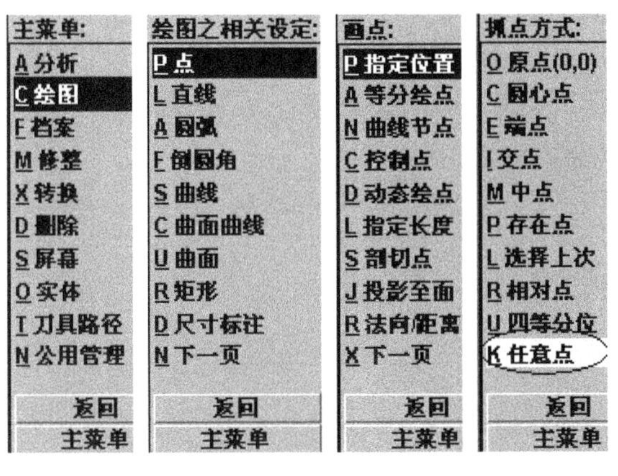

图 1-3　点绘制菜单

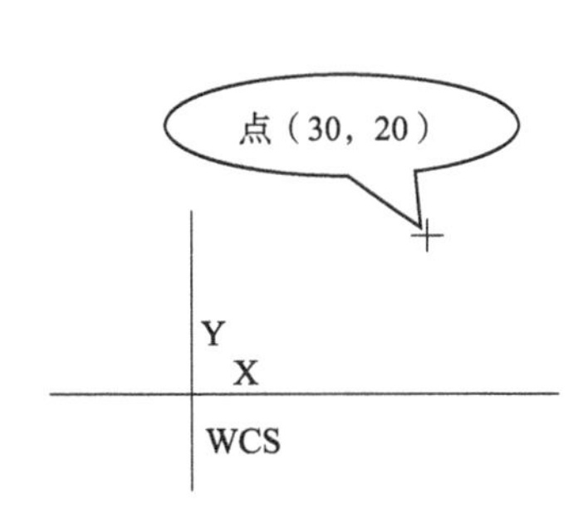

图 1-4　绘制点（30，20）

1.6　档案存储与取出

1. 档案存储

将 1.5 节所绘制的点存档，方法如下：

① 单击主菜单→档案→存档命令，过程如图 1-5 所示，出现如图 1-6 所示的对话框。

② 输入档案名称，如：“点”，存档格式选择为*.MC9，回车，档案已存储。

③ 也可用快捷键“Alt+A”，连续按两次回车，可快速自动存储文件。

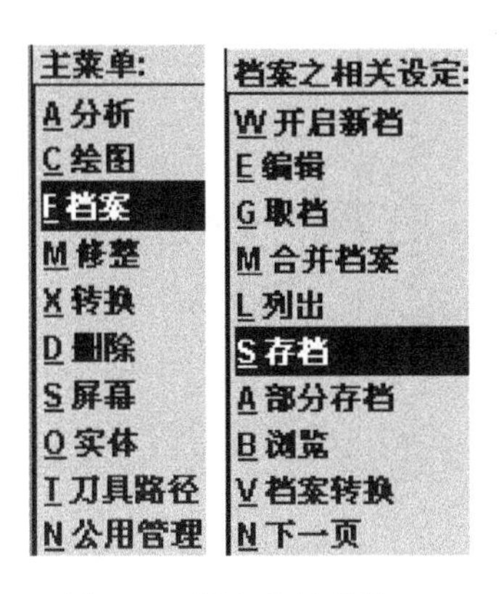

图 1-5　档案存储菜单

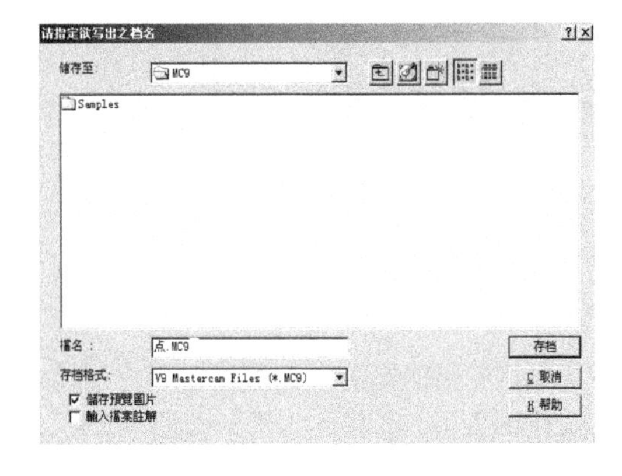

图 1-6　“档案存储”对话框

2. 档案打开

可以将已存档的档案取出，方法如下：

① 单击主菜单→档案→取档命令，过程参考图 1-5，出现如图 1-7 所示的对话框。

② 选定档案名称，如“点.MC9”，回车，可将档案开启。

3. 档案转换

Mastercam 软件的档案转换命令，可读取多种格式的文件，也可以将 Mastercam 文件写成多种格式的文件，可转换的常用格式有 Autodesk（AutoCAD）、IGES（国际通用格式）、Pro/E、Parasolid、ASCII、STEP、STL、VDA、SAT 及早期的 Mastercam 的文件格式等。例如，读取 AutoCAD 的文件可采用如下方法：

单击主菜单→档案→档案转换→Autodesk→读取命令，过程参考图 1-8，出现如图 1-9 所示的对话框。选取某一类型文件，如 T.DWG，单击打开按钮，可将文件打开。

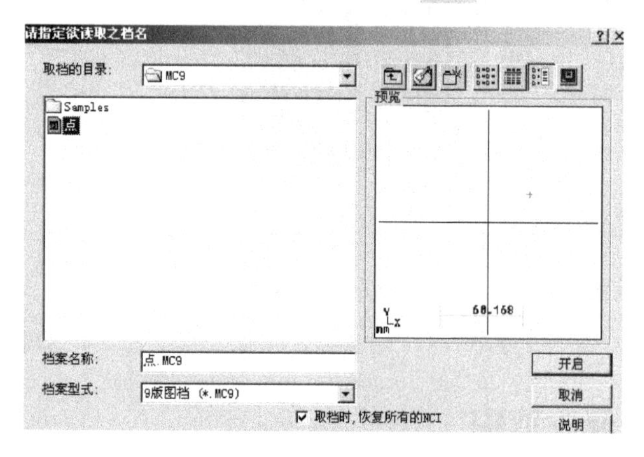

图 1-7　“档案开启”对话框

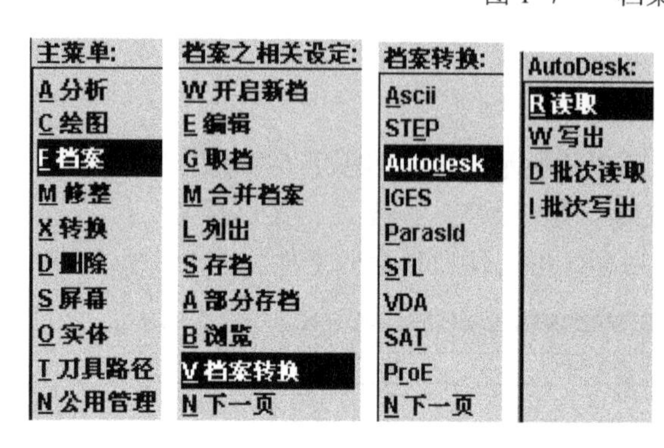

图 1-8　档案转换菜单

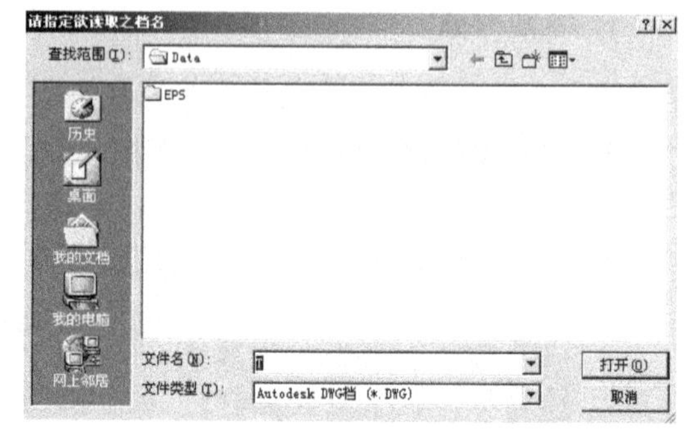

图 1-9　“请指定欲读取文档名”对话框

1.7　常用快捷键

设定快捷键的目的是为了能利用左手快速输入命令，以提高绘图速度。Mastercam 软件所使用的快捷键主要有：

F1　视窗放大，与工具栏中图标“”的功能相同。

F2　模型缩小为原来的 0.5，与工具栏中图标“”的功能相同。

Alt+F1　适度化，模型刚好充满整个屏幕，与工具栏中图标“”的功能相同。

Alt+F2　模型缩小为原来的 0.8，与工具栏中图标“”的功能相同。

F3　重画。

F9　显示当前坐标系统。

1.8　绘图前的设置

绘制图形之前，一般应做以下的设置：设置图形视角，设置构图平面、设置工作深度等。

1. 设置图形视角

图形视角表示目前在屏幕上观察图形的的角度。系统默认视角为俯视图（T）。

工具栏中用来改变视角的按钮有：视角_等角视图（I）、视角_俯视图（T）、视角_前视图（F）、视角_侧视图（S）、视角_动态旋转（D），按钮颜色为绿色。单击视角_动态旋转按钮，在绘图区选一点后，通过移动鼠标可以动态地改变当前的视角。

2. 设置构图平面

构图平面就是当前要使用的绘图平面，系统默认构图平面为俯视图（T）。设置构图平面之后，所绘制的图形就出现在该平面上。

工具栏中用来改变构图面的按钮有：构图面_俯视图（T）、构图面_前视图（F）、构图面_侧视图（S）、构图面_空间绘图（3D），按钮颜色为蓝色。

3. 设置工作深度

构图平面实际上只是确定绘图平面，在同一方向上，可以根据设计需要设置多个构图平面，而构图平面的位置由工作深度 Z 来确定。例如，设置了构图平面是“俯视平面（T）”，这时绘制的图形将出现在 XY 平面（Z=0）上。如果希望绘制的图形出现在 Z=−10 的平面上，则点选 Z：0.000，在提示区出现提示：请指定新的构图深度位置.，从键盘输入：−10，在提示区出现提示：请输入坐标值： -10，回车确认，设置工作深度为−10，如图 1−10 所示。

图 1−10　设置工作深度

练习 1

1.1 Mastercam 的主要用途是什么？

1.2 Mastercam 的工作界面可分为哪几个部分？

1.3 Mastercam 的命令输入的方法有哪些？

1.4 填空

工具栏中改变图形视角的按钮的颜色是________。按钮表示________，用字母_____表示；按钮表示________，用字母_____表示；按钮表示________，用字母_____表示；按钮表示________用字母_____表示；按钮表示_________。

工具栏中改变构图平面的按钮的颜色是________。按钮表示_________，用字母_____表示；按钮表示_________，用字母_____表示；按钮表示_________，用字母_____表示；按钮表示_________用字母_____表示。

第2章 铭牌外形的绘制

本章主要介绍直线的各种画法，尺寸的标注方法。

2.1 铭牌零件图

铭牌是一个台阶零件，其外形如图 2-1 所示，L1～L12 为各直线段的名称，表面粗糙度要求为 *Ra*6.3μm，材料为铝材。

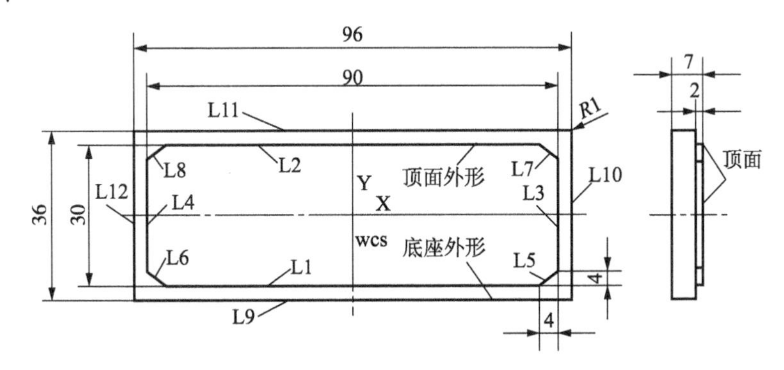

图 2-1 铭牌零件图

在 Mastercam 软件中，为了编制零件的应用 NC 加工程序，需要先建立该零件的模型。分析上述铭牌零件，只要建立如图 2-1 所示的主视图的二维外形模型，将顶面外形线框与底座外形线框画在不同的深度，就可以表达该台阶零件。根据二维外形模型，结合 *Z* 轴的深度（从工程图中获得），产生铭牌外形零件的二维加工刀具路径轨迹，经过后处理，产生 NC 加工程序，就可以在数控铣床或加工中心上加工出该零件。加工过程中，*XY* 方向两轴做进给运动，*Z* 轴不做进给运动。

本章介绍铭牌外形的绘制，第 3 章将介绍铭牌外形的加工编程。

2.2 绘图思路

分析如图 2-1 所示的主视图，主要由直线与倒圆角构成，可先将各直线画出，通过修剪、倒圆角的方法，完成二维模型的绘制，绘图思路如图 2-2 所示。

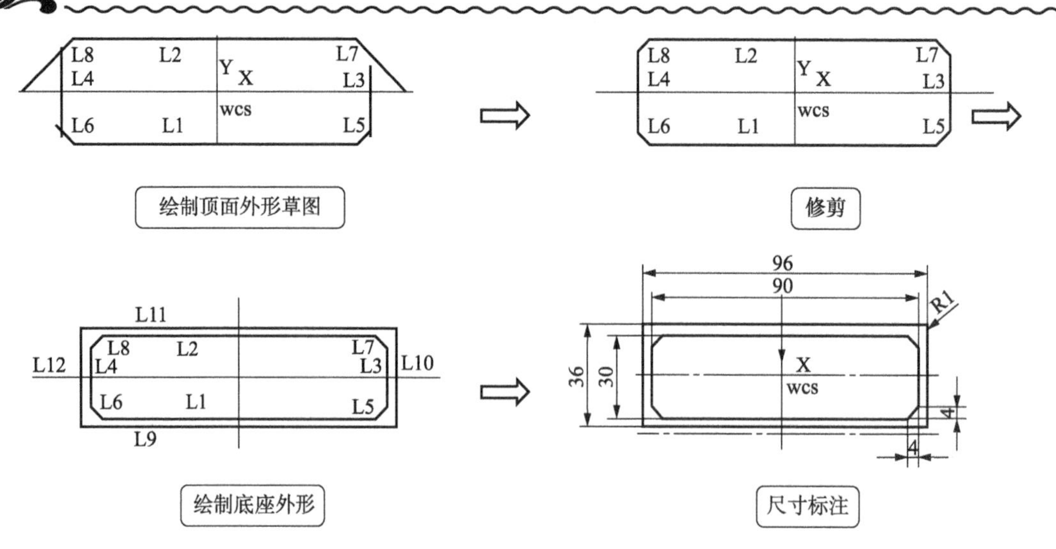

图 2-2　绘图思路

2.3　绘制顶面外形

如图 2-1 所示，铭牌的顶面外形线框全部由直线构成，下面分别介绍各种直线的画法。

2.3.1　绘制水平线

绘制如图 2-1 所示铭牌的顶面外形线框下面的一条水平线 L1，方法如下：

① 绘图前的设置。按 F9 键，出现十字交叉线，显示坐标轴及坐标原点。设置铭牌顶面的中心对称点为坐标原点。辅助菜单区的各项设置采用默认值，如图 2-3 所示。

② 单击主菜单→绘图→直线→水平线→任意点命令，过程如图 2-4 所示。显示为高亮度，为系统默认选项。

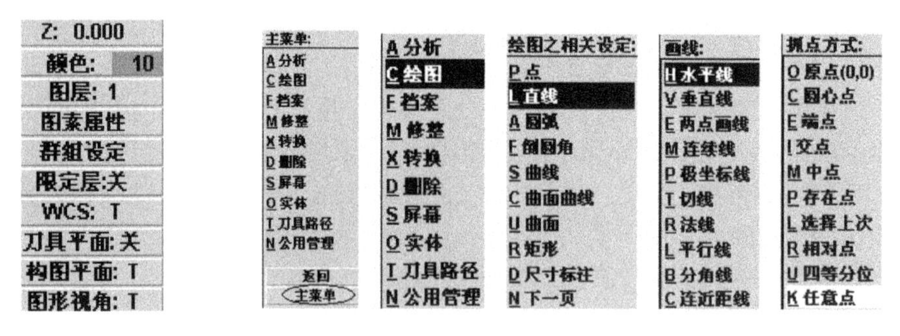

图 2-3　辅助菜单　　　　图 2-4　绘制水平线菜单

③ 在系统提示区会提示：画水平线：请指定第一个端点，从键盘输入坐标值−41，−15，回车确认（或单击鼠标右键，也相当于回车，下同）。

④ 向左移动鼠标光标，从点（−41，−15）的位置延伸出一条水平线，在系统提示区会提示目前直线的长度，从键盘输入坐标值 41，−15，回车确认，此时在屏幕上出现了一条水平线。

⑤ 在系统提示区会提示：请输入Y坐标 -15. (或按键盘的:X,Y,Z,R,D,L,S,A,?)，提示输入水平线的 *Y* 坐标值，

若想改变目前水平线的位置（*Y* 坐标值默认为−15），可输入新的值。现采用默认值−15，故直接回车。

⑥ 这样就画好一条水平线 L1，如图 2−5 所示（图中相交的十字线为 *XY* 坐标线，下同）。

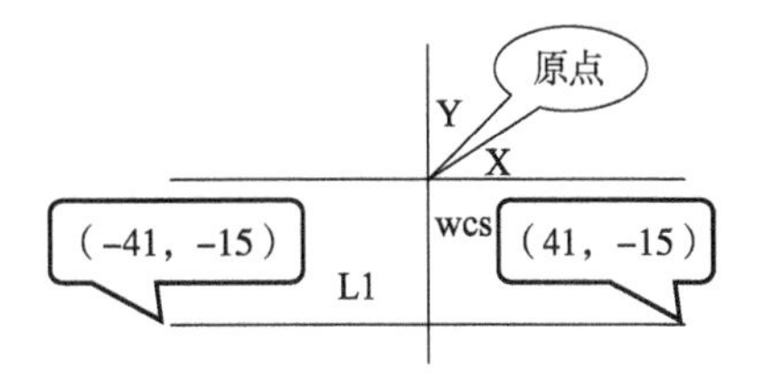

图 2−5　绘制水平线 L1

2.3.2　绘制平行线

绘制如图 2−1 所示铭牌的顶面外形线框上面的一条水平线 L2，方法可采用 2.3.1 节中介绍的方法。现介绍另一种方法——绘制平行线。

① 单击主菜单→绘图→直线→平行线→方向 / 距离命令，过程如图 2−6 所示，在系统提示区会提示：请选择线。

② 单击选中所画的水平线 L1，在系统提示区会提示：请指定补正方向。

③ 在水平线 L1 上方的区域单击。在系统提示区会提示：平行线之间距 = 30. (or X,Y,Z,R,D,L,S,A,?)，输入 30，回车。

④ 这样就绘制好了顶面外形线框上面的一条平行线 L2，如图 2−7 所示。

图 2−6　绘制平行线菜单

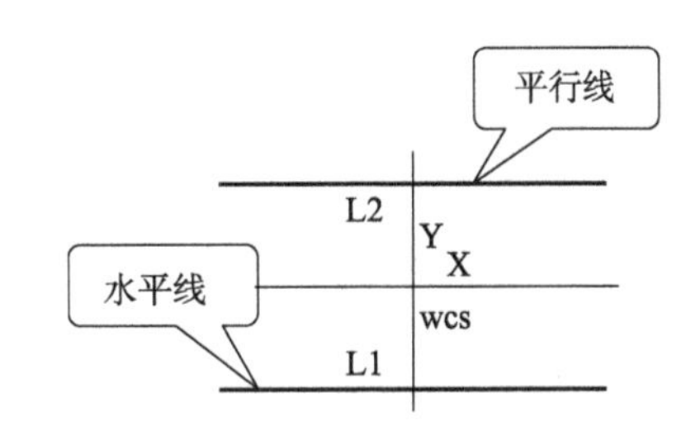

图 2−7　绘制平行线 L2

2.3.3　绘制垂直线

绘制如图 2−1 所示铭牌的顶面外形线框的右边的一条垂直线 L3，方法如下：

① 单击返回→返回→垂直线→任意点命令，过程如图 2−8 所示。在系统提示区会提示：画垂直线：请指定第一个端点。

② 在图 2−7 中的右下角附近单击选择垂直线的第一个端点（无须准确确定点的位置），向上拖动鼠标。

③ 在图 2−7 的右上角附近单击选择垂直线的第二个端点（无须准确确定点的位置），在系统提示区会提示：请输入 x 轴座标 45. (or X,Y,Z,R,D,L,S,A,?)（输入 45，回车。这样就绘制好了右边的一条垂直线 L3。

④ 同样办法，可绘制好左边的一条垂直线 L4，但在输入 *X* 坐标时，输入−45，结果如图 2−9 所示。

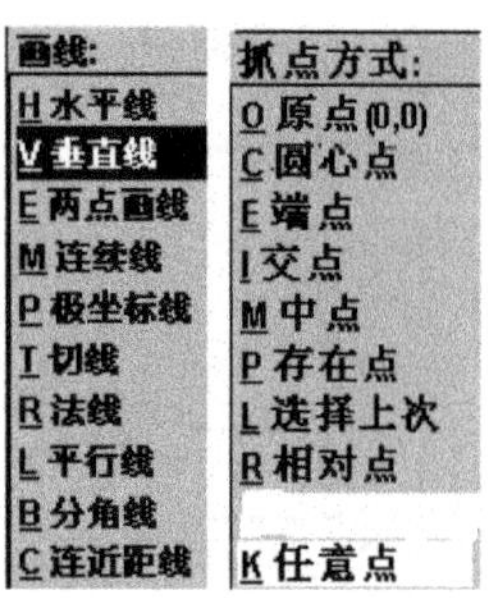

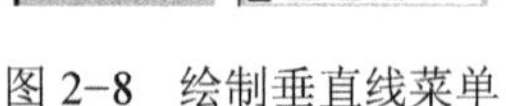

图 2-8 绘制垂直线菜单

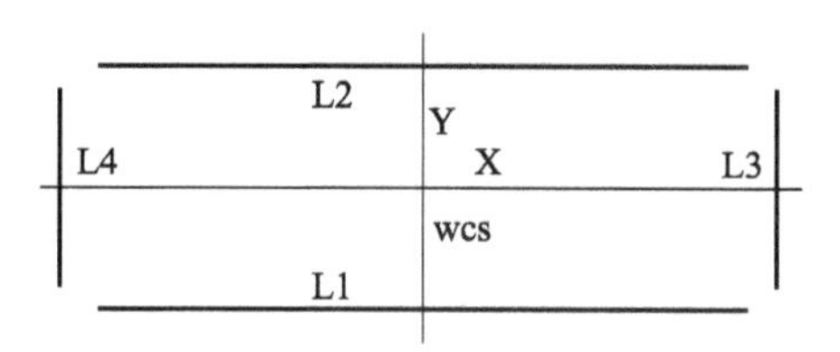

图 2-9 绘制垂直线 L4

2.3.4 两点绘制任意线段

绘制如图 2-1 所示铭牌的顶面外形线框的右下边的一条斜线 L5，方法如下：

① 单击返回→两点画线→任意点命令，过程如图 2-10 所示。在系统提示区会提示：任意两点画线：请指定第一个端点。

② 捕捉图 2-9 中的下边水平线 L1 的右端点（或从键盘输入第一个端点的坐标：41，−15）。

③ 再从键盘输入第二个端点的坐标：45，−11，回车。

④ 这样就绘制好了斜线 L5，如图 2-11 所示。

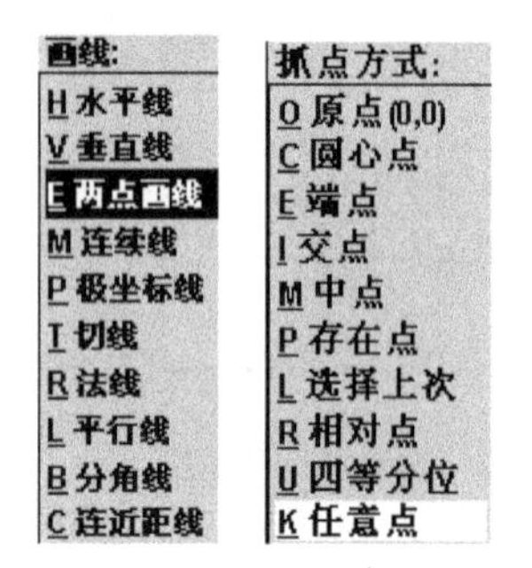

图 2-10 两点绘制任意线段菜单

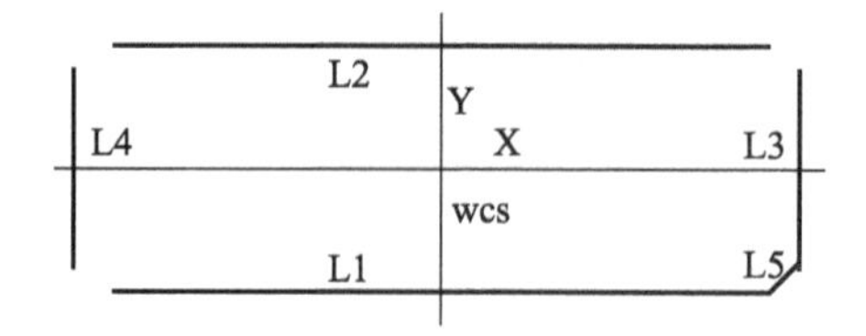

图 2-11 两点绘制任意线段 L5

⑤ 同样的方法可绘制出左边的斜线 L6，下面介绍另一种方法。

2.3.5 绘制极坐标线

绘制如图 2-1 所示铭牌的顶面外形线框的左下边的一条斜线 L6，方法如下：

① 单击返回→极坐标线→任意点命令，过程如图 2-12 所示。在系统提示区会提示：极坐标画线：请指定起始位置。

② 捕捉图 2-11 中的顶面外形下边水平线 L1 的左端点（或从键盘输入起始位置点的坐标：−41，−15），在系统提示区会提示：请输入角度 135. (or X,Y,Z,R,D,L,S,A,?)。

③ 输入 135（角度通过计算得来，其值为该直线与 X 轴正向的夹角），回车。在系统提示区会提示：请输入线长 9. (or X,Y,Z,R,D,L,S,A,?)。

④ 输入 9（估算的一个值），回车。

⑤ 这样就绘制好了斜线 L6，如图 2-13 所示。

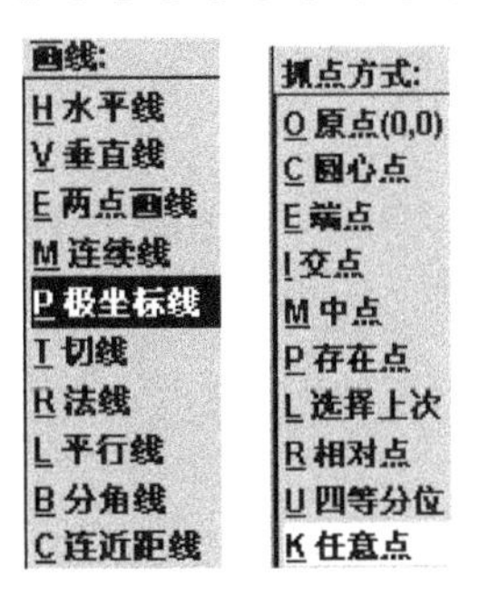

图 2-12　绘制极坐标线菜单

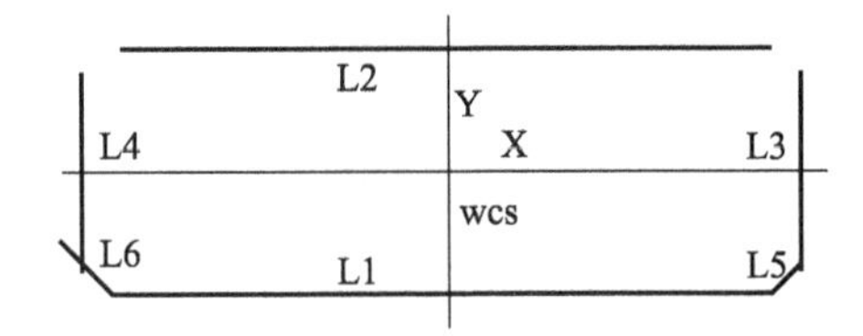

图 2-13　绘制极坐标线 L6

⑥ 用同样的方法，可绘制如图 2-1 所示的两条斜线 L7 和 L8，下面再介绍一种方法。

2.3.6　绘制法线

分析如图 2-1 所示的上面的两条斜线 L7 和 L8，发现它们分别与下面的两条斜线 L5 和 L6 垂直，可采用绘制法线的方法来绘制。方法如下：

① 单击返回→法线→经过一点命令，过程如图 2-14 所示，在系统提示区会提示：画法线：请选择直线，圆弧，或曲线。

② 单击选中右下角的斜线 L5，在系统提示区会提示：请指定起始位置。

③ 捕捉水平线 L2 的右端点，在系统提示区会提示：请输入线长 21.2132034356 (or X,Y,Z,R,D,L,S,A,?)，默认该值，回车。

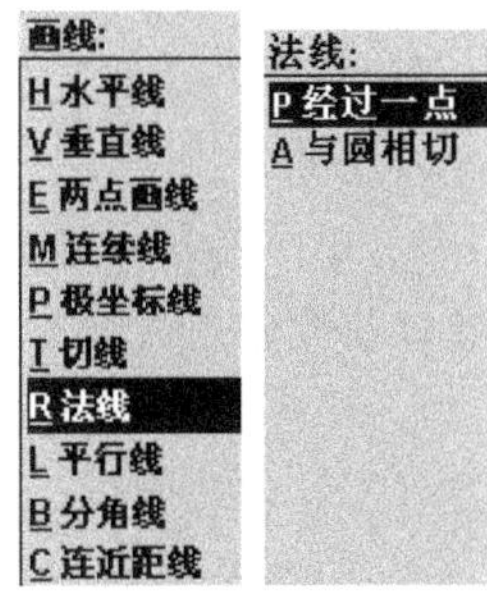

图 2-14　法线绘制菜单

④ 这样就绘制好了斜线 L7，如图 2-15 所示。

⑤ 同样方法，可绘制斜线 L8，如图 2-16 所示。

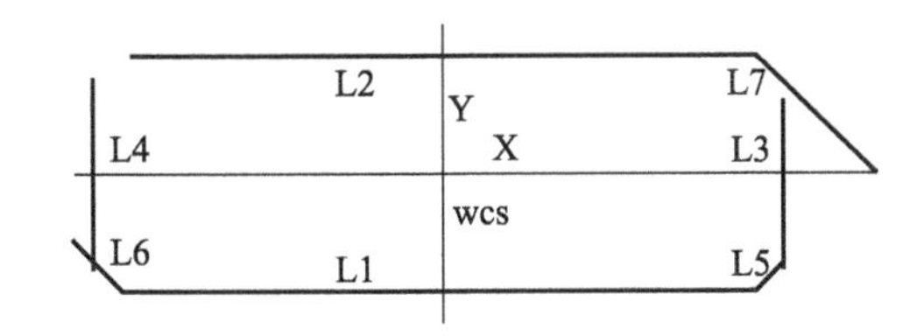

图 2-15　绘制法线 L7

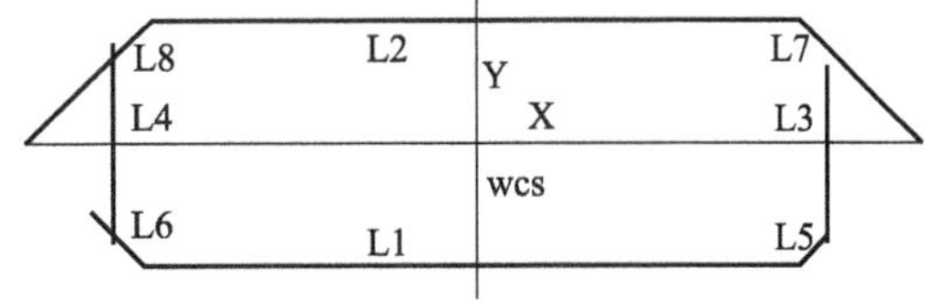

图 2-16　绘制法线 L8

2.4　修整

分析如图 2-16 所示图形，有一些线已相交，有一些线多出一段，还有一些线尚未相交，可通过修剪延伸的办法进行修整。

2.4.1　修剪单一物体

直线 L3 与 L5 相交，L3 下面长出来一段，可以通过修剪单一物体的方法来修剪掉长出来的一段，方法如下：

① 单击主菜单→修整→修剪延伸→单一物体命令，过程如图 2-17 所示。在系统提示区会提示：修整（1）：请选择要修整的图素。

② 单击选中直线L3（单击选中上边要保留的部分），在系统提示区会提示：修整（1）：修整到某一图素。

③ 单击选中直线L5，则可将L3下面多出来的一段修剪掉，结果如图2-18所示。

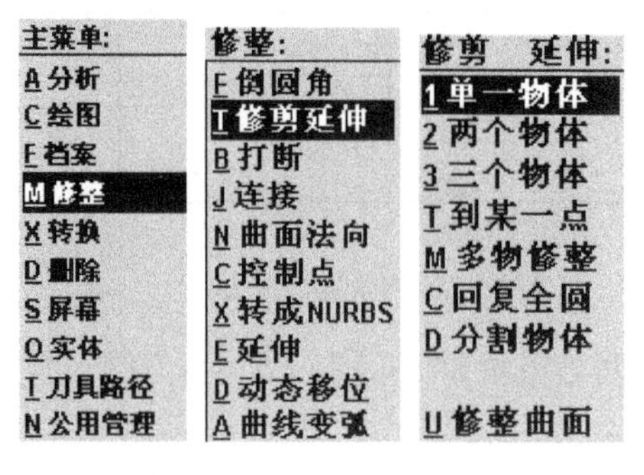

图2-17　修剪单一物体菜单

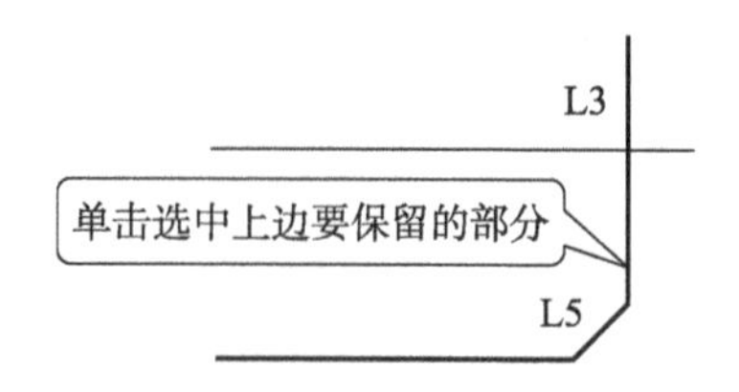

图2-18　修剪直线L3

2.4.2　修剪两个物体

直线L4与L6相交，各多出来一段，可以通过修剪两个物体的方法来修剪掉多出来的两段，方法如下：

① 单击返回→两个物体命令，过程如图2-19所示。在系统提示区会提示：修整（2）：请选择要修整的图素。

② 单击选中某一直线，如直线L4（单击选中要保留的部分），在系统提示区会提示：修整（2）：修整到某一图素。

③ 单击选中另一相交直线L6（单击选中要保留的部分），可将左下角修整好，如图2-20所示。

④ 同样，可对左上角进行修整。

⑤ 对不相交的右上角，也可用修剪两个物体的方法进行延伸修剪，修整后结果如图2-21所示。这样，就将90×30顶面外形线框绘制好了。

需要说明的是，以上绘制顶面外形线框的过程并不是一个最佳的绘制过程，这样绘制的目的是为了让大家多熟悉几个绘制直线的命令。本书后面的许多章节也遵循这个原则，就不再做说明了。

图2-19　修剪两个物体菜单

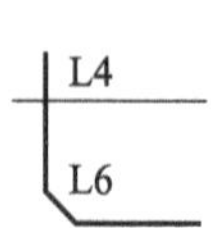

图2-20　修剪直线L4和L6

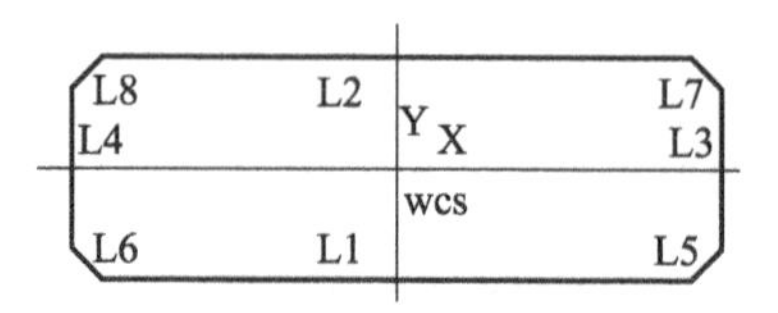

图2-21　修整后的顶面外形线框

2.5　绘制底座外形

底座外形线框台阶平面比顶面外形线框顶面低 2mm，底座外形底平面比顶面外形的顶面低 7mm。在 Mastercam 软件中，可通过设置构图深度来建立其模型，将不同的外形绘制在不同的深度上。

2.5.1　设置构图深度

将构图深度设置为 Z：–2，方法如下：

① 单击选中 Z：0.000 选项，或按快捷键“Alt+o”，在提示区出现提示：请指定新的作图深度位置.。

② 从键盘输入–2，在提示区出现提示：请输入坐标值：–2，回车。

③ 设置构图深度后的辅助菜单如图 2–22 所示，其余设置不变。

Z: -2.000
颜色: 10
图层: 1
图素属性
群组设定
限定层:关
WCS: T
刀具平面: 关
构图平面: T
图形视角: T

图 2–22　辅助菜单

2.5.2　绘制连续线

绘制如图 2–1 所示铭牌的底座外形线段 L9、L10、L11、L12，方法如下：

① 单击返回→连续线→任意点命令，过程如图 2–23 所示。

在系统提示区会提示：画连续线：请指定点的位置 1。

② 从键盘中输入坐标值：–48，–18，回车。

③ 从键盘中输入坐标值：48，–18，回车。

④ 从键盘中输入坐标值：48，18，回车。

⑤ 从键盘中输入坐标值：–48，18，回车。

⑥ 捕捉并单击选中第一点的坐标：– 48，–18，回车。

可得如图 2–24 所示的底座外形图形，为一个矩形。

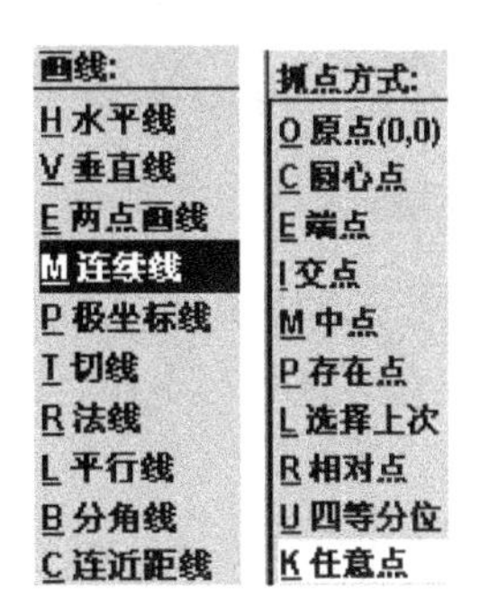

图 2–23　连续线绘制菜单

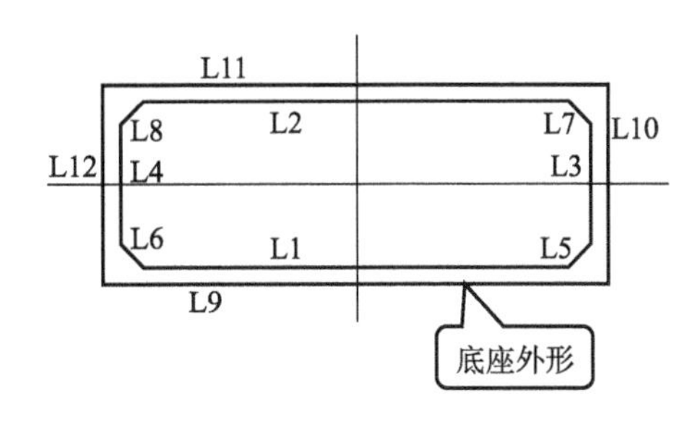

图 2–24　绘制底座外形线框

2.5.3　绘制矩形

现提供另一种简捷方法来画出 2.5.2 节底座外形线段 L9、L10、L11、L12，该四条线段构成一个矩形，Mastercam 提供绘制矩形的简捷画法如下：

① 单击主菜单→删除命令，逐一单击选中 L9、L10、L11、L12，删除四条直线。

② 单击主菜单→绘图→矩形→一点命令，过程如图 2–25 所示，出现如图 2–26 所示对话框。

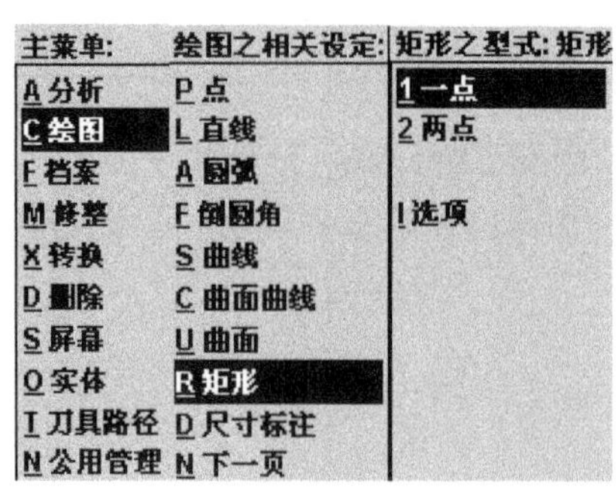
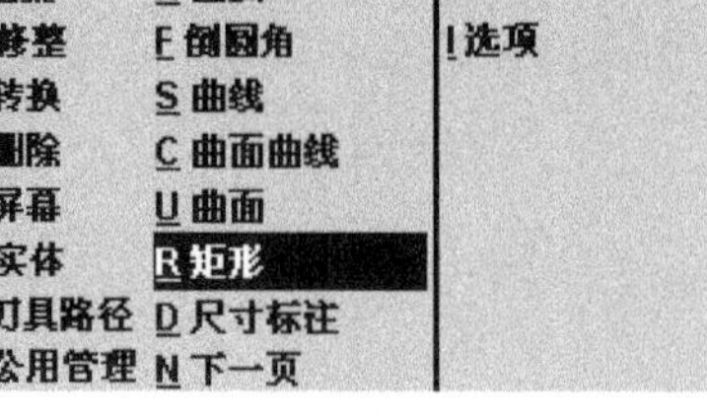

图 2-25　绘制矩形的菜单

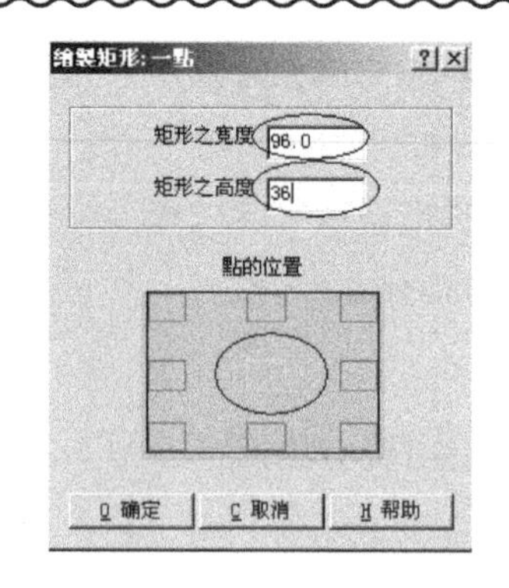

图 2-26　“绘制矩形”对话框

③ 输入：矩形之宽度为 96.0，矩形之高度为 36，单击确定按钮。

④ 单击原点（0，0）为四边形的中点，如图 2-27 所示，也可得到如图 2-24 所示的底座外形线段 L9、L10、L11、L12。

2.5.4　倒圆角

将底座外形四个角倒 *R*1 的圆角，方法如下：

① 单击主菜单→修整→倒圆角→圆角半径命令，过程如图 2-28 所示。系统提示区会提示：请输入圆角半径 1 (or X,Y,Z,R,D,L,S,A,?)。

抓点方式:
O 原点(0,0)
C 圆心点
E 端点
I 交点
M 中点
P 存在点
L 选择上次
R 相对点
U 四等分位
K 任意点

图 2-27　选择“O 原点（0，0）”菜单

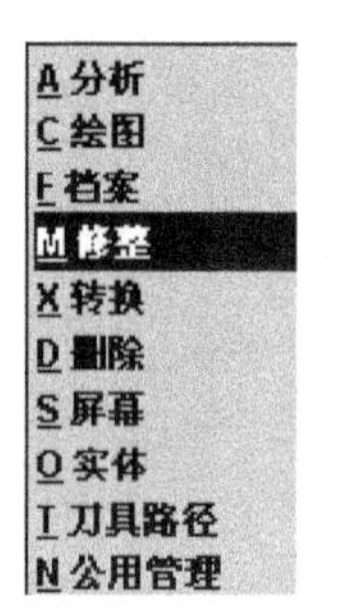

倒圆角: 选取曲线
R 圆角半径
A 圆角角度 S
T 修整方式 Y
C 串连图素
顺时针/逆

图 2-28　倒圆角菜单

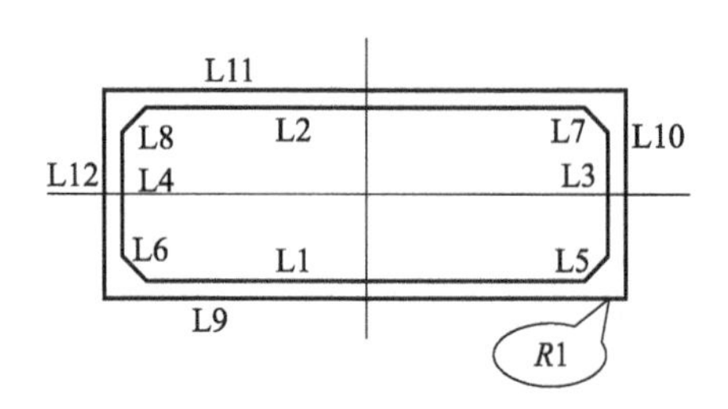

图 2-29　倒圆角 R1

② 输入半径：1，回车，确认。

③ 分别选取两相交直线 L9 与 L10、L10 与 L11、L11 与 L12、L12 与 L9。

④ 得到如图 2-29 所示图形。

这样，建立了铭牌零件的 2D 模型，根据已完成的二维外形图，就可以编制铭牌零件的加工刀具路径，*Z* 轴的深度可根据工程图来获得。一般为检验分析所画图形的正确性，需要进行分析验证和标注尺寸。

2.6　尺寸标注

2.6.1　辅助菜单的设置

1. 图层

用 Mastercam 软件的 CAD 功能建好模后，当用来编制刀具路径时，要尽可能保持图面的简洁，辅助线、尺寸标注等需要隐藏。

Mastercam 软件提供图层管理的功能，通过设定一新的图层（也叫层别），将辅助线、尺寸标注建立在该图层，再通过设定图层的可见与隐藏属性，来实现辅助线、尺寸标注等图素的可见与隐藏。图层的设定方法为：

① 选择辅助菜单中的图层 1 命令或按下“Alt+Z”快捷键，可以打开如图 2-30 所示的层别管理员对话框。单击图层列表的可看见的图层单元格，可设置该图层的可见与隐藏属性。单击“√”，可去掉“√”，表示图层不可见。

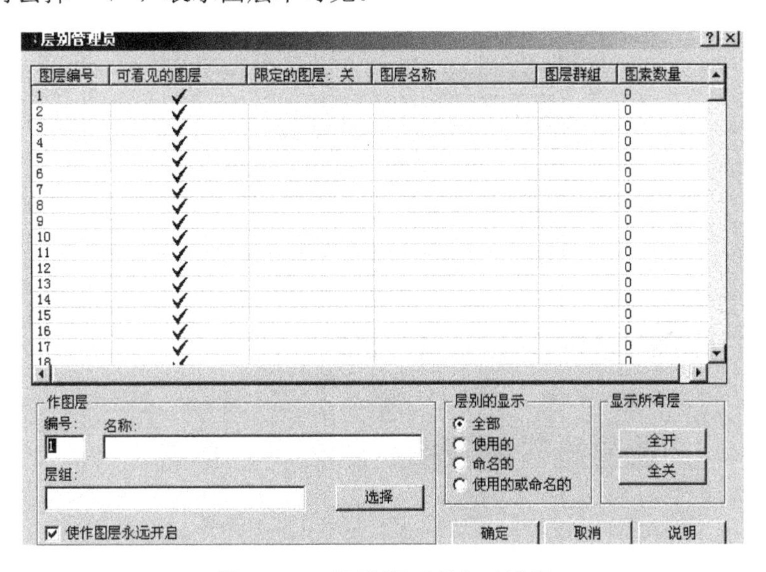

图 2-30　“层别管理员”对话框

② 单击“图层编号 2”，该行变为黄色，设定图层 2 为当前图层。双击“图层名称”下对应的空格，进入编辑状态，输入“尺寸标注”，则图层 2 被命名为“尺寸标注”。按下 TAB 键退出单元格编辑，如图 2-31 所示。

图 2-31　命名图层 2 为“尺寸标注”

③ 同样方法可将图层 1 命名为“二维外形”，如图 2-32 所示。

④ 单击确定按钮，完成了图层的设定。

图 2-32　命名图层 1 为“二维外形”

2. 构图深度

设置构图深度为：Z：0。

3. 设置颜色、线型

设置颜色、线型的方法如下：

① 单击辅助菜单中图素属性命令，进入如图 2-33 所示对话框。

② 单击颜色选项按钮，出现如图 2-34 所示对话框。

③ 单击红色按钮，单击 OK 按钮，返回如图 2-33 所示界面，颜色号码为“12”，代表红色。

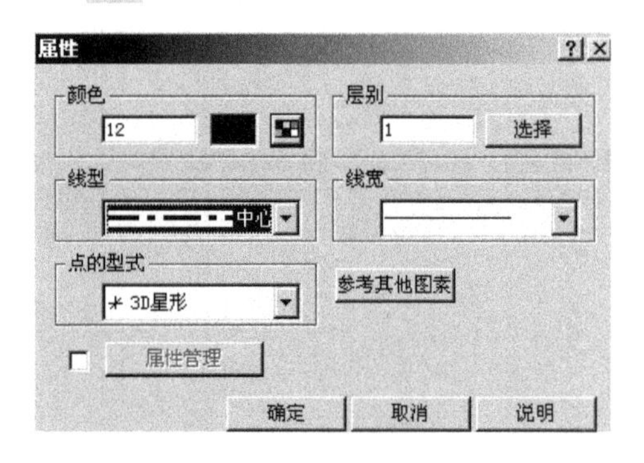

图 2-33　“图素属性”对话框

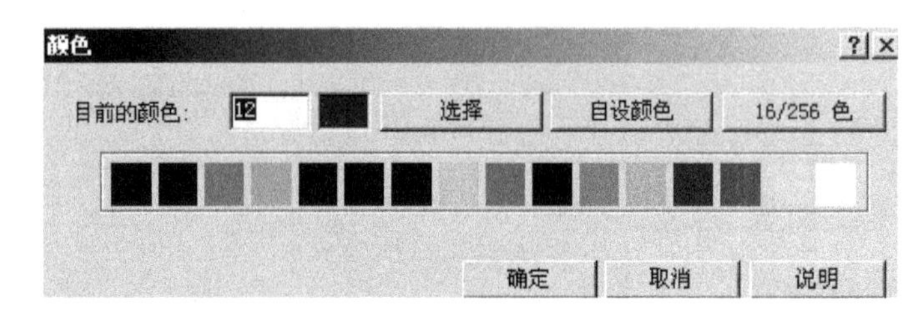

图 2-34　“颜色选项”对话框

④ 单击线型选择按钮，出现如图 2-35 所示下拉菜单。

⑤ 单击中心线，则线型定义为中心线。

⑥ 同样的方法定义线宽，选择最小的线宽，如图 2-36 所示。

⑦ 单击 确定 按钮，设定好颜色、线型，结果如图 2-37 所示。

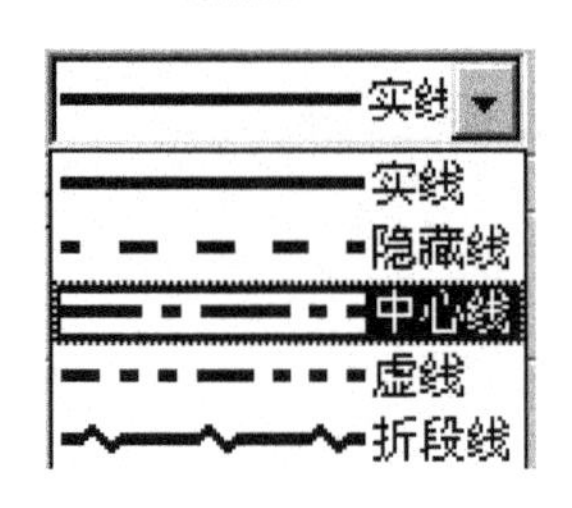

图 2-35　定义中心线

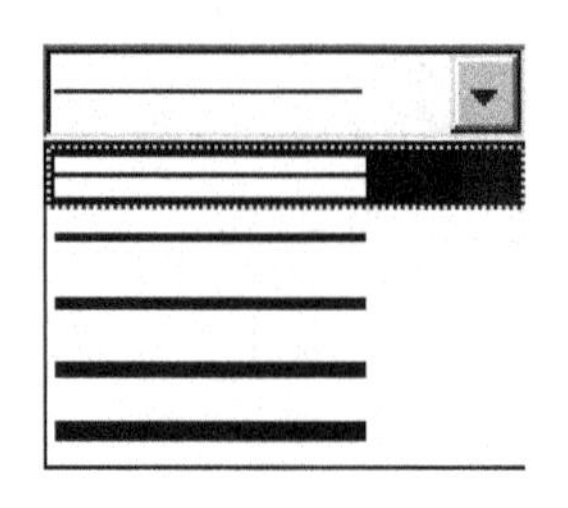

图 2-36　定义线宽

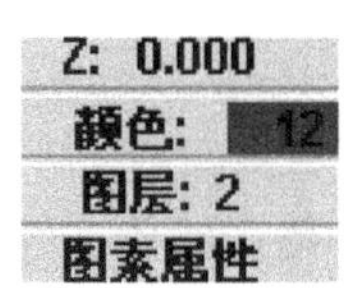

图 2-37　辅助菜单

2.6.2　绘制中心线

1. 水平中心线

绘制水平中心线的方法如下：

① 单击主菜单→绘图→直线→水平线→任意点命令。

② 在图 2-29 的左边附近单击选中第一个端点，拉动鼠标，在右边附近单击选中第二个端点。

③ 输入 Y 轴坐标值：0，回车，这样就绘制好了一条水平中心线。

2. 垂直中心线

绘制垂直中心线的方法如下：

① 单击返回→垂直线→任意点命令。

② 在图 2-29 的上边附近单击选中第一个端点，拉动鼠标，在下边附近单击选中第二个端点。

③ 输入 X 轴坐标值：0，回车，这样就绘制好了一条垂直中心线。

2.6.3　尺寸标注方法

Mastercam 软件中，可对空间模型进行尺寸标注，这里只通过对如图 2-29 所示的图形标注尺寸，从而简单介绍尺寸标注的方法。按 F9 键，隐藏坐标轴及坐标原点，将构图平面设为俯视图（T），颜色设为 15（白色）标注尺寸方法如下：

① 单击主菜单→绘图→尺寸标注命令，过程如图 2-38 所示。在系统提示区会提示：为线性标注选择第一点，为线性标注选择直线，为圆的标注选择圆弧，选择已有的尺寸进行编辑。

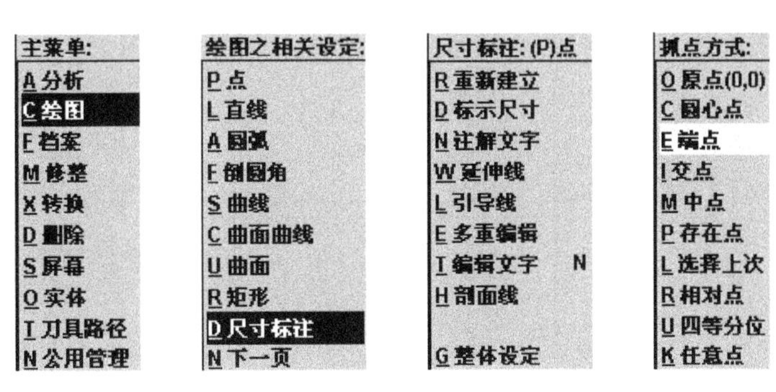

图 2-38　尺寸标注菜单

② 捕捉并单击选中图 2-29 左垂直线 L12 的上端点。

③ 拉动鼠标捕捉右垂直线 L10 的上端点。

④ 拉动鼠标到合适位置，此时，出现一条水平尺寸线，如图 2-39 所示。同时，在主菜单的上边命令行出现提示：尺寸标注：（A）箭头位置，（B）显示方块，（C）文字对中，（D）直径，（F）字型，（G）整体设定，（H）高度，（N）小数位数，（O）方位，（P）点的位置，（R）半径，（T）文字，（U）更新整体参数，（V）垂直，（W）延伸线。

⑤ 选择括号内的字母，可设定相应的选项。如从键盘中输入 N，在系统提示区会提示：**请输入小数位数 2** ，输入尺寸的小数点后的位数；如果输入 0，回车，尺寸由 96.00 变为 96。

⑥ 如果从键盘中输入 H，会弹出如图 2-40 所示的对话框，输入字高：4，单击☑ 调整箭头及公差的高度选项，单击确定按钮，字高变为 4mm。

⑦ 在合适的位置，单击鼠标左键，确定其位置，标注好水平线长为 96mm 的尺寸，如图 2-41 所示。

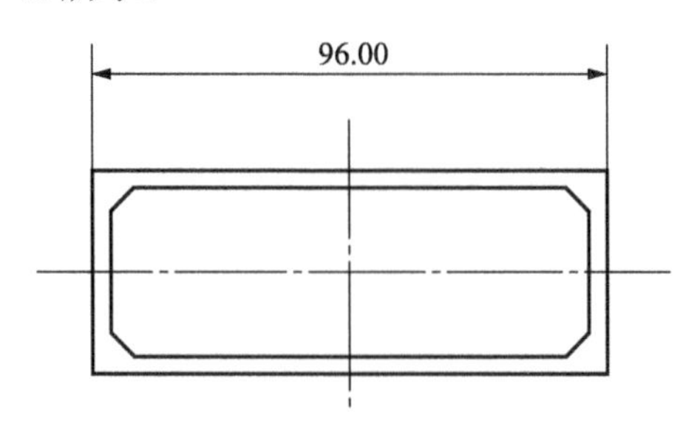

图 2-39 标注水平尺寸线

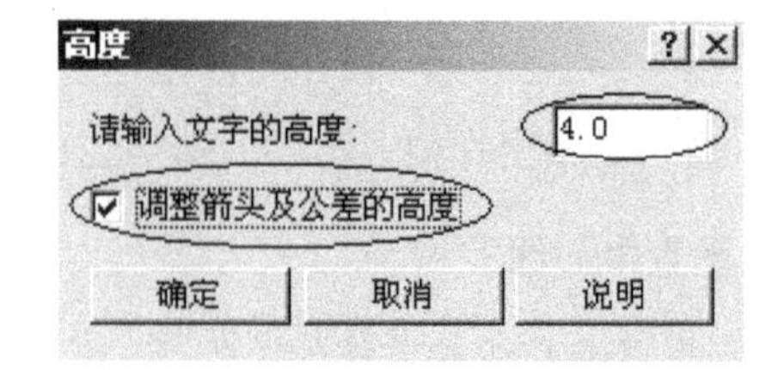

图 2-40 “设定字高”对话框

⑧ 捕捉并单击选中图 2-29 中最上面的水平线 L11 的左端点，拉动鼠标捕捉最下面的水平线 L9 的左端点，此时，出现一条垂直尺寸线，拉动鼠标到合适位置，单击鼠标左键，确定其位置，标注好垂直线长为 36mm 的尺寸。

⑨ 同样方法，可标注 90mm、30mm、4mm、4mm 等尺寸，结果如图 2-41 所示。

⑩ 捕捉并单击选中右上角倒圆角圆弧，上下拉动鼠标至合适位置，出现 *R*1 尺寸，单击鼠标左键，确定其位置，标注好半径为 *R*1 圆弧的尺寸，结果如图 2-41 所示。

Z 轴方向的尺寸标注暂时不做介绍，留待以后章节再做详细介绍。编制刀具路径时 *Z* 轴的值可根据工程图来设定。

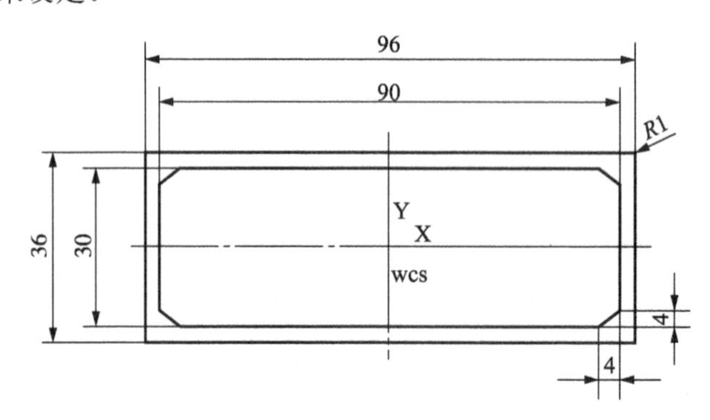

图 2-41 尺寸标注

比较图 2-41 与图 2-1，所绘制的铭牌外形模型与所给的工程图的尺寸是相符合的。

2.7 存档

保存档案，单击档案→存档命令，在“存档”对话框中输入档案名：铭牌外形.MC9，回车，完成存档。

练习 2

2.1　Mastercam 有几种绘制直线的方法?

2.2　叙述尺寸标注的过程。

2.3　请在计算机中绘制题 2.3 图。

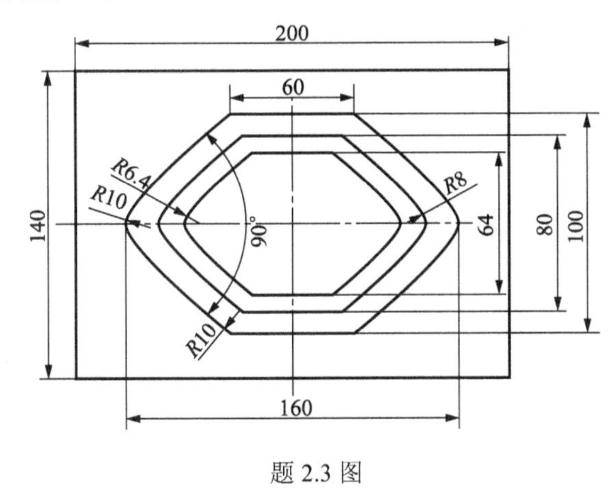

题 2.3 图

2.4　请在计算机中绘制题 2.4 图。

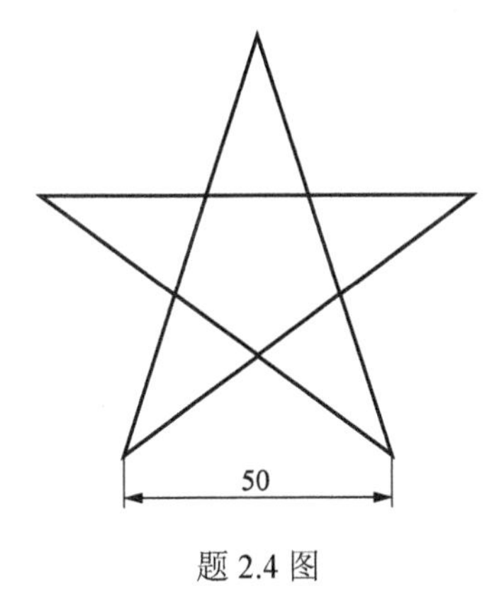

题 2.4 图

第3章 铭牌外形的加工

本章主要介绍平面铣削、2D 外形铣削粗加工、精加工刀具路径的编制方法；后处理产生 NC 程序的方法；加工程序单的内容；操作加工中心加工铭牌的过程。

3.1 铭牌外形的二维模型

1. 取档

单击档案→取档命令，输入档案名：“铭牌外形.MC9”，回车，铭牌外形的零件图如图 2-41 所示，为第 2 章所画的铭牌外形。

2. 加工前的设置

将当前图层设为 1，将尺寸标注所在的图层关闭，设定工作坐标原点，方法如下所述。

① 单击图层 2 按钮，或按快捷键“Alt+Z”，出现如图 3-1 所示的“层别管理员”对话框。在“图层编号”这一列下单击第一行，则第一行变为黄色，当前图层号码设为 1，如图 3-2 所示。

图层编号	可看见的图层	限定的图层：关	图层名称	图层群組
1	✓		二維外形	
2	✓		尺寸标注	

图 3-1 “层别管理员”对话框

图层编号	可看见的图层	限定的图层：关	图层名称	图层群組
1	✓		二維外形	
2			尺寸标注	

图 3-2 将图层 1 设为当前图层

② 在图 3-2 中，在“可看见的图层”这一列下单击第二行的“√”，则“√”消失。

单击层别管理员中的确定按钮，则尺寸标注所在的图层 2 关闭，尺寸标注将隐藏，这样图面较简洁，方便选取加工图素。铭牌外形的二维模型如图 3-3 所示。

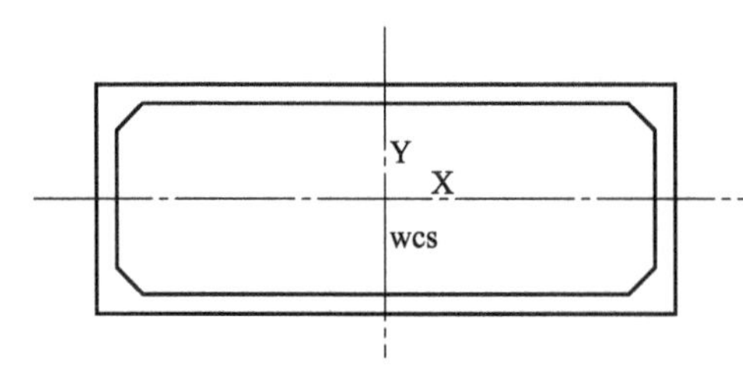

图 3-3 铭牌外形的二维模型

③ 铭牌外形顶面的对称中心在坐标原点，设定为工件的工作坐标原点（0，0，0），辅助菜单的其

余设置为默认值。

3.2 加工工艺分析

不管是手工编程还是计算机辅助编程，加工工艺都是必须关注的。Mastercam 软件的 CAM 功能主要是自动产生刀具路径，加工工艺还需要编程人员事先制定。通过对图 2-1 所示铭牌外形分析，毛坯可采用 100mm×40mm×13mm 的铝板材（或用 100×13 的铝型材，用锯床下料，下料长度适当增加为 45）。

1. 装夹方法

用普通铣床铣一装夹位，尺寸如图 3-4 所示。采用 DM4800 加工中心加工，机床的最高转速为 8 000r/min。工件装夹采用虎钳装夹。

2. 设定毛坯的尺寸

设定毛坏尺寸的方法如下所述。

① 单击主菜单→刀具路径→工作设定命令，过程如图 3-5 所示，出现如图 3-6 所示对话框。

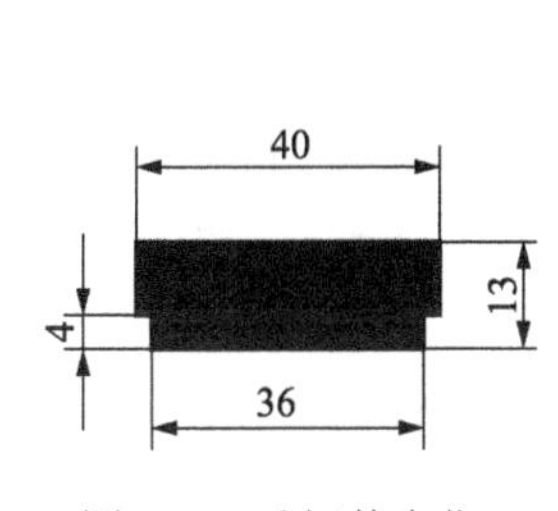

图 3-4 毛坯装夹位

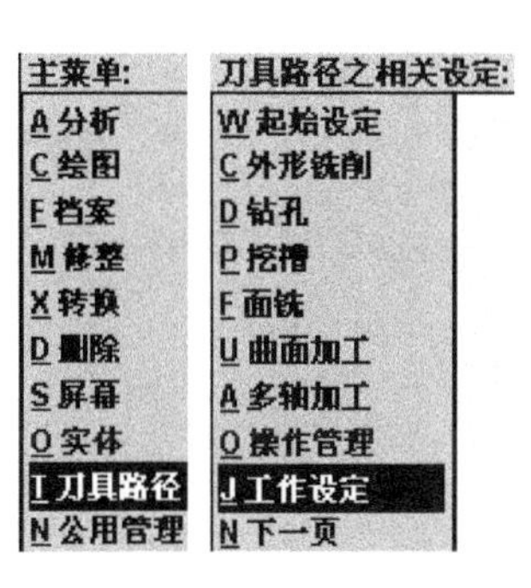

图 3-5 工作设定菜单

② 输入毛坯长、宽、高尺寸：*X* 100.0，*Y* 40.0，*Z* 13.0。

③ 输入工件原点：*X* 0.0，*Y* 0.0，*Z* 1.0，假定 *Z* 轴方向毛坯顶面有 1mm 的加工余量。

④ 单击选中☑显示素材，表示显示工件。单击选中☑素材显示适度化，表示使整个毛坯工件屏幕适度化，显示全部图形。

⑤ 进给率的计算，单击◉依照刀具选项。

⑥ 其余为默认选项。

⑦ 单击确定按钮，设定好毛坯尺寸，如图 3-7 所示，双点划线部分为毛坯外形，单击工具栏中按钮，将视角设为等角视图，结果如图 3-8 所示。

3. 加工工艺

铭牌的加工若采用手工编程的方法，需要先计算外形上各端点的坐标值，采用走直线与圆弧的方法，直接编写 NC 程序。该方法取点较多，编程的速度较慢，检查验证也不方便。

Mastercam 软件采用真实的数据建模，计算机可以自动选取与识别模型的数据，不需要人工取点，刀具补正也可在计算机中完成，刀具中心的运动路径可根据模型自动生成，这正是 CAM 的精髓所在。经过专门的后处理程序编译，可生成 NC 程序。若图形或刀具参数发生变化，修改也很方便，可在计算机中模拟验证，检查所编写的 NC 程序是否正确，效果很直观。下面介绍 Mastercam 软件自动编程的思路。

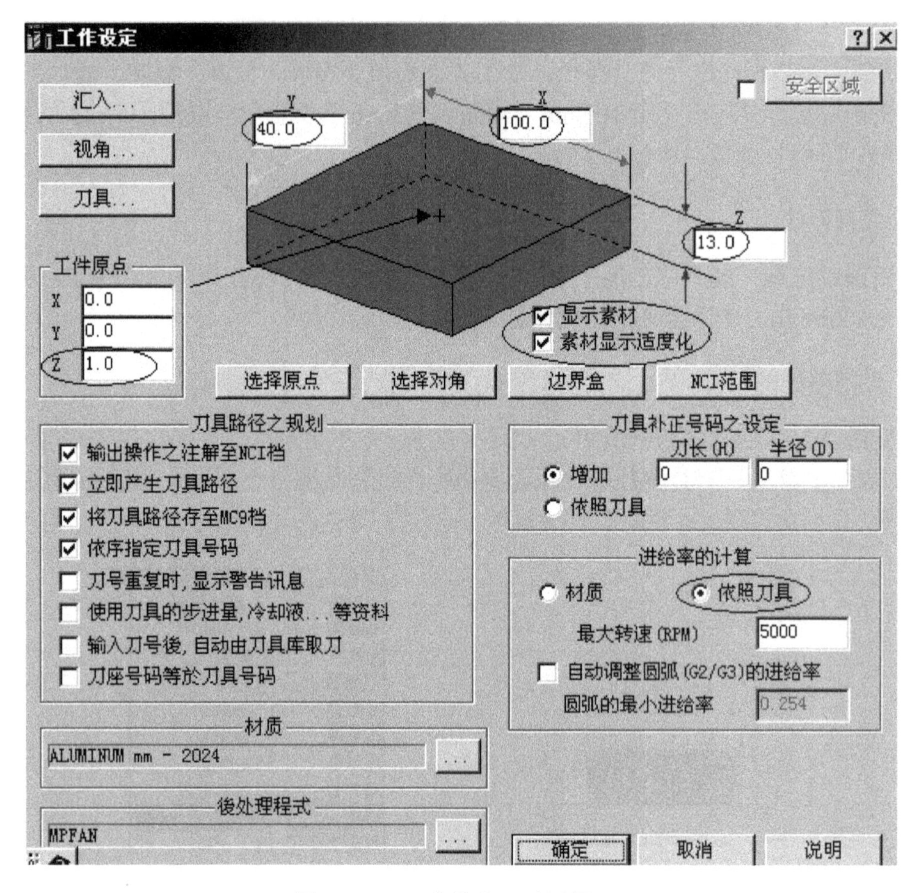

图 3-6　“工作设定”对话框

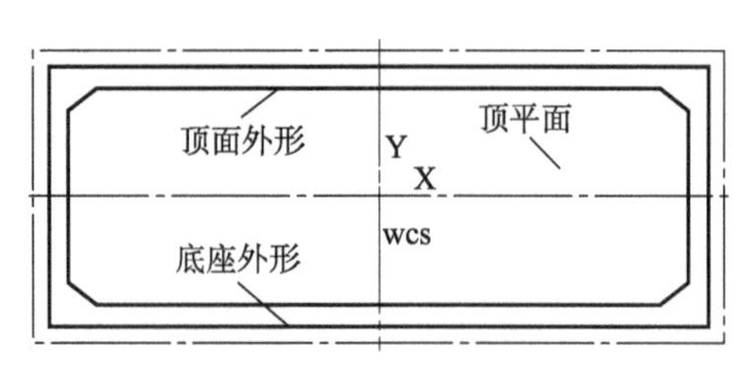

图 3-7　毛坯尺寸图

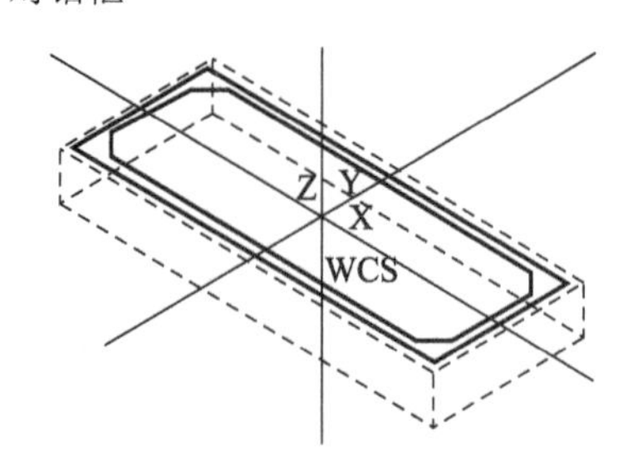

图 3-8　等角视图

使用直径为 16mm 的高速钢平端铣刀（简称“平刀”），用平面铣削及 2D 外形铣削的方法进行加工，就可以加工出铭牌的外形。计算机辅助编程一般采用小切削量，大的进给率进行加工。粗加工切削量一般小于 1mm，精加工切削量一般小于 0.2mm，为获得较理想的粗糙度，精加工的进给率也不宜太高，要比粗加工的进给率低，Z 轴的深度可根据工程图来获得。其加工工艺流程图如图 3-9 所示。

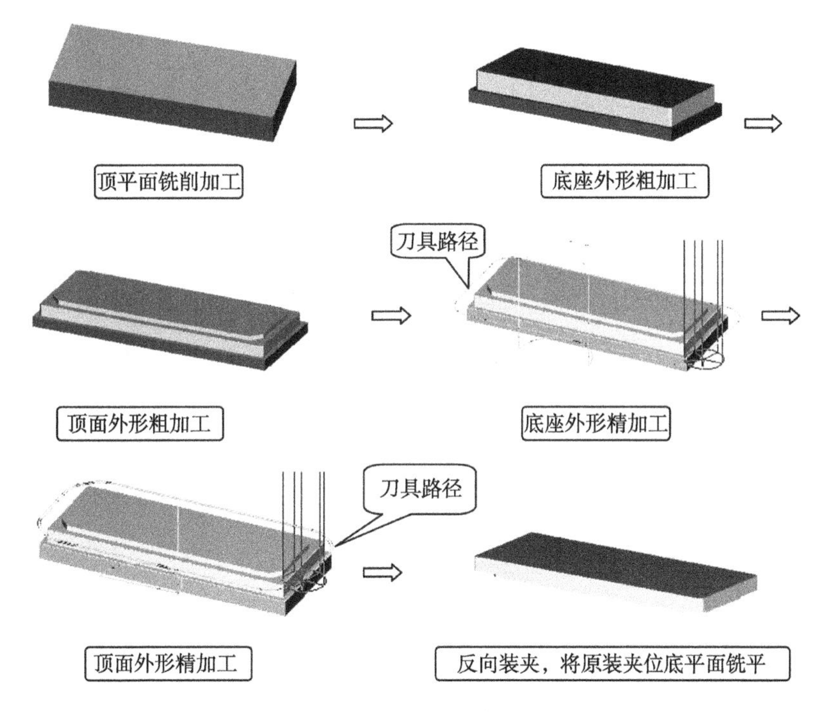

图 3-9　加工工艺流程图

3.3　编制铭牌外形零件的加工刀具路径

3.3.1　平面的铣削加工

顶平面为毛坯面，需要将顶平面全部铣平，采用平面铣削的方法。该方法可根据选择的平面的范围，自动进刀按顺序将平面铣平。

选择底座外形为加工范围，加工余量为 0.1mm（注：该余量是为以后的精加工做准备的），刀具路径的编制方法如下。

1. “面铣参数”对话框

进入面铣参数对话框的方法如下所述。

① 单击主菜单→刀具路径→面铣→串联命令，过程如图 3-10 所示。

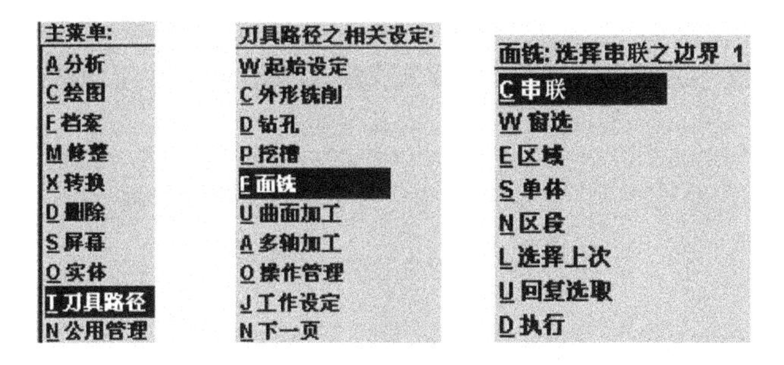

图 3-10　面铣菜单

② 单击选中底座外形某一条线为串联的边界，则整个底座外形四周都改变颜色，表示

首尾相连的一组图素被一次选中，并出现一个起点与箭头，如图 3-11 所示。该串联的边界组成的区域即为面铣的加工范围。

注意

串联就是一组首尾相连的图素组成的封闭或不封闭的连续的图素。

③ 单击主菜单中的执行命令，过程如图 3-12 所示，进入如图 3-13 所示对话框。

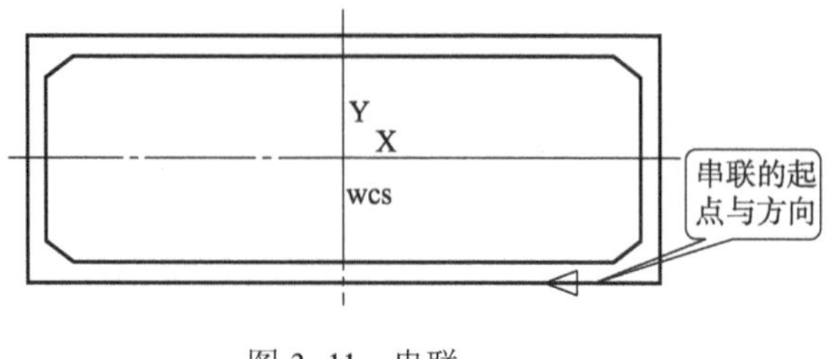

图 3-11 串联

面铣: 选择串联之边界 2
M 更换模式
I 选项
P 部分串联
R 换向
S 更改起点
U 回复选取
D 执行

图 3-12 执行菜单

2. 选择加工刀具参数

选择加工刀具参数的方法如下所述。

① 将鼠标移到图 3-13 所示对话框中最大的窗口内，单击右键，系统弹出一个快捷菜单，如图 3-14 所示。

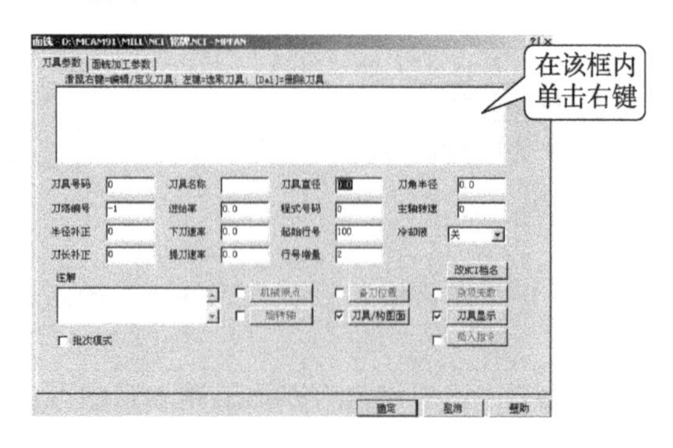

图 3-13 "面铣参数"对话框

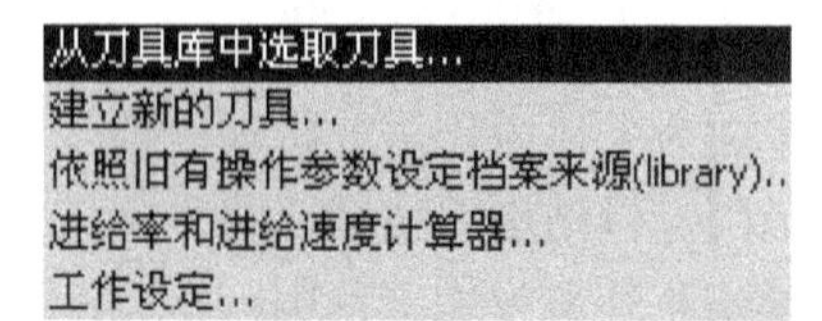

图 3-14 右键快捷菜单

② 单击从刀具库中选取刀具...选项，出现如图 3-15 所示对话框。

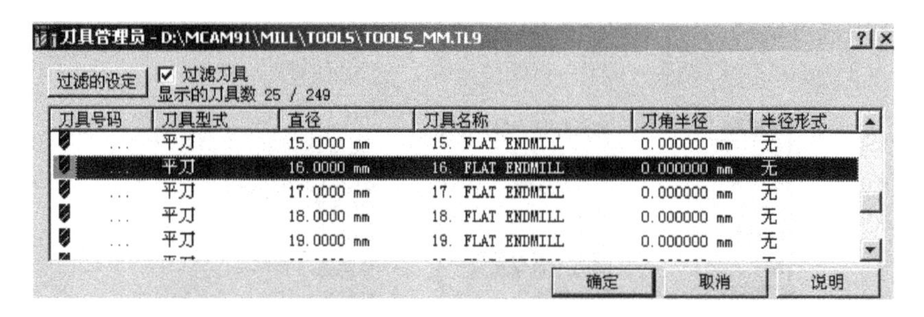

图 3-15 "刀具管理员"对话框

③ 双击直径为 16mm 的平刀这一行，从刀具资料库中选取直径为 16mm 的平刀，在如图 3-13 所示对话框中最大的窗口内，出现一个刀具图标#1- 16.0000 平刀，如图 3-16 所示。平刀就是平底端面铣刀，主要用来加工水平面及侧面。

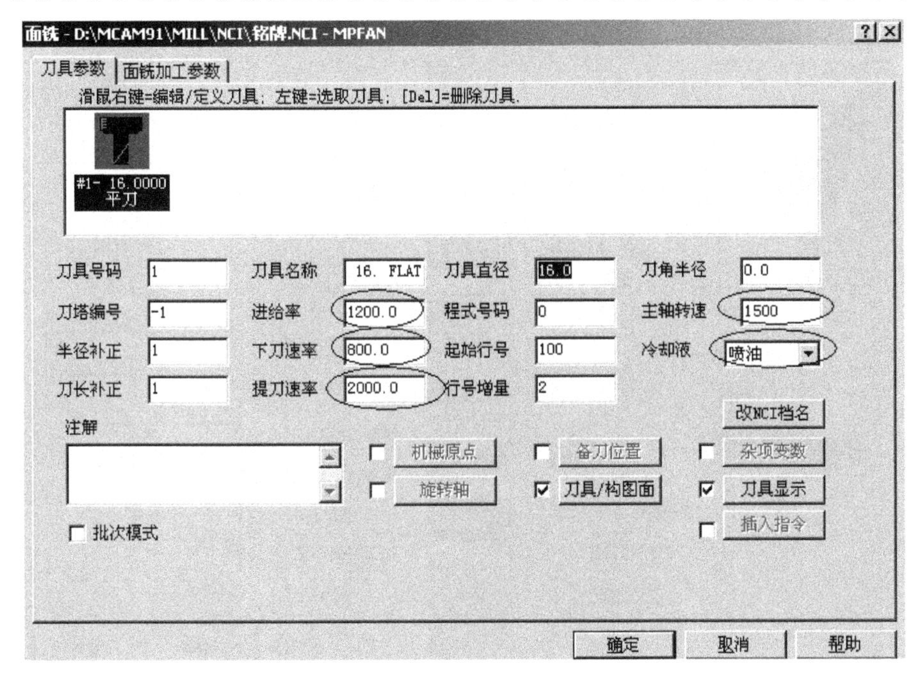

图 3-16　“刀具参数”对话框

在刀具参数对话框中，主要修改以下五项参数。

① 进给率：1 200.0。用来设定 *XY* 方向刀具的切削进给速度，单位为 mm/min。

② 下刀速率：800.0。用来设定 *Z* 轴方向刀具的向下切削进给速度，单位为 mm/min。

③ 提刀速率：2 000.0。用来设定 *Z* 轴方向刀具的向上提刀速度，此时刀具不切削，可设置较大的速率，单位为 mm/min。

④ 主轴转速：1 500。用来设定机床主轴的转速，单位为 r/min。

⑤ 冷却液：喷油。开冷却液，用冷却液射流至切削区。

其余各项选默认值。

 **注意**

进给率的选择是一个较复杂的问题，与手工编程有些不同，计算机辅助编程一般采用小的吃刀量，快的进给率，即所谓的“小量快走”的方法。对于不同的机床、材料、刀具以及加工的方法与要求，进给率的选择也不同。

3. 确定平面铣削的加工参数

单击图 3-16 中面铣加工参数按钮，出现如图 3-17 所示对话框，用来设定刀具移动的点的位置与方式等参数。

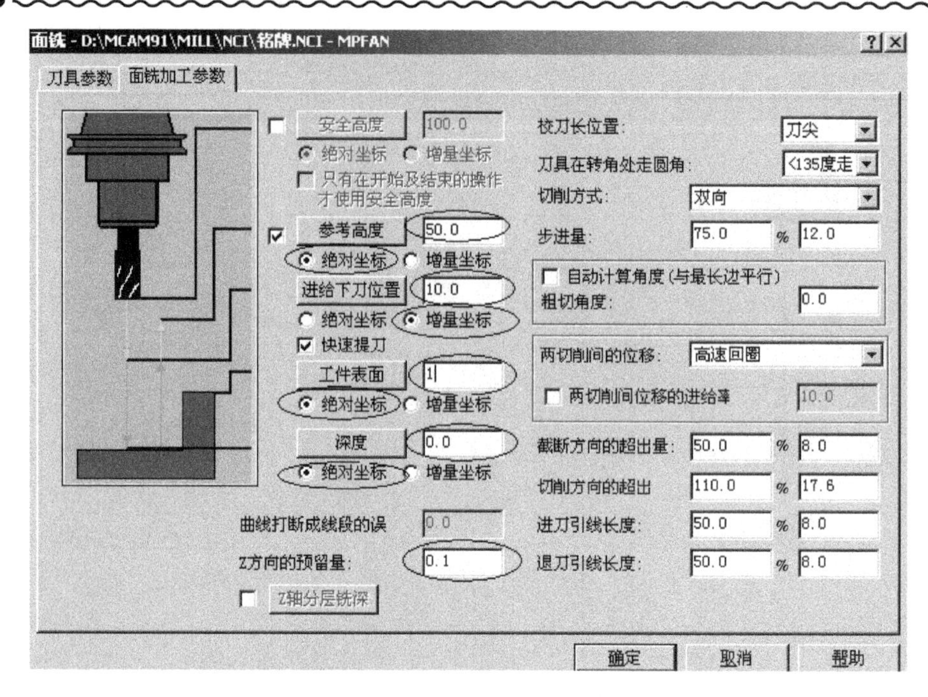

图 3-17 “面铣加工参数”对话框

（1）参考高度：50.0

参考高度也叫退刀高度，完成本工序后，刀具退到该高度，下一道工序以该点为起点，选择默认的高度 50.0 即可。

单击选中 绝对坐标项。“绝对坐标”是表示相对于坐标原点的高度，每次完成一个工序后刀具都退到该固定高度。

（2）进给下刀位置：10.0

进给下刀位置也叫进给高度，刀具从安全高度以 G00 的速率快速下降到该点，改为以 Z 轴的进给速率，向下加工工件。初学者对该值的设置宜高一点，以利于操作机床加工时的安全。

单击选中 增量坐标项。“增量坐标”是相对已加工面的一个高度，其值是以上一次的已加工面作为 *Z* 坐标的原点来计算的。

（3）工件表面：1

工作表面高度也叫毛坯的顶面高度或 *Z* 轴坐标值。

单击选中 绝对坐标项。“绝对坐标”是相对于坐标原点的高度。“增量坐标”是相对所选择的串联图形的高度。

（4）深度：0.0

待加工面深度，刀具下降到毛坯的最低位置。

单击选中 绝对坐标项。“绝对坐标”是相对于坐标原点的高度，“增量坐标”是相对所选择的串联图形的高度。

（5）*Z* 方向预留量：0.1

Z 方向预留 0.1mm 为精加工余量。

（6）其余各项选默认值

（7）单击选中确定按钮

产生端面铣削刀具路径，如图 3-18 所示。

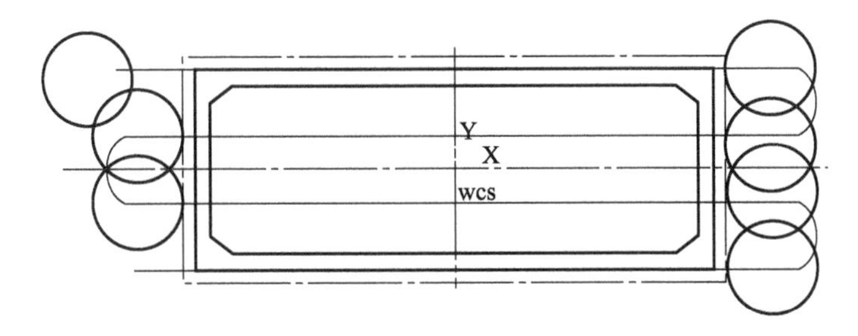

图 3-18　端面铣削刀具路径

4. 刀具路径模拟

模拟刀具加工路径，检验刀具加工路径是否存在问题，方法如下所述。

① 单击主菜单→刀具路径→操作管理命令，过程如图 3-19 所示，弹出如图 3-20 所示对话框。

② 单击刀具路径模拟→自动执行命令，过程如图 3-21 所示，模拟结果与如图 3-18 所示的结果相同。

③ 也可选手动控制命令，不断单击该按钮，可一步一步地模拟刀具的下刀位置、刀具的加工走向。

④ 检验所产生的刀具路径，将顶平面全部铣平，符合顶平面加工要求。

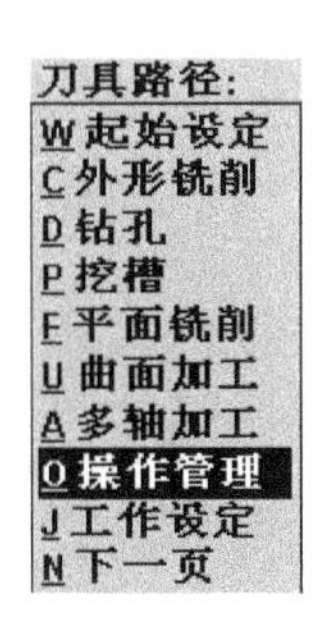

图 3-19　“操作管理”菜单

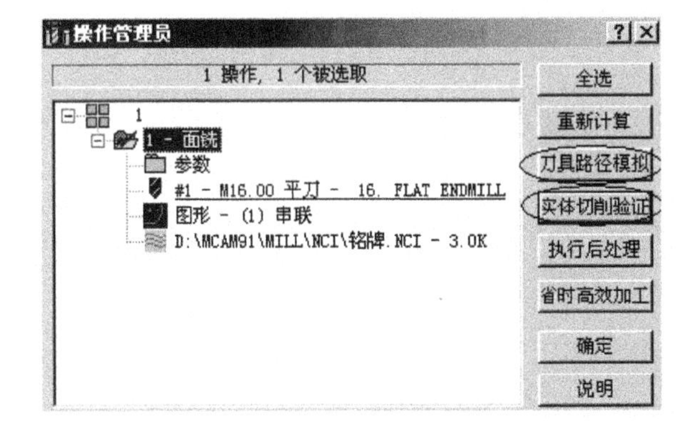

图 3-20　“操作管理员”对话框

图 3-21　刀具路径模拟菜单

5. 实体切削验证

实体切削验证可更加直观地模拟验证加工的过程，方法如下所述。

① 单击图 3-20 中的实体切削验证选项，出现如图 3-22 所示界面。

② 单击参数设定按钮“?”，出现如图 3-23 所示对话框。

③ 单击素材大小的原始来源中的 工作设定选项，即图 3-7 中所定义的毛坯大小。

④ 在工件的“范围”中，自动显示“最低点”坐标：(-50.0，-20.0，-12.0)，“最高点”坐标：(50.0，20.0，1.0)，其余为默认选项。

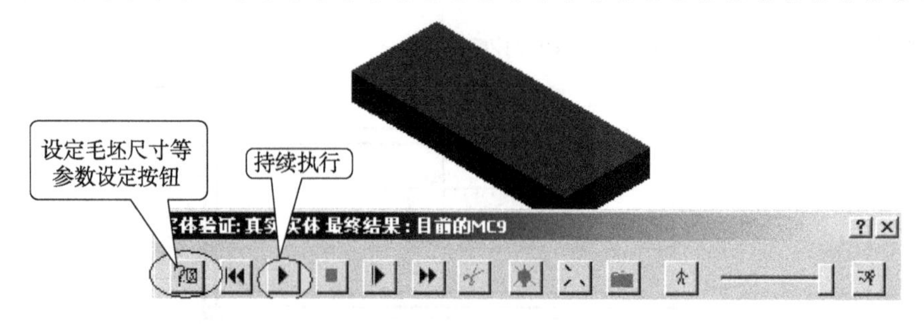

图 3-22　实体切削验证

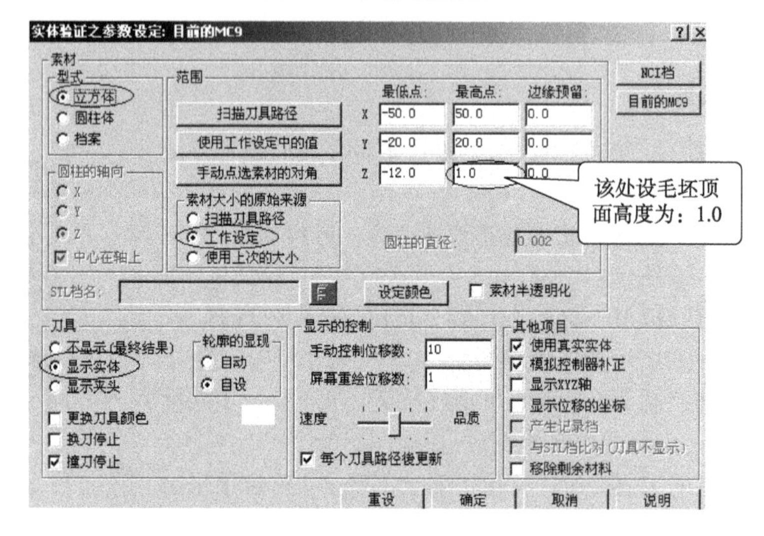

图 3-23　“实体验证的参数设定”对话框

注意

设毛坯顶面最高位置高度为：1.0，若设为 0，则验证加工时，显示加工切削未加工到毛坯的顶面。

⑤ 单击确定按钮，返回如图 3-22 所示界面。单击持续执行按钮▶，出现模拟实体加工过程的画面，结果如图 3-24 所示。

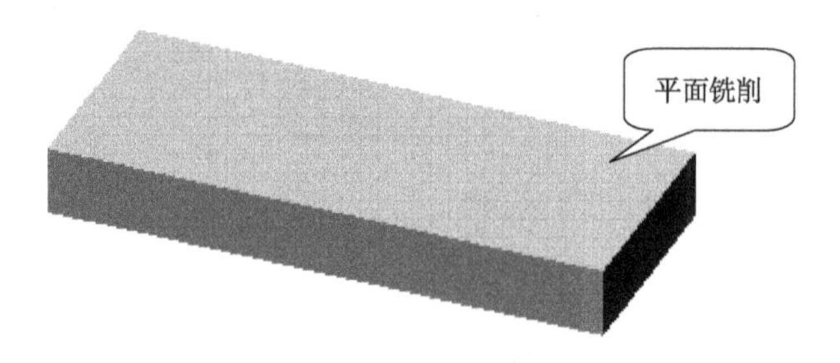

图 3-24　实体切削验证结果

⑥ 验证加工结果表明，顶平面被铣平，符合顶平面铣削的要求。

⑦ 按 Esc 键或 ✕ 返回图 3-20 所示界面，单击确定按钮，返回刀具路径菜单界面，如图 3-19 所示。

3.3.2　底座外形粗加工

底座外形粗加工，采用刀具沿着铭牌的最外边界线，用刀具的侧刃铣削的方法进行加工，该方法叫外形铣削（2D）加工。

分析铭牌图纸的尺寸与毛坯的尺寸，底座外形 *XY* 方向的加工余量最小处是 2mm，最大处是 3 mm 左右，粗加工可用直径为 16mm 的平刀，*XY* 方向的只须铣一次，就可将毛坯铣掉，一般采用小的切削量，大的切削速度进行铣削。设每次最大的铣削深度为 1mm，*Z* 轴方向深度为–7mm，分 7 次就可以完成底座外形粗加工。*XY* 方向预留量为 0.1mm，*Z* 方向的预留量为 0，刀具路径的设置方法如下所述。

1. 外形铣削对话框

进入外形铣削对话框的方法如下所述。

① 单击主菜单→刀具路径→外形铣削→串联命令，过程如图 3-25 所示。

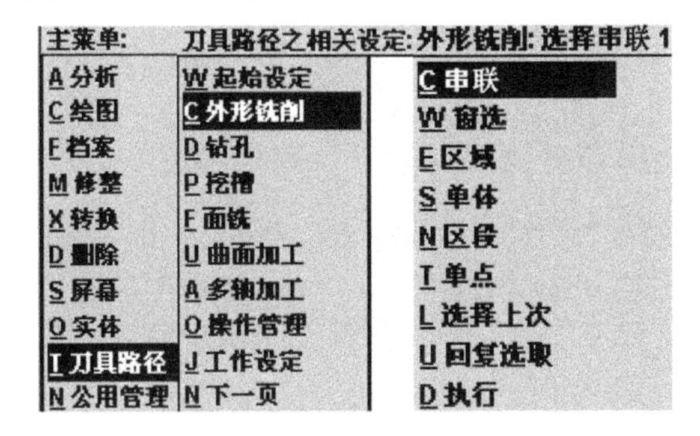

图 3-25　外形铣削菜单

② 选取底座外形线框为加工范围，底座外形四周改变颜色，并出现一个起点与箭头，方向为顺时针方向，如图 3-11 所示。

③ 单击主菜单中的执行命令，进入外形铣削对话框。

2. 选择刀具参数

仍选用直径为 16mm 的平刀。刀具的参数同平面铣削加工刀具的参数，如图 3-16 所示。

3. 选择 2D 外形铣削参数

单击外形铣削参数按钮，出现如图 3-26 所示对话框，填选参数如下：

① 参考高度：50.0。

② 进给下刀位：2.0，顶面铣平后，该值可设定为 1～2mm。

③ 工件表面 0.1，该值应大于或等于顶平面的预留量。

④ 深度：-7.2，设定刀具下降到毛坯的最低位置。将深度由-7 改为-7.2，主要考虑到后续反过来加工装夹底面时不会有飞边。

⑤ 补正形式：电脑。刀具半径的补正由计算完成。加工时刀具中心自动从零件的实际轮廓上偏离一个刀具半径，这样产生的是刀具中心的路径。

⑥ 补正方向：左补正。刀具半径的补正方向根据串联的方向而定，沿着串联的方向向前加工，希望刀具在左边加工，则为左补正，反之为右补正。

注意

串联方向选择为顺时针方向，刀具半径补正方向选择为左补正，刚好构成顺铣。在数控加工时，由于采用小量快走的加工方法，数控机床的刚性好，不易让刀，反向间隙小，粗加工、精加工一般都采用顺铣。采用顺铣加工时，加工平稳，表面质量好。

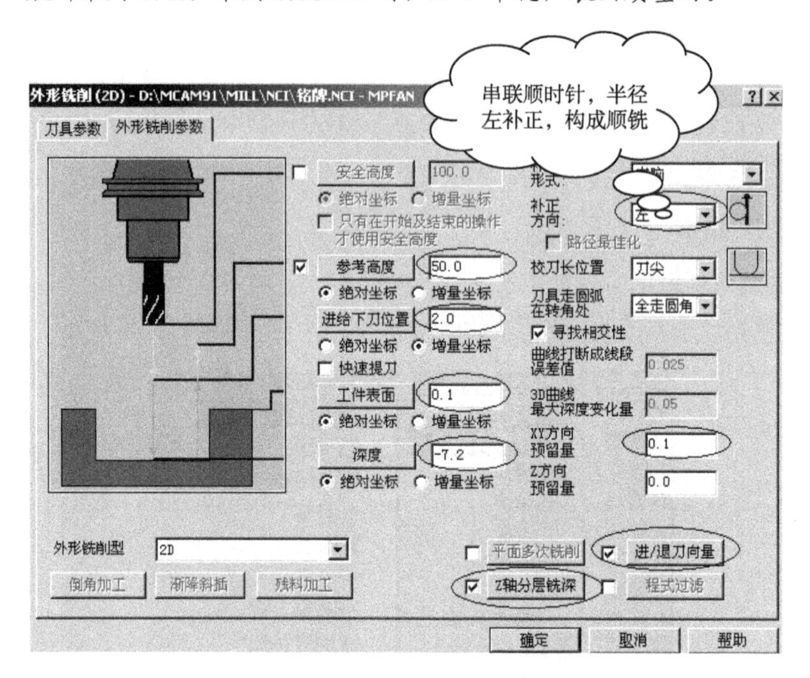

图 3-26　“外形铣削参数”对话框

⑦ *XY* 方向预留量 0.1。*XY* 方向保留 0.1mm 的厚度以作为精加工的预留量。

⑧ *Z* 方向预留量 0。

⑨ 单击选中☑Z 轴分层铣深项，在 *Z* 方向分层多次加工工件。

⑩ 单击选中☑进/退刀向量项，设定刀具从毛坯外边进刀的路径与退出毛坯的路径。

⑪ 其余各项为默认值。

注意

平刀的底部中心设有刀刃，若直接从毛坯顶面上垂直下刀时，底部中心设有切削毛坯，毛坯会顶住刀具，故一般采用从毛坯外面进刀、退刀，这样可以避免产生冲击而造成刀具的损坏，同时保护加工面，不会留下下刀刀痕。

4. Z 轴分层铣深参数

单击 Z 轴分层铣深按钮，出现如图 3-27 所示对话框，填选参数如下所述。

① 最大粗切深度：1.0。设定每次 Z 轴的下刀最大切削深度为 1mm。铣完该层后，再向下铣 1mm。

② 单击选中☑不提刀项，铣削完一层后，不提刀回参考高度，直接向下进 1mm，加工下一层。

③ 其余各项为默认值。

④ 单击确定按钮，返回如图 3-26 所示界面。

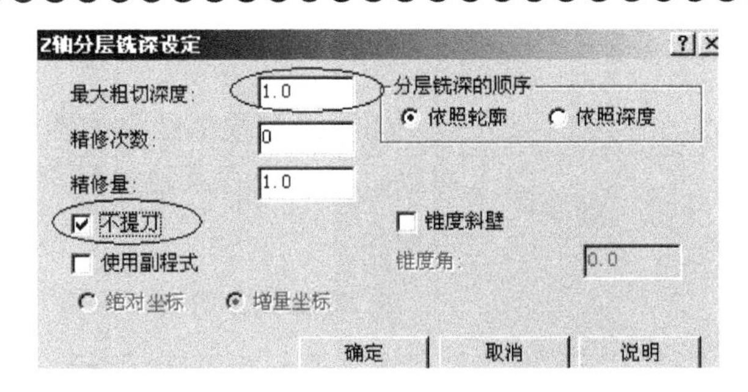

图 3-27　“Z 轴分层铣深设定”对话框

5. 进/退刀向量设定

单击进/退刀向量按钮，出现如图 3-28 所示对话框，填选参数如下所述。

① 设定进刀点。单击选中☑封闭轮廓由中点位置执行进刀/退刀项，设定进刀的点为封闭的轮廓中心点，而非串联的起点。

② 设定进刀、退刀向量。进刀向量的引线长改为 0，圆弧半径为 100.0% 16.0。“100.0%”表示以刀具直径的百分比来计算进刀圆弧半径的大小，“16.0”为其计算结果。

单击图中间的→按钮，将进刀向量的设置复制到退刀向量栏。

③ 其余各项为默认值。

④ 单击确定按钮，返回图 3-26。

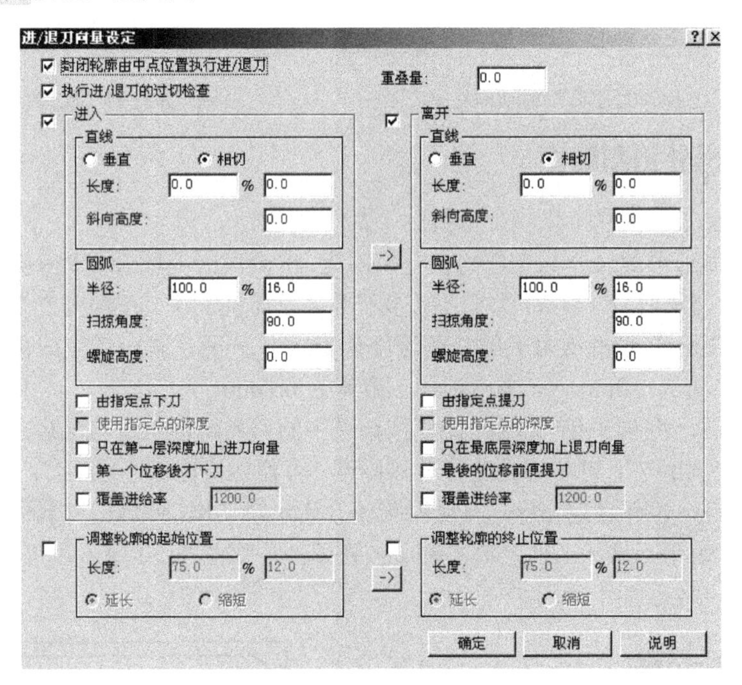

图 3-28　“进/退刀向量设定”对话框

6. 产生刀具路径

单击如图 3-26 所示界面中的确定按钮，产生了加工刀具路径，如图 3-29 所示。

7. 模拟刀具路径

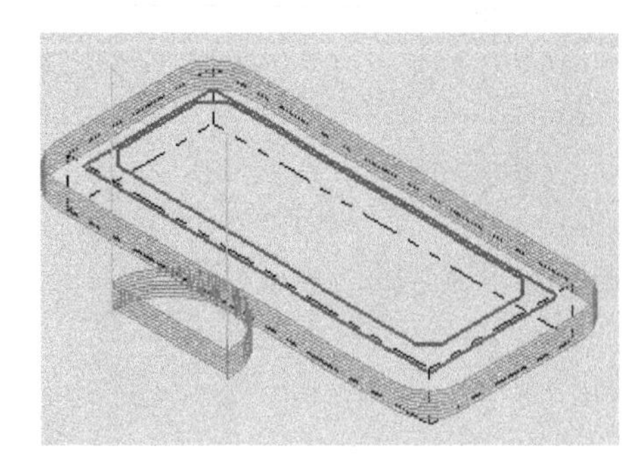

图 3-29　外形铣削刀具路径

刀具路径模拟结果如图 3-29 所示。检验刀具路径，可发现刀具路径是符合底座外形的加工要求的。

8. 实体切削验证

单击如图 3-30 所示“操作管理员”对话框中的全选→实体切削验证选项，模拟实体加工过程如图 3-31 所示。验证加工结果，底座外形已进行了加工，符合底座外形粗加工铣削要求。

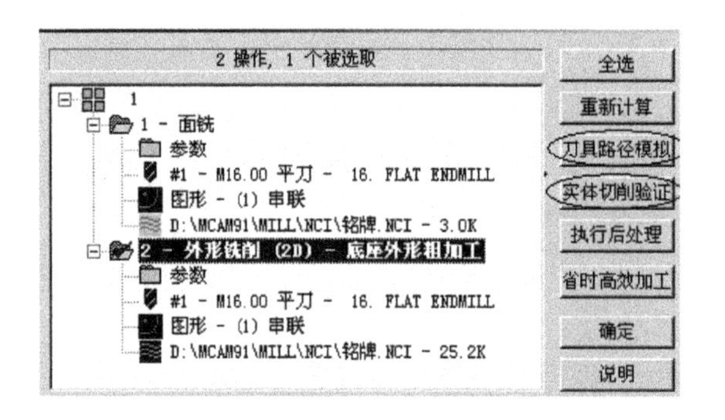

图 3-30　“操作管理员”对话框

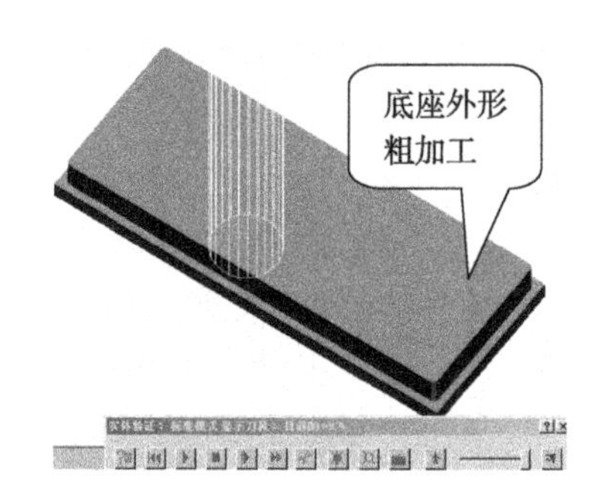

图 3-31　实体切削验证

3.3.3　顶面外形粗加工

顶面外形粗加工，同样可采用外形铣削（2D）的方法。

分析铭牌顶面外形的尺寸与毛坯的尺寸，因为 *XY* 方向的毛坯余量最小为 2mm，最大为 6.7mm，采用 ϕ16 的平底刀，故 *XY* 方向不需要分层，只需铣一次。在深度方向需要分层加工。顶面外形台阶高 2mm，设每次最大的铣削深度为 1mm，分两次就可以完成顶面外形粗加工。设 *XY* 方向加工余量为 0.2mm，*Z* 方向的加工余量为 0.1mm。

为使图面简洁，将图 3-29 刀具路径模拟结果中的刀具路径轨迹与毛坯虚线隐藏。

使用快捷键“Alt+T”，可将刀具路径轨迹隐藏（再使用快捷键“Alt+T”，又可显示出来）。

单击刀具路径→工作设定命令，出现如图 3-6 所示对话框，单击选中☑显示素材前的方框，去掉“ √ ”，表示不显示工件，单击确定按钮返回，如图 3-32 所示，可发现毛坯双点画线已隐藏。

1. 外形铣削对话框

进入外形铣削对话框方法如下所述。

① 单击主菜单→刀具路径→外形铣削→串联命令。

② 选取顶面外形线框为加工范围，顶面外形改变颜色，并出现一个起点与箭头，箭头方向为顺时

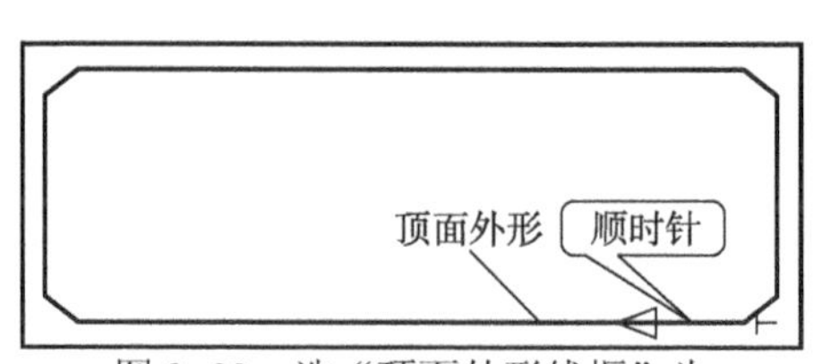

图 3-32　选“顶面外形线框”为串联

针方向，如图 3-32 所示。

③ 单击执行命令，进入“外形铣削”对话框，如图 3-33 所示。

2. 选择刀具参数

仍选用直径为 16mm 的平刀，刀具参数同平面铣削加工的参数，如图 3-16 所示。

3. 选择 2D 外形铣削参数

单击外形铣削参数按钮，如图 3-33 所示，填选、改动参数如下所述。

① 深度：-2.0 绝对坐标。

② *XY* 方向预留量：0.2。

③ *Z* 方向预留量：0.1。

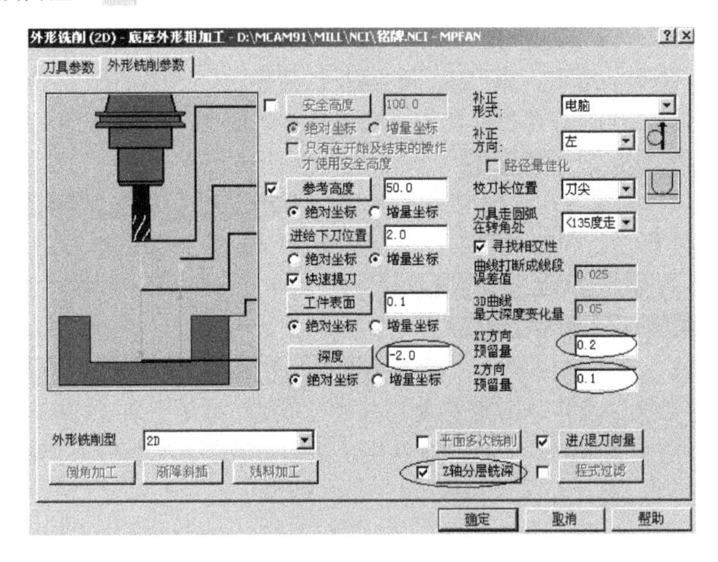

图 3-33　“外形铣削”对话框

4. 设定分层铣深参数

深度方向共有 2mm 的加工量，若做一次铣削，吃刀量较大，现分两次铣削，通过设定分层铣深参数来解决该问题。

单击 Z 轴分层铣深按钮，出现如图 3-27 所示对话框，选定相同的参数，单击确定按钮，返回如图 3-33 所示对话框。

5. 产生刀具路径

单击如图 3-33 所示对话框中的确定按钮，产生了加工刀具路径。

6. 模拟刀具路径

单击操作管理命令，弹出如图 3-34 所示“操作管理员”对话框。

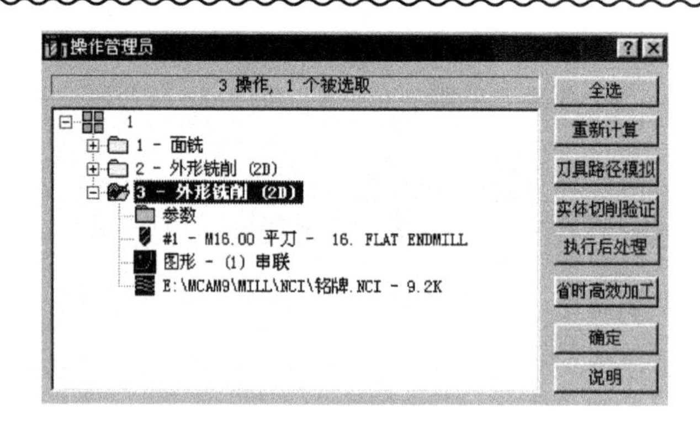

图 3-34 “操作管理员”对话框

① 单击刀具路径前面的符号“⊞”或“⊟”，可隐藏或显示刀具路径文件子菜单项。图 3-34 中的第一、第二个刀具路径的子菜单被隐藏。

② 分析图 3-34 中的第二、第三个刀具路径，名称是一样的，都是“外形铣削（2D）”，为区分它们，现将第二个刀具路径命名为“底座外形粗加工”，方法如下：

单击图中“2 - 外形铣削 (2D)”，隔几秒后再单击一次，出现一空格。在空格中输入“底座外形粗加工”，回车后，该项变为：“⊟ 2 - 外形铣削 (2D) - 底座外形粗加工”。

同样，可将第三个刀具路径命名为“顶面外形粗加工”，该项变为“⊟ 3 - 外形铣削 (2D) - 顶面外形粗加工”。将第一个刀具路径命名为“顶平面铣削”，该项变为“⊟ 1 - 面铣 - 顶平面铣削”。

③ 单击选中第三个刀具路径“⊟ 3 - 外形铣削 (2D) - 顶面外形粗加工”→刀具路径模拟→手动执行命令，反复单击手动执行命令，模拟结果如图 3-35 所示，检验刀具路径，是符合顶面外形的加工要求的。刀路共分两层，进刀位置为水平线 L1 的中点，下刀点在毛坯之外，加工时间 38s。

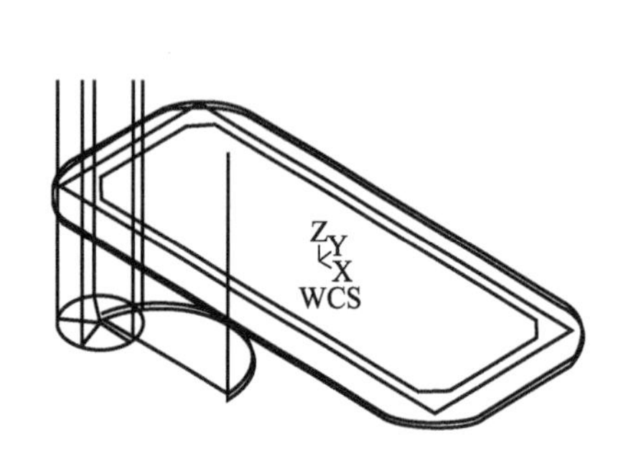

图 3-35 顶面外形刀具路径模拟

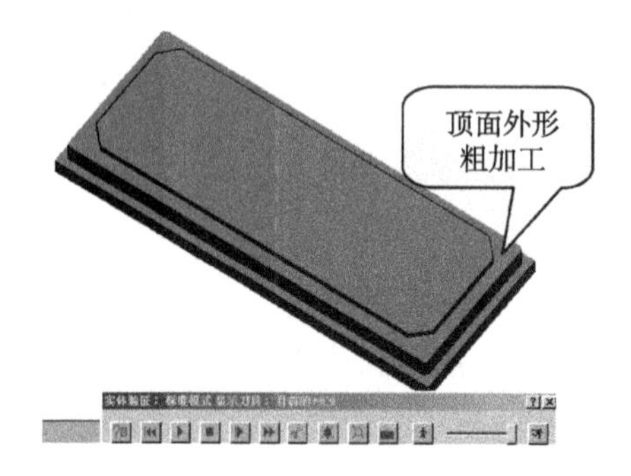

图 3-36 实体切削验证

7. 实体切削验证

单击如图 3-34 所示对话框中的全选→实体切削验证选项，出现如图 3-36 所示的界面，单击图 3-36 中“持续执行”按钮“▶”，出现模拟实体加工过程。如图 3-36 所示，加工出 2mm 高的顶面外形台阶，验证加工结果符合顶面外形粗加工铣削要求。

3.3.4 底座外形精加工

底座外形粗加工之后，留下加工余量为 0.1mm，还需对底座外形进行精加工。精加工可

用粗加工的刀路，稍做改动，重新进行计算，生成新的精加工刀路。

另取一把直径为 16mm 的平刀，一般用新刀做精加工，为获得较理想的表面粗糙度，应采用小的进给率。刀具下到 Z 方向为−7.2mm 处，绕底座外形外侧顺铣一次到位。

1. 外形铣削对话框

单击主菜单→刀具路径→外形铣削→串联命令，选取底座外形线框为加工范围，底座外形串联改变颜色，并出现一个起点与箭头，如图 3−11 所示，保证箭头所指的方向为顺时针方向，配合刀具半径左补正，精加工为顺铣。单击确定按钮，出现如图 3−37 所示的对话框。

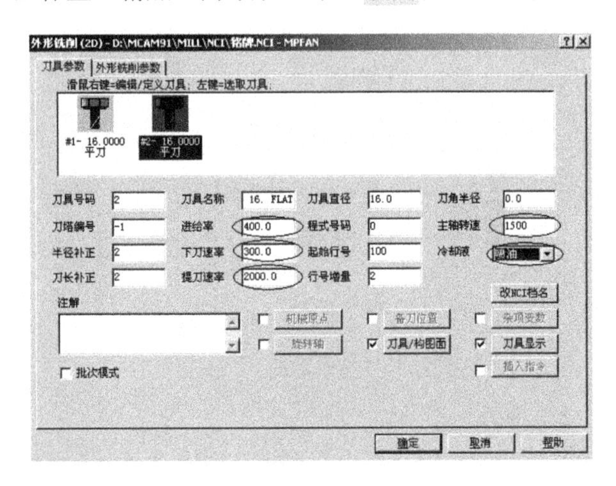

图 3−37　“刀具参数”对话框

2. 选择刀具参数

另取一把直径为 16mm 的平刀，如图 3−37 所示。在“刀具参数”对话框中，主要修改以下五项参数。

① 进给率：400.0，进给率比粗加工的进给率小，获得的加工表面粗糙度值小，表面较光滑。

② 下刀速率：300.0。

③ 提刀速率：2 000.0。

④ 主轴转速：1 500。

⑤ 冷却液：喷油。

3. 选择 2D 外形铣削参数

单击外形铣削参数按钮，出现如图 3−26 所示对话框，与底座外形粗加工相比，填选的参数做如下修改。

① 补正方向：左补正。保证了精加工为顺铣。

② XY 方向预留量：0。

③ 不单击选中▢平面多次铣削项，XY 平面方向不多次铣削。

④ 不单击选中▢ Z 轴分层铣深项，Z 轴方向不分层铣深。

⑤ 其余各项为默认值。

4. 产生刀具路径

单击如图 3-26 所示对话框中的确定按钮，产生了底座外形精加工刀具路径。

5. 模拟刀具路径

模拟刀具加工路径，方法如下所述。

① 单击操作管理命令，弹出如图 3-38 所示对话框。

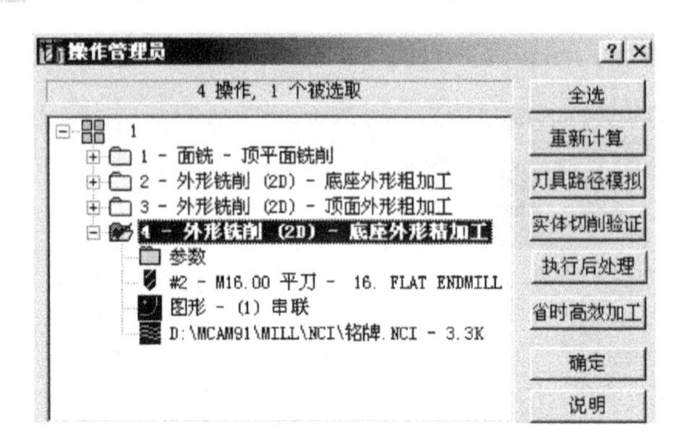

图 3-38　“操作管理员”对话框

② 命名为“底座外形精加工”。

③ 单击刀具路径模拟→自动执行，命令，模拟结果如图 3-39 所示，为俯视图的效果，加工时间为 59s。检验刀具路径是符合底座外形的精加工要求的。

6. 实体切削验证

单击如图 3-38 所示对话框中的全选→实体切削验证选项，单击图 3-40 中的“持续执行”按钮“▶”，出现模拟实体加工过程画面。如图 3-40 所示，刀具绕底座外形一周加工，验证加工结果符合底座外形精加工铣削的要求。

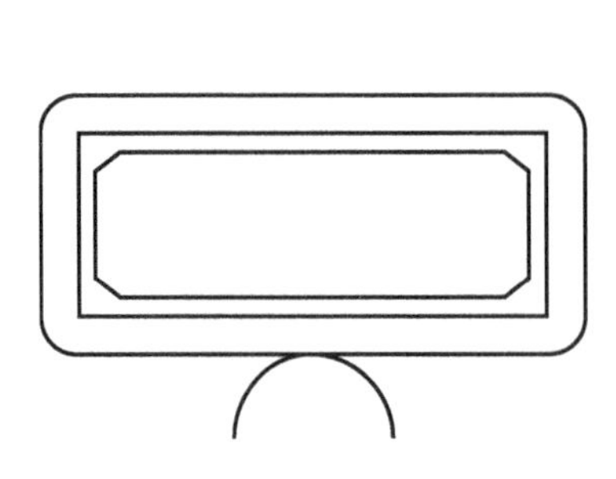

图 3-39　底座外形精加工刀具路径模拟

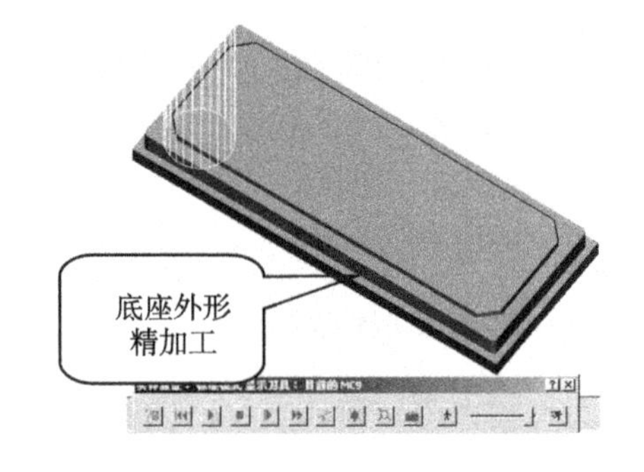

图 3-40　实体切削验证

3.3.5　顶面外形精加工

采用外形铣削（2D）的方法进行顶面外形精加工。

顶面外形粗加工之后，*XY* 方向加工余量为 0.2mm，Z 方向加工余量为 0.1mm，可采用顶面外形粗加工的方法，稍做改动，进行精加工。选择 3.3.4 节采用的直径为 16mm 的平刀，为获得较理想的表面粗糙度，应采用小的进给率，刀具下到 Z 方向为–2mm 处，绕顶面外形线框外侧顺铣，两次加工到位。

1. “外形铣削”对话框

单击主菜单→刀具路径→外形铣削→串联命令，选取顶面外形线框为加工范围，顶面外形线框改变颜色，并出现一个起点与箭头，如图 3–41 所示，要保证箭头所指的方向为顺时针方向，精加工为顺铣。单击确定按钮，进入如图 3–26 所示“外形铣削”对话框。

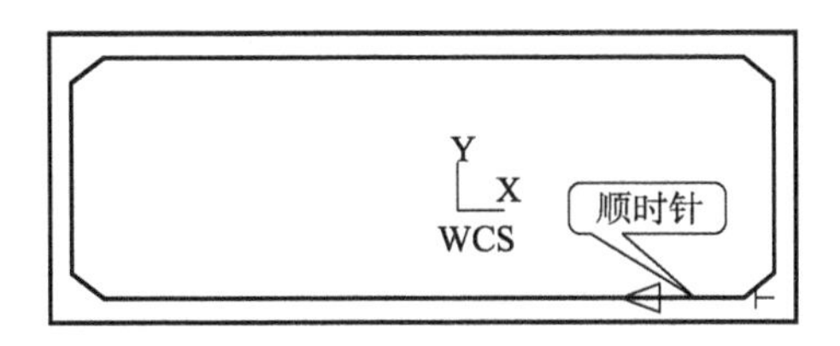

图 3–41　选“顶面外形线框”为串联

2. 选择刀具参数

用直径为 16mm 的精加工平刀，与 3.3.4 节介绍的底座外形精加工所用平刀的刀具参数相同。

3. 选择 2D 外形铣削参数

在“外形铣削”对话框中，单击外形铣削参数按钮，出现如图 3–26 所示对话框，填选参数做如下修改。

① 深度：–2，绝对坐标。

② 补正位置控制器：左补正。

③ *XY* 方向预留量：0。

④ *Z* 方向预留量：0。

⑤ 单击选中平面多次铣削项。

单击 平面多次铣削前面的方框，出现“”，表示 *XY* 平面方向分多次铣削。

⑥ 单击选中进/退刀向量项，默认上次的设定。

⑦ 其余各项为默认值。

4. 设定 *XY* 平面多次铣削参数

单击 XY 平面多次铣削按钮，出现如图 3–42 所示对话框，填选参数如下：

① 粗铣次数：0，不粗铣。

② 精修次数：2。

③ 精修间距：0.2。

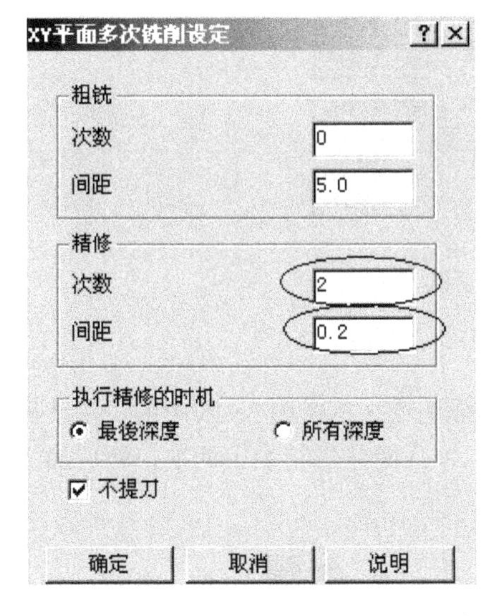

图 3–42　“XY 平面多次铣设定”对话框

精修次数与间距的设定，是根据 *XY* 方向精加工的余量为 0.2mm 来计算的。

注意

在精加工时，要避免刀具的底刃和侧刃同时吃刀，否则易造成表面有震刀痕。因此，此处分两次精加工，第一刀用刀具的底刃精加工 Z 方向的余量 0.1mm，第二刀用刀具的侧刃精加工 XY 方向的余量 0.2mm。

④ 单击选中最后深度项。

⑤ 单击选中不提刀项。

⑥ 其余各项为默认值。

⑦ 单击确定按钮，返回如图 3-26 所示对话框。

5. 产生刀具路径

单击如图 3-26 所示对话框所示的确定按钮，产生了顶面外形精加工加工刀具路径。

6. 模拟刀具路径

模拟顶面外形精加工的刀具加工路径的方法如下所述。

① 单击操作管理命令，弹出如图 3-43 所示对话框。现将该刀路命名为“顶面外形精加工”。

② 单击刀具路径模拟→自动执行命令，模拟结果为如图 3-44 所示的俯视图的效果，检验刀具路径符合顶面外形的精加工要求。

③ 按 Esc 键，返回如图 3-43 所示对话框。

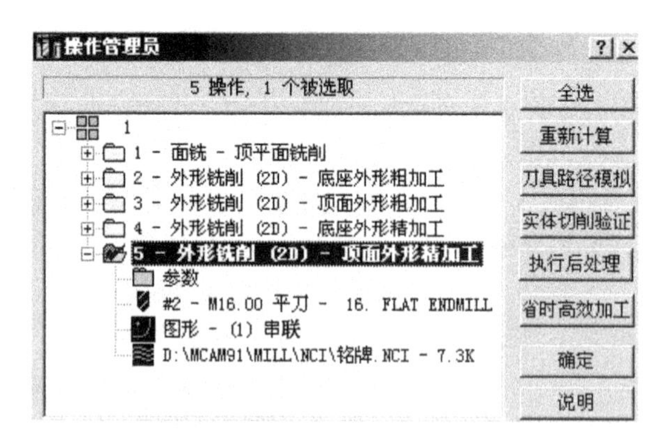

图 3-43　“操作管理员”对话框

7. 实体切削验证

在如图 3-43 所示对话框中，单击全选→实体切削验证选项，单击图 3-45 中的“持续执行”按钮“▶”，出现模拟实体加工过程。如图 3-45 所示，顶面外形精加工两次，验证加工结果，符合顶面外形精加工铣削要求。

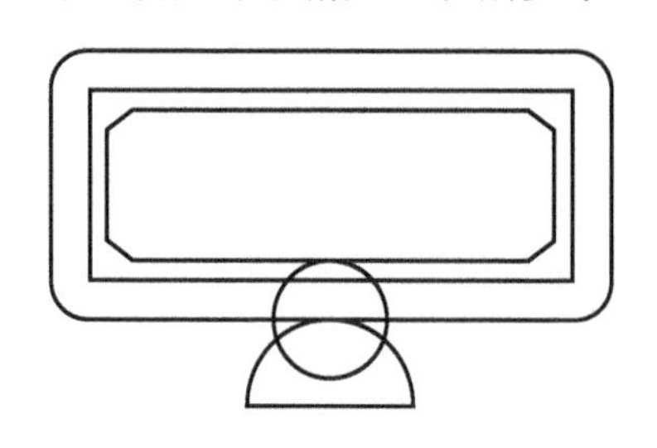

图 3-44　顶面外形精加工刀具路径模拟

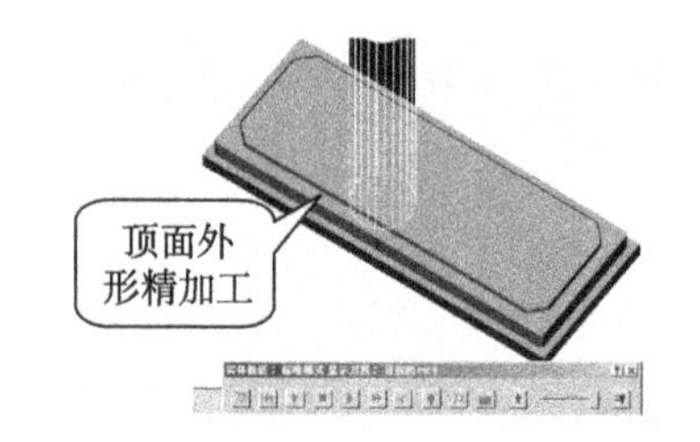

图 3-45　实体切削验证

3.3.6　装夹位底平面加工

完成正面的加工后，可将铭牌外形零件翻转过来装夹，未加工的底平面向上，可以用普通铣床加工。因以后还要在顶面进行其他的加工工序，该项暂时不加工，留到最后进行加工。

3.4 模拟刀具路径

完成全部刀具路径的编制后，需要检查刀具铣削路径有无问题，估算加工时间。单击图 3-43 中的全选→刀具路径模拟选项，单击自动执行命令，可模拟刀具路径，结果如图 3-46 所示，完成了铭牌零件的加工，加工时间为 4min50s。

3.5 后处理，产生 NC 加工程序

本章 3.4 节介绍的产生铭牌外形的刀具路径，生成的是刀具中心的运动轨迹，不能直接驱动数控机床，需要经过专门的后处理程序，编译产生 NC 程序后，才能驱动数控机床进行加工。每一个刀具路径，都可以产生一个 NC 程序。现有五个刀具路径，可处理成五个 NC 程序。因为用的都是直径为 16mm 的平刀，一般将它们处理成一个粗加工 NC 程序，一个精加工 NC 程序。为了让初学者了解每一步的效果，在本章按每一个刀具路径产生一个 NC 程序，共产生五个 NC 程序，这样也方便检查每一步的加工效果。

① 单击图 3-43 中的第一个程序项，即选取顶平面铣削的刀路。单击执行后处理选项，出现如图 3-47 所示对话框，填选参数如下所述：

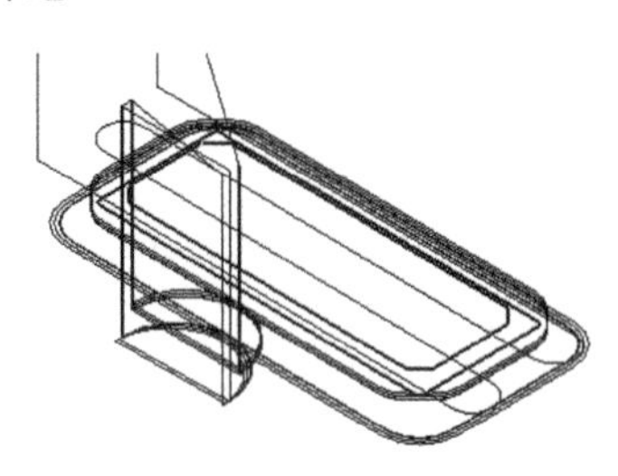

图 3-46　铭牌外形加工的刀具路径模拟

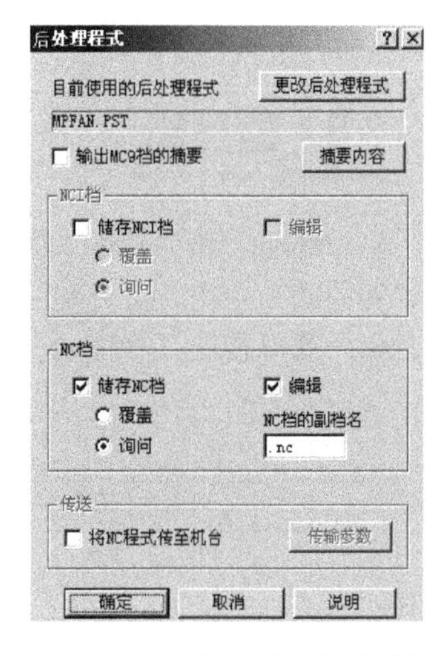

图 3-47　“后处理程式”对话框

- 目前使用的后处理程式为 MPFAN.PST。MPFAN.PST 表示后处理后的 NC 程序可以用于发那科系统。
- 在 NC 档选项中：单击并选中☑储存 NC 档 选项；单击并选中☑编辑 选项；单击并选中◉询问选项；其余为默认值。

② 单击确定按钮，出现如图 3-48 所示对话框。

③ 选择保存的目录与文件名称，如 D：\MASTERCAM\MILL\NC 目录下，文件名为：MP1.NC。

④ 单击图 3-48 中的保存按钮，出现如图 3-49 所示画面，产生了 NC 程序。

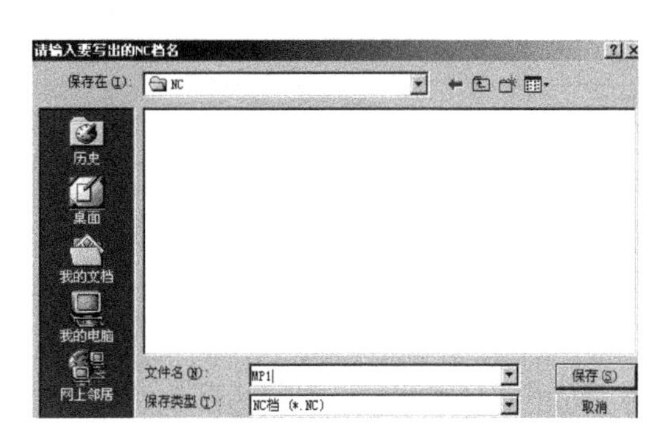

图 3-48　“保存 NC 程序”对话框

```
MILL\NC\MP1.NC
%
O0000
(PROGRAM NAME - MP1)
(DATE=DD-MM-YY - 23-08-04 TIME=HH:MM - 23:40)
N100G21
N102G0G17G40G49G80G90
( 16. FLAT ENDMILL TOOL - 1 DIA. OFF. - 1 LEN. - 1 DIA. - 1
N104T1M6
N106G0G90G54X-65.553Y-17.998A0.S1500M3
N108G43H1Z50.M8
N110Z10.
```

图 3-49　面铣的 NC 程序

用同样方法，经后处理可得到：MP2.NC（铭牌—底座外形粗加工）、MP3.NC（铭牌—顶面外形粗加工）、MP4.NC（铭牌—底座外形精加工）、MP5.NC（铭牌—顶面外形精加工）等 NC 程序。

⑤ 存档。单击档案→存档命令，在存档对话框中输入档案名：铭牌外形.MC9，回车，完成存档。

3.6　程序单

Mastercam 软件具有“加工报表”的功能，单击 主菜单 → 公共管理 → 加工报表 命令，可得到一个用英文说明的加工报表。现采用一种简单的方法，编写程序单，对编好的程序，做一简单说明，方便初学者操作加工。铭牌的数控加工程序单如表 3-1 所示。

表 3-1　铭牌数控加工程序单

数控加工程序单						
图号	工件名称： 铭牌外形	编程人员： 编程时间：	操作者： 开始时间： 完成时间：	检验： 检验时间：		文件档名：D：\Mcam9.1\mill\MC9\铭牌外形.MC9
序号	程序名	加工方式	刀具	装刀长度	理论加工进给速率/时间	备注（余量）
1	MP1	顶平面粗加工	ϕ16 平刀	20	1 200/30s	0.1
2	MP2	底座外形粗加工	ϕ16 平刀	20	1 200/1min	0.1
3	MP3	顶面外形粗加工	ϕ16 平刀	20	1 200/38s	0.2
4	MP4	底座外形精加工	ϕ16 平刀（新）	20	400/59s	0
5	MP5	顶面外形精加工	ϕ16 平刀（新）	20	400/2min	0
零件简图及零点位置： 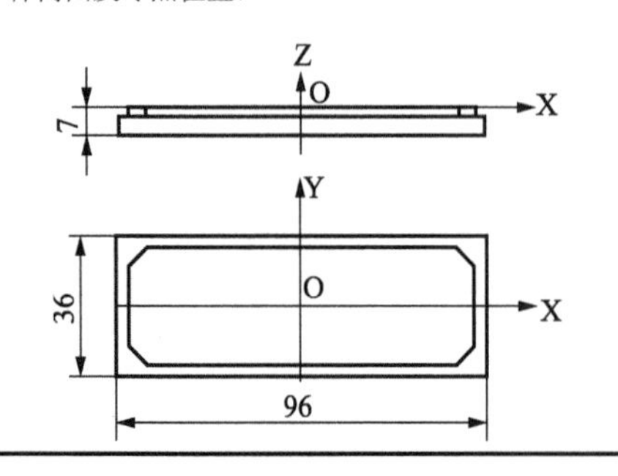 			1. 毛坯选择尺寸为 100mm×40mm×13mm 的铝型材。 2. 用普通铣床铣一装夹位，尺寸如下图所示，采用虎钳装夹。 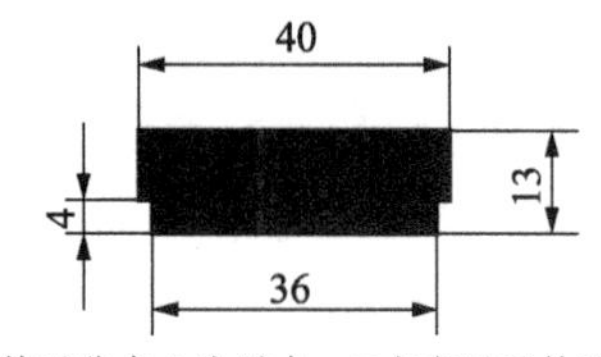 3. X、Y 方向以工件对称中心为零点，Z 方向以工件顶面为零点。 4. 记录对刀器顶面距零点的距离 Z0。			

3.7 CNC 加工

现采用国产的 DM4800 加工中心加工铭牌，操作系统为发那科系统。机床最高转速为 8 000r/min。

3.7.1 毛坯的准备

毛坯下料后，用普通铣床铣一装夹位，尺寸如图 3-4 所示，装夹位宽度一定要大于 36mm，便于后续的第 5 章所介绍的钻孔加工。

3.7.2 刀具的准备

按如表 3-1 所示的程序单选择一把ϕ16mm 高速钢平刀用来做粗加工，一把ϕ16mm 新的高速钢平刀用来做精加工。将刀具装在 BT40 的夹头上，装刀长度为 20mm。

3.7.3 操作 CNC 机床，加工铭牌外形

1. 开机

发那科（FANUC）系统面板如图 3-50 所示。接通电源，打开加工中心机床后面的总开关，按下机床电源开关（Power On），该键灯亮；松开红色急停开关（Emergency Stop）；打开输送数据的计算机；启动空压机，检查润滑油泵、油路等是否正常。

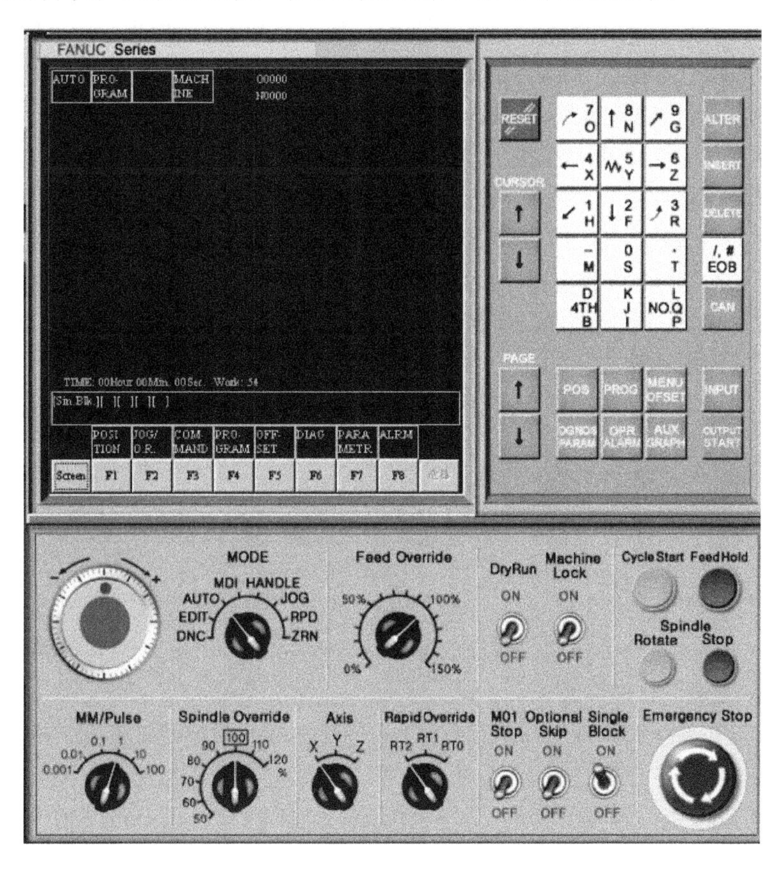

图 3-50 发那科系统面板

2. 归零

转动模式选择（MODE）旋钮，选择归零模式为 ZRN。转动坐标轴选择（Axis）旋钮，选择 *Z* 轴先归零，按下运行键（Cycle start），*Z* 轴归零，同样方法将 *Y* 轴和 *X* 轴归零。三轴归零后，*X*、*Y*、*Z* 三轴机械坐标显示为零。

3. 储存 NC 程序

将程序单中所列的 NC 程序储存到计算机要求的目录下，如“MCED”，打开机床用的专用输数程序，会出现输数对话框。

4. 装夹好刀具及工件

（1）装刀操作过程

转动模式（MODE）选择旋钮，选择手动模式为（HANDLE），右手按住装在主轴护板上的松刀（装刀）键（PRESS UNCLAMP），左手扶住刀柄，对准刀柄槽，松开右手后装好刀具。

（2）装夹坯料

各轴归零后，在操作面板中选择手动模式（HANDLE），操作手动轮，移动工作台到适当位置，将工作台清理干净，然后用虎钳夹紧坯料。

5. 分中对零

转动模式（MODE）选择旋钮，选择面板输入模式（MDI），按程序键（PRGRA）。在操作面板中输入“S600；M03；”，按启动键（OUTPUT START），启动主轴。

选择手动模式为（HANDLE），操作手动轮，在坯料的左边，降下主轴，向左移动工作台，刀具刚好碰到坯料后，升高主轴，移动光标到相对坐标中 *X* 轴相应的数值，按取消键（CAN），*X* 轴坐标清零。

然后在坯料的右边进行对刀，刀具刚好碰到坯料后，抬高主轴，将此时的 *X* 轴坐标值除以 2 得到一个新值，并操作手动轮，将 *X* 轴移到该数值对应位置，再按取消键（CAN），*X* 轴坐标清零。这样完成了坯料 *X* 轴方向分中，找到了 *X* 轴方向的零点。

Y 轴对零方法与上述相同。

Z 轴对零：将刀具向下移动，碰到坯料顶面最低点时，停止移动主轴（也可以通过在坯料的顶面走“十”字的办法找到最低点），将光标移到 *Z* 轴坐标位置，按取消键（CAN），*Z* 轴坐标清零。

此时相对坐标中 *X*、*Y*、*Z* 三轴的坐标值显示皆为 0，表示刀尖位置处于零点位置。

6. 设定 G54 工作坐标值

按显示屏幕下的（总合）坐标软体键，显示 3 个坐标系，记录此时的机械坐标（Machine Postion）系中 *X*、*Y*、*Z* 的坐标值。

按坐标设置菜单键（MENU OFSET），显示工作坐标系设定画面，按光标（CURSOR）键“↓”，将光标移动到 G54 工作坐标中，将相应的已记录的机械坐标（Machine Postion）系中 *X*、*Y*、*Z* 的坐标值，输入到 G54 工作坐标中。这样就设定好 G54 工作坐标。按坐标显示键（POS），显示机械坐标，逐一检查坐标输入是否正确。提高主轴，并按主轴停止键（Spindle

Stop)，主轴停止旋转，完成设定 G54 工作坐标值的操作。

为了保证顶平面加工后有 0.1mm 的加工余量，将已设定的 G54 坐标中的 Z 轴坐标再下降 0.1mm，也可直接将 G54 坐标中的 Z 轴坐标值减 0.1mm，得到新的 G54 坐标。

7. 准备输数

转动模式（MODE）选择旋钮，选择数据传输模式为（DNC），将快速移动（Rapid Override）键调至 25%，进给率（Feed Override）键调至零，关好机床门。

8. 输数

在输数计算机的输数对话框中选择“SEND”选项，输入要运行的 NC 程序名称：MP1.NC，回车，确认，可以开始加工。

9. 粗加工

按程序开始（Cycle Start）按钮，启动循环开始程序，用手握住程序进给挡（Feed Override）旋钮，并慢慢调动该旋钮，这时机床开始自动运行。注意观察其运行是否正常，特别注意下刀位置，如发现问题，立即按进给停止 Feed Hold 键。如果运行正常，可逐渐调高程序进给速度，调至 100%，快速移动进给率 Rapid Override 旋钮可调到 50%，这样机床自动执行第一个程序。

加工走完第一个程序后，机床报警。按 RESET 键取消报警。观察检验加工的结果是否有问题。输入第二个程序（MP2）、第三个程序（MP3），程序的输入方法重复步骤 7、8、9。这样就完成了铭牌的粗加工。

10. 第二把ϕ16mm 平刀的对零方法

第二把ϕ16mm 平刀的对零方法如下所述。

① 装上第二把刀ϕ16mm 的精加工平刀。

② 在 HANDLE 模式下，启动主轴，向下移动主轴，用刀的底端铣到铭牌的顶部。

③ 按“CAN”键，将 Z 轴相对坐标清零。此时清零的目的是便于记数。

④ 再将此时的 Z 轴的机械坐标值减 0.1mm，输入到 Z 轴的 G54 工作坐标中，这样，就设定好第二把刀的零点。

11. 精加工

重复步骤 7、8、9，输入第四个程序（MP4）、第五个程序（MP5），完成铭牌的精加工。

12. 加工结束

待工件加工结束后，注意检查工件尺寸是否符合图纸要求，还要做好机床的清洁保养工作，并按照开机的反顺序关闭加工中心。

3.8　检验与分析

检验与分析的具体内容如下：

① 顶平面加工完后，可用肉眼观察顶平面是否全部加工到位，否则需要降低零点的高

度，重新加工。

② 底座外形粗加工完成后，用游标卡尺检验铭牌的外形尺寸是否为96.2mm×36.2mm，*Z*方向的尺寸是否为7.3mm。观察表面粗糙度情况。

③ 顶面外形粗加工完成后，用游标卡尺检验铭牌的内形尺寸是否为90.4mm×30.4mm，*Z*方向的尺寸是否为2mm，观察表面粗糙度情况。

④ 底座外形精加工完成后，用游标卡尺检验铭牌的外形尺寸是否为96mm×36mm，检查表面粗糙度是否比粗加工时明显降低，是否符合要求。

⑤ 顶面外形精加工完成后，用游标卡尺检验铭牌的外形尺寸是否为90mm×30mm，*Z*方向的尺寸是否为2.1mm，检查表面粗糙度是否比粗加工时明显降低，清角是否完全。

⑥ 通过检验，分析加工工艺是否合理，对不合理的地方进行改进，重新编写NC程序。

练习3

3.1 请给出面铣用ϕ16mm平刀加工铝材的粗加工刀具参数。

3.2 说明面铣的三个深度参数（参考高度，进给下刀位置，工作表面）的意义。

3.3 数控加工机床2D外形铣削一般采用顺铣还是逆铣？怎样保证顺铣？

3.4 2D外形铣削为什么要设定进/退刀向量参数？

3.5 粗加工与精加工工艺参数有什么不同？给出ϕ16mm平刀加工铝铭牌的外形精加工的刀具参数。

3.6 叙述数控机床加工铭牌时的对零操作，设定G54坐标的过程。

3.7 请叙述手工换刀的刀具长度补正的方法。

第 4 章　铭牌的雕刻加工

本章主要介绍文字的绘制，边界盒的绘制与平移，挖槽加工刀具路径（雕刻文字）。

4.1　铭牌的文字绘制

在第 2 章所做的台阶零件的表面上雕刻加工“理工数控”四个字，文字深度为 0.2mm。如图 4-1 所示。

图 4-1　铭牌文字

4.1.1　绘制文字

绘制文字的方法如下：

① 单击档案→取档命令，输入档案名：“铭牌外形.MC9”，回车，铭牌外形的零件图如图 2-41 所示。

② 将当前图层设为 **3**，命名为“文字”，将尺寸标注所在的图层 2 设为不可见图层，即关闭该图层，其余设置为默认值，结果如图 4-2 所示。

③ 单击主菜单→绘图→下一页→文字命令，过程如图 4-3 所示，出现如图 4-4 所示的对话框。

图 4-2　当前图层设为 3

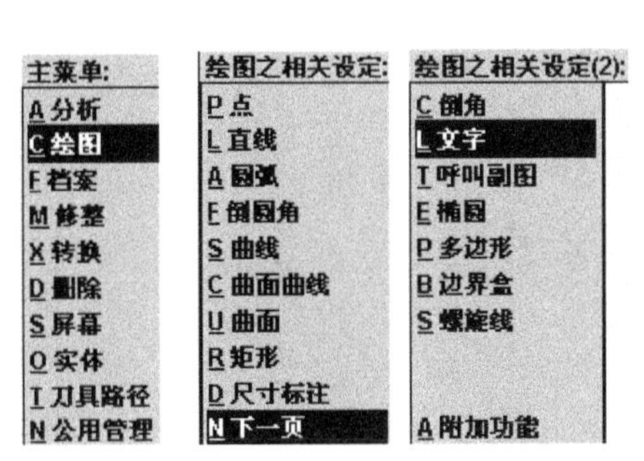

图 4-3　文字绘制菜单

④ 单击字形按钮，出现如图 4-5 所示的对话框，字体选择为华文新魏，字体样式选择为规则（字体大小选项无效，由图 4-4 确定）。

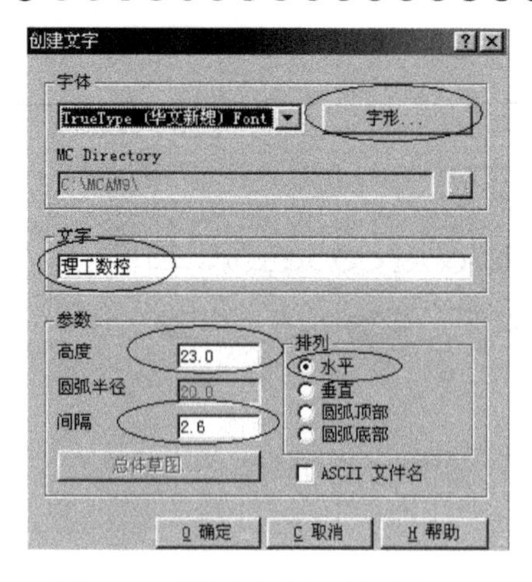

图 4-4　“创建文字”对话框

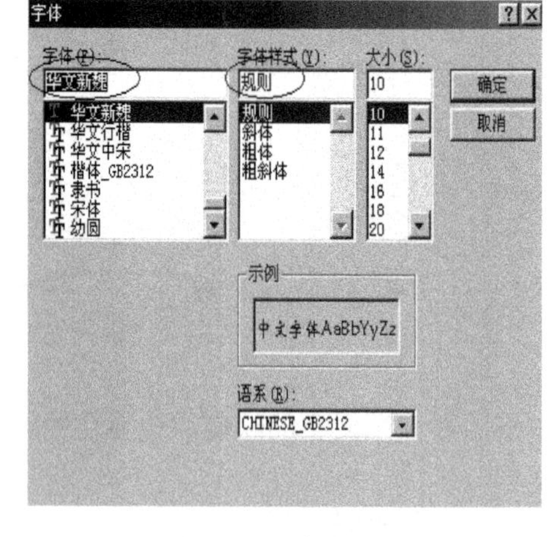

图 4-5　“字体”对话框

⑤ 单击确定按钮，返回如图 4-4 所示的对话框，单击文字下面的空行，输入“理工数控”四个字。

⑥ 文字高度输入“23”，文字间隔输入“2.6”，文字排列选择为水平。

⑦ 单击确定按钮，出现如图 4-6 所示“抓点方式”菜单。在系统提示区出现提示：请输入文字的起始位置。

⑧ 在屏幕适当位置单击一点，放置文字的起点，出现“理工数控”四个字，如图 4-7 所示。

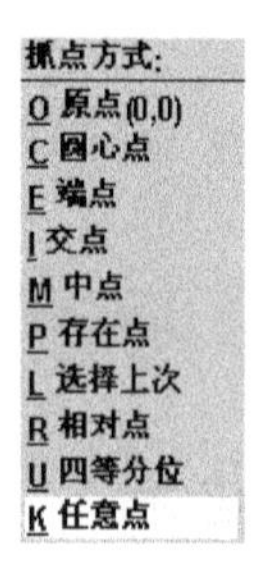

图 4-6　“抓点方式”菜单

图 4-7　绘制出“理工数控”

4.1.2　平移文字

1. 绘制边界盒

分析如图 4-7 所示的图形，很显然文字不在铭牌的中间位置。可以先绘制“理工数控”四个字的边界盒及中心点，平移文字及其中心点，将其中心点与铭牌外形的中心点对齐，这样就将文字平移到铭牌的中间位置，方法如下：

① 单击主菜单→绘图→下一页→边界盒命令，过程如图 4-8 所示，出现如图 4-9 所示的“边界盒”对话框。

② 单击并选中☑线项，表示建立边界盒线。

③ 单击并选中☑建立点项，表示建立边界盒中心点。

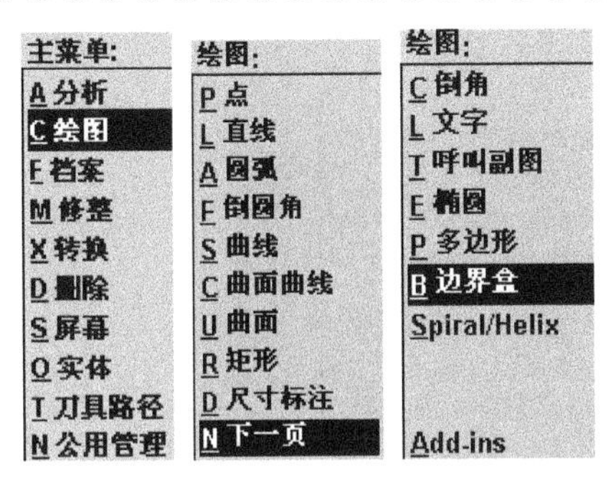

图 4-8　绘制边界盒菜单

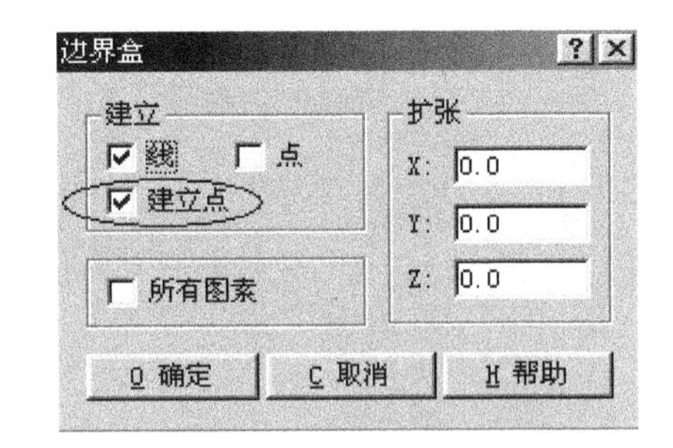

图 4-9　“边界盒”对话框

④ 不选中 所有图素项，表示需要另选取所需要的图素，其余为默认值。

⑤ 单击确定按钮，返主菜单。

⑥ 在主菜单中，单击窗选→矩形命令，过程如图 4-10 所示，在上面提示区出现提示：请选择要定义边界盒的图素：请指定视窗的第一个角，单击“理”的左上角，提示：请指定视窗的第二个角，拉动鼠标，单击“控”的右下角，窗选了“理工数控”四个字，其颜色改变为黄色。

⑦ 单击执行命令，如图 4-10 所示，出现如图 4-11 所示的图形，“理工数控”四字周围被一个矩形围住，并产生了一中心点。

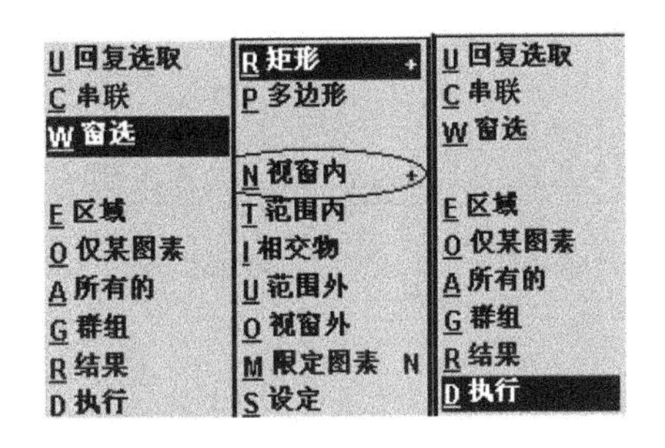

图 4-10　窗选文字菜单

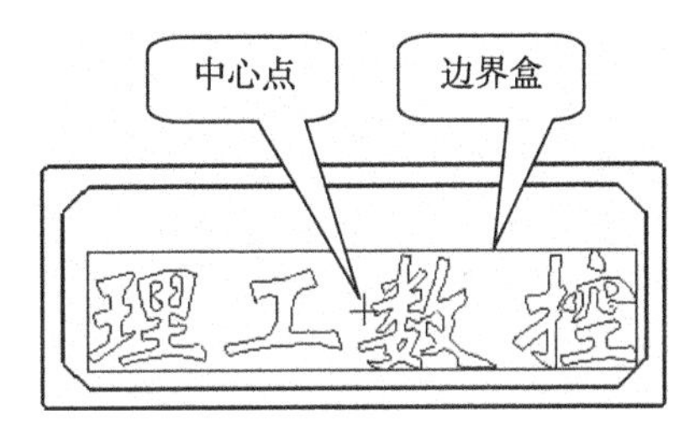

图 4-11　绘制“边界盒”

2. 平移文字

平移文字的方法如下：

① 单击主菜单→转换→平移→窗选→矩形命令，过程如图 4-12 所示。

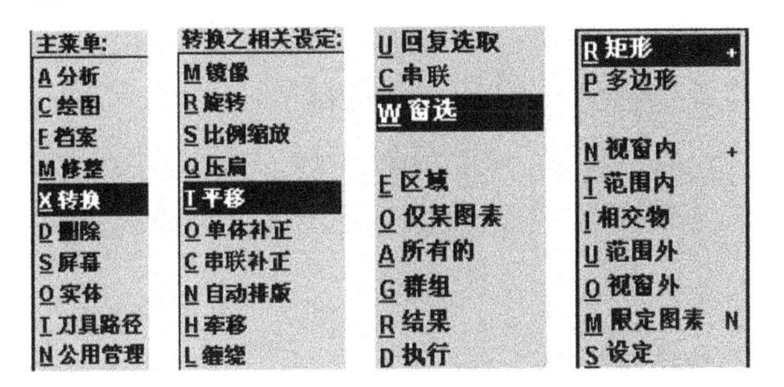

图 4-12　平移文字菜单

② 窗选上述的矩形及文字，颜色改变为黄色。

③ 单击执行→两点间→存在点（捕捉文字的中心点）→原点命令，过程如图 4-13 所示，

出现如图 4-14 所示的对话框。

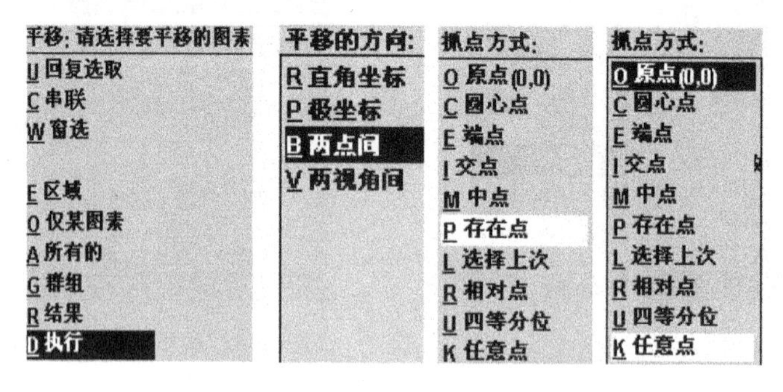

图 4-13　“两点间”平移图素菜单

④ 单击并选中处理方式为 移动 项，次数为 1。

⑤ 单击确定按钮，出现如图 4-15 所示图形，“理工数控”四字已移到铭牌的中央。被移动的部分的颜色为暗红色，表示为“结果”，原来被选取的部分称为“群组”。

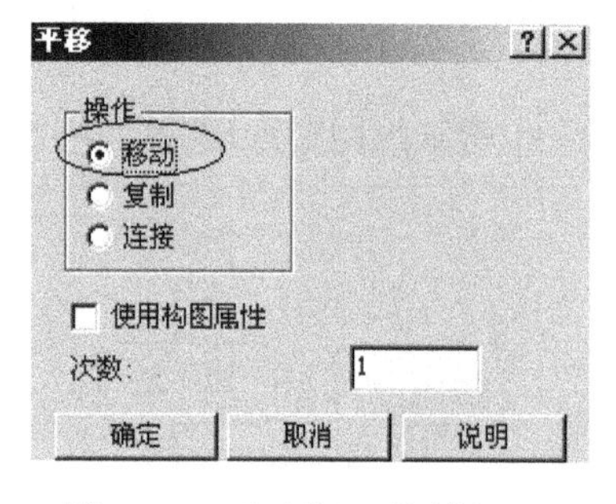

图 4-14　“平移”对话框

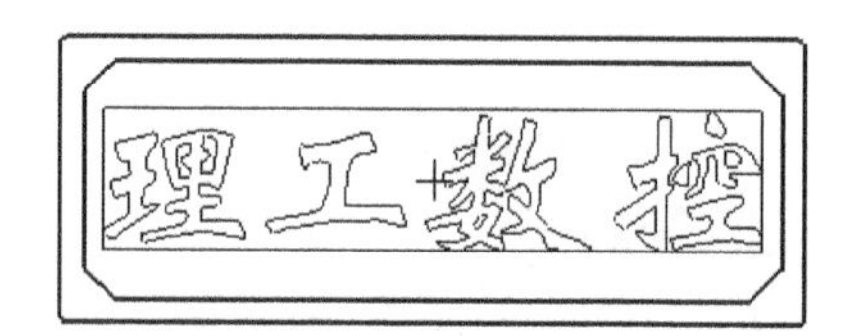

图 4-15　平移文字中心点到原点

3. 删除边界盒及中心点

删除边界盒及中心点的方法如下：

① 单击主菜单→删除→串联命令，过程如图 4-16 所示。

② 单击边界盒的任意一边，边界盒变为黄色。

③ 单击执行命令，则边界盒被删除。

④ 删除也可单击工具栏按钮，单击文字中心点，则中心点被删除，效果如图 4-1 所示。

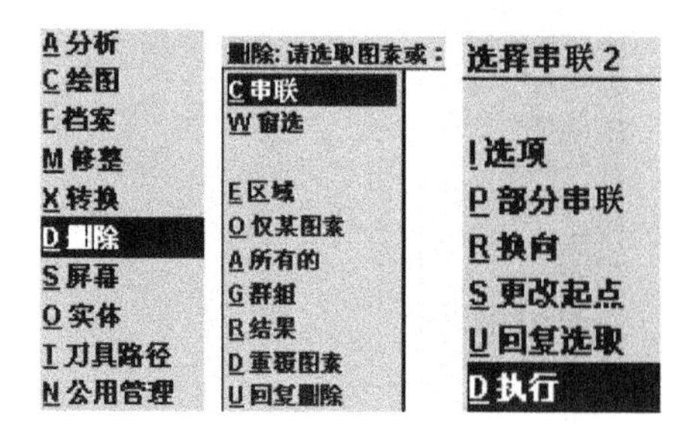

图 4-16　删除图素菜单

4. 存档

保存档案，单击档案→存档命令，在“存档”对话框中输入档案名“铭牌雕刻.MC9”，回车，完成存档。

4.2　编制雕刻文字的挖槽加工刀具路径

4.2.1　加工工艺分析

分析如图 4-1 所示图形，坯料采用第 3 章所加工的铭牌所用坯料，用 DYNA 加工中心加工，机床的最高转速为 8 000r/min。工件装夹采用虎钳装夹。

将文字加工雕刻成阴文，可采用 2D 挖槽的方法进行加工。为防止选择的刀具过大，加工不到位，需要分析文字笔划的最小宽度，方法如下：

① 选取有可能是最窄的几处，并窗选放大。

② 单击分析→两点间距命令，过程如图 4-17 所示。

③ 单击并选中有可能是距离最近的两点，如图 4-18 所示 a、b 两点。

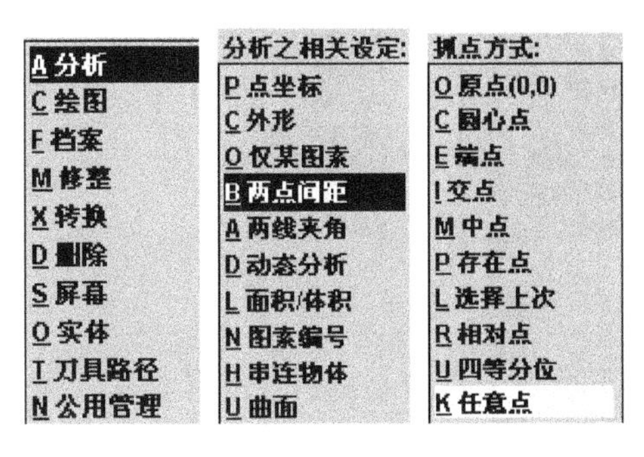

图 4-17　分析"两点间距"菜单

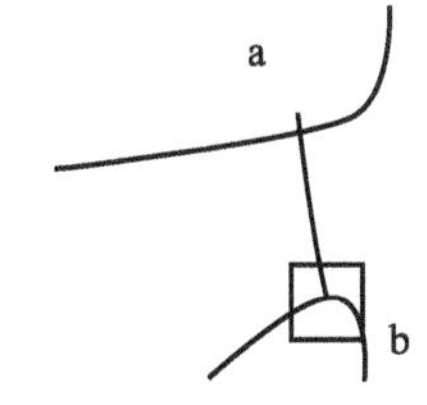

图 4-18　分析 a、b 两点的距离

④ 在最底下的系统提示区显示如图 4-19 所示的数据，某一处最小的 2D 距离为 0.491mm。

⑤ 同样方法，多选择几处进行分析，以便寻找距离最小处。

⑥ 若后期发现仍有地方未加工到，需要对文字适当修改，增大笔画之间的距离。

现采用直径为 0.3mm 的平底刀用 2D 挖槽的方法将文字雕刻出来。因为刀具直径太小，容易断裂，一般采用雕刻用的尖刀代替平底刀，加工时，还是有一些笔画的尾巴较尖，可能无法加工出来，因此，加工结果会存在一定的误差。

端点 1：X：5.135；Y：4.405；Z：0.000 端点 2：X：5.229；Y：3.923；Z：0.000

X：0.094；Y：−0.482；Z：0.000　3D 长度：0.491　2D 长度：0.491；夹角：281.047

图 4-19　分析"两点间距"的结果

第 3 章所介绍的加工铭牌的外形坯料的顶平面尚有 0.1mm 的精加工余量，在雕刻文字之后，顶平面需要再精加工一刀。因此，雕刻铭牌工艺流程图如图 4-20 所示。

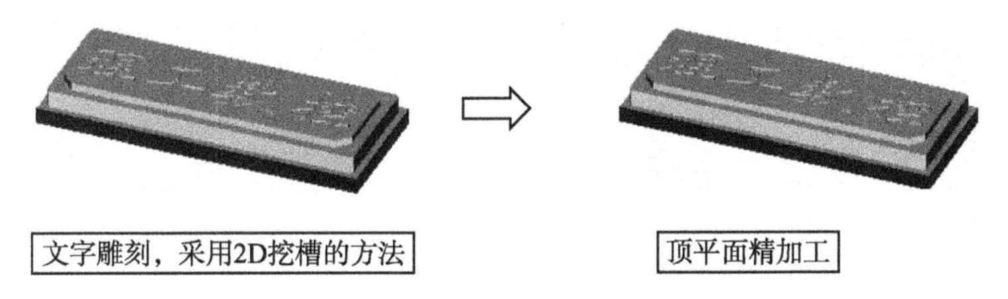

图 4-20　雕刻铭牌工艺流程图

4.2.2 雕刻文字——加工刀具路径

文字雕刻采用2D挖槽的方法进行加工。

1. “挖槽加工”对话框

进入挖槽加工对话框的方法如下所述。

① 单击工具栏按钮，设置视角平面、构图平面为俯视图（T），如图4-2所示。

② 单击主菜单→刀具路径→挖槽→窗选→矩形命令，过程如图4-21所示。

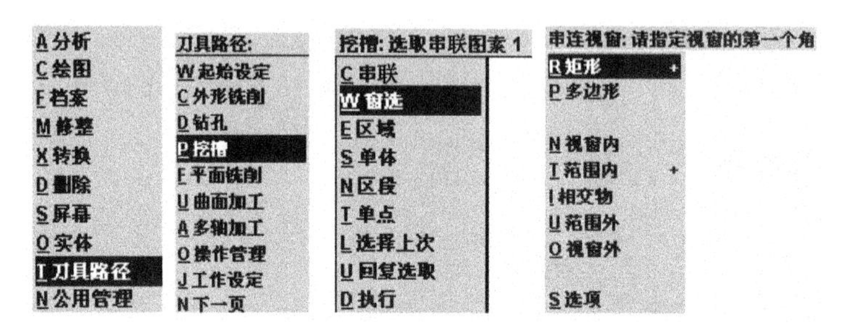

图4-21 挖槽加工菜单

③ 窗选文字，用鼠标单击“理”字左下角一点为起点，文字颜色变为黄色。单击执行命令，过程如图4-22所示，出现如图4-23所示“挖槽”对话框。

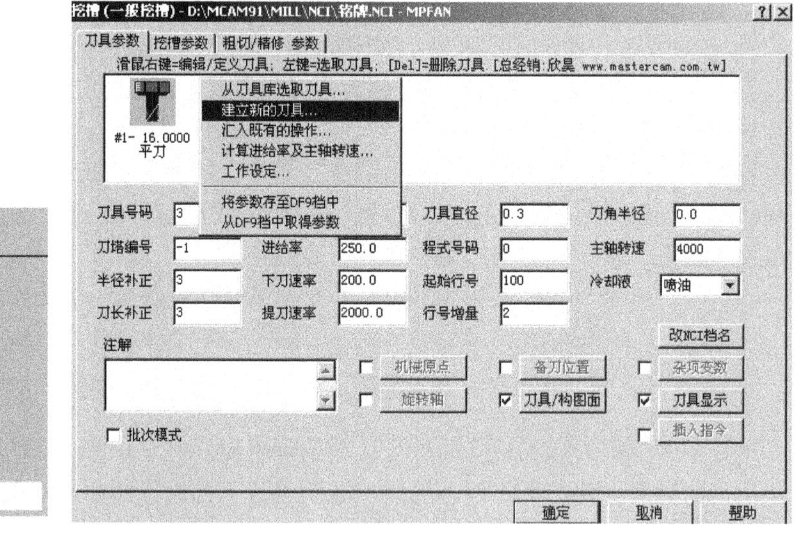

图4-22 选择刀具进刀的起点菜单　　图4-23 “挖槽”对话框

2. 确定刀具参数

建立新的刀具，选择合适的刀具参数，方法如下：

① 将鼠标移到如图4-23所示对话框中最大的窗口内，单击右键，系统弹出一个快捷菜单，如图4-23所示。

② 单击建立新的刀具选项，出现如图4-24所示“刀具型式”对话框。

③ 单击平刀按钮，出现如图 4-25 所示“刀具—平刀”对话框。

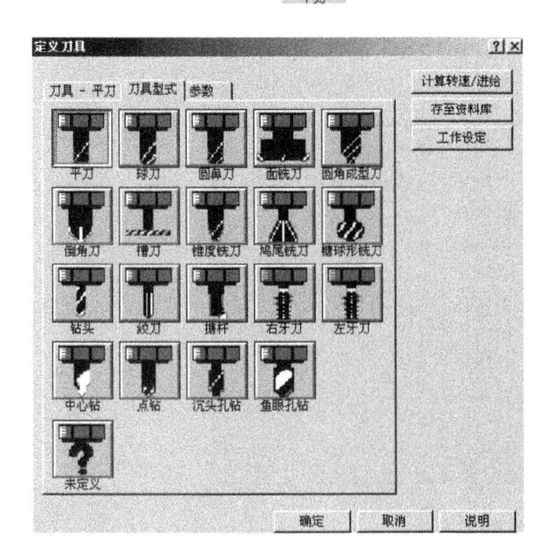

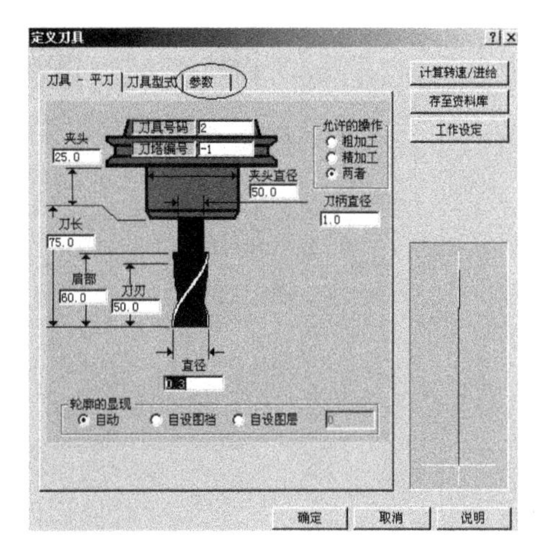

图 4-24　“刀具型式”对话框　　　图 4-25　“刀具—平刀”对话框

④ 设定刀具直径为 0.3mm。单击参数按钮，出现如图 4-26 所示定义刀具“参数”对话框。

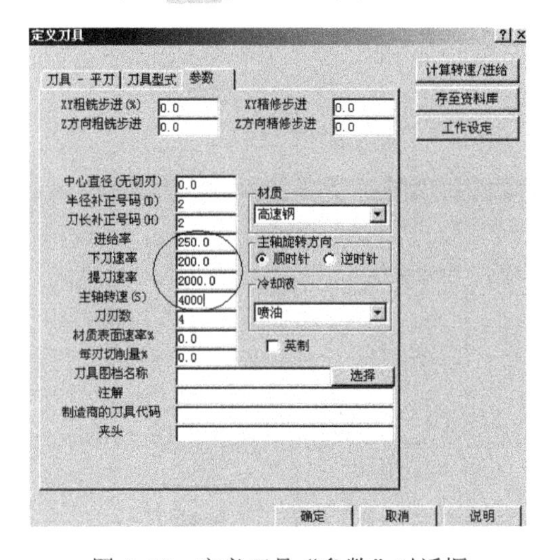

图 4-26　定义刀具“参数”对话框

输入主要刀具参数如下。

- 进给率：250.0mm/min。
- 下刀速率：200.0mm/min。
- 提刀速率：2 000.0mm/min。
- 主轴转速：4 000r/min。
- 冷却液：喷油。
- 其余为默认值。
- 单击确定按钮，返回“刀具参数”对话框，如图 4-27 所示。

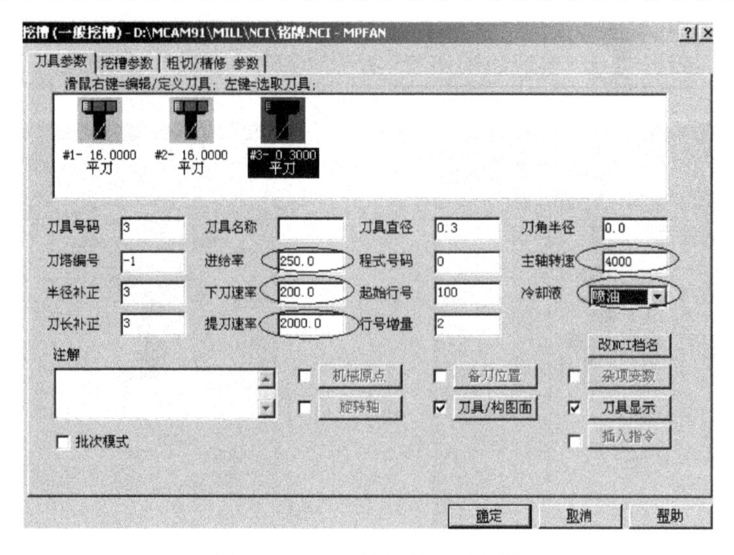

图 4-27 “刀具参数”对话框

3. 确定挖槽参数

单击挖槽参数按钮，出现如图 4-28 所示“挖槽参数”对话框。输入主要刀具参数如下：

① 参考高度：10.0，单击并选中 ⊙ 绝对坐标项。

② 进给下刀位置：1.0，单击并选中 ⊙ 增量坐标项。

③ 工件表面：0.1，单击并选中 ⊙ 绝对坐标项。

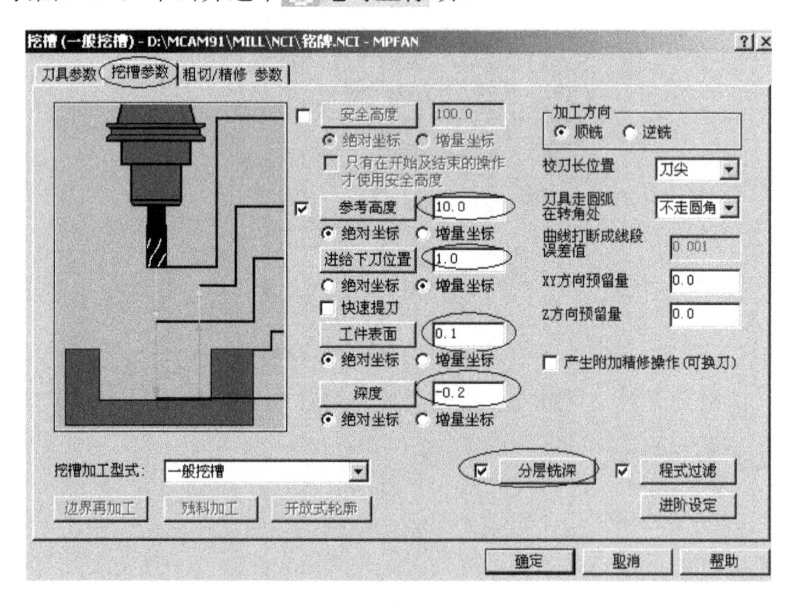

图 4-28 “挖槽参数”对话框

④ 深度：-0.2，单击并选中 ⊙ 绝对坐标项。

⑤ 单击并选中☑ 分层铣深 选项，深度方向分多次加工。

单击分层铣深按钮，出现如图 4-29 所示对话框，参数选择如下。

- 最大粗切深度：0.15。
- 单击并选中☑不提刀项，表示在一个串联内加工完成一个深度后不提刀，接着完成下一个深度加工，以节省加工时间。

- 其余为默认值。
- 单击确定按钮，返回如图 4-28 所示对话框。

⑥ 单击并选中☑ 程式过滤 选项，该选项可以将不连续，但在同一直线上的刀具路径变成一条数控指令，对过大的圆弧或过小的圆弧做直线处理，加快了机床的运动速度，减少了数控指令，缩短了数控加工时间。

单击程式过滤按钮，出现如图 4-30 所示“程式过滤的设定”对话框，选默认值。单击确认按钮，返回如图 4-28 所示对话框。

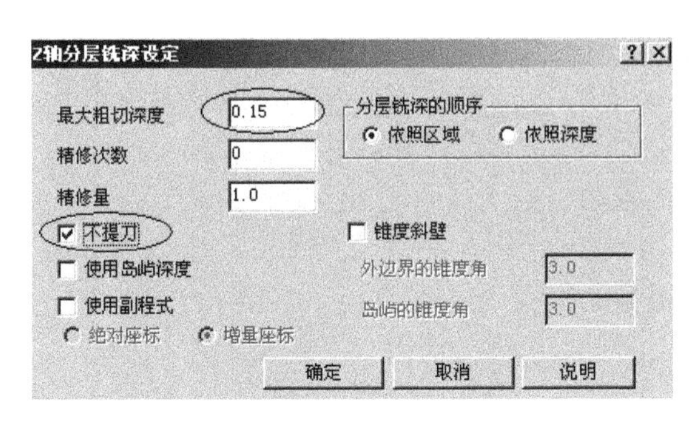

图 4-29　“Z 轴分层铣深设定”对话框

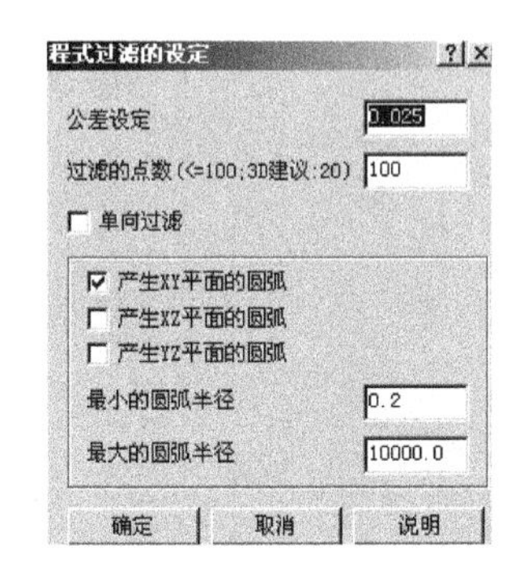

图 4-30　“程式过滤的设定”对话框

4. 粗切/精修参数

单击粗切/精修参数按钮，出现如图 4-31 所示“粗切/精修参数”对话框。参数选择如下：

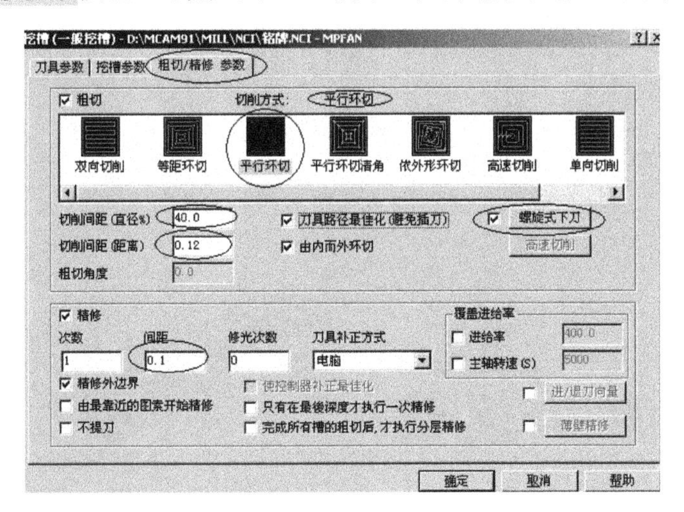

图 4-31　“粗切/精修参数”对话框

① 粗加工方法：平行环切。

② 切削间距（刀具直径的百分比）：40.0。

③ 切削间距（距离）：0.12。

④ 单击并选中☑精修选项。

⑤ 精修次数：1。

⑥ 精修间距：0.1。

⑦ 单击并选中☑螺旋式下刀选项。

单击螺旋式下刀按钮，出现如图4-32所示对话框，填选参数如下：

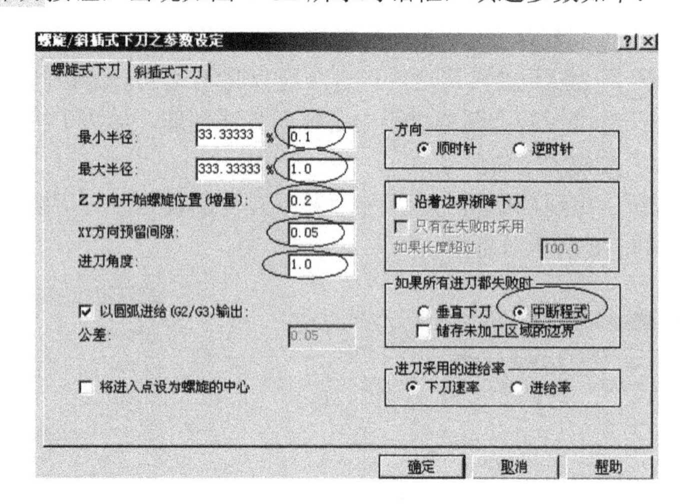

图4-32 “螺旋式下刀”对话框

- 最小半径：33.33333%，0.1，最小螺旋式进刀圆弧半径为0.1mm。
- 最大半径：333.33333%，1，最大螺旋式进刀圆弧半径为1.0mm。
- Z方向开始螺旋位置（增量）：0.2。
- XY方向的预留间隙：0.05。
- 进刀角度：1.0。
- 如果所有进刀都失败时，单击并选中⊙中断程式。
- 单击并选中☑以圆弧进给（G2/G3）输出选项。
- 其余为默认值。
- 单击确定 按钮，返回如图4-28所示对话框。

⑧ 其余为默认值。

⑨ 最后单击如图4-31所示对话框中的确定按钮，产生挖槽铣削刀具路径，如图4-33所示，右图为等角视图的效果。

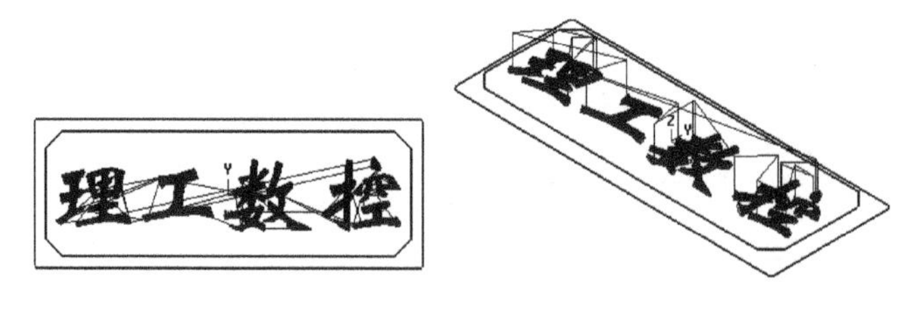

图4-33 挖槽铣削刀具路径

5. 模拟刀具路径

模拟文字雕刻铣削加工的刀具路径，检验刀具路径是否符合要求，方法如下：

① 单击主菜单→刀具路径→操作管理命令，弹出如图4-34所示对话框。

② 将挖槽刀路命名为“文字雕刻”。

③ 单击模拟刀具路径→自动执行命令，模拟结果与如图4-33所示的结果相同。

④ 检验所产生的刀具路径，将文字全部加工完毕，是符合文字雕刻的加工要求的。

6. 实体验证

验证文字雕刻铣削加工的效果，验证加工结果，方法如下：

① 单击图 4-34 中的全选→实体验证选项，出现如图 4-35 所示对话框。

② 单击图 4-35 中的“持续执行”按钮“▶”，出现模拟实体加工过程。

③ 验证加工结果，文字雕刻已加工完成。

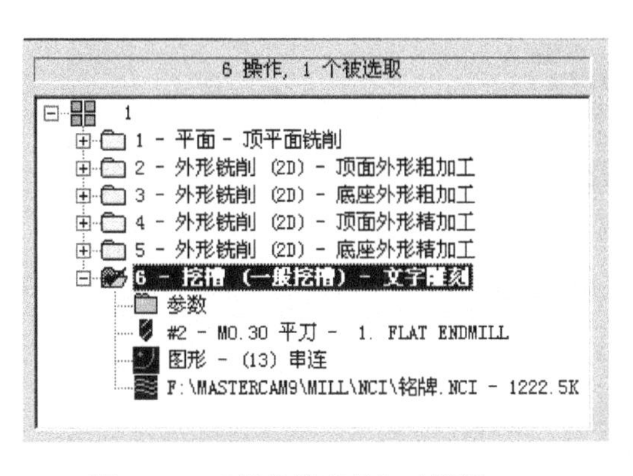

图 4-34　“操作管理员”对话框

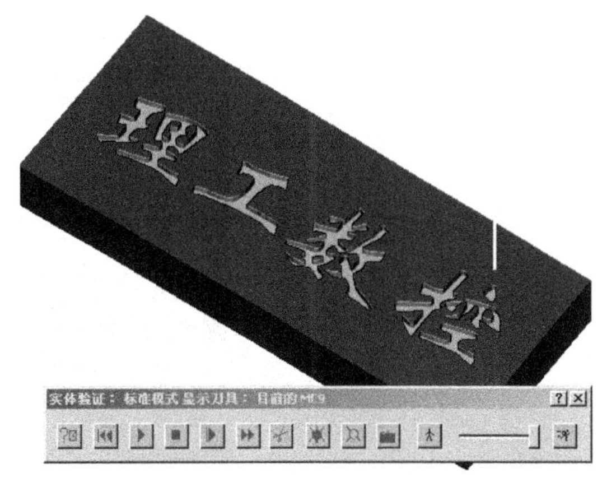

图 4-35　文字雕刻实体验证的结果

注意

若实体验证雕刻加工后，有一些地方未加工到，即存在残料，可采用下面的方法修正。

在如图 4-31 所示对话框中，将切削方式改为双向切削方式或减小切削间距，例如减小为原选刀具的 30%的刀具直径，重新计算刀路，可解决残料加工的问题。

铭牌文字的雕刻加工，还可采用 Mastercam9.1 新提供的“雕刻（Engraving）”方法。单击刀具路径→下一页→雕刻命令，进入雕刻（Engraving）对话框。这里不做具体介绍，读者可以自己试一下。

4.2.3　顶平面精加工刀具路径

顶平面精加工刀具路径与第 3 章 3.3.1 节介绍的顶平面粗加工基本相同，可将其复制下来，做适当的修改即可。

① 在如图 4-34 所示界面中，单击第一个刀具路径，按鼠标右键，出现如图 4-36 所示菜单。

② 单击复制命令。

③ 再单击第 6 个刀具路径，按鼠标右键，出现如图 4-37 所示菜单。

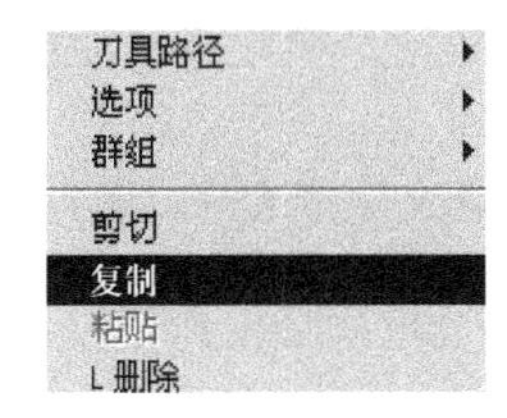

图 4-36　鼠标右键菜单——复制

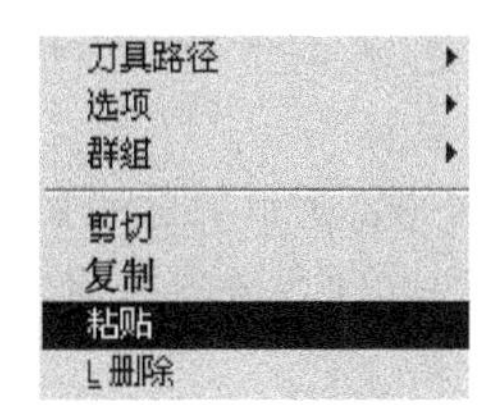

图 4-37　鼠标右键菜单——粘贴

④ 单击粘贴命令，则在第 6 个刀具路径之后增加一个刀路，如图 4-38 所示，命名为“顶平面铣削精加工”。

⑤ 单击如图 4-38 所示界面中 7—平面铣削—顶平面铣削精加工下面的参数选项，则会出现“面铣削参数”对话框。

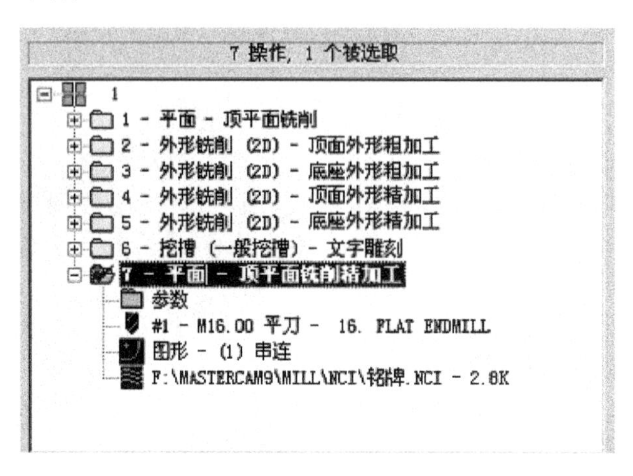

图 4-38 “操作管理员”对话框

⑥ 单击刀具参数按钮，出现“刀具参数”对话框，参考图 3-16，只需改动以下几个参数。

- 进给率：400.0。
- 下刀速率：300.0。
- 提刀速率：2 000。
- 主轴转速：1 500。
- 冷却液：喷油。

⑦ 单击面铣加工参数按钮，出现“面铣加工参数”对话框，参考图 3-17，只需改动：Z 方向预留量：0。

⑧ 其余为默认值。其他步骤不再做详细的说明。

⑨ 单击确定按钮后，返回如图 4-38 所示界面，选项 7-平面铣削—顶平面铣削精加工下面的刀具路径选项变为“F：=\MASTERCAM9\MILL\NCI\铭牌.NCI-2.8K”。

⑩ 单击如图 4-38 所示界面中的重新计算按钮，则重新产生顶平面精加工刀具路径。

4.3 后处理，产生 NC 加工程序

将 4.2 节产生的文字雕刻加工和顶平面铣削精加工的刀具路径进行后处理后，产生 NC 加工程序，方法如下：

① 单击如图 4-38 所示界面中的第 6 个程序，即选取文字雕刻的刀路。

② 单击后处理选项，选择保存的目录与文件名称，如 D：\MASTERCAM\MILL\NC 目录下，文件名为 MP6.NC。

③ 用同样方法，经后处理可得到铭牌—顶面外形精加工的 NC 程序，文件名为 MP7.NC。

④ 单击如图 4-38 所示界面中确定按钮，返回主菜单。

⑤ 存档。保存档案，单击档案→存档命令，在存档对话框中输入档案名“铭牌雕刻.MC9”回车，完成存档。

4.4 程序单

程序单见表 4-1。

表 4-1　铭牌数控加工程序单

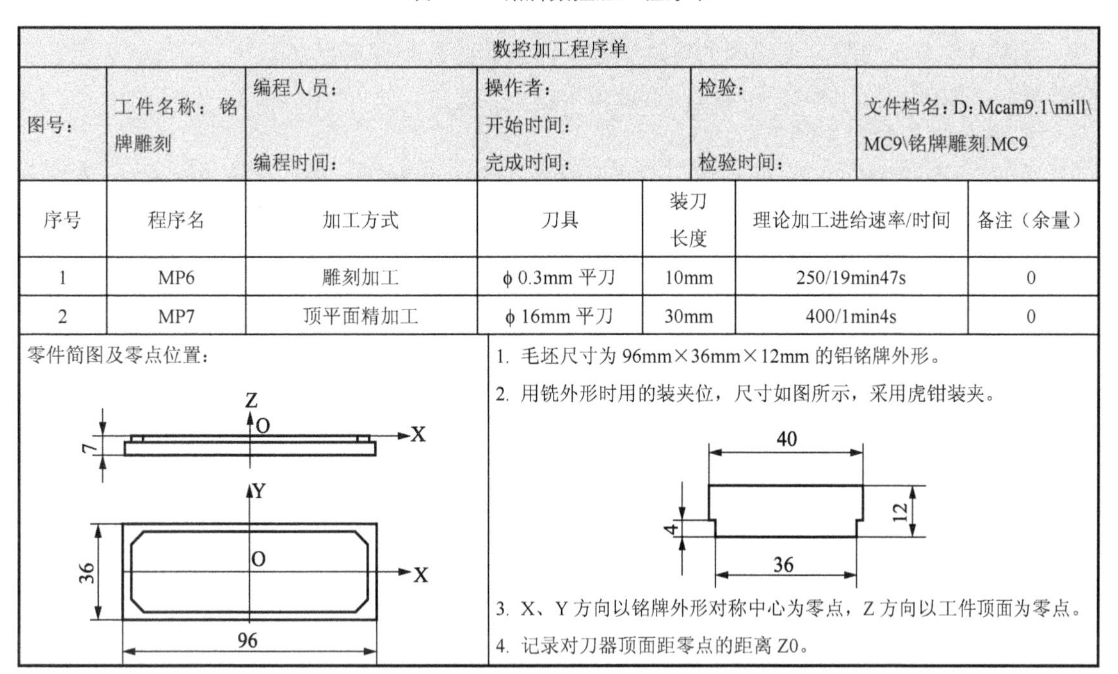

数控加工程序单						
图号：	工件名称：铭牌雕刻	编程人员： 编程时间：	操作者： 开始时间： 完成时间：	检验： 检验时间：	文件档名：D: Mcam9.1\mill\MC9\铭牌雕刻.MC9	
序号	程序名	加工方式	刀具	装刀长度	理论加工进给速率/时间	备注（余量）
1	MP6	雕刻加工	ϕ 0.3mm 平刀	10mm	250/19min47s	0
2	MP7	顶平面精加工	ϕ 16mm 平刀	30mm	400/1min4s	0
零件简图及零点位置：			1. 毛坯尺寸为 96mm×36mm×12mm 的铝铭牌外形。 2. 用铣外形时用的装夹位，尺寸如图所示，采用虎钳装夹。 3. X、Y 方向以铭牌外形对称中心为零点，Z 方向以工件顶面为零点。 4. 记录对刀器顶面距零点的距离 Z0。			

4.5 CNC 加工

现采用 DYNA 加工中心加工铭牌，操作系统为发那科系统，其操作过程如下所述。

4.5.1 坯料的准备

坯料采用第 3 章所介绍的已加工好的铭牌外形零件。

4.5.2 刀具的准备

① 按程序单选择高速钢雕刻用ϕ0.3mm 平刀，但实际加工时，考虑到ϕ0.3mm 平刀易断刀，用一把尖刀近似代替平刀，将刀具装在 BT40 的夹头上，装刀长度为 10mm。

② 按程序单选择ϕ16mm 高速钢平刀，将刀具装在 BT40 的夹头上，装刀长度为 30mm。

4.5.3 操作 CNC 机床，雕刻加工铭牌文字

调用程序“MP6.NC”，加工方法与第 3 章所介绍的铭牌的外形加工方法基本相同，这里不再重复。下面介绍不同之处，具体有如下 4 点。

1. 装夹好工件坯料

装夹工件坯料的方法如下：

① 各轴归零后，在操作面板的模式选择中，选择手动（HANDLE）模式。

② 操作手动轮，移动工作台到适当位置后，进行坯料装夹。

③ 先将工作台清理干净，然后用虎钳夹紧坯料。

④ 采用百分表四周找平铭牌的外形坯料的顶平面，误差不要超过 0.03mm。

2. 分中对零

铭牌 *XY* 方向的零点是铭牌的对称中心，因为铭牌外形四周已加工好，不能破坏已加工好的表面，故采用分中棒分中对零，方法如下。

① 将分中棒装在主轴上。

② 转动模式 MODE 选择旋钮，选择面板输入模式为 MDI，按程序键 PRGRA。在操作面板中输入“S600；M03；”。

③ 按启动键 OUTPUT START，启动主轴。

④ 选择手动（HAND）模式，操作手动轮，降下主轴，在坯料的一边进行碰数，分中棒下半截慢慢碰到坯料后，由平稳旋转到突然离心偏开上半截之时，提高 *Z* 轴。

⑤ 移动操作面板中的光标到相对坐标中 *X* 轴相应的数值，按 CAN 键，*X* 轴坐标清零。

⑥ 然后在坯料的另一边进行碰数，分中棒下半截慢慢碰到坯料后，由平稳旋转到突然离心偏开上半截之时，抬高主轴。

⑦ 将此时的 *X* 轴坐标值除以 2 得到一个新值，记录下来。

⑧ 操作手动轮，将 *X* 轴移到该数值对应位置处。

⑨ 再按 CAN 键，*X* 轴坐标清零，这样坯料 *X* 轴方向就分中完成。

⑩ *Y* 轴对零方法与上述相同。

⑪ 按 STOP 键，主轴停止旋转，取下分中棒。

⑫ 将此时的机械坐标输入到 G54 坐标中，设定好工件的工作坐标。

3. *Z* 轴对零

铭牌 *Z* 轴方向还有 0.1mm 的加工余量，可用雕刻尖刀直接对零，方法如下：

① 将雕刻尖刀装在主轴上，启动主轴。

② 向下移动 *Z* 轴，碰到坯料顶面时，停止移动 *Z* 轴。

③ 在操作面板上，将光标移到 *Z* 轴坐标位置，按 CAN 键，*Z* 轴坐标清零。

④ 此时相对坐标中 *X*、*Y*、*Z* 三轴的坐标值皆为 0，再将此时的机械坐标设为 G54 工作坐标。

4. 再调整 *Z* 轴零点

为了与铭牌外形加工的零点保持一致，现将 G54 坐标中的 *Z* 轴坐标再下降 0.1mm，即将 G54 坐标中的 *Z* 轴坐标值减 0.1mm。

4.5.4 操作 CNC 机床，精加工顶平面

1. 设定ϕ16mm 平刀的加工零点

雕刻好文字后，需要取下雕刻用刀，换上ϕ16mm 的平刀，为了不再重新直接在零件上对刀，我们利用对刀器来间接对刀，进行刀长补正，完成顶平面精加工。刀长补正的方法与第 3 章的 3.7.3 节所介绍的相同，先要测量尖刀的刀长补正值 Z0，再用第二把刀ϕ16mm 高速钢平刀找到对刀器的零点后，移动刀具到–Z0 的位置，找到铭牌的加工零点，将此时的机械坐标输入到 G54 坐标中，设定好工件的工作坐标。

2. 平面铣削精加工

调用程序“MP7.NC”，进行平面铣削精加工，加工方法与第 3 章所介绍的铭牌的外形加工方法基本相同，这里不再重复。

4.6 检验与分析

检验与分析的具体内容如下所述：

① 文字雕刻加工完后，可用肉眼观察文字是否全部加工完整；检验文字底部是否平整；是否有因断刀所造成的不平。

② 平面精加工完后，可观察表面粗糙度情况。用游标卡尺检验铭牌的 *Z* 方向的总高尺寸是否为 7mm；台阶高是否为 2mm；字深是否为 0.2mm。

③ 通过检验，分析加工工艺是否合理，对不合理的地方进行改进，重新编写 NC 程序。

练习 4

4.1　设定挖槽加工的螺旋式下刀的参数，一般需修改哪几项参数？

4.2　如何修正挖槽加工所留下的残料？

第5章　铭牌的钻孔加工

本章主要介绍点的绘制，钻孔的刀具路径的编制。

5.1　铭牌孔的位置图

在第4章中介绍的铭牌零件的4个角上要钻4个ϕ3的通孔，位置如图5-1所示。

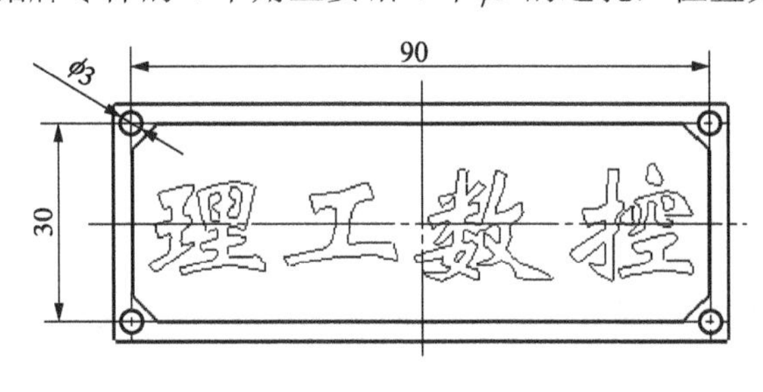

图5-1　铭牌零件

5.2　绘图前的设置

1. 取档

单击档案→取档命令，输入档案名“铭牌雕刻.MC9”，回车，铭牌零件图如图5-1所示。

2. 绘图前的设置

构图深度设为Z：-2，当前图层设为4，命名为“孔”，将尺寸标注所在的图层2关闭，其余设置为默认值，如图5-2所示。

Z: 0.000
颜色: 10
图层: 4
图素属性
群组设定
限定层:关
WCS: T
刀具平面: T
构图平面: T
图形视角: T

图5-2　辅助菜单

5.3　孔的绘制

5.3.1　绘制任意点

绘制图5-1中左下角的孔的中心点，采用任意点的绘制方法。

① 单击绘图→点→指定位置→任意点命令，过程如图5-3所示。从键盘输入左下角第一点坐标-45，-15，回车，这样就绘制好“点1”，如图5-4所示。

② 同样方法可绘制其余三点。下面采用另一种方法来绘制中心点。

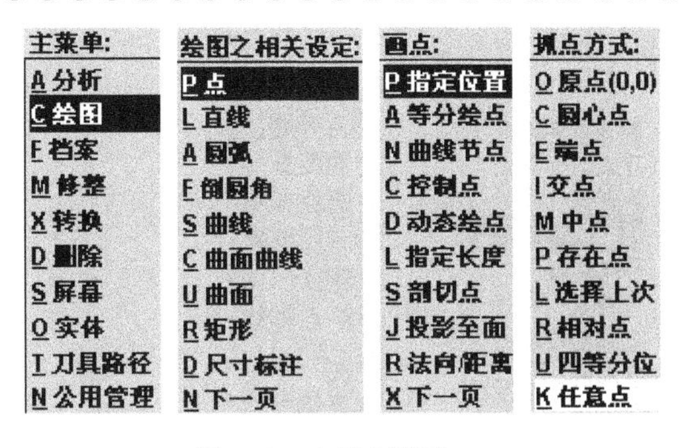

图 5-3　点绘制菜单

图 5-4　绘制点 1

5.3.2　绘制相对点

绘制图 5-1 中右下角、右上角的孔的中心点“点 2”和“点 3”，可采用绘制相对点的方法进行绘制。

① 单击如图 5-3 所示菜单中的相对点命令，在系统提示区出现提示：抓点方式：相对点：请指定已知点:，捕捉“点 1”为指定的已知点。

② 出现如图 5-5 所示的选择坐标方式菜单，单击极坐标命令，在下面信息提示区出现提示：请输入相对距离 90.。输入 90，回车，出现提示：请输入相对角度 0.，输入 0，回车，这样就绘制好右下角的“点 2”，如图 5-6 所示。

③ 单击图 5-3 中的相对点命令，捕捉“点 1”为指定的已知点，出现如图 5-5 所示的选择坐标方式菜单，单击直角坐标按钮，在下面信息提示区出现提示请输入相对坐标值：90,30，输入相对于已知点的坐标值 90，30，回车。这样绘制好右上角的“点 3”，如图 5-6 所示。

抓点方式: 相对点: 请选坐标方式:
R 直角坐标
P 极坐标

图 5-5　选择坐标方式菜单

图 5-6　绘制点 2、点 3、点 4

5.3.3　绘制交点

分析发现左上角的孔的中心点，刚好是内框的左上角两条直线的交点，绘制左上角的“点 4”，可采用绘制交点的方法进行。

单击如图 5-3 所示菜单中的交点命令，分别单击选中内框的左上角水平线与垂直线，便绘制好了左上角的“点 4”，结果如图 5-6 所示。

5.3.4　绘制圆

单击绘图→圆弧→点直径圆命令，过程如图 5-7 所示。在下面系统提示区出现提示请输入直径 3，输入 3，回车，分别捕捉已绘制好的 4 点，绘制好 4 个直径为 3mm 的圆，如图

5-1 所示。

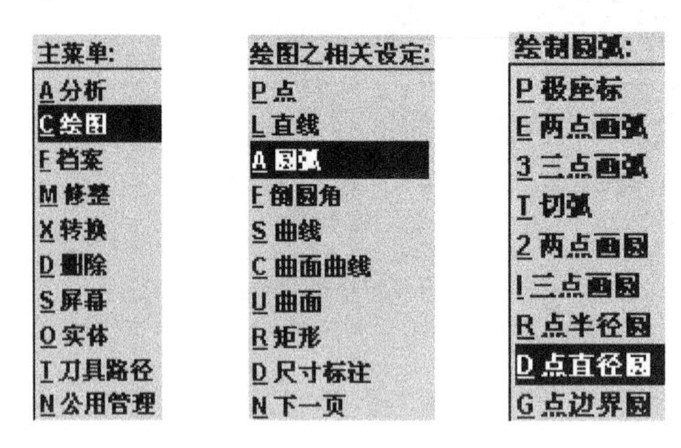

图 5-7　圆弧绘制菜单

5.4　尺寸标注与分析

将当前图层设为 2，绘制 4 个圆的中心线，标注尺寸如图 5-1 所示。检查分析点的位置符合所给的工程图的尺寸。也可用分析的方法来检查模型的正确性。

单击主菜单→分析→两点间命令，分别单击选中左下角的中心点“点 1”与右下角的中心点“点 2”，在下面信息提示区出现如图 5-8 所示检查分析的结果，点的位置是符合图 5-1 所示的尺寸的。同样可检查分析其余的点。

端点 1:　X:　-45.000;　Y:　-15.000;　Z:　0.000 端点 2:　X:　45.000;　Y:　-15.000;　Z:　0.000
X:　90.000;　Y:　0.000;　Z:　0.000　3D长度: 90.000　2D 长度: 90.000;　夹角: 0.000
请指定第一点

图 5-8　分析“两点间”的结果

5.5　加工工艺分析

分析如图 5-1 所示铭牌零件，采用第 4 章所介绍的已加工的铭牌为坯料，用 DYNA 加工中心加工，机床的最高转速为 8 000r/min。工件装夹采用虎钳装夹。

钻孔加工关键是选择孔的中心点，为了准确定位，一般先用中心钻加工中心孔，然后用小钻头钻孔，再用符合要求的钻头扩孔加工到位。若孔的要求不高，可以不采用扩孔，直接用符合要求的钻头加工，本例的钻孔的加工工艺如图 5-9 所示。

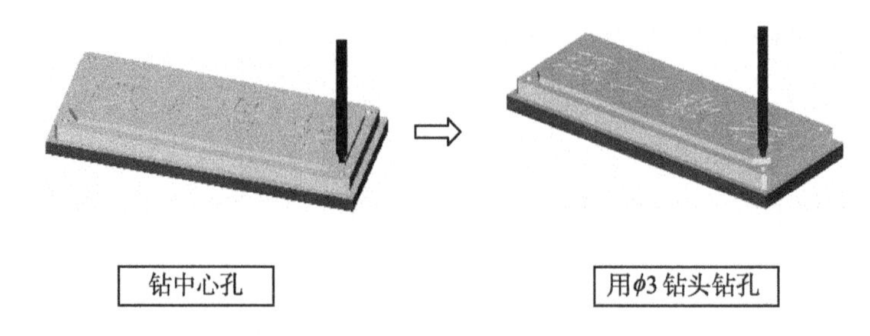

图 5-9　钻孔加工工艺流程图

5.6　编制钻孔加工刀具路径

5.6.1　钻中心孔的刀具路径

1. “进入钻孔加工”对话框

钻孔采用手动选择钻孔的顺序，方法如下所述。

① 单击工具栏按钮，设置视角平面、构图平面为俯视图（T），如图 5-2 所示。

② 单击主菜单→刀具路径→钻孔→手动命令，过程如图 5-10 所示，按顺时针单击选中 4 点，颜色变为黄色，单击返回→执行命令，出现如图 5-11 所示对话框。

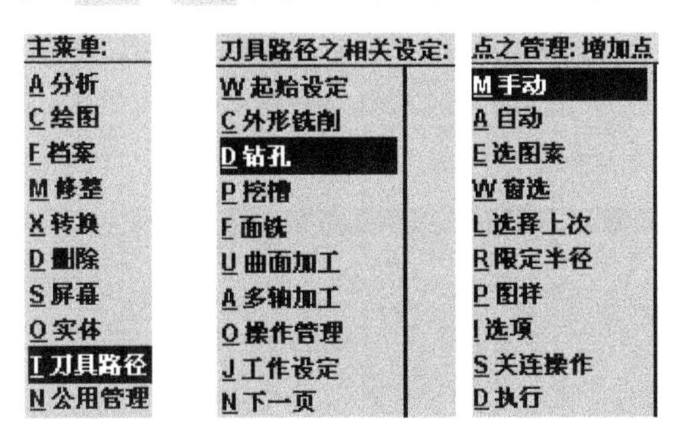

图 5-10　手动钻孔菜单

2. 确定刀具参数

将鼠标移到如图 5-11 所示对话框中最大的窗口内，单击右键，系统弹出一个快捷菜单，单击建立新的刀具选项，单击中心钻图标，出现如图 5-12 所示的刀具–中心钻定义窗口，输入直径为 2mm，单击确定按钮，返回图 5-11 所示对话框。输入主要刀具参数如下：

- 进给率：90.0 mm/min。
- 主轴转速：3 000 r/min。
- 冷却液：喷油。
- 其余为默认值。

3. 确定钻孔参数

单击深钻孔–无啄钻按钮，出现如图 5-13 所示对话框。

参数设置如下。

- 参考高度：10.0 绝对坐标。
- 工件表面：–2.0 绝对坐标。
- 深度：–4 绝对坐标。
- 其余为默认值。
- 单击确定按钮，完成中心钻钻孔刀具路径的设置。

4. 刀具路径模拟

单击操作管理命令，弹出如图 5-14 所示对话框，单击刀路路径模拟→自动执行命令，检验所产生的刀具路径是符合加工要求的。

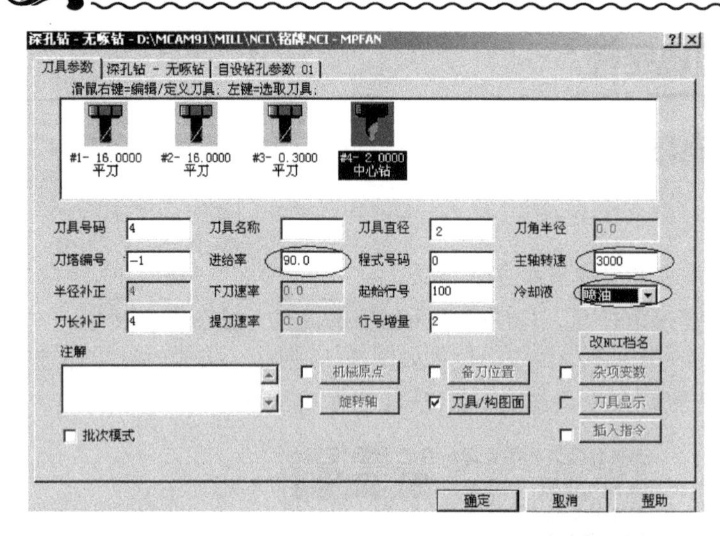

图 5-11　“刀具参数”对话框

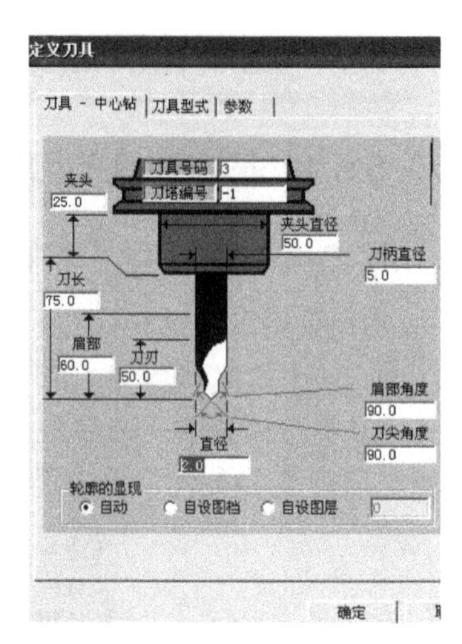

图 5-12　“刀具–中心钻”窗口

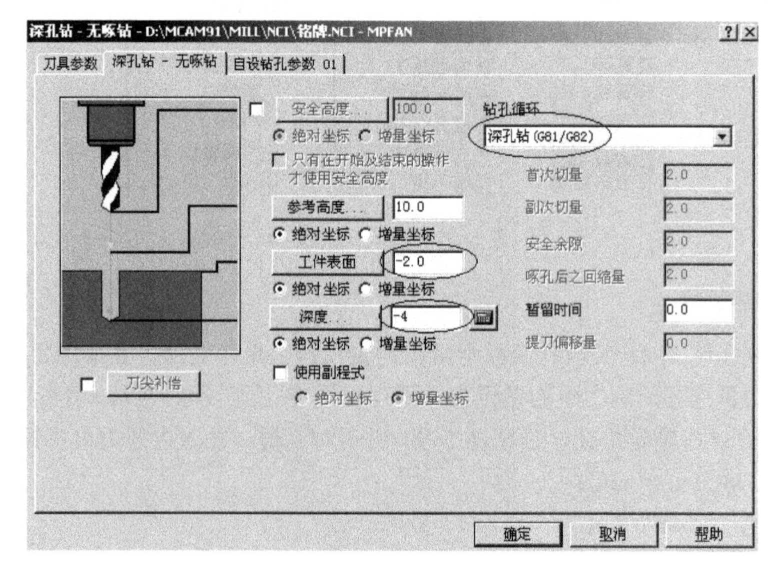

图 5-13　“深孔钻–无啄钻”对话框

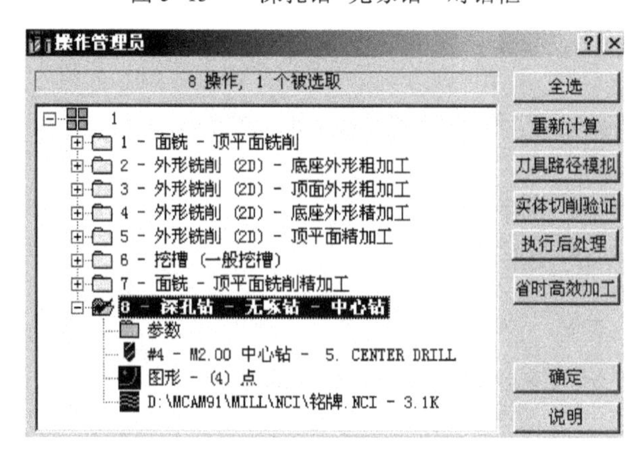

图 5-14　“操作管理员”对话框–8 个操作

5. 实体切削验证

单击如图 5–14 所示界面中的实体切削验证选项，出现如图 5–15 所示的界面，单击参数设定按钮“?⊠”，设定毛坯的第二点 Z 轴最高为–2，如图 5–16 所示，单击确定按钮，返回如图 5–15 所示对话框，单击图 5–15 中的“持续执行”按钮“▶”，出现模拟实体加工过程，验证加工结果，这样就完成了中心孔钻孔加工。

图 5–15　实体切削验证

图 5–16　毛坯参数设定

5.6.2　钻孔的刀具路径

用ϕ3mm 钻头钻 4 个孔。可在如图 5–14 所示对话框中单击中心钻的刀具路径，再单击右键，出现右键菜单，选择复制→粘贴命令，产生钻孔的刀具路径，修改命名为“钻孔”，如图 5–17 所示。单击参数按钮，出现如图 5–18 所示的对话框。

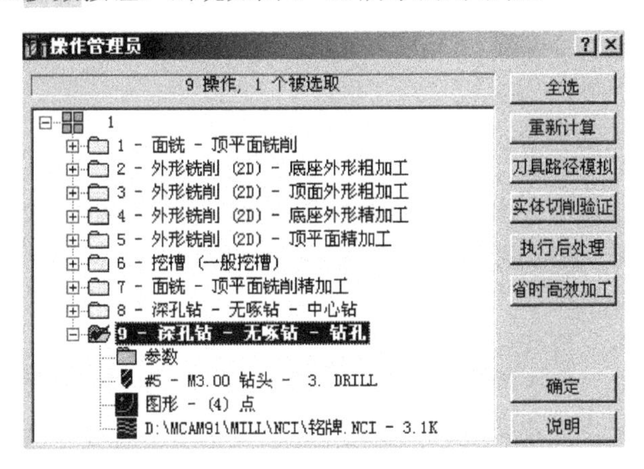

图 5–17　“操作管理员”对话框–9 个操作

1. 刀具参数

从刀具库中选取一把直径为 3mm 的钻头，输入如下主要刀具参数：

- 进给率：90.0 mm/min。
- 主轴转速：2 000 r/min。
- 冷却液：喷油。
- 其余为默认值。

图 5-18　钻孔的刀具参数设定

2. 确定钻孔参数

单击深钻孔–无啄钻按钮，输入参数如下：

- 退刀高度：2 ◉ 绝对坐标。
- 要加工的表面：–2 ◉ 绝对坐标。
- 深度：–9 ◉ 绝对坐标。
- 其余为默认值。

单击确定按钮，返回图 5-17 所示对话框，选项 9 - 深孔钻 - 无啄钻 - 钻孔 下面的刀具路径选项变为“D：\MCAM91\MILL\NCI\铭牌.NCI–3.1K”，单击重新计算按钮，完成了钻孔刀具路径的设置。

3. 刀具路径模拟

在图 5-17 所示对话框中，单击 9 - 深孔钻 - 无啄钻 - 钻孔 选项，单击刀路模拟→自动执行命令，检验所产生的刀具路径是符合加工要求的，如图 5-19 所示。

4. 实体切削验证

单击图 5-17 所示对话框中的实体切削验证选项，出现如图 5-20 所示的界面，单击“持续执行”按钮“▶”，出现模拟实体加工过程，验证加工结果，这样就完成了钻孔加工。

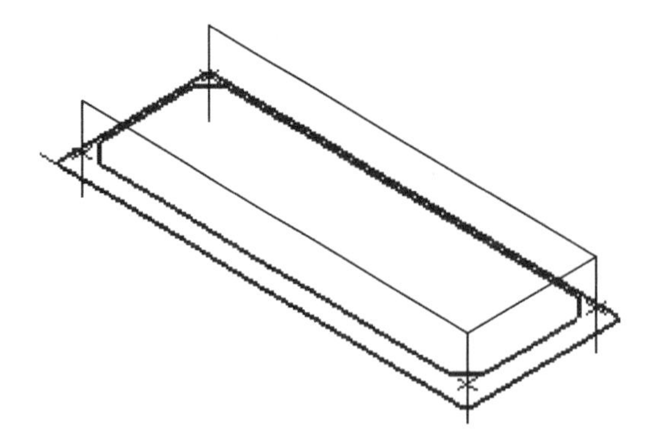

图 5-19　钻孔刀具路径模拟

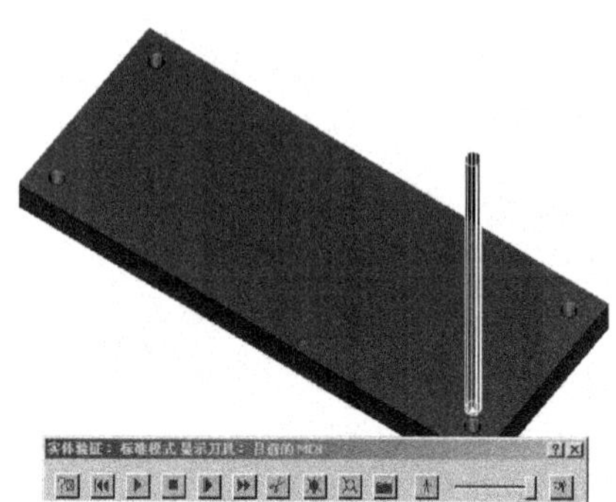

图 5-20　钻孔的实体切削验证

5.7　后处理，产生 NC 加工程序

1. 钻中心孔

单击如图 5-17 所示对话框中的第 8 个程序，即选取钻中心孔的刀具路径，单击后处理选项，选择保存的目录与文件名称，如 F：\MASTERCAM\MILL\NC 目录下，文件名为：MP8.NC。

2. 钻孔

单击如图 5-17 所示对话框中的第 9 个程序，即选取钻孔的刀具路径，单击后处理选项，选择保存的目录与文件名称，如 F：\MASTERCAM\MILL\NC 目录下，文件名为：MP9.NC。

3. 存档

保存档案，单击档案→存档命令，在存档对话框中输入档案名：铭牌钻孔.MC9，回车，完成存档操作。

5.8　程序单

钻孔程序单见表 5-1。

表 5-1　钻孔程序单

数控加工程序单						
图号：	工件名称：铭牌钻孔	编程人员： 编程时间：	操作者： 开始时间： 完成时间：	检验： 检验时间：	文件档名：F：\Mcam9.1\mill\MC9\铭牌钻孔.MC9	
序号	程序名	加工方式	刀具	装刀长度	理论加工进给速率/时间	备注（余量）
1	MP8	钻中心孔	φ2mm 中心钻	10mm	90/2min12s	0
2	MP9	钻孔	φ3mm 钻头	20mm	90/2min12s	0
零件简图及零点位置： Z O X 7 Y O X 36 96			1. 毛坯尺寸为 96mm×36mm×12mm 的铝铭牌外形。 2. 用铣外形时用的装夹位，尺寸如下图所示，采用虎钳装夹。注意钻孔位置下面要避空。 40 4 12 36 3. X、Y 方向以铭牌外形对称中心为零点，Z 方向以工件顶面为零点。 4. 记录对刀器顶面距零点的距离 Z0。			

5.9 CNC 加工

现采用 DYNA 加工中心加工铭牌，操作系统为发那科系统，其操作过程如下所述。

5.9.1 坯料的准备

坯料采用第 4 章所介绍的已加工好的铭牌零件。

5.9.2 刀具的准备

刀具的准备按如下所述进行。

① 按程序单选择ϕ2mm 中心孔钻头。将刀具装在 BT40 的夹头上，装刀长度为 10mm。

② 按程序单选择ϕ3mm 钻头。将刀具装在 BT40 的夹头上，装刀长度为 20mm。

5.9.3 操作 CNC 机床，钻中心孔

调用程序“MP8.NC”，加工方法与第 3 章所介绍的铭牌的外形加工方法基本相同，包括开机、装刀、装工件、分中对零、设定工作坐标、传输数据、加工、检验等步骤，不过有如下两点不同。

1. *XY* 方向对零

采用分中棒对零，方法同 4.5.3 节 2.分中对零。

2. *Z* 轴对零

为保护顶平面，*Z* 轴对零时，以要钻孔的平面（*Z* 坐标为−2）为基准，将中心钻装在主轴上，启动主轴，在将要钻孔的位置，向下移动中心钻，碰到基准面时，停止移动主轴，在操作面板中将光标移到 *Z* 轴坐标位置，按取消键（CAN），*Z* 轴坐标清零。向上移动主轴，使 *Z* 轴坐标值为 2，*Z* 轴坐标再清零。以此时的 *Z* 轴的机械坐标设为工作坐标 G54 的 *Z* 轴坐标。

5.9.4 操作 CNC 机床，钻孔加工

调用程序“MP9.NC”，加工方法与本书 5.9.3 节所介绍的加工方法基本相同。

5.10 检验与分析

钻孔加工后的检验与分析的内容包括：

① 钻中心孔加工完后，可用肉眼观察孔深是否符合要求。

② 用游标卡尺检验孔的尺寸是否为ϕ3mm，孔距是否为 90mm，30mm。孔是否对称。

③ 通过检验，分析加工工艺是否合理，对不合理的地方进行改进，重新编写 NC 程序。

到本章为止，已将铭牌的设计与加工的内容介绍完毕。实际加工时，为了减小装夹次数及带来的误差，减小刀长补正操作的次数，一般采用一次装夹的方法，加工完外形，雕刻，钻孔，最后再反过来装夹，用普通铣床铣掉装夹位置部分。

练习 5

5.1　点的绘制有几种方法？

5.2　请给出ϕ3mm 钻头钻铝铭牌的钻孔参数。

第 6 章　沟槽凸轮的设计与加工

本章主要介绍圆弧的画法、串联补正、圆弧的尺寸标注等绘图知识，介绍挖槽粗加工、外形铣削精加工、倒角加工等加工知识，介绍利用三菱加工中心加工沟槽凸轮的过程。

6.1　沟槽凸轮的零件图

沟槽凸轮零件如图 6-1 所示。沟槽凸轮内外轮廓及ϕ25mm 和ϕ12mm 的孔的表面粗糙度要求为 *Ra*3.2μm，其余为 *Ra*6.3μm，全部倒角为 1mm×1mm，材料为 40Cr。

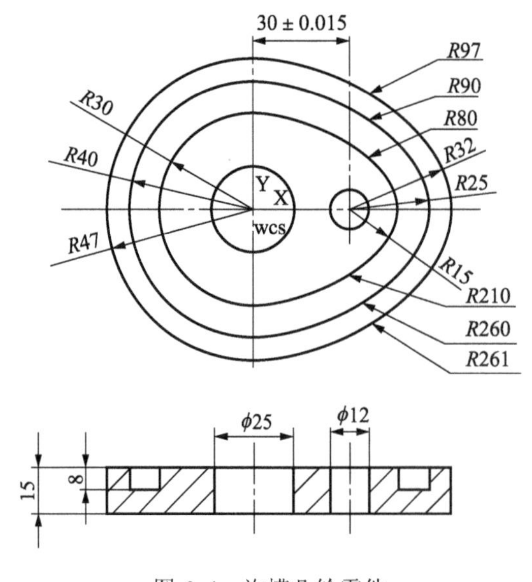

图 6-1　沟槽凸轮零件

分析如图 6-1 所示的沟槽凸轮零件的结构，是由外轮廓以及中间两个孔和沟槽组成的。在 Mastercam 软件中，只需要建立该零件的二维模型，结合不同的 Z 轴方向的深度尺寸（从工程图中获得），就可以编制数控加工程序，完成沟槽凸轮的加工。外轮廓面及顶面的加工方法，可采用第 3 章介绍的二维外形铣削的方法。两个孔的加工，可采用第 5 章介绍的孔的加工方法。凸轮沟槽的加工，可采用第 4 章所介绍的挖槽（一般挖槽）的方法进行加工。

6.2　绘图思路

绘制沟槽凸轮零件的模型，只需绘制图 6-1 中的主视图的模型，该图主要由圆及圆弧组成。

沟槽凸轮零件二维模型的绘图思路如图 6-2 所示。

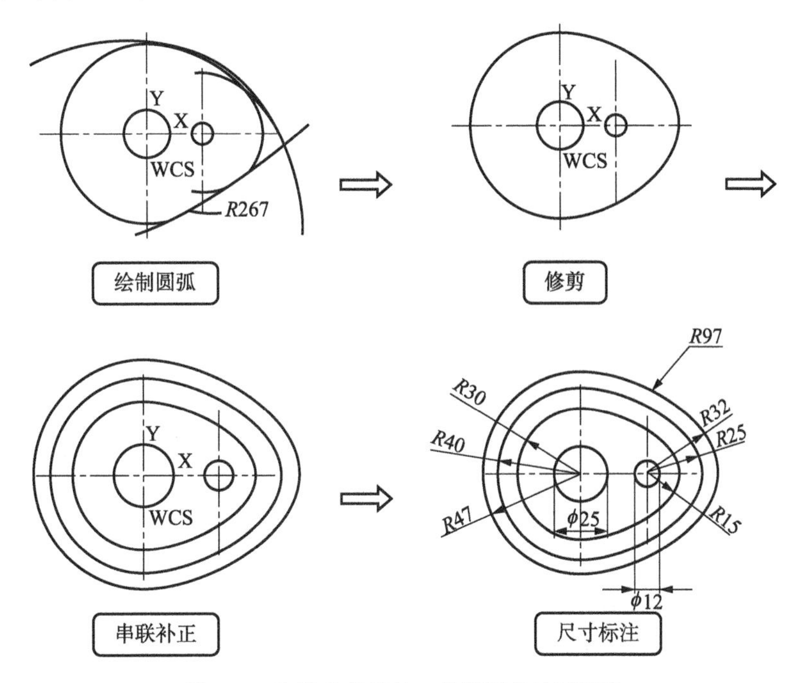

图 6-2　沟槽凸轮零件二维模型的绘图思路

6.3　沟槽凸轮的建模

6.3.1　绘制中心线

绘制中心线的方法如下所述。

① 将图形视角设为俯视图（T），当前层别设为 1，命名为“中心线”，单击图素属性按钮，将线型设为中心线，颜色设为 12（红色）。

② 绘制水平中心线。单击绘图→直线→水平线命令，在 *Y* 坐标为 0 的位置，绘制好水平中心线。

③ 绘制垂直中心线。单击主菜单→绘图→直线→垂直线命令，在 *X* 坐标为 0 及 30 的位置绘制两条垂直线。

6.3.2　指定圆心与直径绘制圆

绘制ϕ25mm 和ϕ12mm 的圆，可采用“点直径圆”方式，方法如下：

① 将当前层别设为 2，命名为“线框图”，单击图素属性按钮，将线型设为实线，颜色设为 10（绿色）。

② 单击主菜单→绘图→圆弧→点直径圆命令，过程如图 6-3 所示。

③ 在系统提示区出现提示：请输入直径，输入 25，回车。

④ 捕捉原点为圆心，绘制ϕ25mm 的圆，如图 6-4 所示。

⑤ 同样的方法可绘制ϕ12mm 的圆，如图 6-5 所示。

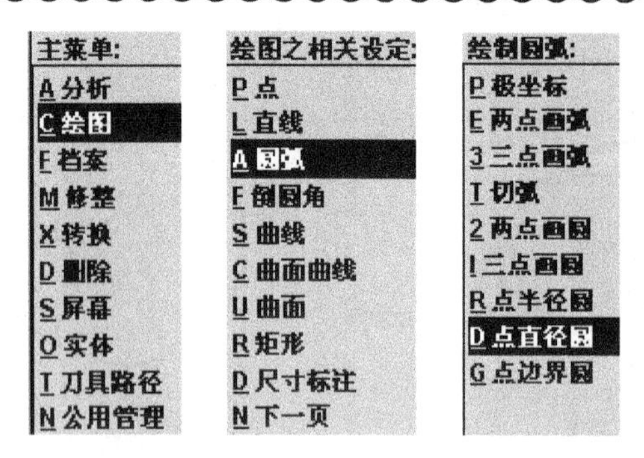

图 6-3　点直径圆绘制菜单

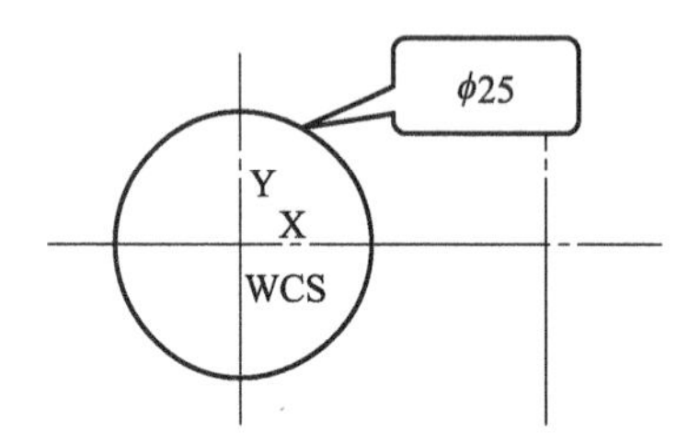

图 6-4　绘制ϕ25mm 的圆

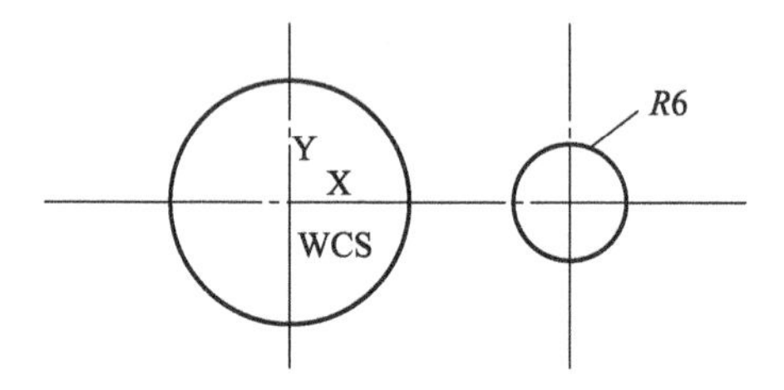

图 6-5　绘制ϕ12mm 的圆

下面介绍另一种绘制圆的方法。

6.3.3　指定圆心与半径绘制圆

绘制ϕ12mm 的圆，可采用“点半径圆”方式，方法如下所述。

① 单击返回→点半径圆命令，过程如图 6-3 所示。

② 在系统提示区出现提示：输入半径，输入 6，回车。

捕捉右边的垂直线与水平线的交点为圆心，绘制半径为 6mm 的圆，如图 6-5 所示。

6.3.4　用极坐标方式（已知圆心）绘制圆或圆弧

绘制半径为 *R*47mm 的圆弧，可采用“极坐标”方式绘制，方法如下所述。

① 单击返回→极坐标→已知圆心命令，过程如图 6-6 所示。

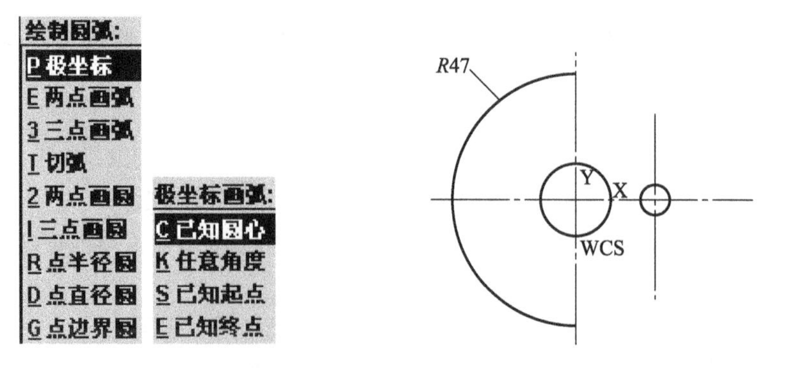

图 6-6　“极坐标”绘制圆菜单　　　图 6-7　绘制半径为 *R*47 的圆弧

② 在系统提示区出现提示：极坐标画弧：请指定圆心点，捕捉原点为圆心。

③ 在系统提示区出现提示：输入半径，输入 47，回车。

④ 在系统提示区出现提示：请输入起始角度，输入 90，回车。

⑤ 在系统提示区出现提示：请输入终止角度，输入 270，回车。

⑥ 绘制好 *R*47mm 的圆弧，如图 6-7 所示。

⑦ 同样方法可绘制好 *R*32mm 的圆弧。

下面介绍另一种绘制圆或圆弧的方法。

6.3.5 用极坐标方式（任意角度）绘制圆弧

绘制 *R*32mm 的圆弧，可采用“极坐标（任意角度）”方式，方法如下所述。

① 单击返回→极坐标→任意角度命令，过程参考图 6-6。

② 在系统提示区出现提示：极坐标画弧：请指定圆心点，捕捉ϕ12mm 的圆的圆心为圆心。

③ 在系统提示区出现提示：输入半径，输入 32，回车。

④ 在系统提示区出现提示：使用滑鼠指出起始角度的概略位置，在右边的垂直中心线的下端左边单击选中一点，如图 6-8 所示。

⑤ 在系统提示区出现提示：使用滑鼠指出终止角度的概略位置，在右边的垂直中心线的上端左边单击并选中一点。这样就画好 *R*32mm 的圆弧，如图 6-8 所示。

6.3.6 绘制切弧

绘制 *R*97mm 的圆弧，可采用“切弧”方式，方法如下所述。

① 单击返回→切弧→切两物体命令，过程如图 6-9 所示。

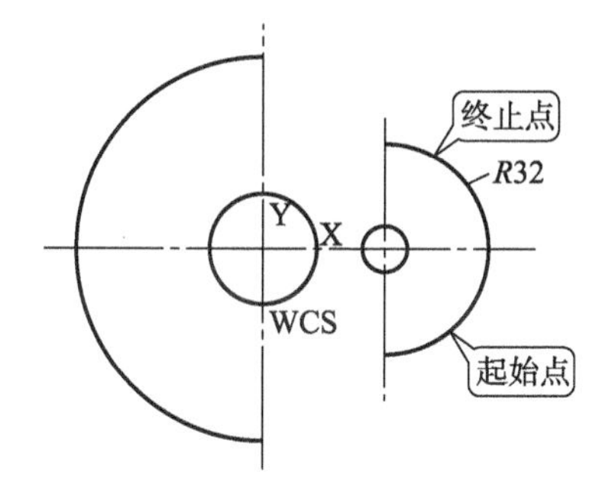

图 6-8　绘制 *R*32mm 的圆弧

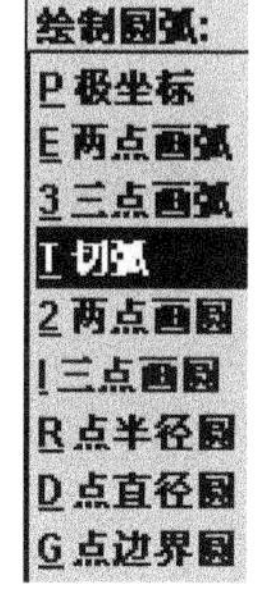

图 6-9　绘制切弧菜单

② 在系统提示区出现提示：绘制圆弧，切两物体：请输入半径，输入 97，回车。

③ 在系统提示区出现提示：请选取图素
圆角半径 =97.000，选择 *R*47 的圆弧。

④ 在系统提示区出现提示：倒圆角：请选取另一个图素，选择 *R*32 的圆弧。

⑤ 图中会出现多个相切的圆弧，在系统提示区出现提示：请选择需要的圆弧，选择一个符合需要的圆弧，如图 6-10 所示。

⑥ 同样的方法，可绘制 *R*267mm 的圆弧，如图 6-11 所示。

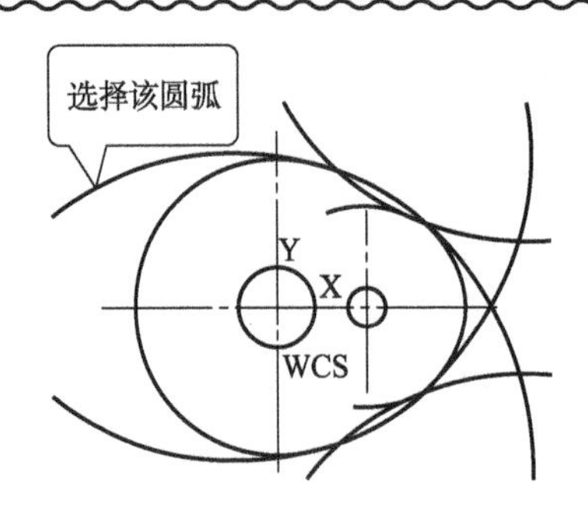

图6-10　绘制 *R*97mm 的圆弧

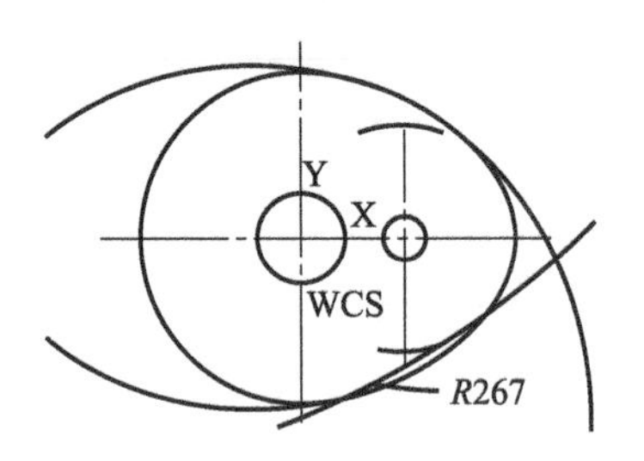

图6-11　绘制 *R*267mm 的圆弧

6.3.7　圆弧的修剪

通过修剪延伸的方法，将圆弧的多余部分修整掉。

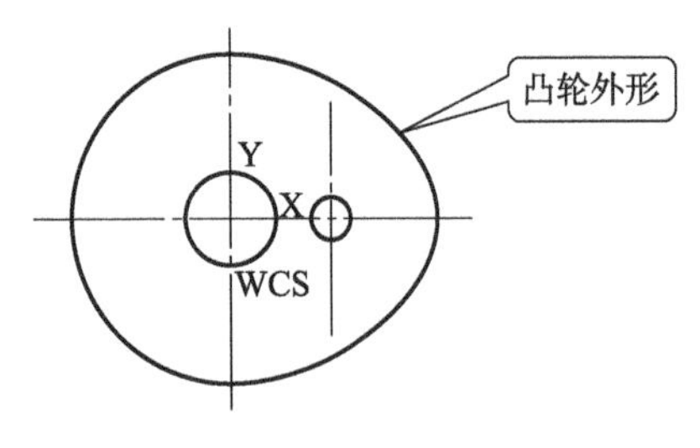

图6-12　圆弧的修剪

① 单击主菜单→修整→修剪延伸→两个物体命令。

② 分别单击并选中两相交的圆弧，修剪结果如图6-12所示，得到凸轮外形图。

6.3.8　串联补正

分析如图6-1所示零件图，沟槽凸轮轮廓线可以利用如图6-12所示的凸轮外形，用串联补正的方法得到，方法如下：

① 单击主菜单→转换→串联补正→串联命令，过程如图6-13所示。

② 单击并选中图6-12中任意一段圆弧，整个圆弧段改变颜色，并出现一个箭头。

③ 单击执行命令，出现如图6-14所示的对话框，填选内容如图所示。

- 处理方式为：◉复制。
- 补正◉左补正，当串联的箭头方向为逆时针方向时，采用左补正，保证向内补正。
- 补正距离为7。

④ 单击确定按钮，得到“凸轮外轮廓”，结果如图6-15所示。

⑤ 同样的方法，可得到内轮廓“凸轮内轮廓”，补正距离为17mm，如图6-16所示。

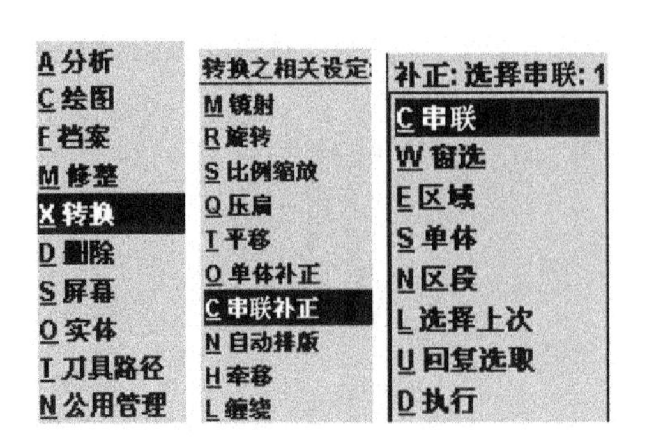

图6-13　串联补正菜单

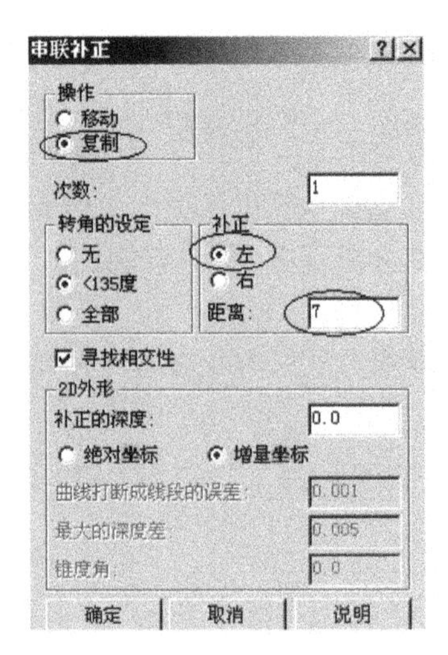

图6-14　“串联补正”对话框

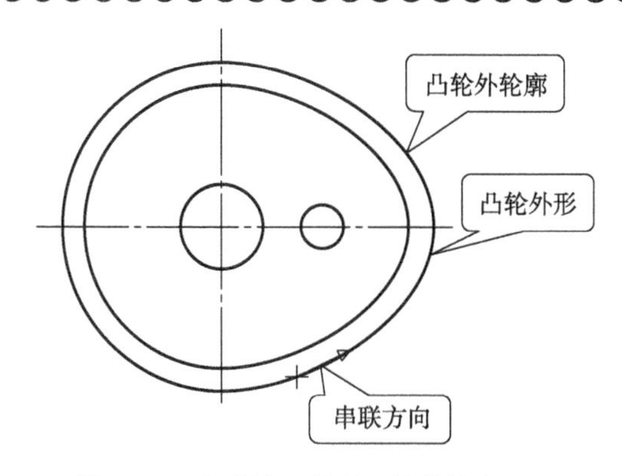

图 6-15　串联补正得到凸轮外轮廓

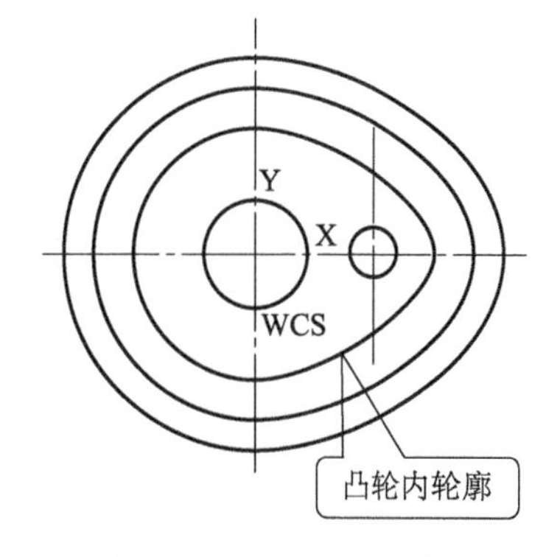

图 6-16　串联补正得到凸轮内轮廓

6.3.9　尺寸标注

1. 设定辅助菜单

将图层设为 3，命名为尺寸标注，颜色设为 15（白色），线型设为细实线。

2. 标注半径尺寸

半径尺寸较小的圆弧，可以直接标注半径尺寸，方法如下：

① 单击绘图→尺寸标注命令，单击并选中 *R*15 的圆弧，显示尺寸线及尺寸 *R*15.00。

② 若想不要小数后面的两个零，改变小数位数为 0 位，方法是：从键盘输入字母“N”，在系统提示区出现提示：“输入小数位数”输入 0，回车。

③ 移动鼠标到合适位置，单击鼠标左键确定，这样就标注好 *R*15 的圆弧尺寸。在尺寸数字之前，有一个表示为半径的符号 *R*，如图 6-17 所示。

④ 同样办法可标注好半径为 *R*25，*R*30，*R*32，*R*40，*R*47 的圆弧尺寸，如图 6-17 所示。

3. 标注直径尺寸

分别单击并选中直径为ϕ12 和ϕ25 的圆，可标注圆弧的直径尺寸。在尺寸数字之前，有一个表示直径的符号ϕ，如图 6-17 所示。

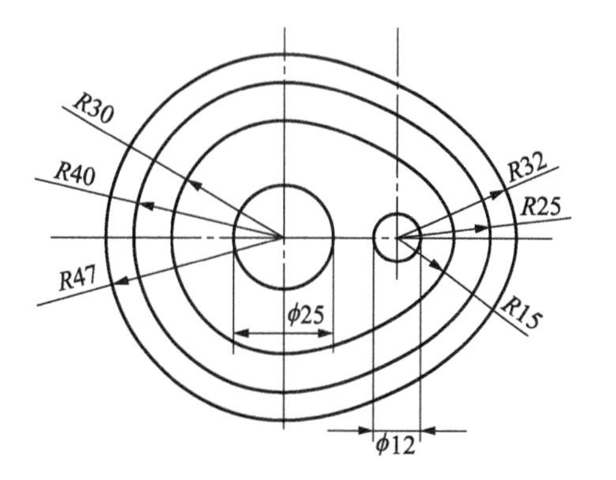

图 6-17　标注半径和直径尺寸

4. 注解文字

若直接单击并选中半径为 *R*80，*R*90，*R*97，*R*250，*R*260，*R*267 的圆弧，也可标注圆弧的半径尺寸，但尺寸线通过圆心，造成尺寸线很长，图面较零乱。现采用引导线加注解文字的方式来标注，方法如下所述。

① 单击绘图→尺寸标注→引导线→中点命令，过程如图 6-18 所示。

② 单击并选中 *R*97 圆弧，拖动鼠标到合适位置，单击左键，再水平拖动鼠标到合适位置，单击左键，按 Esc 键，这样就画好引导线，如图 6-19 所示。

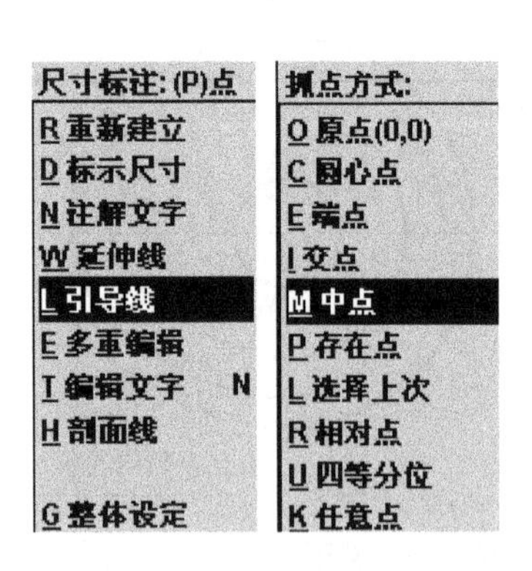

图 6-18　用“引导线”标注尺寸菜单

图 6-19　绘制引导线

③ 单击返回→注解文字命令，过程参考如图 6-18 所示，出现如图 6-20 所示对话框。

④ 输入 *R*97，单击确定按钮，拉动鼠标到对应的引导线位置，单击鼠标左键，将尺寸 *R*97 标注好，如图 6-21 所示。注意检查标注的尺寸是否与实际尺寸相符。

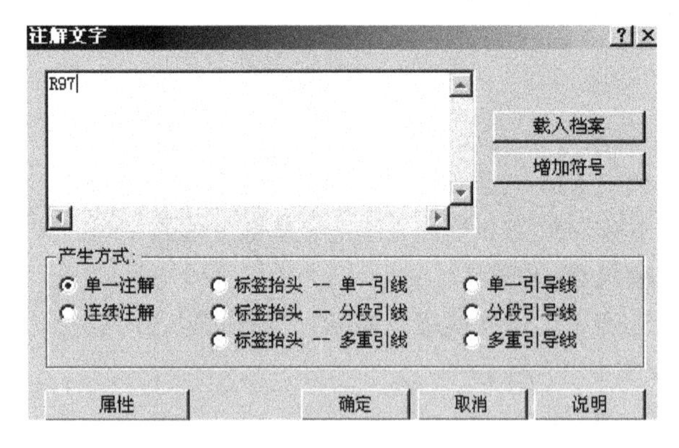

图 6-20　“注解文字”对话框

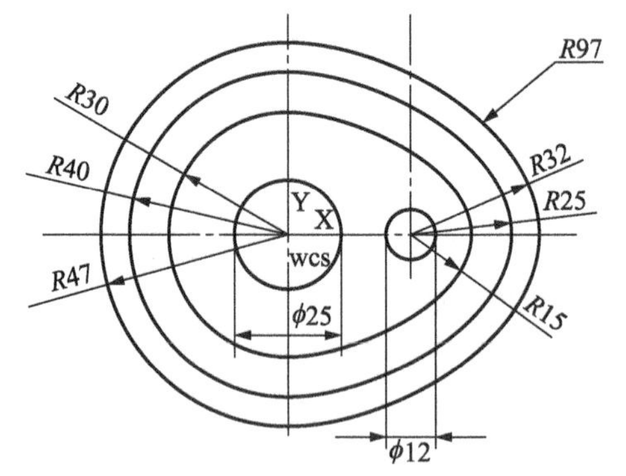

图 6-21　标注尺寸 *R*97

⑤ 同样的方法可标注半径为 *R*80、*R*90、*R*250、*R*260、*R*267 的圆弧，如图 6-1 所示的尺寸标注。

5. 两圆的中心距的标注

捕捉ϕ25 的圆心点与ϕ12 的圆心点，标注两点之间的距离，方法如下所述。

① 单击绘图→尺寸标注→标示尺寸→水平标示→圆心点命令，单击并选中ϕ25 的圆。

② 单击圆心点命令，单击并选中ϕ12 的圆，移动鼠标到合适位置，此时，出现一条水平尺寸线，尺寸为 30.00。

③ 为标注尺寸公差，可进入整体设定对话框，从键盘输入字母“G”，出现如图 6-22 所示的对话框，填选参数如下。

- 小数位数：3。
- 不选中 保留最后的“0”选项。
- 公差设定：+/- 。

上限: +0.015

下限: -0.015 。

④ 单击确定按钮，拖动鼠标到合适位置，单击鼠标左键确定，标注好尺寸“30±0.015”，如图 6-1 所示。

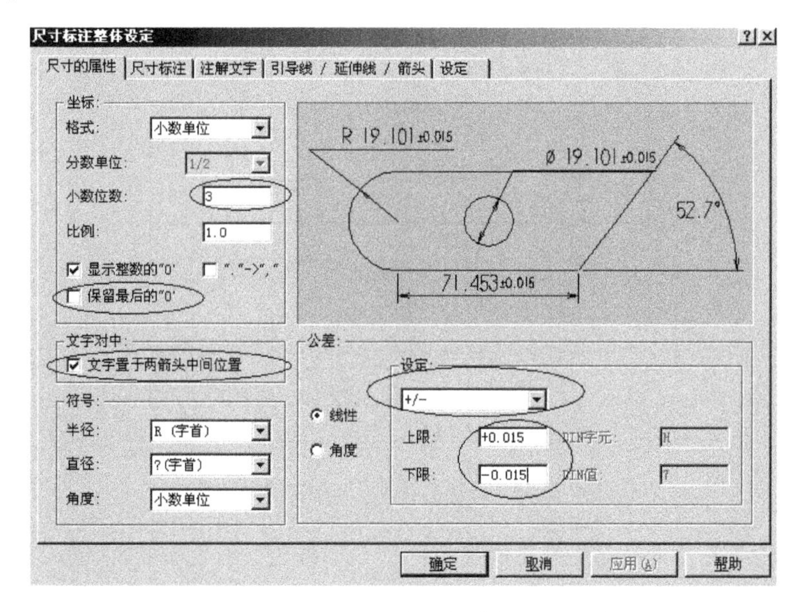

图 6-22　“尺寸标注整体设定”对话框

6. 分析检查

分析检查所建模型尺寸是否与零件图相符合。在图 6-21 所示图中，没有 Z 方向的图形与尺寸，在编程时，Z 方向的尺寸可从零件图中获得，直接输入有关参数，就可以解决 Z 方向的尺寸问题。

6.4　编制挖槽的加工刀具路径

6.4.1　加工工艺分析

分析图 6-1 所示零件，一般采用铸造毛坯，再用机加工的方法，可较方便地加工出该产品。现采用 16mm 板材，下料的尺寸为 115mm×100mm。ϕ25mm 及ϕ12mm 的孔已用其他方法加工出来了，上、下端面也已加工到位，剩下凸轮凹槽及外形用三菱加工中心加工，机床的最高转速为 12 000 r/min。

1. 装夹方法

工件装夹需要设计专用夹具，利用ϕ25mm 及ϕ12mm 的孔定位，采用压板装夹，如图 6-23 所示。ϕ25mm 的孔的定位中心到夹具的左边的距离为 90mm，到夹具的前边的距离为 70mm。这两个尺寸将作为对零及设定 G54 工作坐标的依据。

2. 毛坯设定

单击刀具路径→工作设定命令，设定毛坯大小尺寸为 X115，Y100，Z15，工件原点为（7.5，0，0），材料为 40Cr。

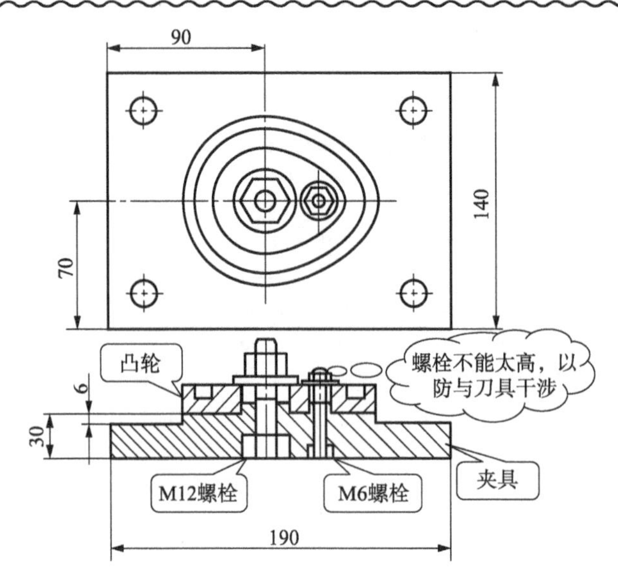

图 6-23 沟槽凸轮工装夹具示意图

3. 加工工艺

凸轮加工工艺流程如图 6-24 所示。

6.4.2 加工凸轮外形刀具路径

加工凸轮外形，可用直径为 25mm、刀角半径为 *R*5mm 的圆鼻合金刀（简称为ϕ25*R*5 圆鼻合金刀），采用 2D 外形加工的方法进行粗加工，Z 轴方向步进距离为 0.5mm。一般来说，该面要求不高，可直接加工到位，加工余量为 0mm。

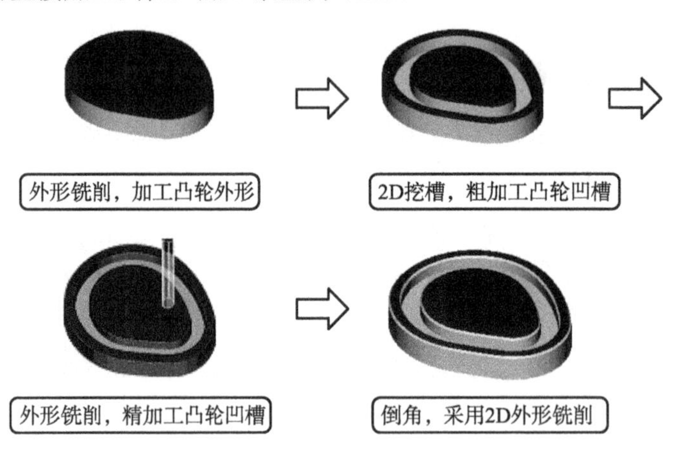

图 6-24 凸轮加工工艺流程

1. “外形铣削”对话框

采用外形铣削的方法，加工凸轮外形，进入外形铣削对话框的方法如下：

① 将图层设为 1，关闭图层 2，则所有尺寸被隐藏。将图形视角、构图平面、刀具平面设为俯视图（T），其余与绘图时的设置相同。

② 单击主菜单→刀具路径→外形铣削→串联命令。

③ 选取凸轮外形轮廓线为加工范围，外形轮廓线改变颜色，并出现一个起点与箭头，保证为顺时针方向。

④ 单击主菜单中的执行命令，进入“外形铣削”对话框，如图 6-25 所示。

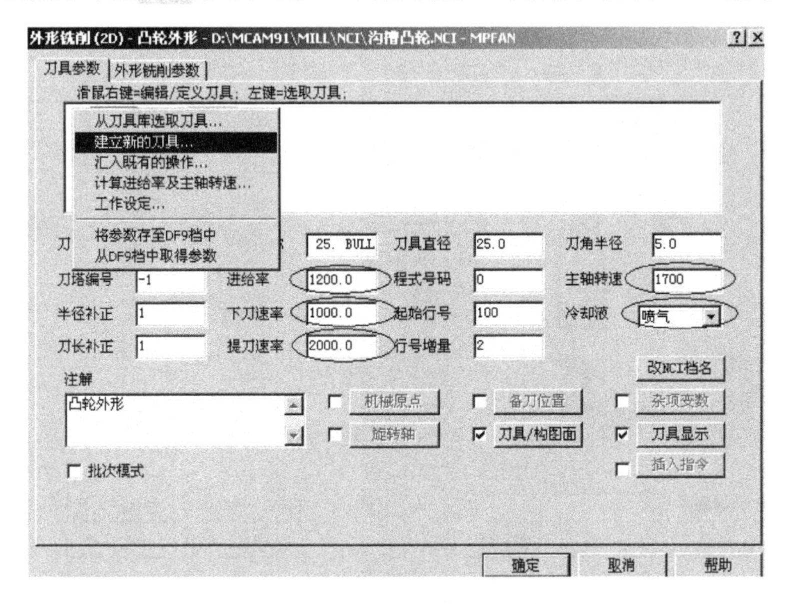

图 6-25　“外形铣削”对话框

2. 选择刀具参数

刀具参数的选择如下所述。

① 将鼠标移到“刀具参数”对话框中最大的窗口内，单击鼠标右键，系统弹出一个快捷菜单，选取建立新的刀具...命令，建立一把直径为ϕ25mm、刀角半径为 R5mm 的圆鼻合金刀。

② 输入主要参数如下：

- 进给率：1 200mm/min。
- 下刀速率：1 000mm/min。
- 提刀速率：2 000mm/min。
- 主轴转速：1 700r/min。
- 冷却液：喷气。
- 其余为默认值。

3. 选择 2D 外形铣削参数

单击外形铣削参数按钮，出现如图 6-26 所示对话框，填选内容如图所示。

① 主要参数选择。

- 进给下刀位置：1.0。
- 深度-20.2，加工深度要超过凸轮的高度尺寸 15mm 与刀具的刀角半径值 5mm 之和。
- XY 方向预留量 0，凸轮外形表面不需要进行精加工。
- 单击并选中☑ 进/退刀向量项。
- 单击并选中☑ 平面多次铣削项。
- 单击并选中☑ Z轴分层铣深项。

② 单击平面多次铣削按钮，出现如图 6-27 所示对话框，填选内容如图所示。

- 粗铣次数 2。
- 间距 10.0。

单击确定按钮，返回如图 6–26 所示对话框。

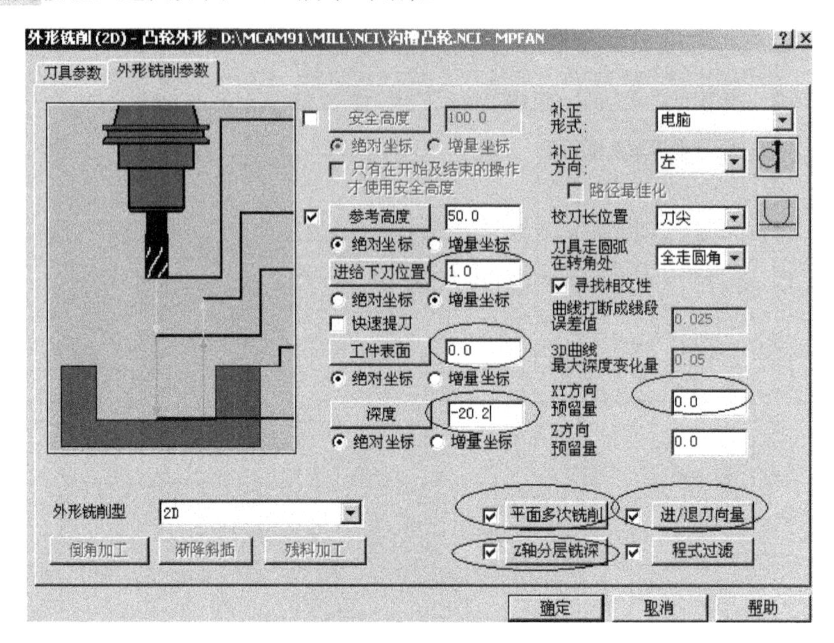

图 6–26　“外形铣削参数”对话框

③ 单击 Z 轴分层铣深按钮，出现如图 6–28 所示对话框，填选内容如图所示。

- 最大粗切深度 0.5。
- 单击 ☑ 不提刀 项。

单击确定按钮，返回图 6–26 所示对话框。

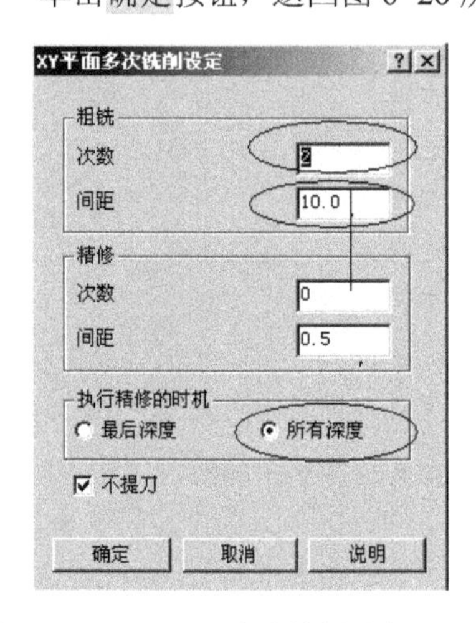

图 6–27　“XY 平面多次铣削设定”对话框

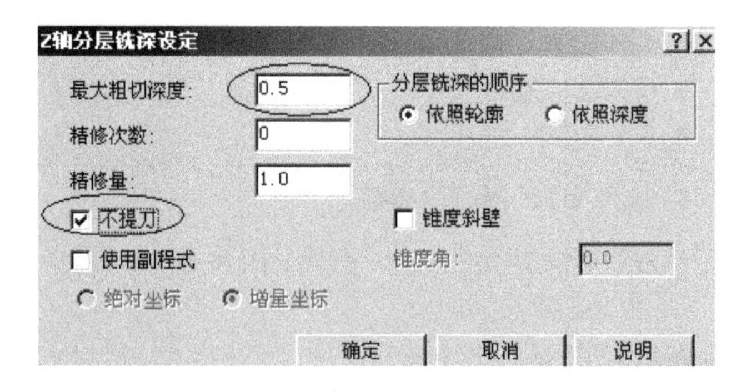

图 6–28　“Z 轴分层铣削设定”对话框

④ 单击进/退刀向量按钮，出现如图 6–29 所示对话框，填选内容如图所示：进/退刀圆弧半径为 10，单击确定按钮，返回图 6–26 所示对话框。

⑤ 其余各项为默认值。

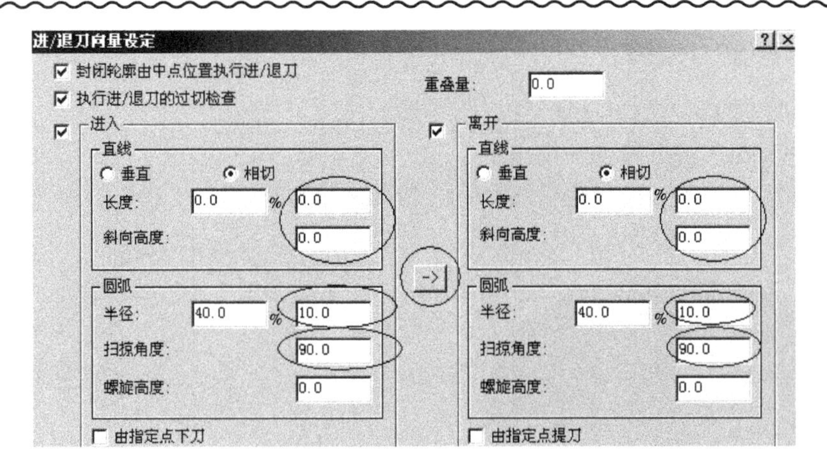

图 6-29　“进/退刀向量设定”对话框

4. 产生刀具路径

单击图 6-26 所示对话框中的确定按钮，产生了加工刀具路径，如图 6-30 所示。

5. 刀具路径模拟

① 单击主菜单→刀具路径→操作管理命令，弹出如图 6-31 所示对话框，将外形铣削（2D）刀具路径命名为“凸轮外形”。

② 单击刀具路径模拟→自动执行命令，结果如图 6-30 所示。检验刀具路径，进刀与退刀位置不同夹具发生干涉，Z 轴方向也未碰撞到夹具。

③ 单击返回命令，返回图 6-31 所示对话框。

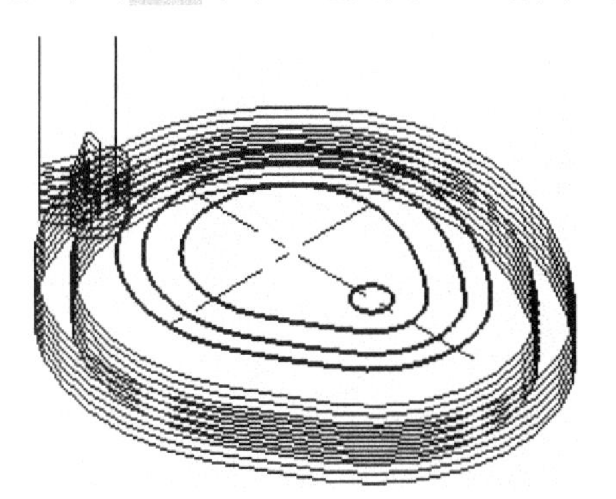

图 6-30　加工凸轮外形刀具路径

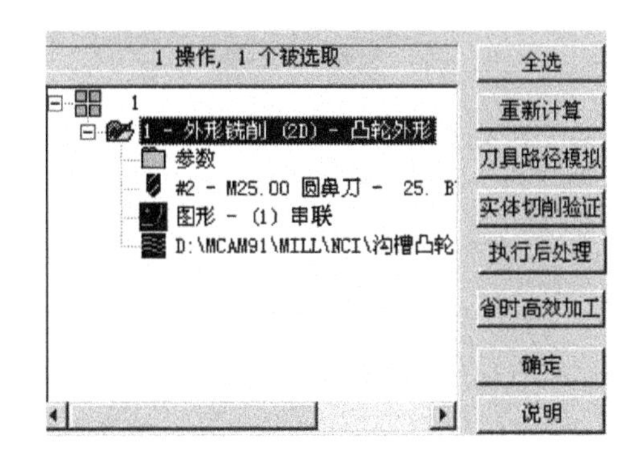

图 6-31　“操作管理员”对话框

6. 实体切削验证

单击图 6-31 所示对话框中的实体切削验证选项，单击“持续执行”按钮“▶”，显示模拟实体加工过程，实体切削验证结果如图 6-32 所示，验证加工结果符合加工要求。

6.4.3　粗加工凸轮凹槽刀具路径

粗加工凸轮凹槽，可采用 2D 挖槽的方法进行粗加工，刀具采用 ϕ6mm 的平刀，Z 轴方向步进距离为 0.5mm，加工余量为 0.1mm。

1. “进入挖槽”对话框

进入挖槽加工对话框的方法如下：

① 单击主菜单→刀具路径→挖槽命令。

② 单击并选中凸轮的内、外轮廓串联为加工范围，颜色变为黄色，串联的方向如图 6-33 所示。

图 6-32 凸轮外形铣削实体切削验证结果

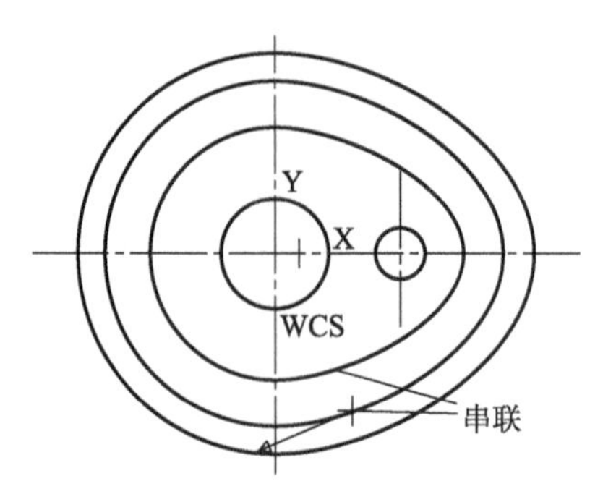

图 6-33 挖槽的加工范围

③ 单击执行命令，出现如图 6-34 所示“挖槽”对话框。

2. 确定刀具参数

选择刀具与确定刀具参数的方法如下：

① 将鼠标移到图 6-34 所示对话框中最大的窗口内，单击右键，系统弹出一个快捷菜单，选取从刀具库中取刀命令，选取一把ϕ6mm 的平刀。

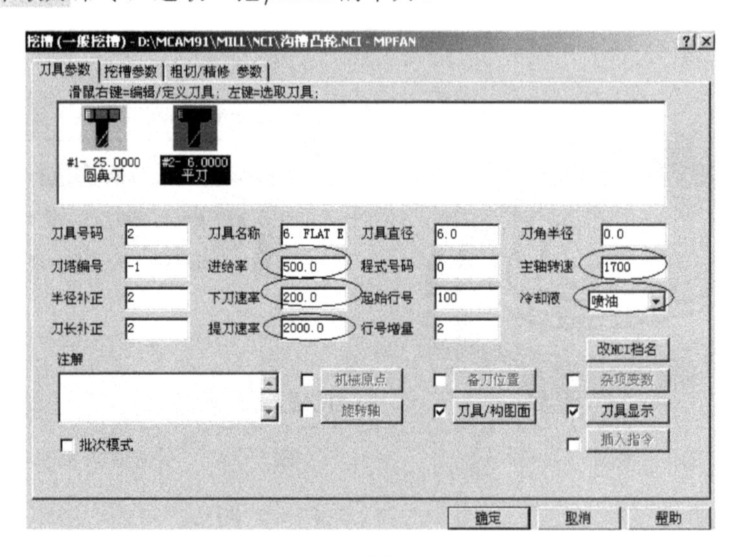

图 6-34 “挖槽”对话框

② 输入主要刀具参数。

- 进给率：500.0mm/min。
- 下刀速率：200.0mm/min。
- 提刀速率：2 000.0mm/min。
- 主轴转速：1 700r/min。
- 冷却液：喷油。

● 其余为默认值。

3. 确定挖槽参数

挖槽参数的设置如下所述。

① 单击挖槽参数按钮，出现如图 6-35 所示“挖槽参数”对话框，填选参数如图所示。输入：深度 –8.0，XY 方向预留量为 0.2。

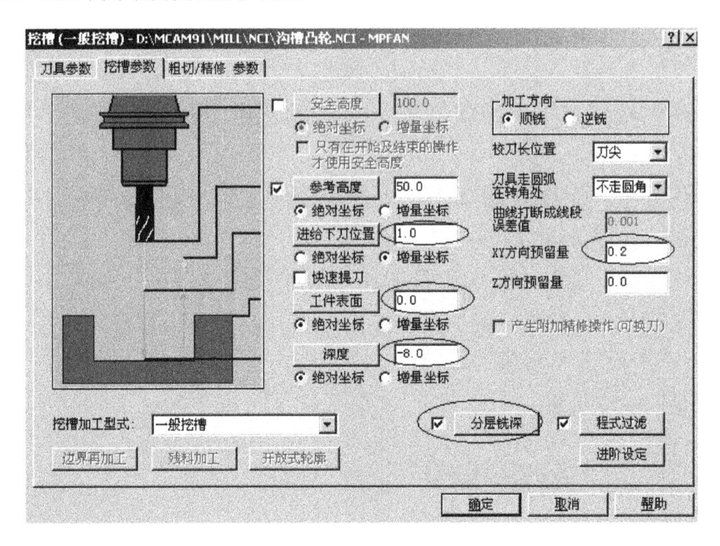

图 6-35　“挖槽参数”对话框

② 单击分层铣深按钮，出现如图 6-28 所示“Z 轴分层铣削设定”对话框，参数选择如图所示。毛坯为钢料时，最大粗切深度一般不超过 0.5mm。

4. 粗切/精修参数

单击粗切/精修参数按钮，出现如图 6-36 所示“粗切/精修 参数”对话框。

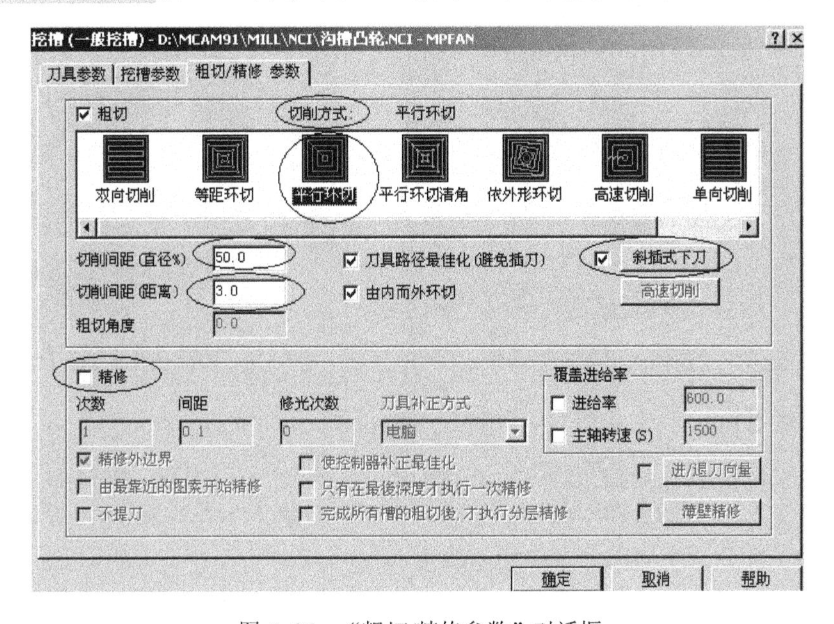

图 6-36　“粗切/精修参数”对话框

参数选择如下：

① 粗加工方法：平行环切。

② 切削间距（直径%）：50.0。

③ 切削间距（距离）：3.0。

④ 精修，表示不精修。此处若选中此项，加工时间会增加许多。

⑤ 单击选中 斜插式下刀 项，此按钮可以在斜插式下刀和螺旋式下刀之间转化。

5. 斜插式下刀

下刀方式可以采用螺旋式下刀或斜插式下刀，考虑到此处的下刀空间很有限，本例采用斜插式下刀。

单击螺旋式下刀按钮，出现如图 6-37 所示对话框，单击斜插式下刀按钮，将螺旋式下刀选择为斜插式下刀，填选参数如下：

① 最小长度：50.0%，3.0，最小斜插式下刀斜线长度为 3.0。

② 最大长度：200.0%，12.0，最大斜插式下刀斜线长度为 12.0。

③ Z 方向开始斜插位置（增量）：0.5。

④ XY 方向预留间隙：0.2。

⑤ 进刀角度：1.0。

⑥ 如果斜线下刀失败：中断程式。

⑦ 其余为默认值。

⑧ 单击确定按钮，返回如图 6-36 所示对话框。

6. 产生挖槽铣削刀具路径

最后单击图 6-36 所示对话框中的确定按钮，产生挖槽铣削刀具路径，如图 6-38 所示。

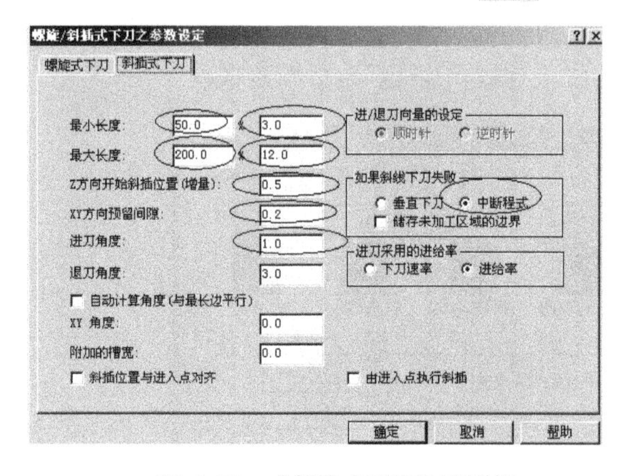

图 6-37 “斜插式下刀”对话框

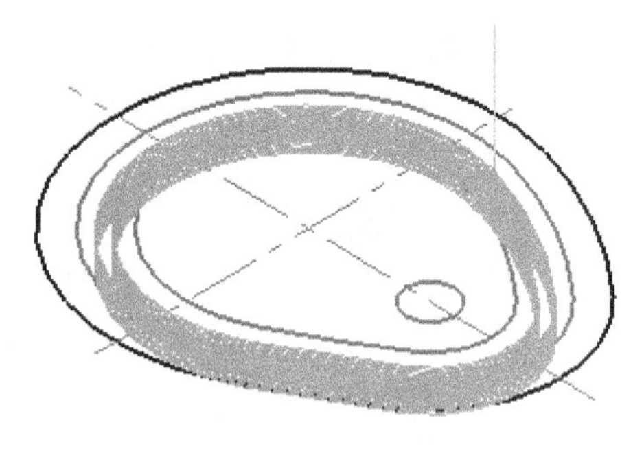

图 6-38 沟槽凸轮挖槽铣削刀具路径

7. 刀具路径模拟

模拟沟槽凸轮挖槽铣削的刀具路径，检验刀具路径是否符合要求，方法如下所述。

① 单击主菜单→刀具路径→操作管理命令，弹出如图 6-39 所示界面。

② 将挖槽刀路命名为“粗加工沟槽凸轮”。

③ 单击刀具路径模拟→自动执行命令，模拟结果与图 6-38 所示的结果相同。注意观察

下刀方式、加工范围与深度是否符合要求。加工时间为 14min。

8. 实体切削验证

验证加工结果如图 6-40 所示。检验所产生的刀具路径，是符合加工要求的。

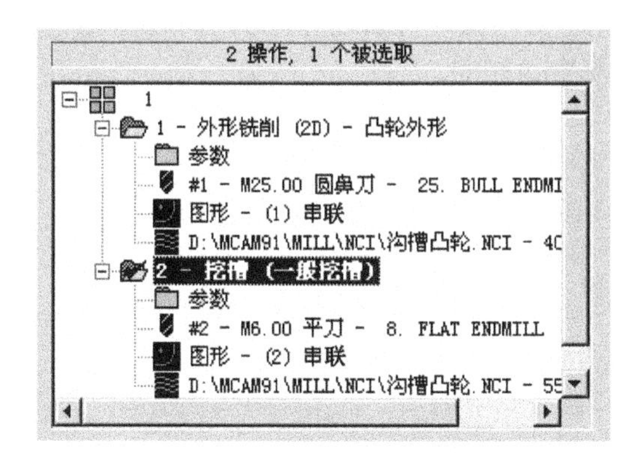
2 操作, 1 个被选取
1
1 - 外形铣削 (2D) - 凸轮外形
参数
#1 - M25.00 圆鼻刀 - 25. BULL ENDMI
图形 - (1) 串联
D:\MCAM91\MILL\NCI\沟槽凸轮.NCI - 40
2 - 挖槽 (一般挖槽)
参数
#2 - M6.00 平刀 - 8. FLAT ENDMILL
图形 - (2) 串联
D:\MCAM91\MILL\NCI\沟槽凸轮.NCI - 55

图 6-39　“操作管理员”界面

图 6-40　实体切削验证结果

6.4.4　精加工凸轮凹槽刀具路径

粗加工凸轮凹槽后，凸轮轮廓线留有 0.2mm 的加工余量。在精加工凸轮凹槽时，凹槽中间可以直接下刀，采用 2D 外形的方法进行精加工，刀具直接下降到-8mm，一次将轮廓线加工到位。

1. “外形铣削”对话框

进入外形铣削对话框的方法如下所述。

① 单击主菜单→刀具路径→外形铣削→串联命令。

② 选取凸轮内轮廓线为加工范围，内轮廓线改变颜色，并出现一个起点与箭头，为顺时针方向，如图 6-41 所示。

③ 选取凸轮外轮廓线为加工范围，外轮廓线改变颜色，并出现一个起点与箭头，改为逆时针方向，如图 6-42 所示。

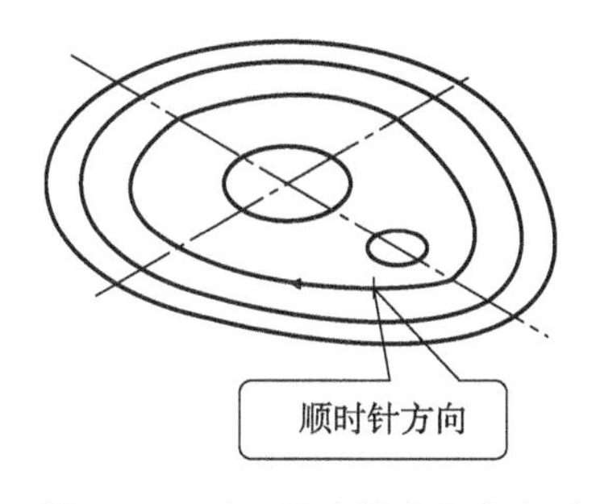

图 6-41　选凸轮内轮廓线为串联

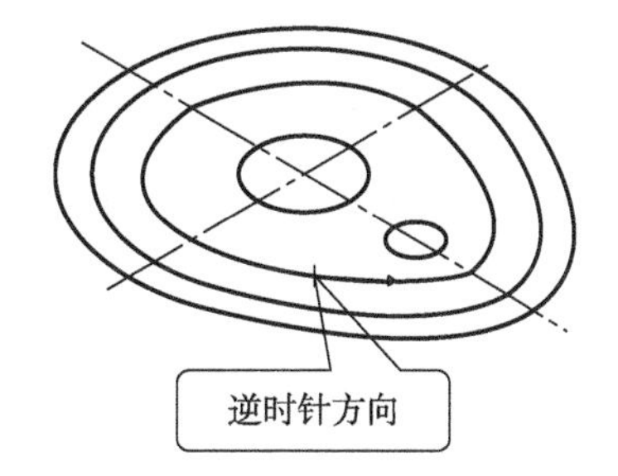

图 6-42　选凸轮外轮廓线为串联

注意

凸轮内轮廓与外轮廓的加工串联方向的选择很重要，若选择相同的方向，加工时补正的方向也相同，加工内、外轮廓时总有一个加工的补正方向是错的。现选择串联的方向相反，若选择补正的方向为左补正，则加工内、外轮廓时的补正方向都是对的，并保证了顺铣的要求。

④ 单击主菜单中的执行命令，进入外形铣削对话框，参考图 6-25。

2. 选择刀具参数

刀具半径的选择既要保证刀具能进入凸轮的凹槽中，有一定的进刀空间，又要有较高的刚性与加工效率，故选用ϕ8mm 的平刀。将进给率改为 300mm/min，向下进给率改为 300mm/min，其余的参数与挖槽铣削加工的刀具参数相同。

3. 选择 2D 外形铣削参数

单击 外形铣削参数按钮，出现如图 6-43 所示对话框，填选内容如图所示。

① 深度：–8.0。

② 补正方向：左。

③ XY 方向预留量 0.0。

④ Z 方向预留量 0.0。

⑤ 不选择 Z 轴分层铣深，按钮 ☐ Z轴分层铣深 失效。

⑥ 单击选中 ☑ 进/退刀向量项。

4. 设定进/退刀向量

单击如图 6-43 所示的进/退刀向量按钮，出现如图 6-44 所示对话框，填选参数如下：

① 重叠量：1.0，这样可以避免进刀与退刀在同一个地方，造成加工痕。

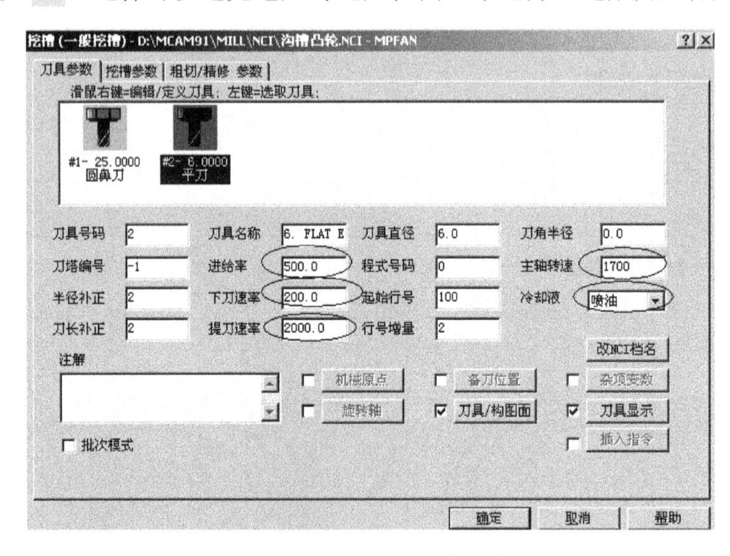

图 6-43 “凸轮凹槽的外形铣削参数”对话框

② 进刀、退刀向量的引线长改为 0.0，圆弧半径为 3.0，扫掠角度为 45.0。

③ 其余各项为默认值。

④ 单击确定，返回图 6-43 所示对话框。

注意

考虑到凸轮凹槽中的下刀空间很有限，在设定进/退刀向量时，一定要注意不要让刀具在下刀时碰到工件。

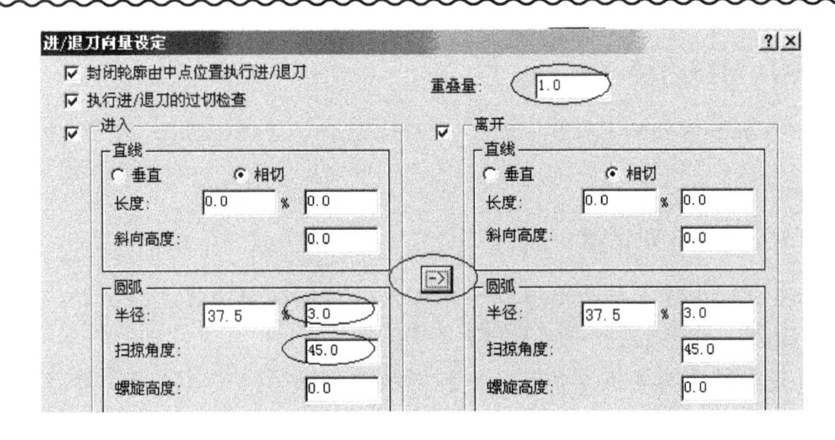

图 6-44　“进/退刀向量设定”对话框

5. 产生刀具路径

单击图 6-43 所示对话框中的确定按钮，产生了加工刀具路径，如图 6-45 所示。

6. 刀具路径模拟

模拟刀具加工路径，检验是否存在问题，方法如下所述。

① 单击主菜单→刀具路径→操作管理命令，弹出如图 6-46 所示界面，将 3-外形铣削（2D）刀具路径命名为“精加工凸轮轮廓”。

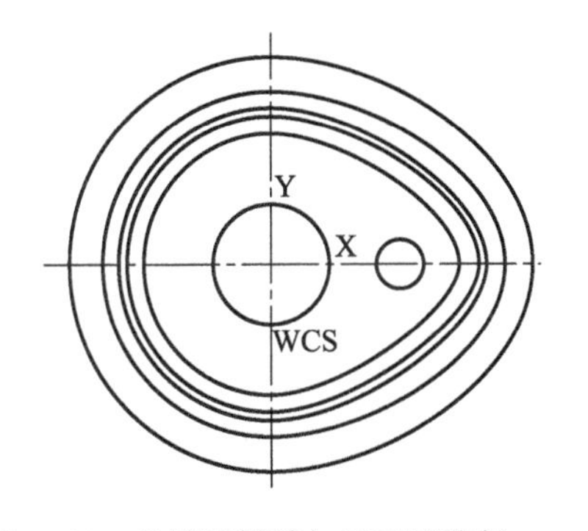

图 6-45　凸轮凹槽精加工刀具路径

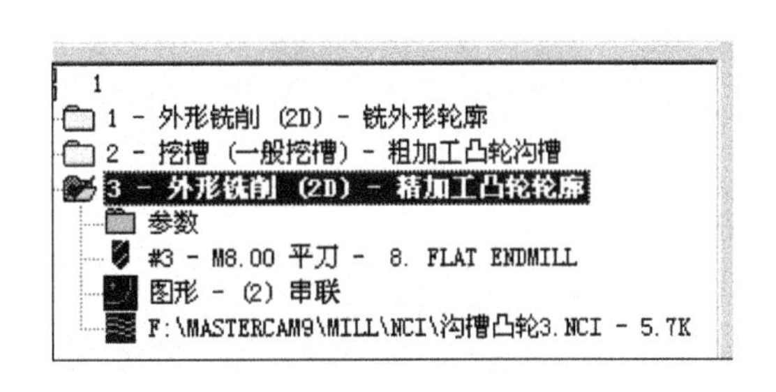

图 6-46　“操作管理员”界面

② 单击刀具路径模拟→自动执行命令，结果如图 6-45 所示。检验刀具路径，进刀与退刀位置没有与工件发生干涉，刀具不会碰到工件。

③ 单击返回命令，返回图 6-46 所示界面。

7. 实体切削验证

验证加工结果如图 6-47 所示，完成内、外轮廓的精加工。

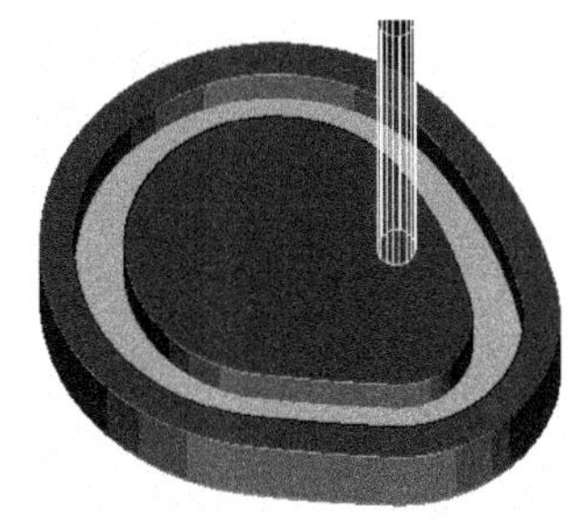

图 6-47　凸轮凹槽外形铣削精加工实体切削验证

6.4.5 倒角刀具路径

倒角采用 2D 外形铣削的方法进行加工。刀具为ϕ20～45° 倒角用刀，一次将轮廓线加工到位。

1. “进入外形铣削”对话框

进入外形铣削对话框，对凸轮进行倒角加工，方法如下所述。

① 单击主菜单→刀具路径→外形铣削→串联命令。

② 选取凸轮内轮廓线为加工范围，内轮廓线改变颜色，并出现一个起点与箭头，为顺时针方向，如图 6-41 所示。

③ 选取凸轮外轮廓线为加工范围，外轮廓线改变颜色，并出现一个起点与箭头，改为逆时针方向，如图 6-42 所示。

④ 选取凸轮外形为加工范围，外形改变颜色，并出现一个起点与箭头，为顺时针方向。

⑤ 单击主菜单中的执行命令，进入“外形铣削”对话框，参考图 6-25。

2. 选择刀具参数

选择倒角用刀具，并输入刀具参数，方法如下所述。

① 将鼠标移到刀具参数对话框中最大的窗口内，单击鼠标右键，系统弹出一个快捷菜单，如图 6-48 所示。

② 单击建立新刀具命令，出现如图 6-49 所示对话框。

③ 单击“倒角刀”按钮，出现图 6-50 所示对话框，定义刀具为ϕ20～45°的倒角刀。

④ 单击确定按钮，定义刀具参数如图 6-48 所示。

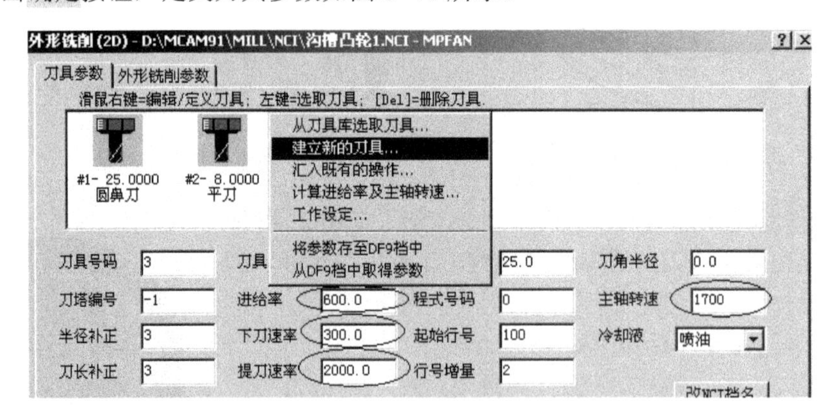

图 6-48 “外形铣削–刀具参数”对话框

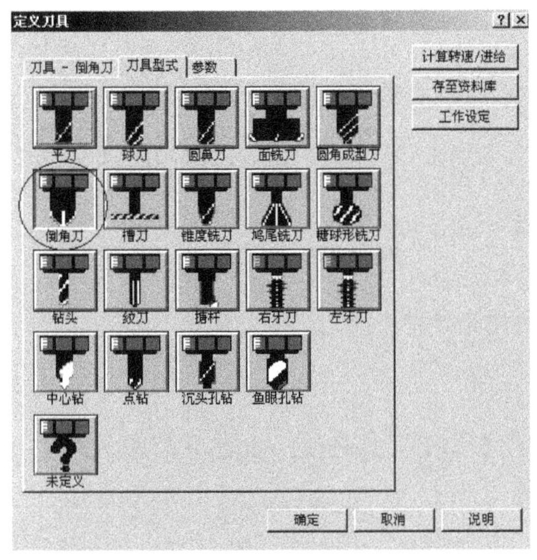

图 6-49　“定义刀具”对话框

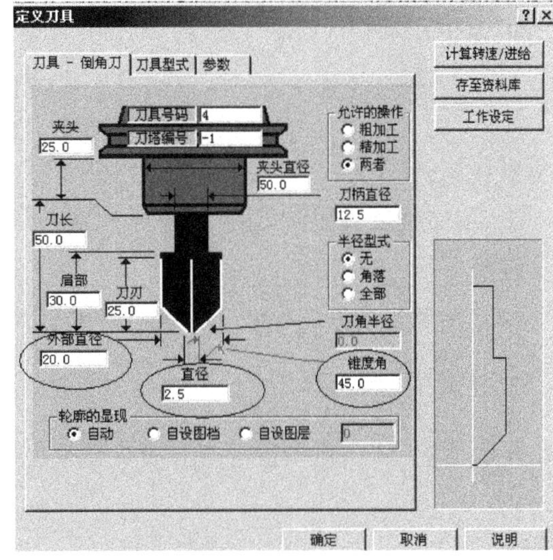

图 6-50　“刀具–倒角刀”对话框

3. 选择 2D 外形铣削参数

单击外形铣削参数按钮，出现如图 6-51 所示对话框，填选内容如图所示。

① 单击“外形铣削型式”旁边的下拉菜单按钮“▼”，单击 2D 倒角选项。

② 单击选中☑进/退刀向量项。

③ 其余各项为默认值。

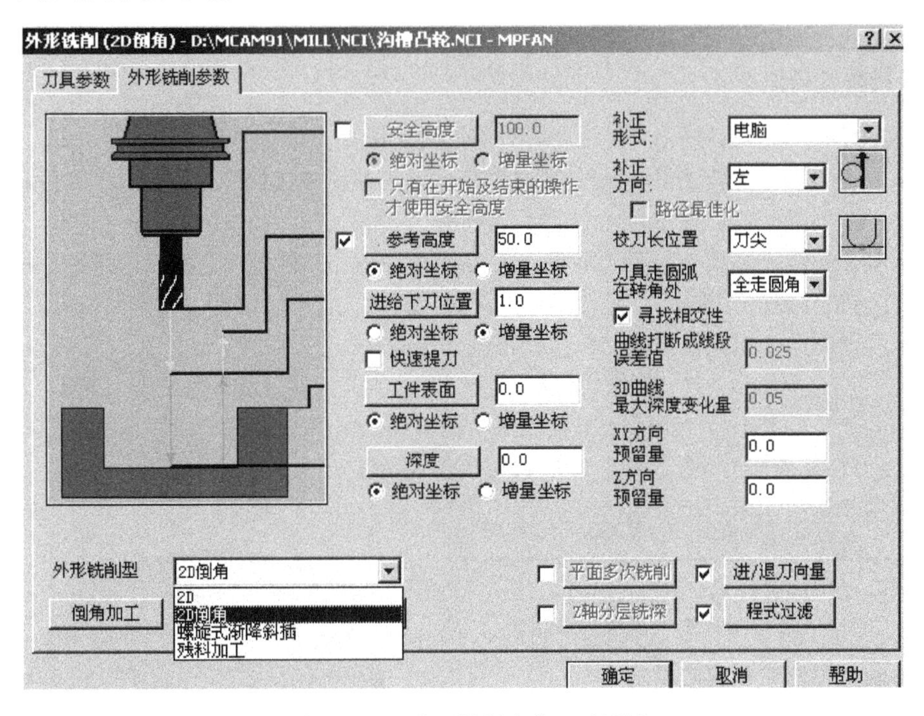

图 6-51　“外形铣削参数”对话框

4. 倒角加工参数

单击 倒角加工 按钮，出现如图 6-52 所示对话框，填选参数如图所示。

5. 设定进/退刀向量

单击进/退刀向量按钮，出现如图 6-44 所示对话框，填选参数如下：

① 进刀、退刀向量的引线长改为 0.0，圆弧半径为 37.5% 7.5，扫掠角度为 45。其余各项为默认值。

② 单击确定按钮，返回图 6-51 所示对话框。

注意

设定进刀、退刀向量时，刀具一定不能与工件相碰撞。

6. 产生刀具路径

单击图 6-51 所示对话框中的确定按钮，产生了加工刀具路径，如图 6-53 所示。

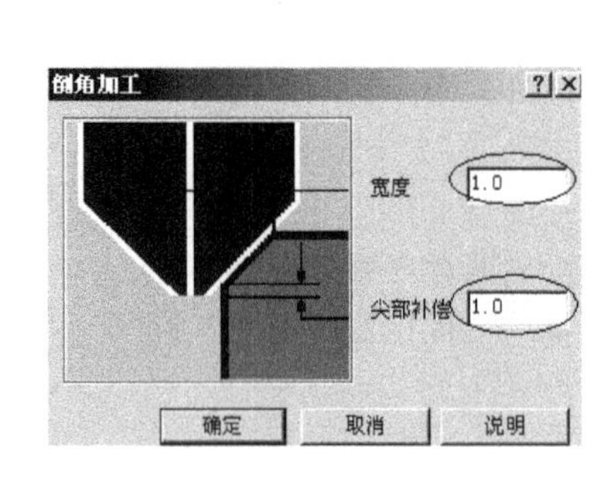

图 6-52 “倒角加工”对话框

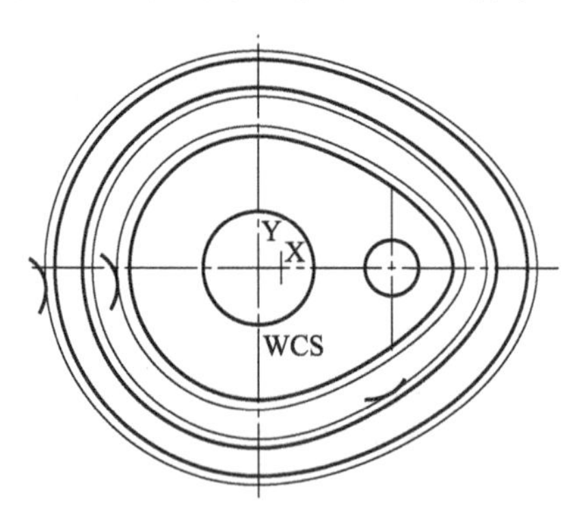

图 6-53 倒角加工刀具路径

7. 刀具路径模拟

模拟倒角加工的刀具路径，检查刀具路径是否正确，方法如下：

① 单击主菜单→刀具路径→操作管理命令，弹出如图 6-54 所示对话框，将倒角加工刀具路径命名为“外形铣削（2D 倒角）”。

② 单击刀具路径模拟→自动执行命令，结果如图 6-53 所示。检验刀具路径，进刀与退刀位置没有与工件发生干涉。

③ 单击返回命令，返回图 6-54 所示界面。

8. 实体切削验证

验证加工结果如图 6-55 所示，这样就完成倒角加工。

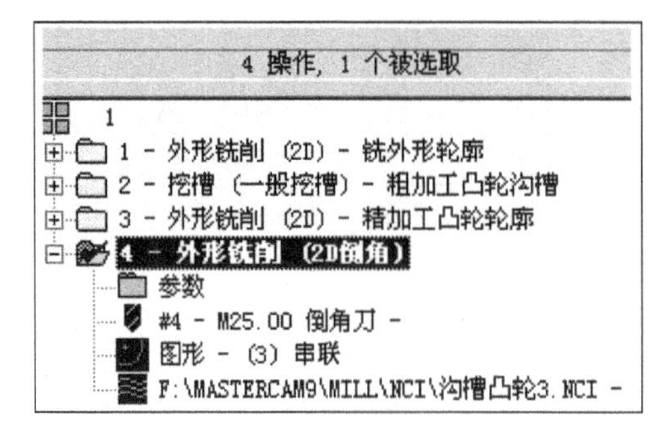

图 6-54 “操作管理员”界面

图 6-55 凸轮倒角加工实体切削验证结果

6.5　后处理，产生 NC 加工程序

对每一个刀具路径经过后处理后，产生一个 NC 加工程序，方法如下所述。

① 单击选中图 6-54 所示界面中的第一个程序“外形铣削”。

② 选择后处理选项，选择保存的目录与文件名称。如 F:\MASTERCAM\MILL\NC 目录下。

③ 输入文件名为：TL1，回车确认，产生了 TL1.CN 加工程序。

④ 同样方法可产生 TL2.NC（粗加工凸轮沟槽.NC）、TL3.NC（精加工凸轮轮廓.NC）、TL4.NC（倒角.NC）三个程序。

6.6　程序单

沟槽凸轮加工程序单见表 6-1。

表 6-1　沟槽凸轮加工程序单

<table>
<tr><td colspan="7">数控加工程序单</td></tr>
<tr><td>模具编号：
图纸编号：</td><td>工件名称：
沟槽凸轮</td><td colspan="2">编程人员：
编程时间：</td><td>操作者：
开始时间：
完成时间：</td><td>检验：
检验时间：</td><td>文件档名：F:\MASTERCAM\MILL\沟槽凸轮.MC9</td></tr>
<tr><td>序号</td><td>程序号</td><td>加工方式</td><td>刀具</td><td>切削深度</td><td>理论加工进给/时间</td><td>备注</td></tr>
<tr><td>1</td><td>TL1.NC</td><td>2D 外形</td><td>φ25R5</td><td>Z=−20mm</td><td>1 000mm/32min</td><td>粗加工
0</td></tr>
<tr><td>2</td><td>TL2.NC</td><td>2D 挖槽</td><td>φ6</td><td>Z=−8mm</td><td>300mm/18 min</td><td>粗加工
0.2</td></tr>
<tr><td>3</td><td>TL3.NC</td><td>2D 外形</td><td>φ8</td><td>Z=−8mm</td><td>300mm/3 min</td><td>精加工
0</td></tr>
<tr><td>4</td><td>TL4.NC</td><td>2D 外形(倒角)</td><td>φ20−45°
倒角度</td><td>Z=0mm</td><td>600mm/3 min</td><td>精加工
0</td></tr>
<tr><td colspan="4">零件零点，装夹示意图：</td><td colspan="3">1. 毛坯尺寸为 115mm×100mm×18mm 的 40Cr 钢材。
2. 采用专用装夹板装夹，用螺栓固定在专用装夹板上。
3. X 方向以距夹具左面的基准面 90 为零点，Y 轴将夹具分中为零点，Z 轴以工件顶面为零点。
4. 记录对刀器顶面距零点的距离 Z0：</td></tr>
</table>

6.7 CNC加工

采用三菱加工中心加工沟槽凸轮，操作系统为三菱操作系统，其操作过程如下所述。

6.7.1 坯料的准备

采用厚度为18mm的40Cr板材，下料的尺寸为115mm×100mm，先将 ϕ25mm及 ϕ12mm的孔用其他方法加工出来了，上下端面已采取平面铣削的方法加工到位。

6.7.2 刀具的准备

加工沟槽凸轮所用的刀具如下：

① ϕ25*R*5合金钢圆鼻刀，装刀长度为50mm。

② ϕ6钢平刀，装刀长度为25mm。

③ ϕ8合金钢平刀，装刀长度为25mm。

④ ϕ20倒角45°合金钢刀，装刀长度为30mm。

6.7.3 操作CNC机床，加工沟槽凸轮外形

采用三菱加工中心加工沟槽凸轮，操作方法如下所述。

1. 开机

三菱加工中心机床面板示意图如图6-56所示。接通电源，打开三菱加工中心机床后面的的总开关，按下操作面板上的机床电源开关（ON），待机床屏幕显示*X*、*Y*、*Z*轴数值或LIGHT ON键灯亮；松开红色急停开关（EMGSTOP）；按住绿色准备开关（READY）3s，直到绿灯亮为止。打开输送数据的计算机。

启动空压机，检查润滑油泵、油路等是否正常工作。

2. 归零

按下归零键（REFPOS RETURN），此时该键的灯亮。在手动进给（MANUAL FEED）区域中的坐标轴选择（AXIS SELECT）中分别选择*Z*、*X*、*Y*轴；按下正方向按钮；三轴归零后，归零指示（HOME）中*Z*、*X*、*Y*所对应的灯亮。

注意

归零操作时，先将Z轴归零，然后才将X轴、Y轴归零。

3. 储存NC程序

将程序单中所列的NC程序储存到机床输数用计算机所要求的目录下，打开机床用的专用输数程序，会出现输数对话框。

4. 装夹好刀具及工件

（1）装刀操作过程

按手动键（HANDLE），其指示灯亮。右手按住松刀（装刀）键（SPTOOL ETECT），左手扶住刀柄，对准刀柄槽，再松右手，装好刀具。

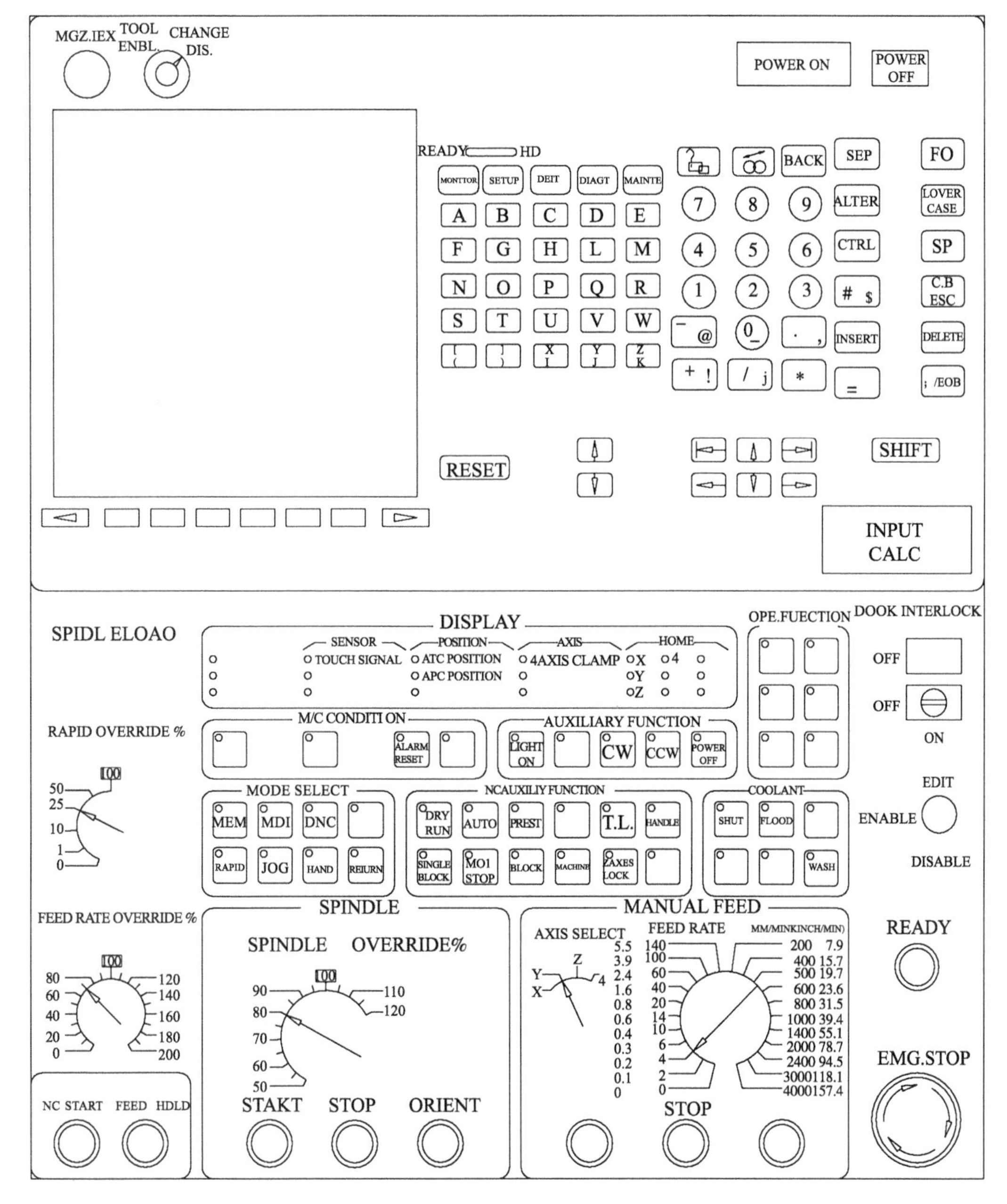

图 6-56　三菱加工中心操作面板示意图

（2）装夹坯料

各轴归零后，在操作面板中按下手动键（HANDLE）键，此时灯亮。操作手动轮，移动工作台到适当位置后，先将工作台清理干净，安装并用百分表校正夹具，将毛坯装夹在如图 6-23 所示的夹具上。

5. *XY* 轴对零

沟槽凸轮的装夹以已加工好的两个中心孔定位，可以通过夹具来寻找沟槽凸轮在 *X*、*Y* 方向的加工零点，具体方法如下所述。

① 采用分中棒对零，将分中棒装在主轴上。

② 在操作面板中输入主轴转速 S600，按输入键（INPUT CALC）。

③ 按启动键（START），启动主轴。

④ 操作手动轮，降下主轴，在夹具的左边进行碰数，分中棒下半截慢慢碰到夹具后，将手轮的档位调为 0.01，分中棒下半截由平稳到突然离心偏开上半截之时，提高 Z 轴到安全位置。

⑤ 移动操作面板中的光标到相对坐标中 *X* 轴相应的数值，按输入键（INPUT CALC），*X* 轴坐标清零。

⑥ 操作手动轮，将 *X* 轴移到（90+分中棒半径）数值所对应位置。

⑦ 再按输入键（INPUT CALC），*X* 轴坐标清零，这样就找到了 *X* 轴方向的零点。

⑧ *Y* 轴对零方法与上述相同。不同的是 *Y* 轴移到（70+分中棒半径）数值所对应位置，再清零。

⑨ 停止主轴旋转，取下分中棒。

6. *Z* 轴对零

沟槽凸轮 *Z* 轴的对零可采用刀具直接对零，方法如下：

① 将 $\phi 25R5$ 合金钢圆鼻刀装在主轴上，启动主轴。

② 向下移动 *Z* 轴，在毛坯的边角处对零，碰到坯料顶面时，停止移动主轴。

③ 在操作面板上，将光标移到 *Z* 轴相对坐标位置，按输入键（INPUT CALC），*Z* 轴坐标清零。

7. 设定 G54 工作坐标值

找到沟槽凸轮的加工零点后，需要将其机械坐标设为工作坐标，即 G54 工作坐标，方法如下：

① 相对坐标中 *X*，*Y*，*Z* 三轴的坐标值皆显示为 0，按 SETUP 键转换屏幕；将光标移动到 G54 中，按快速设定键（EASY SETTING），将相应的机械坐标（MACH POSN）中 *X*、*Y*、*Z* 的坐标值，复制到 G54 工作坐标中，这样就设定好 G54 工作坐标。

② 提高主轴，并按 STOP 键停止主轴旋转，完成设定 G54 工作坐标值的操作。

8. 准备输数

将 CNC 操作模式置于“DNC”模式，将快速移动（RAPID OVERRIDE）键调到 25%，进给率（FEED RATE OVERRIDE）键调到为零，按 NC START 按钮，启动循环开始程序，关好机床门。

9. 输数

在输数计算机的输数对话框中将光标移动到“SEND”，回车，输入要运行的 NC 程序名称：TL1.NC，回车确认，可开始加工。

10. 加工

用手握住程序进给挡（FEED RATE OVERRIDE）键，并慢慢调动该挡，这时机床开始自动运行，并观查其运行是否正常，特别注意下刀位置，如发现问题，立即将进给率调到“0”，如运行正常，可逐渐调高程序进给速度，调至 100%，快速移动进给率可调到 50%，这样机床自动执行第一个程序。

加工走完第一个程序所包含的任务后，机床报警。按 ALSRM 键取消报警。观察检验加工的结果是否有问题。

11. 测量刀长补正值 Z0

用ϕ25*R*5 合金钢圆鼻刀完成外形铣削后，需要换ϕ6mm 的平刀进行挖槽加工，其刀长工需要补正，因此，必须先将第一把刀的零点记录下来，方法如下：

① 第一把刀（ϕ25*R*5 合金钢圆鼻刀）加工完后，停转主轴，按主轴停止键（ROTATE STOP）。

② 把对刀器放在清洁的工作台上。

③ 在 HANDLE 模式下，利用手摇移动工作台至适合位置，向下移动主轴，用刀的底端压对刀器的顶部，表盘指针转一圈，指针指向零，记录此时 *Z* 轴坐标对应的数值 Z0，作为其余刀具的零点补正，参考图 3-51 对刀器对零示意图。

④ 抬高主轴，取下第一把刀。

12. 第二把刀（ϕ6 合金钢平刀）的对零方法（刀长补正）

第二把ϕ6 平刀的对零方法如下：

① 装上第二把刀（ϕ6 合金钢平刀）。

② 在 HANDLE 模式下，向下移动主轴，用刀的底端压对刀器的顶部，表盘指针转一圈，指针指向零。

③ 按 INPUT CALC 键，将 *Z* 轴相对坐标清零。

④ 抬高主轴，移走对刀器。

⑤ 将主轴 *Z* 坐标移到-Z0 位置，将 *Z* 轴相对坐标清零。

⑥ 再将 *Z* 轴的机械坐标（MACH POS）通过按快速设定键（EASY SETTING），复制到 *Z* 轴的 G54 工作坐标中，设定好第二把刀的零点。

13. 挖槽加工凸轮轮廓

调用程序"TL2.NC"，程序的输入方法及加工操作方法重复步骤 8、9、10。

14. 其余的刀路加工

调用其余程序，加工方法基本同上。

15. 加工结束

待工件加工好后，注意检查工件尺寸是否符合图纸要求。检查无问题之后，拆下工件，做好清洁保养工作，并按照开机的反顺序关闭加工中心。

6.8 检验与分析

在加工过程中，注意观察与检验加工结果，主要注意以下几个方面。

① 粗加工凸轮外形加工完后，可观察外形是否全部加工完整，检验表面是否平整。

② 凸轮轮廓精加工完后，可观察表面粗糙度情况。用游标卡尺检验 Z 方向的尺寸是否为 8mm，内外轮廓距离是否为 10mm。

③ 检查 *R*40、*R*30 的圆弧与ϕ25 的孔的同心度。

④ 通过检验，分析加工工艺是否合理，对不合理的地方进行改进，重新编写 NC 程序。

练习 6

6.1　圆弧的画法有几种？

6.2　请叙述串联补正的步骤。

6.3　凸轮凹槽粗加工可采用什么刀路？精加工采用什么样刀路？

6.4　凸轮凹槽精加工刀路的进/退刀向量要注意什么？

6.5　设置不同图层、线型，绘制题 6.5 图所示零件图。

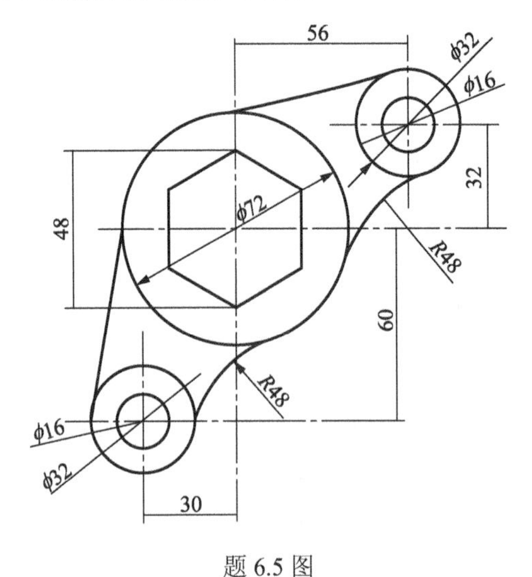

题 6.5 图

6.6　请在计算机中绘制出题 6.6 图所示零件图，并编制加工刀具路径。

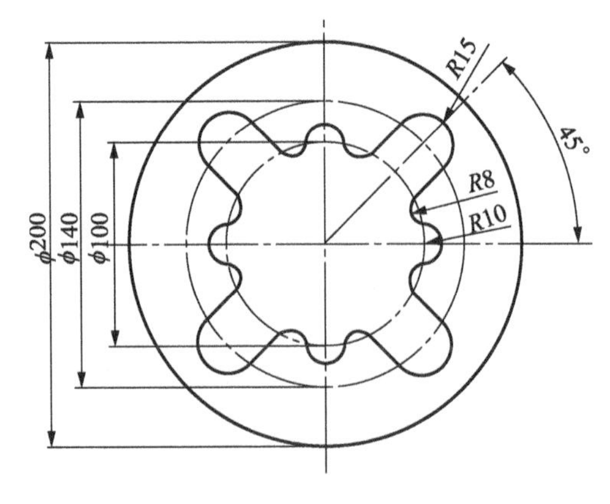

题 6.6 图

6.7　设计加工实训题。

1. 绘制零件的二维模型，零件图如题 6.7 图。

2. 编制零件的数控加工刀具路径，执行后处理，生成 CNC 程序，填写程序单（包括程序序号，程序名称，加工方法，刀具型号，装刀长度，加工余量，零件简图，标明加工零点）。毛坯材料及备料尺寸：Q235（长×宽×高：116mm×100mm×25mm）。公差要求：110±0.043，100±0.043，其余按 9 级公差加工，粗糙度要求全部 6.3▽。

3. 操作数控机床，加工出该零件。

4. 检测加工结果，将所有尺寸的检测结果列出。

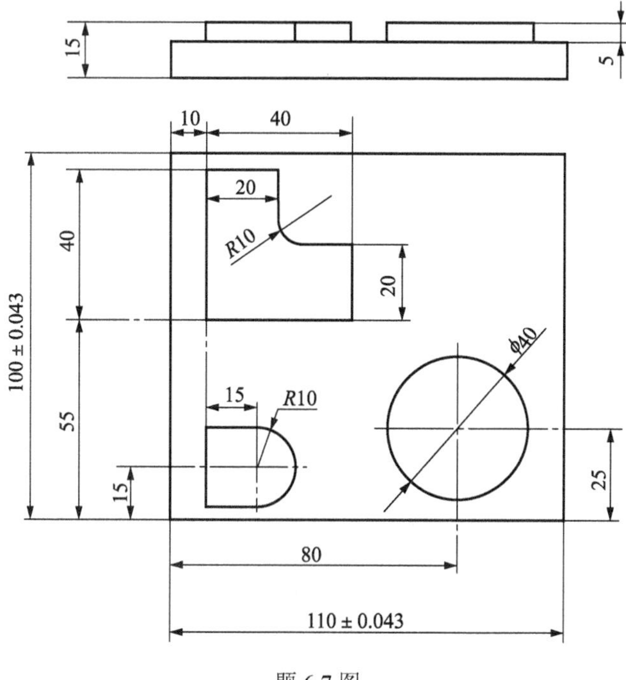

题 6.7 图

第 7 章　骰子的线框架设计

本章主要介绍线框架模型的绘制方法，图形视角、构图平面、构图深度的设置技巧，图形的平移、镜像、3D 尺寸标注的方法等内容。

7.1　骰子的线框架模型

骰子的线框架模型如图 7–1 所示，倒圆角未在图中画出。

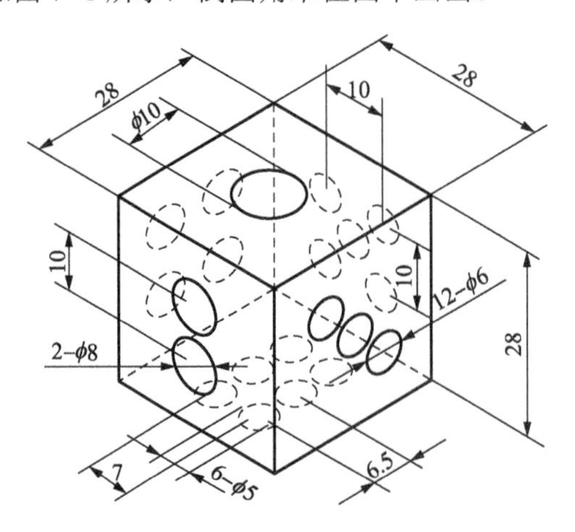

图 7–1　骰子的线框架模型

分析图 7–1 所示骰子的线框架模型，在骰子的六个面上有不同的点数，怎样构建骰子的立方体框架？怎样在六个面上构建不同的点数？显然不能采用前面介绍的二维模型的方法，需要在三维空间来绘制该模型。Mastercam 软件的三维造型可分为线框架造型、实体造型、曲面造型 3 种。这 3 种造型从不同的角度来描述一个物体，可以根据不同的需要来选择。线框架模型用来描述三维对象的轮廓及断面边界特征，它主要由点、直线、曲线等组成。

7.2　绘图思路

在三维空间绘制骰子的线框架模型，首先设置构图平面为俯视图，在不同的构图深度上绘制两个矩形，再设置构图平面为绘图空间，用直线连接两个矩形的四个角，完成立方体的绘制。通过设置不同的构图平面，构图深度，可在立方体的六个面上构建代表不同点数的图，就可完成骰子的线框架模型的绘制，具体的绘图思路如图 7–2 所示。

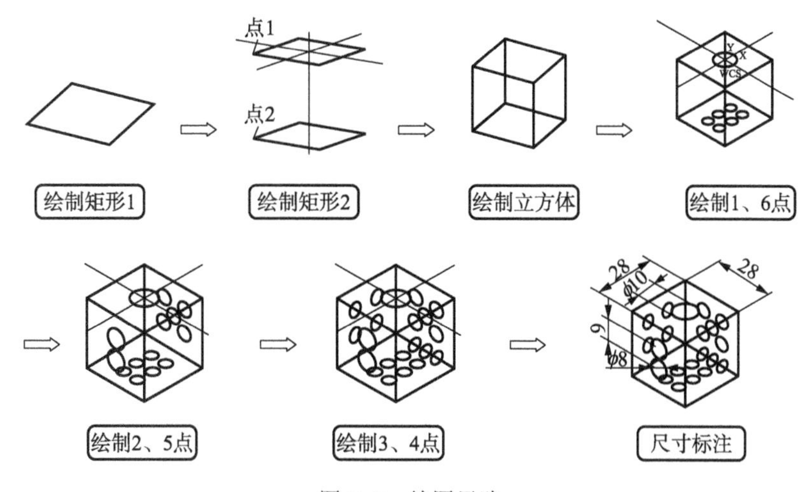

图 7-2　绘图思路

7.3　绘制骰子的线框架模型

将当前图层设为 1，命名为“直线线框图”，按 F9 键，显示坐标轴。

1. 绘制矩形

绘制 28mm×28mm 的矩形。

① 单击图形视角工具按钮，将图形视角设置为俯视图（T），构图平面设置为俯视图（T），工作深度设置为 Z：0，其余设置为默认值。

② 单击绘图→矩形→一点命令，出现“绘制矩形”对话框。

③ 输入宽度 28，高度 28。

④ 单击确定按钮，捕捉原点为矩形的中心点，绘制好 28mm×28mm 的矩形，如图 7-3 所示。

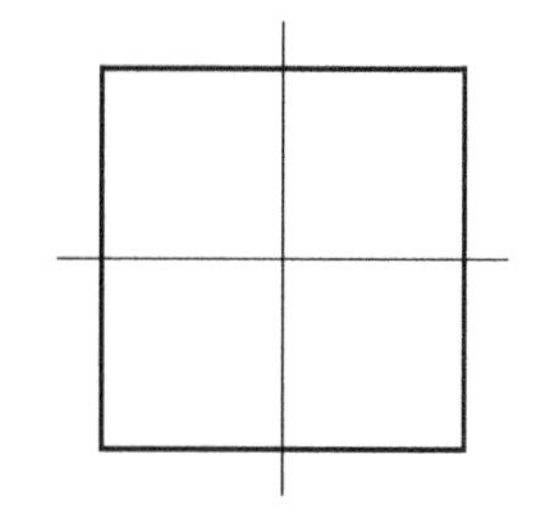

图 7-3　绘制 28mm×28mm 的矩形

2. 绘制立方体

绘制 28mm×28mm×28mm 的立方体。

① 设置图形视角仍然为俯视图（T），设置构图深度 Z：-28，方法如下所述。

单击 Z：0.000 命令，在系统提示区出现提示：请指定新的作图深度位置.，从键盘中输入-28。构图深度变为：Z：-28.000。构图深度辅助菜单如图 7-4 所示。

Z: -28.000
颜色: 10
图层: 1
图素属性
群组设定
限定层:关
WCS: T
刀具平面:关
构图平面: T
图形视角: T

图 7-4　构图深度辅助菜单

注意

构图深度 Z-28 表示所绘制的图与前面绘制的“矩形”不在一个面上，是在与“矩形”所在的面平行，且相隔距离为 28mm 的下面的平面上。

② 采用与步骤①同样的方法绘制 28mm×28mm 的矩形。

③ 单击图形视角——动态旋转工具按钮，在屏幕上单击并选中一点，移动鼠标，旋转图形如图 7-5 所示，图形视角辅助菜单如图 7-6 所示，图形视角改变为：图形视角：M。

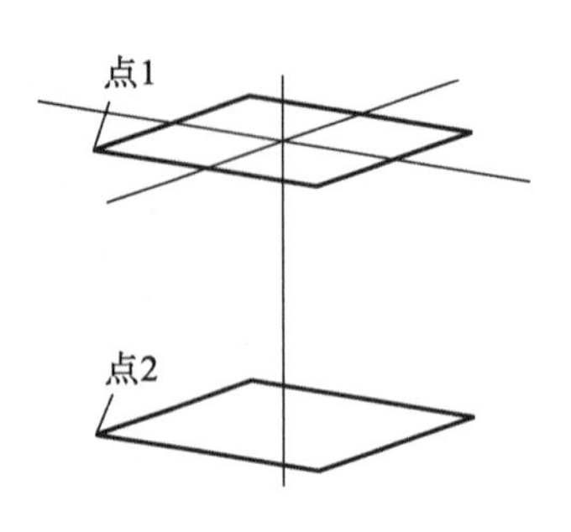

图 7-5 动态旋转后的视图

图 7-6 图形视角辅助菜单

④ 单击构图平面工具按钮，构图平面辅助菜单如图 7-7 所示，构图平面改变为：构图平面：3D，即转为空间绘图。

注意

空间绘图不受构图深度与构图平面的限制，也就是构图深度与构图平面不起作用，可以选择捕捉空间的点来绘制图形，所形成的图形可以是空间结构的。

⑤ 单击主菜单→绘图→直线→两点画线命令，捕捉图 7-5 中的点 1 和点 2，画好第 1 条垂直线。

⑥ 同样方法，画好其余 3 条垂直线，完成了立方体的绘制，如图 7-8 所示。

图 7-7 构图平面辅助菜单

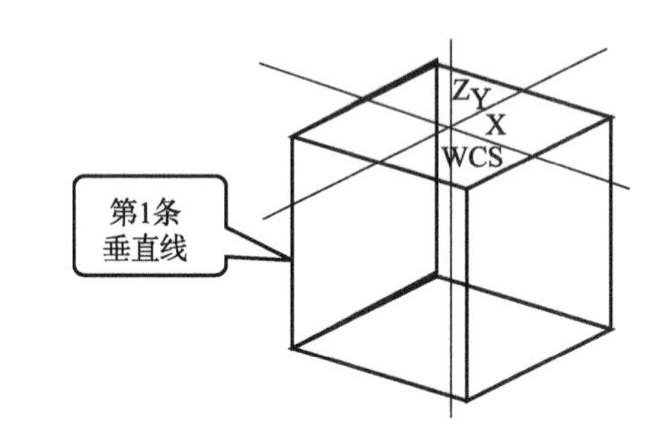

图 7-8 “立方体”线框架图

3. 绘制“一点”

在骰子的顶面绘制表示“一点”的ϕ10 的圆。

① 设置图形视角、构图平面为俯视图（T），构图深度为 Z：0。

② 单击主菜单→绘图→圆弧→点直径圆命令。

③ 在系统提示区出现提示：请输入直径，输入 10，回车。

④ 捕捉原点为圆心，绘制好ϕ10 的圆，如图 7-9 所示。

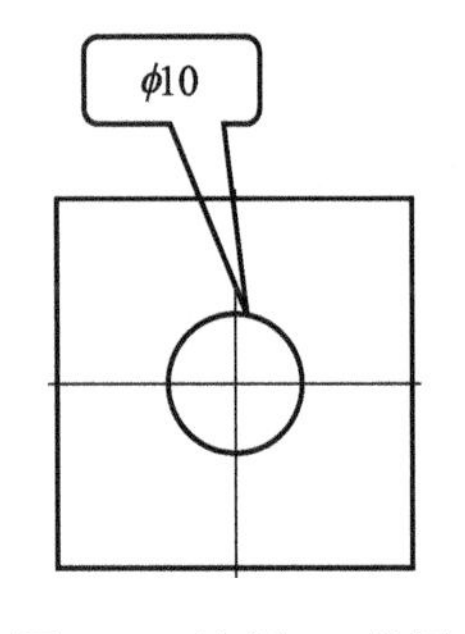

图 7-9 绘制ϕ10 的圆

4. 绘制“六点”

在骰子的底面绘制表示“六点”的 6 个ϕ5 的圆。

① 设置图形视角仍然为俯视图（T），设置构图深度 Z：−28，辅助菜单如图 7-4 所示。

② 单击返回→点直径圆命令。

③ 在系统提示区出现提示：请输入直径，输入 5，回车。

④ 在系统提示区出现提示：请输入坐标值:，从键盘中输入圆心坐标 X3.5Y−6.5，回车确认。绘制好一个ϕ5 的圆，如图 7-10 所示。

⑤ 单击主菜单→转换→平移→串联命令，过程如图 7-11 所示，单击ϕ5 的圆，单击执行→执行→直角坐标命令，过程如图 7-12 所示。

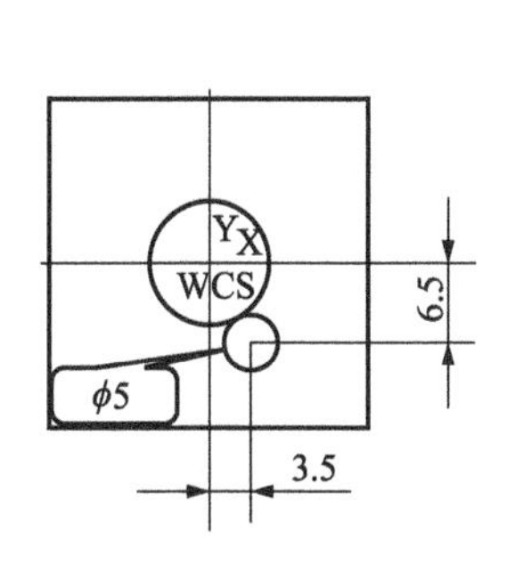

图 7-10　绘制ϕ5 的圆

图 7-11　“平移”操作菜单

⑥ 在系统提示区出现提示：请输入平移之向量:，输入 Y6.5，回车，出现如图 7-13 所示的对话框。

⑦ 单击并选中 复制 选项，输入复制次数 2。

⑧ 单击确定按钮，复制好两个圆，如图 7-14 所示。

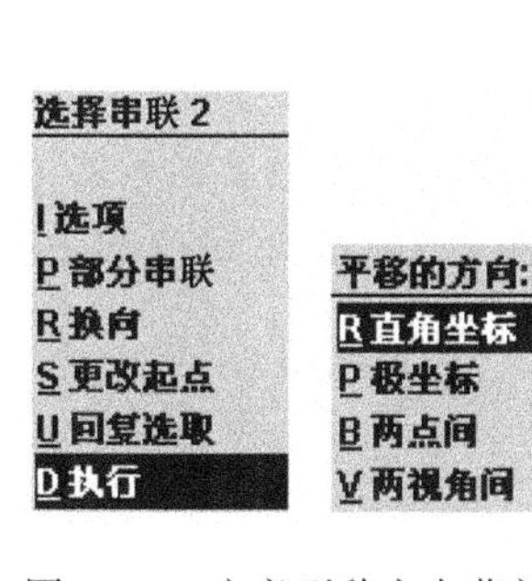

图 7-12　定义平移方向菜单

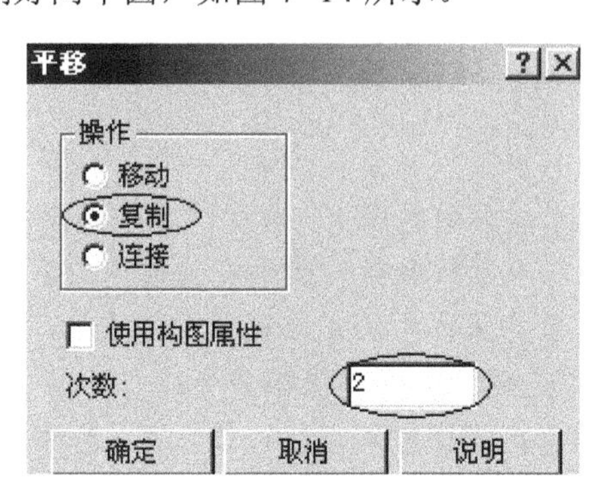

图 7-13　“平移”对话框

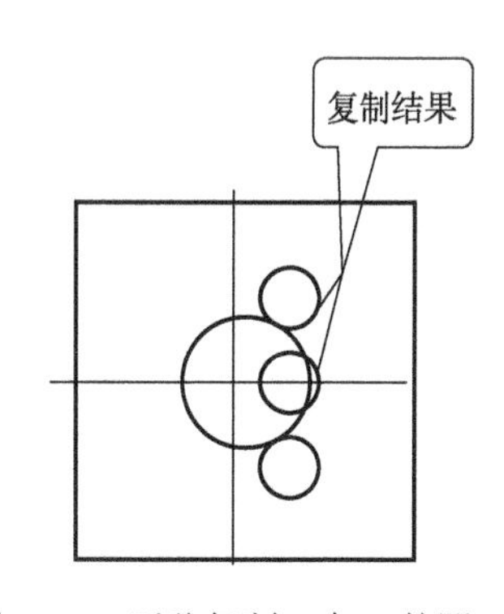

图 7-14　平移复制 2 个ϕ5 的圆

⑨ 单击主菜单→转换→镜像命令，过程如图 7-15 所示，选中图 7-14 中的三个ϕ5 的圆。

⑩ 单击执行→Y 轴命令，过程如图 7-16 所示，出现如图 7-17 所示的对话框。

⑪ 单击确定按钮，产生了镜像图素——3 个圆，如图 7-18 所示。

⑫ 单击图形视角工具按钮，结果如图 7-19 所示。

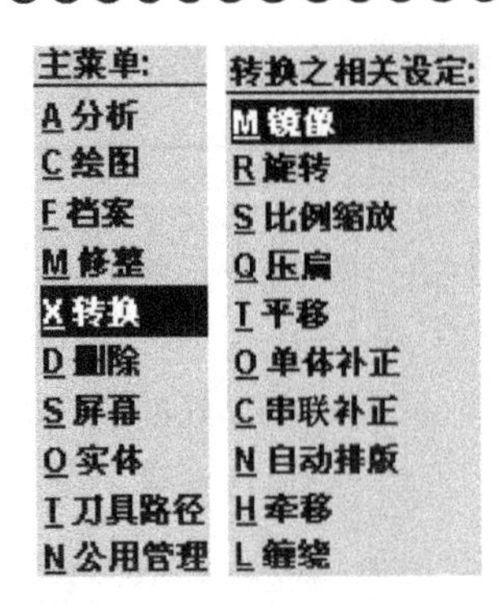

图 7-15 “镜像”的操作菜单

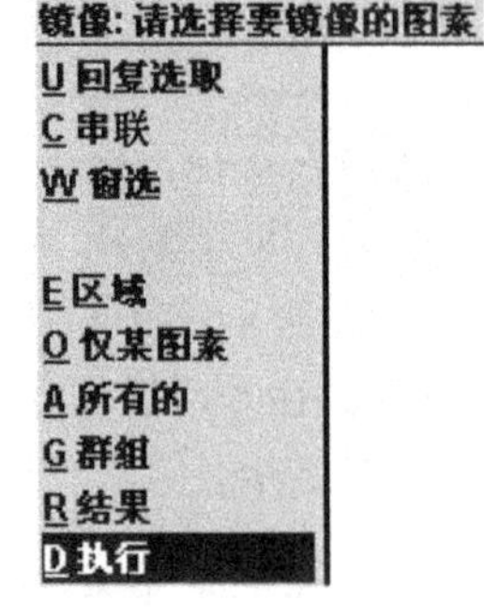

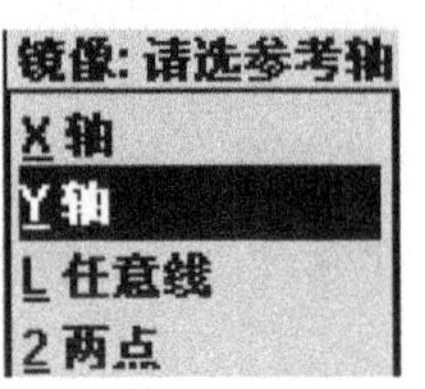

图 7-16 选择“Y 轴”菜单

图 7-17 “镜像”对话框

图 7-18 镜像结果

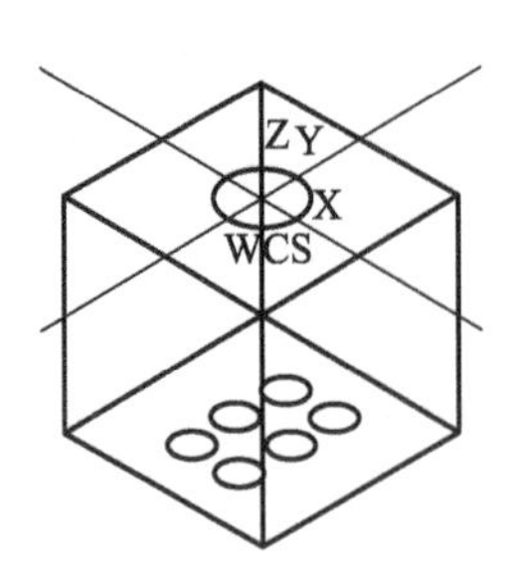

图 7-19 等角视图效果

图 7-20 辅助菜单

4. 绘制“两点”

在骰子的前面绘制表示“两点”的 2 个$\phi8$ 的圆。该圆距离前视图平面的距离为 14mm。

① 设置图形视角为前视图（F），构图平面设为前视图 F，设置构图深度为 Z: 14，辅助菜单如图 7-20 所示。

注意

构图平面为前视图 F，表示所绘制的图形在前视图 F 平面上。构图深度为 Z: 14，表示所绘制的图形在与前视图 F 平面距离为 14mm 的平面上。构图深度 Z 的正方向总是垂直于构图平面，指向观察者。

② 单击返回→点直径圆命令。

③ 在系统提示区出现提示：点请输入直径，输入 8，回车。

④ 在系统提示区出现提示：请输入坐标值:，从键盘中输入圆心坐标 X0Y-9，回车。绘制好一个$\phi8$ 的圆，如图 7-21 所示。

⑤ 从键盘中输入圆心坐标 X0Y-19，绘制好另一个$\phi8$ 的圆，如图 7-22 所示。

注意

坐标值的输入方法为：面向构图平面，水平向右为 *X* 轴的正向，垂直向上为 *Y* 轴的正向，指向观察者为 *Z* 轴的正向。

输入圆心坐标 X0Y-9，表示默认 *Z* 轴坐标为 14，即为构图深度值。

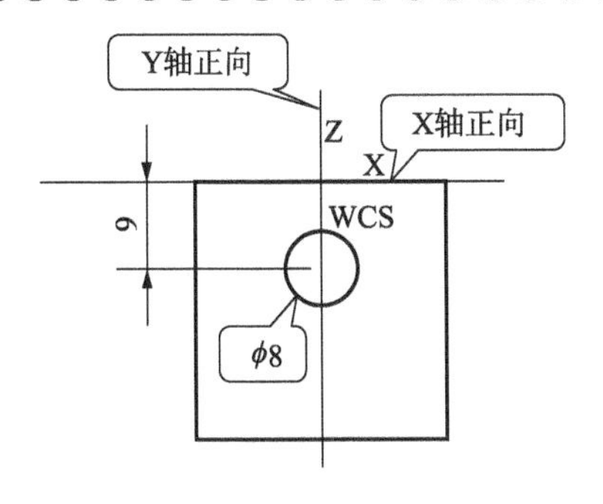

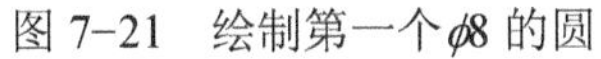
图 7-21　绘制第一个ϕ8 的圆

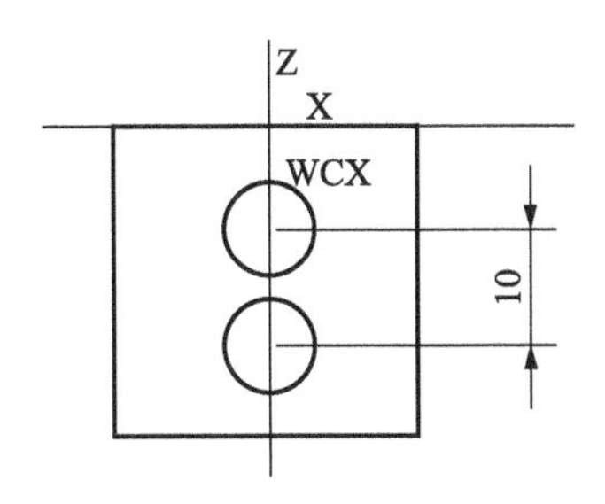

图 7-22　绘制第二个ϕ8 的圆

5. 绘制“五点”

在骰子的后面绘制表示“五点”的 5 个ϕ6 的圆。

① 设置构图深度为 Z：-14，其余参数的设置同图 7-20 所示。

② 单击返回→点直径圆命令。

③ 在系统提示区出现提示：请输入直径，输入 6，回车。

④ 从键盘中分别输入圆心坐标 X5Y-19、X5Y-9、X-5Y-9、X-5Y-19、X0Y-14，绘制好五个ϕ6 的圆，如图 7-23 所示。

⑤ 单击图形视角工具按钮，结果如图 7-24 所示。

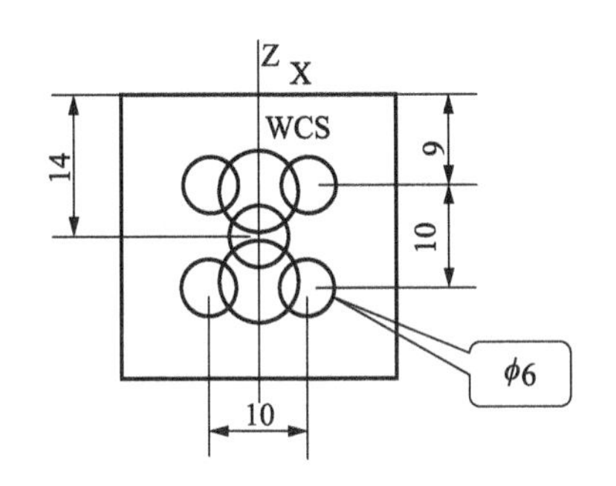

图 7-23　在骰子的后面绘制 5 个ϕ6 的圆

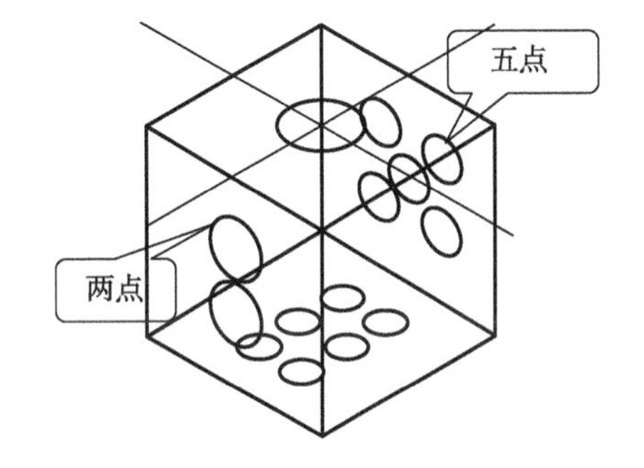

图 7-24　等角视图效果

6. 绘制“三点”

在骰子的侧视图前面绘制表示“三点”的 3 个ϕ6 的圆。

① 设置图形视角为侧视图（S），构图平面设为侧视图 S，设置构图深度为 Z：14，如图 7-25 所示。

② 单击返回→点直径圆命令。

③ 在系统提示区出现提示：请输入直径，输入 6，回车。

④ 从键盘中分别输入圆心坐标 X5Y-19、X0Y-14、X-5Y-9，绘制好 3 个ϕ6 的圆，如图 7-26 所示。

⑤ 单击图形视角工具按钮，结果如图 7-27 所示。

图7-25　辅助菜单

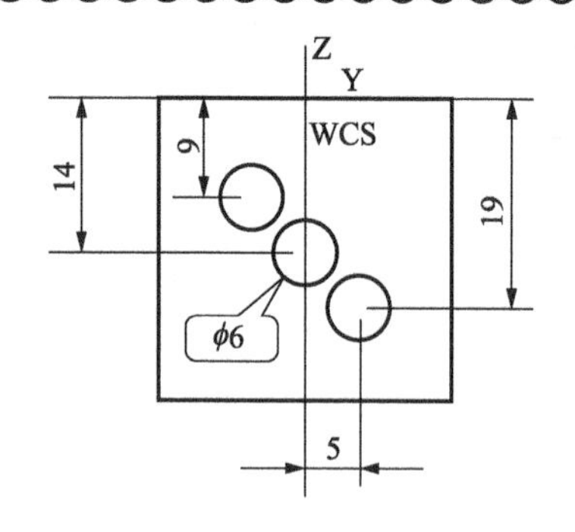

图7-26　绘制3个ϕ6的圆

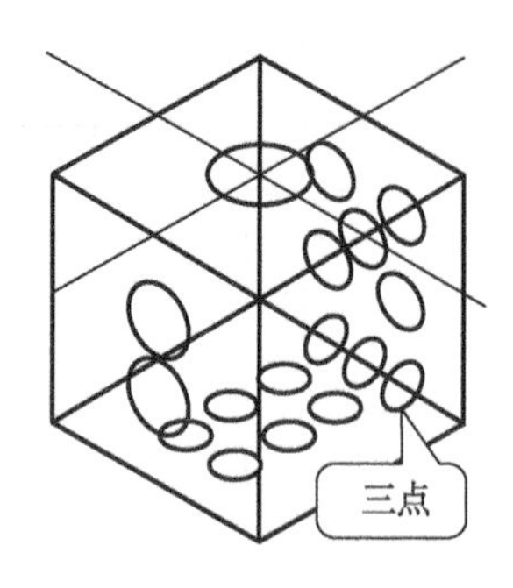

图7-27　等角视图效果

7. 绘制“四点”

在骰子的侧视图后面绘制表示“四点”的4个ϕ6的圆。

① 设置构图深度为Z：−14。其余参数的设置同图7-25所示。

② 单击返回→点直径圆命令。

③ 在系统提示区出现提示：请输入直径，输入6，回车。

④ 从键盘中分别输入圆心坐标X5Y−19、X5Y−9、X−5Y−9、X−5Y−19，绘制好了4个ϕ6的圆。

⑤ 单击图形视角工具按钮，结果如图7-28所示。

7.4　尺寸标注

将图层设为2，命名为“尺寸标注”，颜色设置为黄色，线型设置为细实线。

1. 顶平面的尺寸标注

① 图形视角设置为等角视图，构图平面设置为俯视图（T），设置构图深度为Z：0。

② 单击绘图→尺寸标注命令，分别单击矩形的边，移动鼠标到合适的位置，再单击左键，可标注好长、宽尺寸分别为28、28，如图7-29所示。

③ 单击直径为10mm的圆，可标注圆的直径，如图7-29所示。

2. 前视图平面的尺寸标注

① 设置构图平面、构图深度。图形视角设置为等角视图，构图平面设置为前视图（F），设置构图深度为Z：14。

② 单击绘图→尺寸标注→标示尺寸→垂直标示→圆心点命令，过程如图7-30所示。

③ 选中前视图中某一圆弧，单击圆心点命令，选中前视图中另一圆弧，移动鼠标到合适的位置，再单击鼠标左键，可标注好两圆的中心距为9mm，如图7-31所示。

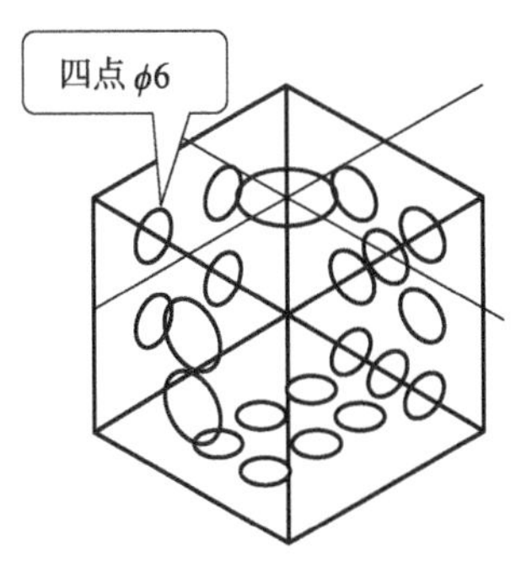

图 7-28　等角视图效果

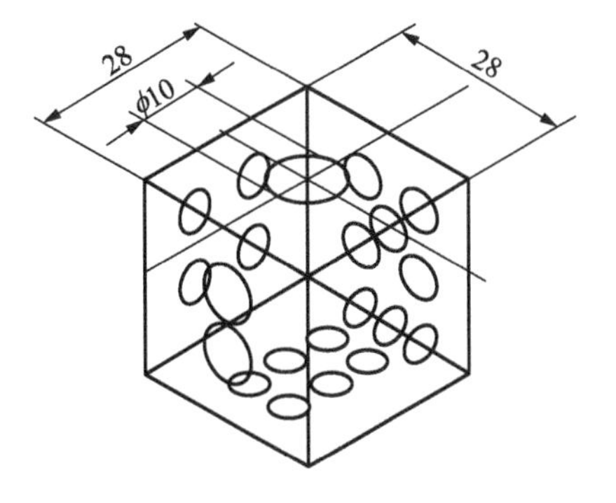

图 7-29　顶平面的尺寸标注

④ 选中直径为 8 的圆弧，可标注圆的直径尺寸，如图 7-31 所示。

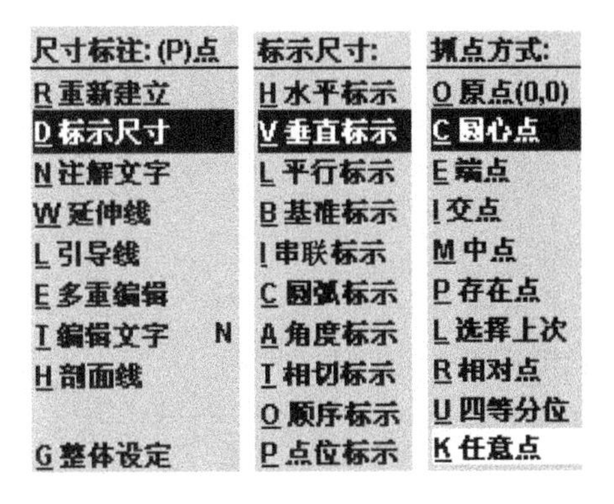

图 7-30　标注垂直尺寸菜单

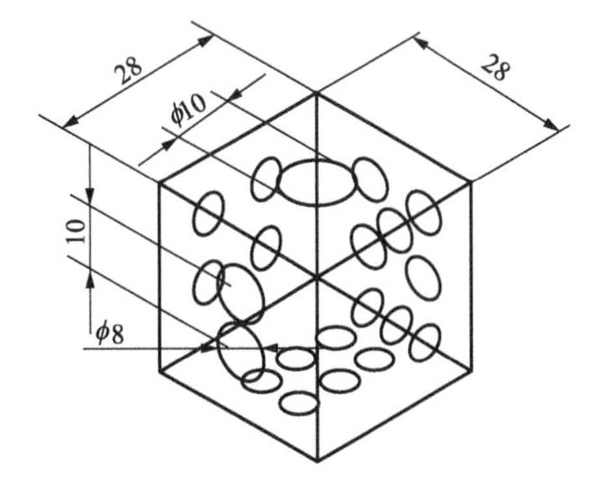

图 7-31　前视图平面的尺寸标注

通过设置不同的构图平面、构图深度，同样可将其余平面上的尺寸标注好，我们不再详细叙述，最后的结果如图 7-1 所示。

3. 分析检查

分析所建模型标示的尺寸是否与零件图相符合。在图 7-1 所示零件图中，没有倒圆角，可在以后的实体模型中解决倒圆角问题，为观察方便，将图中不可见部分用虚线表示。

单击屏幕→改变属性命令，过程如图 7-32 所示，出现如图 7-33 所示的对话框。

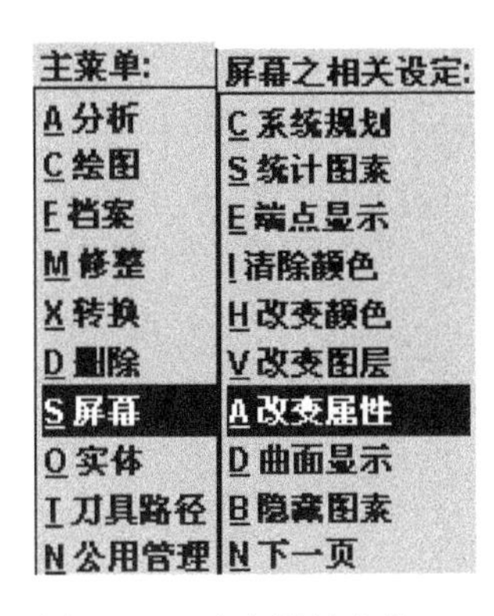

图 7-32　改变属性菜单

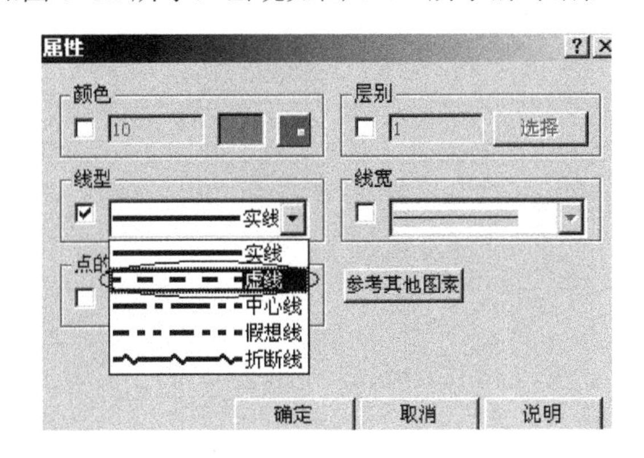

图 7-33　“属性”对话框

选择线型为虚线，单击确定按钮，选取不可见部分的图素，被选取的图素变为虚线，结果如图 7-1 所示。

练习 7

7.1 请叙述设置构图平面和工作深度的意义。

7.2 如何设定在空间绘图？

第 8 章　骰子的设计与加工

本章主要介绍挤出实体、基本实体、布尔运算、实体倒圆角、实体管理员、实体尺寸标注等绘图知识，还介绍实体的挖槽粗加工、平行铣削精加工、2D 外形精加工、面铣粗加工等加工知识。

8.1　骰子的实体模型

骰子的实体模型如图 8-1 所示。为了方便介绍，图中省略了各个面上的点数图素，点数的加工，可采用钻孔加工的方法，这里我们不做介绍。

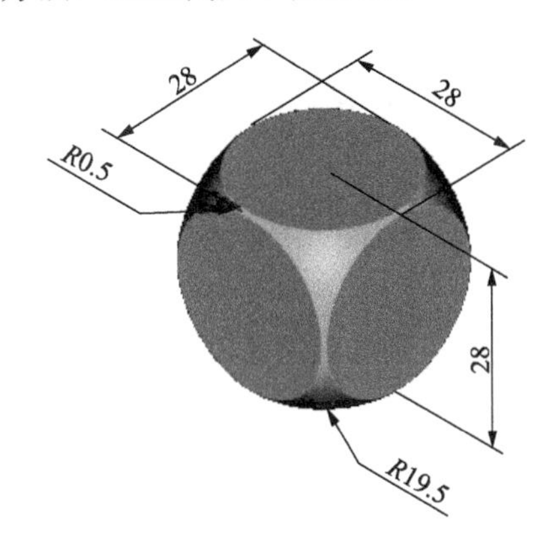

图 8-1　骰子的实体模型

8.2　绘图思路

骰子的实体是由立方体与球体通过集合运算（布尔运算）而生成。绘制骰子的实体模型的思路如图 8-2 所示。

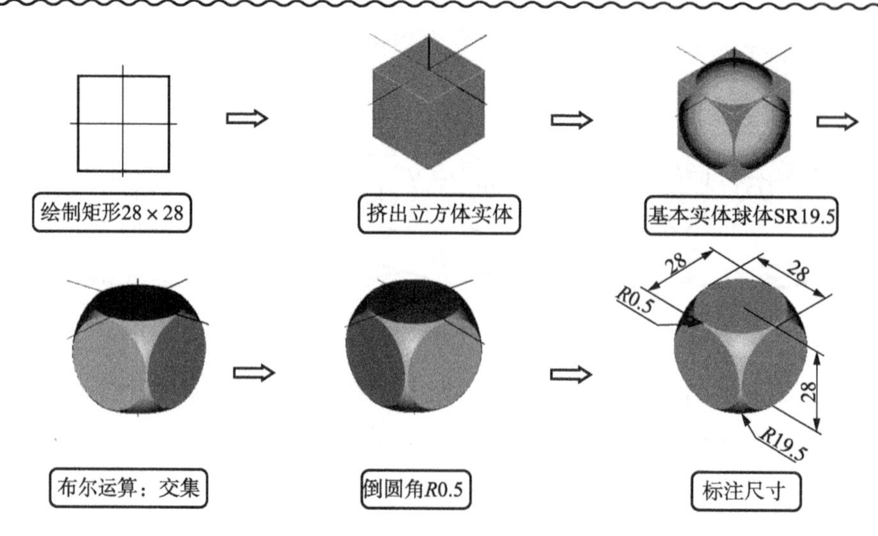

图 8-2　骰子实体模型的绘图思路

8.3　绘制骰子实体

8.3.1　挤出实体——绘制骰子的立方体

骰子的立方体可以采用基本实体（立方体）或挤出实体的方法绘制。现采用挤出实体的方法绘制立方体。

1. 绘制矩形

在府视图上绘制一个28mm×28mm的矩形，方法如下：

① 将当前图层设为1，命名为“线框架”，其余设置为默认值。按F9键，显示坐标轴。

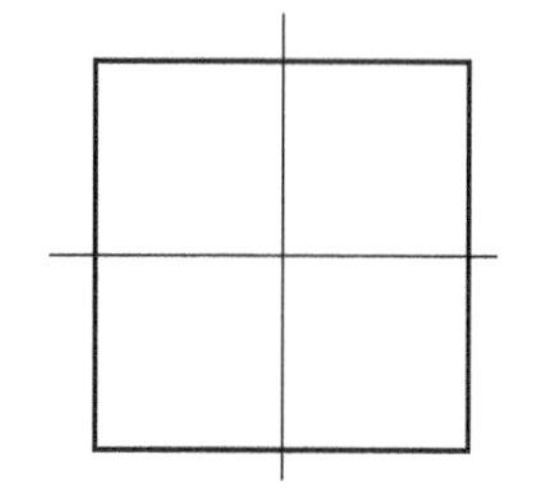

图 8-3　绘制矩形（28mm×28mm）

② 单击绘图→矩形→一点命令，出现“绘制矩形”对话框。

③ 输入宽度28、高度28。

④ 单击确定按钮，捕捉原点为矩形的中心点，绘制好28mm×28mm的矩形，如图8-3所示。

2. 挤出立方体实体

骰子的主体是一个立方体，可以采用挤出的方法生成。

挤出实体是由一个或多个2D平面串联，按指定的方向与距离，挤出一个或多个实体。该实体既可以是独立的，也可以是切割或增加原有的实体。

① 将当前图层设为2，命名为“实体”，设置图形视角为等角视图。

② 单击主菜单→实体→挤出→串联命令，过程如图8-4所示，选中矩形的任意一边，整个矩形改变颜色，沿串联方向出现一个箭头。

③ 单击执行命令，在串联上出现一个向上或向下的箭头，如图8-5所示。

注意

该方向与串联方向符合右手定则，若方向向上，可通过单击　“全部换向”命令，改为向下，如图 8-4 所示。

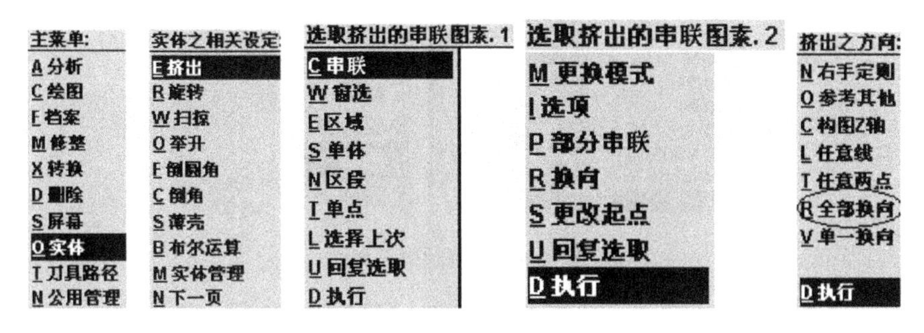

图 8-4　挤出实体绘制菜单

④ 单击执行命令，出现如图 8-6 所示的对话框，选择参数如图所示。

- 单击并选中 建立主体选项，建立第一个基本实体。
- 单击并选中 依指定之距离延伸选项，输入距离28，其余为默认值，单击确认按钮，生成了实体。

⑤ 按 Alt+S 组合键，实体渲染着色，出现如图 8-7 所示的 28mm×28mm×28mm 的立方体，具有很真实的三维效果，在三维空间建立了一个连续的单一图素。

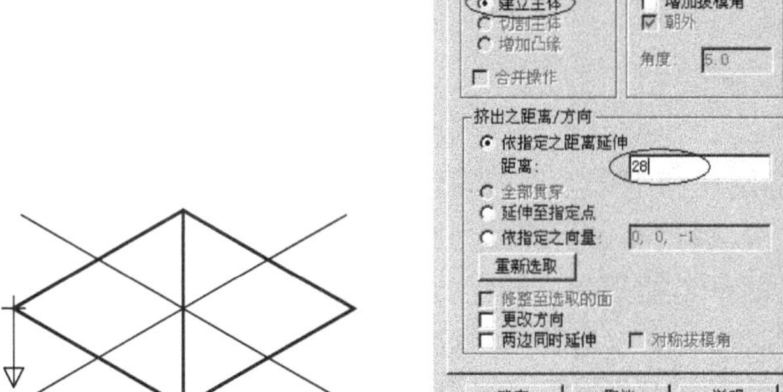

图 8-5　实体挤出的方向　　图 8-6　实体挤出的设定对话框

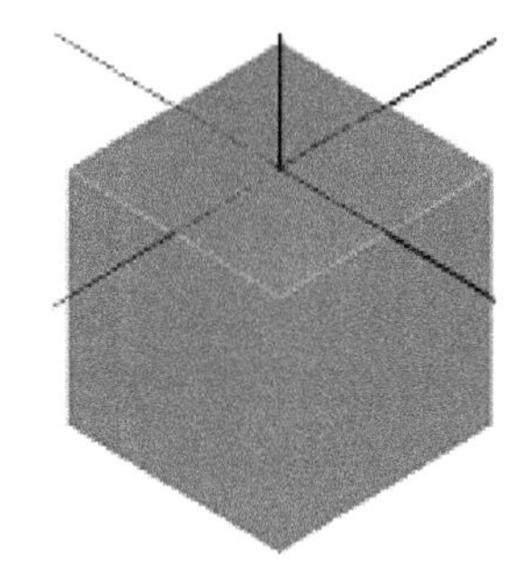

图 8-7　挤出实体

8.3.2　基本实体——绘制圆球

Mastercam 软件提供了快捷绘制规则的基本实体的功能，可以绘制圆柱、圆锥、立方体、圆球、圆环。现介绍圆球的绘制方法。

① 单击主菜单→实体→下一页→基本实体→圆球命令，过程如图 8-8 所示，出现图 8-9 所示的图形。

② 单击半径命令，在系统提示区出现提示：圆球半径＝，输入 19.5，回车，圆球改变了大小，半径改为 19.5。这就是实体的参数化设计，可以很方便地对图形进行修改与编辑，加快了画图的速度。

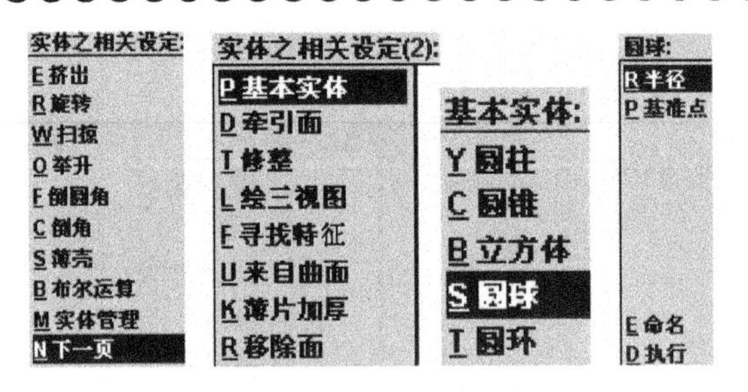

图 8-8 绘制圆球菜单

③ 单击基准点命令，在系统提示区出现提示：请输入坐标值，输入圆心坐标点 0，0，-14，回车，圆球中心从（0，0，0）移动到了新的位置，出现如图 8-10 所示的图形。

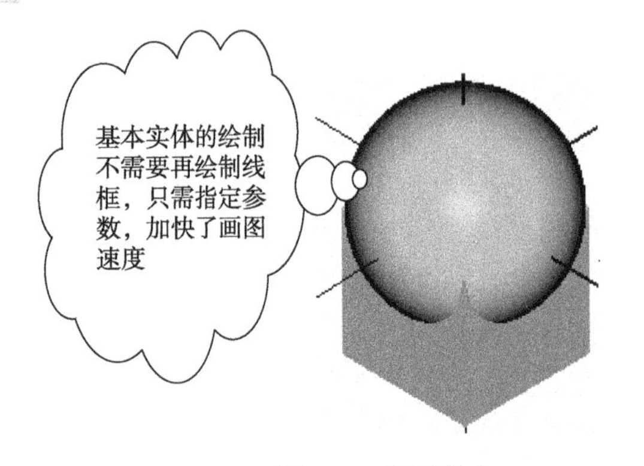

图 8-9 绘制圆球

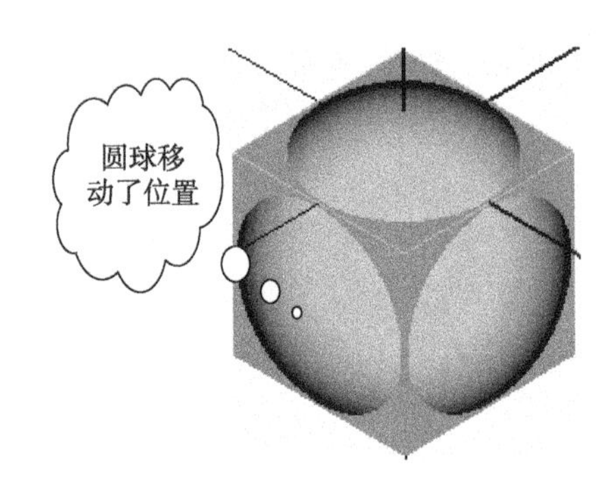

图 8-10 移动圆球的位置

8.3.3 布尔运算

分析图 8-10 所示的图形，我们发现图中立方体与圆球是两个独立的实体，它们的共同部分即交集，与图 8-1 的图形很接近。通过布尔运算的方法，就可以求出交集。

① 单击主菜单→实体→布尔运算→交集命令，过程如图 8-11 所示。

② 在系统提示区出现提示：请选取要布尔运算的目标主体.，选中圆球。

③ 在系统提示区出现提示：请选取要布尔运算的工件主体.，选中立方体。

④ 单击执行命令，出现如图 8-12 所示的图形，就像是圆球被立方体的六个面切割而成。

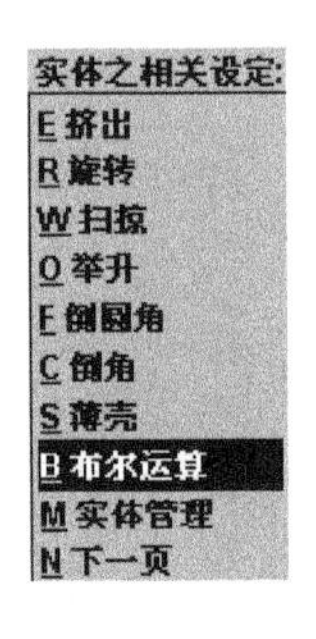

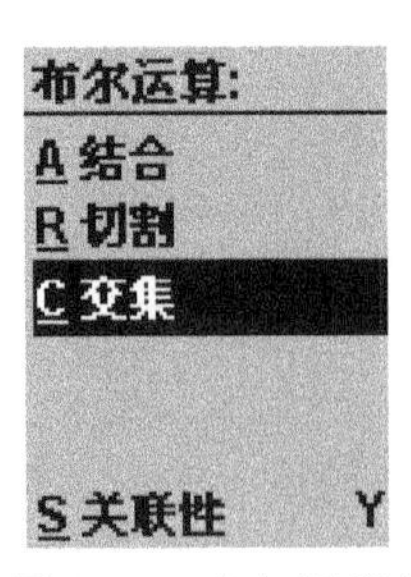

图 8-11 布尔运算菜单

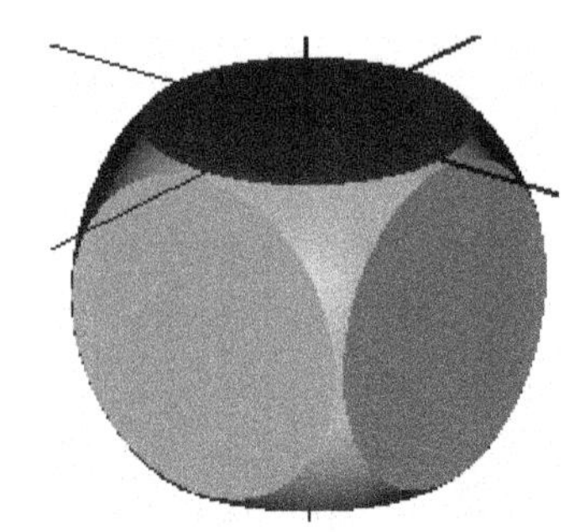

图 8-12 布尔运算的结果

8.3.4 实体倒圆角

骰子的各个面之间要圆滑过渡，不同面之间的边界采用倒圆角的方法连接起来。

① 单击主菜单→实体→倒圆角命令，过程如图 8-13 所示。在系统提示区出现提示：请

选取要倒圆角的图案，移动鼠标，在实体上出现图标表示选取的是实体的主体，单击鼠标左键，实体的所有边界线改变颜色。

② 单击执行命令，出现如图 8-14 所示对话框。

图 8-13　实体倒圆角菜单

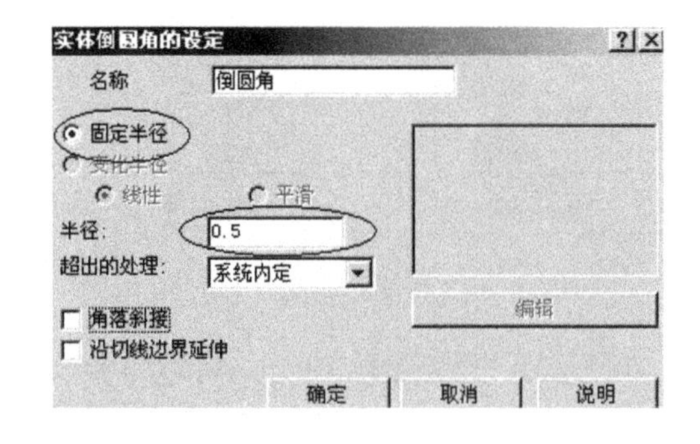

图 8-14　“实体倒圆角的设定”对话框

③ 输入半径 0.5，单击确定按钮，出现如图 8-15 所示图形，一次将所有的边倒圆角，完成了骰子外形的绘制。各个面上的点采用钻孔的方法加工，加工后的效果图我们不做介绍。

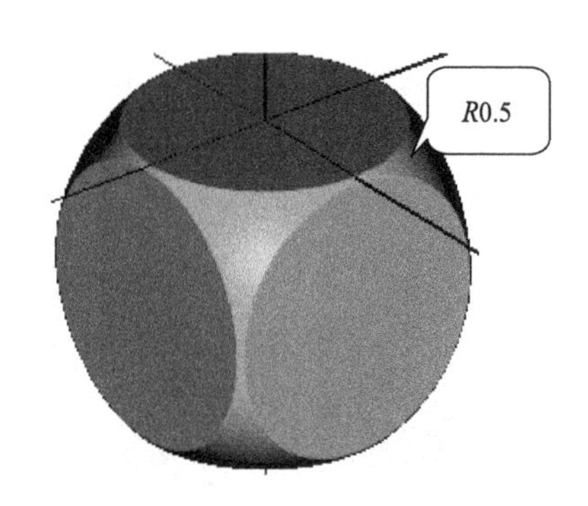

图 8-15　实体倒半径为 0.5mm 的圆角

8.3.5　实体管理员

Mastercam 软件的实体造型设计模块具有参数化设计的功能，使三维造型变得灵活简单，效率更高，修改更方便。通过“实体管理员”对话框，可以对实体的参数与图形进行修改与编辑。

① 单击主菜单→实体→实体管理命令，过程如图 8-16 所示。

② 弹出如图 8-17 所示的“实体管理员”界面。

③ 将倒圆角半径改为 $R1$。

单击 倒圆角 下的 参数 按钮，会弹出如图 8-14 所示的对话框，将半径由 0.5 修改为 1，单击确定按钮，返回“实体管理员”界面，在对话框中出现 倒圆角，如图 8-18 所示，表示需要重新生成实体。单击全部重建按钮，则符号 消失，生成新的实体，圆角改为 $R1$，如图 8-19 所示。

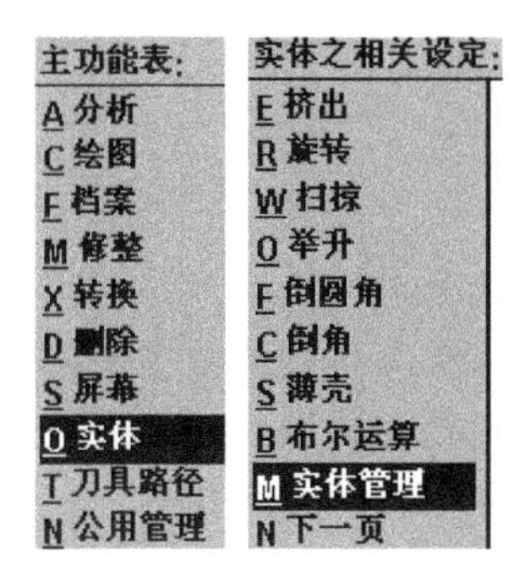

图 8-16　“实体管理员”菜单

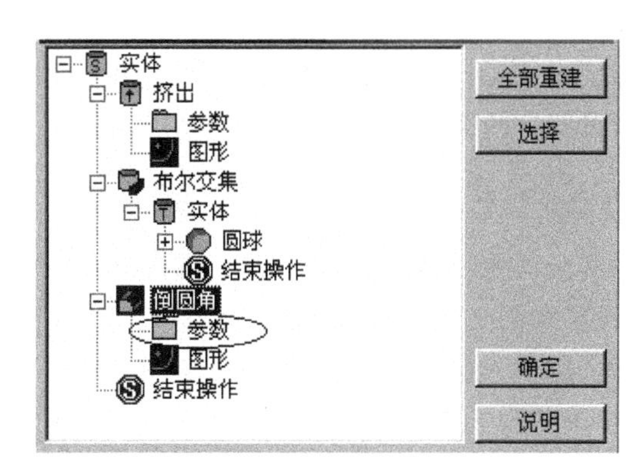

图 8-17　“实体管理员”界面

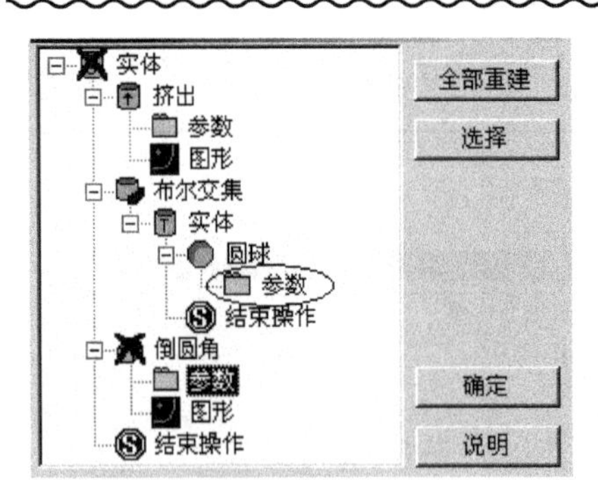

图 8-18 倒圆角界面

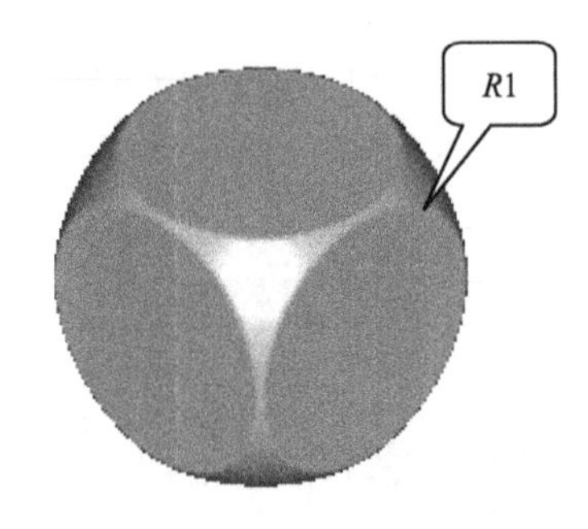

图 8-19 实体的倒圆角半径改为 R1mm

④ 单击圆球下的 参数 按钮，将球的半径由 R19.5 修改为 R20，单击全部重建按钮后可以观察一下实体的变化，倒角连接处不光滑，如图 8-20 所示。

⑤ 在图 8-18 所示界面中单击鼠标右键，弹出如图 8-21 所示的菜单，可进行建立、删除、复制实体等操作。例如，单击 倒圆角 选项，再单击鼠标右键，单击“删除”选项，可删除 倒圆角 选项。单击全部重建按钮后，骰子的倒圆角特征被删除掉，图形又返回为图 8-12 所示的图形。

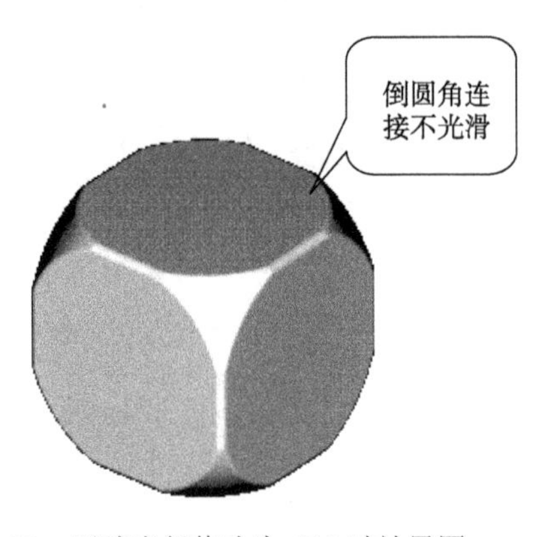

图 8-20 圆球半径修改为 R20 时效果图

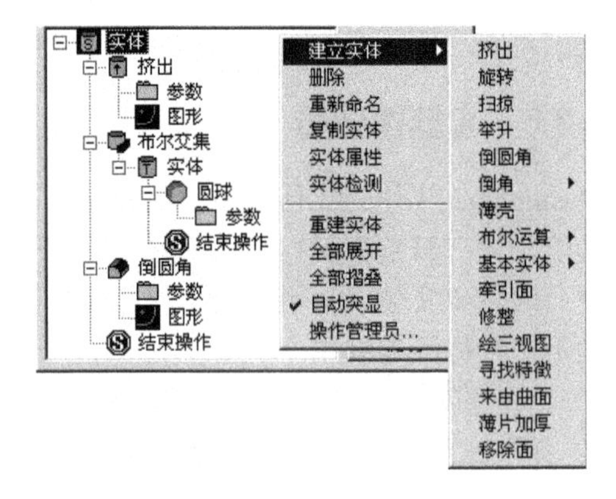

图 8-21 鼠标右键菜单

⑥ 通过修改操作，重复倒圆角操作，圆角半径为 R0.5，使图形恢复到图 8-15 所示的图形。

8.3.6 尺寸标注

骰子的实体图形较简单，可以直接在实体图上标注尺寸。

将图层设为 3，命名为尺寸标注，颜色设为 9（蓝色），线型设为细实线。设置不同的构图平面，设置构图深度，可将有关尺寸标注出来。

1. 标注长、宽、高尺寸

骰子的长、宽、高尺寸可直接在实体模型上进行标注，方法如下：

① 设置构图平面为俯视图 T，构图深度为 Z：0。单击主菜单→绘图→尺寸标注→标示尺寸→水平标示→端点命令，捕捉实体左右平面上的两点，标注好长度尺寸。

② 单击返回→垂直标示→端点命令，分别选中实体前后平面上的两点，可标注好宽度尺寸。

③ 设置构图平面为前视图 F，分别选中实体上下平面的两点，可标注好高度尺寸，如图 8-22 所示。

2. 标注圆角半径

因为无法直接捕捉到园角的半径，故采用指引线的方法注解标注圆角半径。

① 设置视角平面为等角视图（I），构图平面为前视图（F），构图深度为 Z：12，此深度为一个大约的深度。

② 单击主菜单→绘图→尺寸标注→引导线命令，选中右下角圆角处，拖动鼠标到某一位置，再单击鼠标左键，可任意设定指引线，按 Esc 键退出。

③ 单击主菜单→绘图→尺寸标注→注解文字命令，输入 *R*19.5，单击确定按钮，可标注好圆角半径，如图 8-22 所示。

④ 设置构图平面为俯视图（T），构图深度为 Z：0，同样办法可标注好圆角半径 *R*0.5，如图 8-22 所示。

⑤ 分析标注的尺寸，说明所绘制的实体模型与零件图相符合。

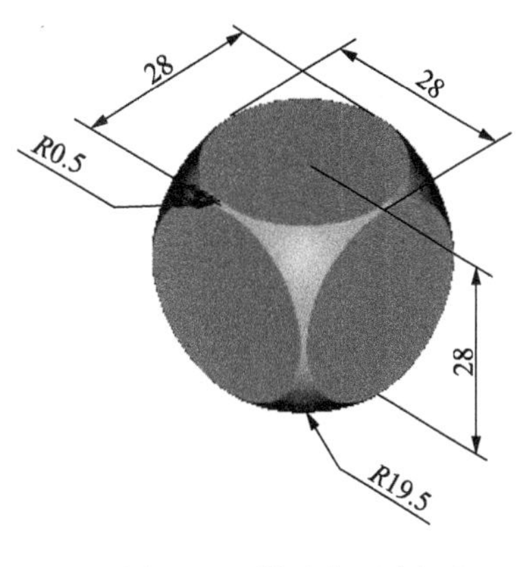

图 8-22　骰子的尺寸标注

3. 存档

单击主菜单→档案→存档命令，以“骰子.MC9”文件名存档。

8.4　骰子的加工

8.4.1　加工前的设置

将当前图层设为 2，关闭图层 1 和 3，设定构图平面为俯视图 T，刀具平面为关，即默认为俯视图 T，其余设置为默认值。

8.4.2　加工工艺

加工骰子时，选择毛坯尺寸为 30mm×30mm×40mm 的铝型材，采用数控机床加工骰子的基体，机床的最高转速为 8 000 r/min，采用平口虎钳装夹。

1. 设定毛坯的尺寸

设定毛坯尺寸的方法如下：

① 单击回主菜单→刀具路径→工作设定命令，出现“工作设定”对话框，如图 3-6 所示。

② 输入毛坯长、宽、高尺寸：X30，Y30，Z40。

③ 输入工件原点：X0，Y0，Z1。

④ 其余选项为默认值。

⑤ 单击确定按钮，设定好毛坯尺寸。

2. 加工工艺

采用两次装夹的方法加工。第一次装夹先加工出上部倒圆角部分及整个垂直面部分，第二次反过来装夹，加工装夹位及另一半倒圆角部分，即完成骰子的加工。

因为实体功能是 Mastercam 8.0 以后的版本新增加的功能，在 Mastercam 9.1 的版本中，实体与曲面可以相互转换。在刀具路径的编制中，将实体的刀具路径归附在曲面的刀具路径中进行介绍，而有关曲面的知识将在以后的章节中介绍。

一般来说，零件的数控加工，先采用粗加工的办法，快速去除多余毛坯，只留下小的精加工余量，再采用精加工的方法，将零件加工到位。而大多数有曲面特征的简单零件，可采用曲面挖槽的方法进行粗加工，再采用平行铣削或等高外形铣削的方法进行精加工。

骰子在数控机床上的加工工艺流程如图 8-23 所示。

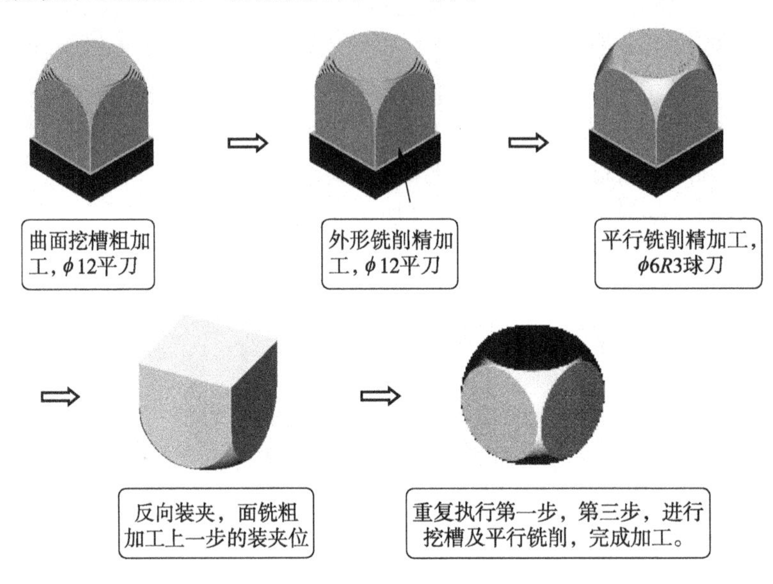

图 8-23　骰子加工工艺流程图

8.4.3　曲面（实体）挖槽粗加工（开粗）

曲面（实体）的粗加工，俗称开粗，因为曲面的存在，显然不能用前面介绍的 2D 的方法进行加工。在大多数情况下，可采用曲面（实体）挖槽刀具路径的方法进行加工。该刀路分层清除曲面与加工范围之间的所有材料，每层之间的步距较小，加工完毕的工件表面呈梯田状，其刀路的计算时间短，刀具切削负荷均匀，与其他开粗刀路相比，加工效率高，常作为开粗的首选方案。

曲面（实体）挖槽的概念与 2D 挖槽的概念有些不同。曲面（实体）挖槽加工可以将它假设为：把曲面（实体）零件放到一个顶面开放的假想的盒子中，曲面（实体）挖槽就是要加工铣削掉盒子周围与曲面（实体）所形成的空间的毛坯料，所以也叫挖槽，如图 8-24 所示。下面介绍曲面（实体）挖槽刀具路径的有关参数的设置。

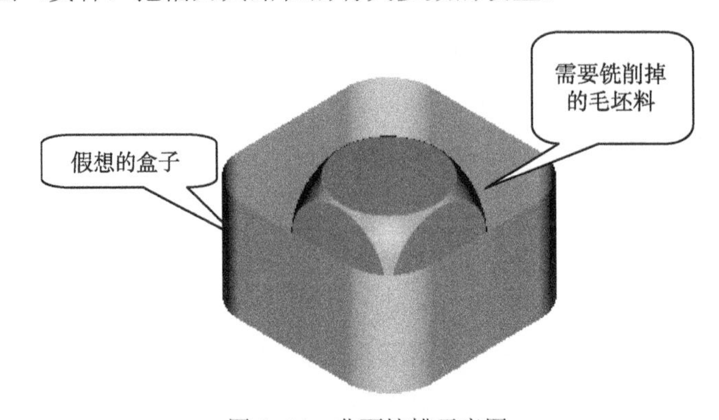

图 8-24　曲面挖槽示意图

1. 设定切削加工的范围

将当前图层设为 4，命名为挖槽的范围。

在编制实体的挖槽刀具路径之前，先要设定挖槽的范围——绘制挖槽串联。

曲面（实体）挖槽的切削加工的范围设计很重要，范围太小的话，有一些地方加工不到，太大又浪费时间。在曲面加工参数对话框中，出现 刀具的切削范围 刀具位置: ○内 ⊙中 ○外 选项，可以选择内、中、外三项定义刀具位置，而曲面（实体）挖槽的加工的范围习惯上选择 ⊙中 选项，是指刀具中心位置的范围，与第 4 章介绍的 2D 挖槽的加工范围概念不一样。加工时，刀具中心不能超出该范围（进刀点除外），该范围再加上刀具半径值就是假想的盒子的范围值，同时，该范围与实体面边界之间要有足够的空间，使刀具能通过每一个位置。

曲面（实体）挖槽加工的最小范围为“模型的外形边界线+刀具半径+粗加工余量”，即将模型的外形边界线向外补正距离为“刀具半径+粗加工余量”。为了方便下刀，补正距离还需增加 1mm 左右。若所选用的毛坯尺寸大于该范围，则选毛坯的边界线为挖槽串联，设置方法如下：

① 单击主菜单→转换→串联补正→串联命令，单击 28mm×28mm 的矩形（近似代替外形边界线），串联方向为顺时针方向，弹出如图 8-25 所示的对话框。

② 输入补正距离 6+0.5+1，刀具半径为 $R6$，假定粗加工余量为 0.5mm。

③ 单击确定按钮，产生了挖槽加工范围，如图 8-26 所示。

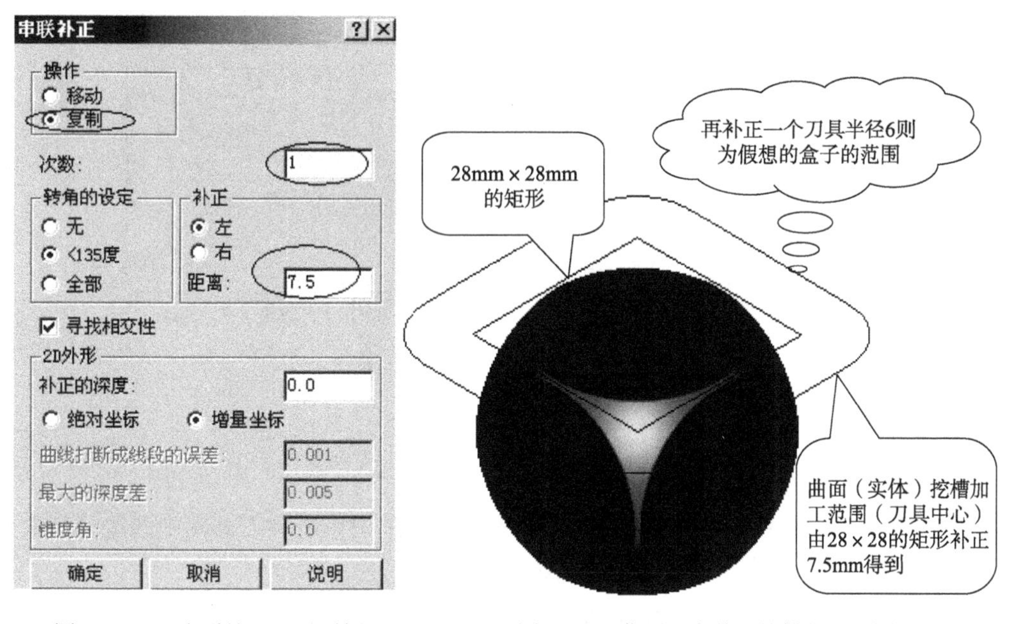

图 8-25　“串联补正”对话框　　　图 8-26　曲面（实体）挖槽加工范围

2. 曲面粗加工挖槽对话框

实体粗加工挖槽的功能菜单项，是放在曲面粗加工挖槽的功能菜单下。粗加工的目的，是要尽快去除毛坯的加工余量，为精加工做准备。调出“曲面粗加工–挖槽”对话框的方法如下：

① 单击主菜单→刀具路径→曲面加工→粗加工→挖槽粗加工→实体命令，过程如图 8-27 所示。

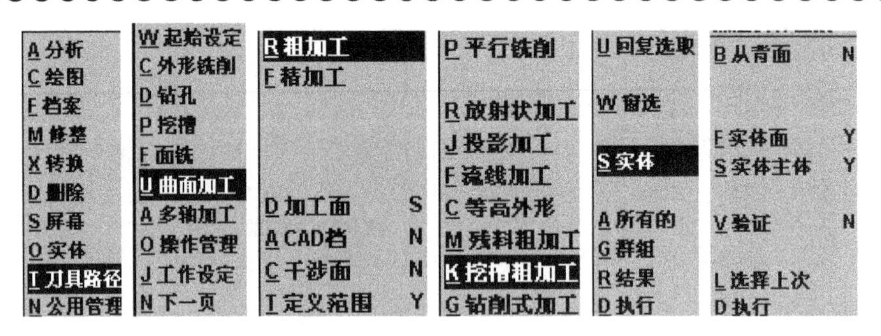

图 8-27 “曲面粗加工挖槽”菜单

② 在系统提示区出现提示：选取实体之主体或面，移动鼠标，在实体上出现图标 表示选取的是实体的主体，单击鼠标左键，实体改变颜色。

③ 单击执行→执行命令，出现如图 8-28 所示“曲面粗加工—挖槽”对话框。

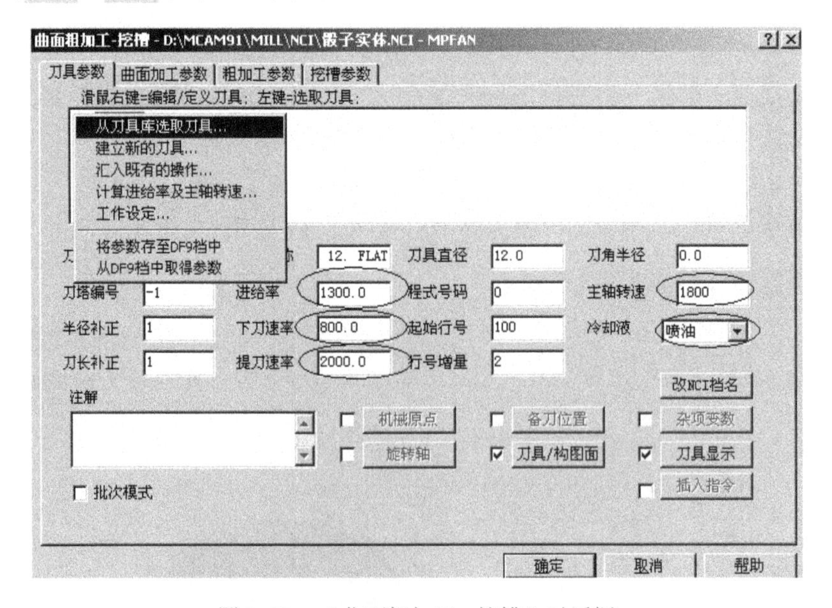

图 8-28 “曲面粗加工—挖槽”对话框

3. 确定刀具及刀具参数

从刀具资料库中选取$\phi 12$的平刀。

① 在刀具栏空白区内单击鼠标右键，在弹出的菜单中单击从刀具库中选取刀具命令，出现如图 8-29 所示“刀具管理员”对话框。

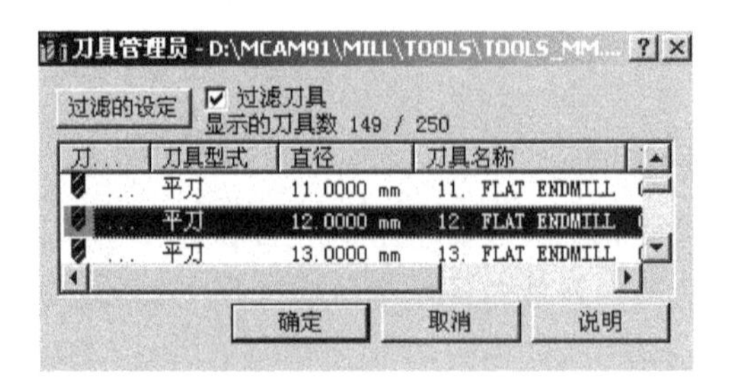

图 8-29 “刀具管理员”对话框

② 双击鼠标左键选中ϕ12 的平刀。在刀具栏空白区内出现刀具图标，在该图标上，单击鼠标右键，出现如图 8-30 所示“定义刀具”对话框。

③ 单击工作设定按钮，在进给率的计算中，单击并选中 依照刀具 选项。单击确定按钮，返回图 8-30 所示对话框。

④ 单击参数按钮，出现如图 8-31 所示的对话框，输入以下参数：

- 进给率：1 300.0。
- 下刀速率：800.0。
- 提刀速率：2 000.0。
- 主轴转速：1 800。

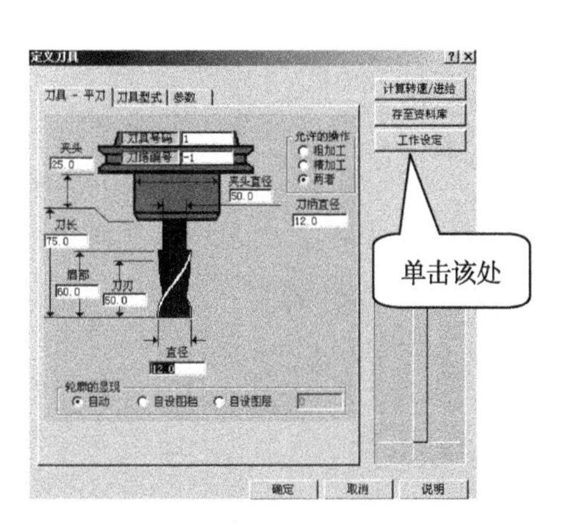

图 8-30　“定义刀具”对话框

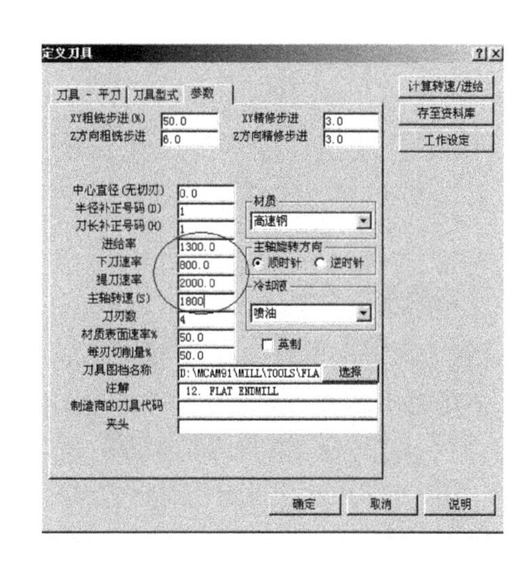

图 8-31　“定义刀具参数”对话框

⑤ 单击确定按钮，返回图 8-28 所示对话框。

⑥ 选中冷却液：喷油选项。

4. 确定曲面加工参数

单击 曲面加工参数 按钮，出现如图 8-32 所示对话框，输入以下参数：

① 进给下刀位置：1.0。

② 加工的实体预留量：0.1，留下加工余量用来做精加工。

③ 刀具位置：中。

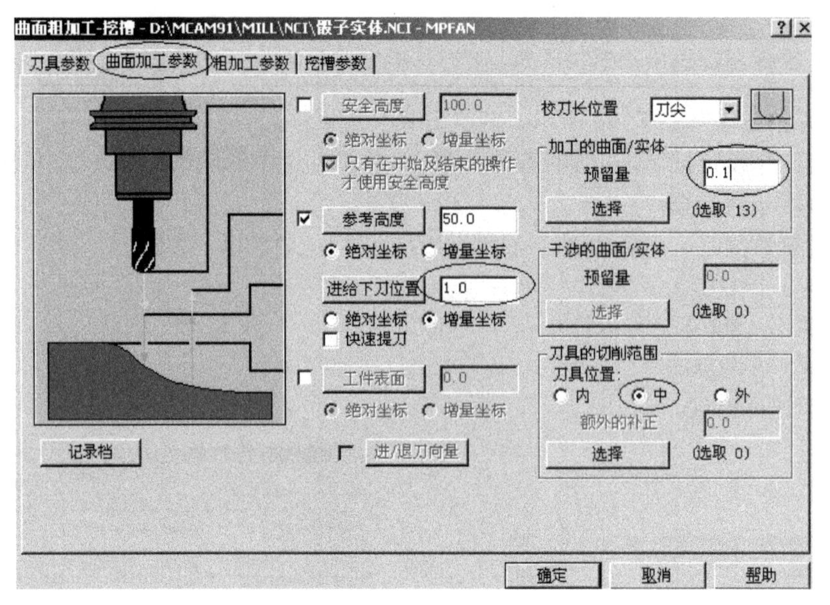

图 8-32 “曲面加工参数”对话框

5. 确定粗加工参数

单击粗加工参数按钮，出现如图 8-33 所示对话框，输入以下参数：

① Z 轴最大的进给量：1.0，一般采用小的进给量。

② 单击并选中☑ 由切削范围外下刀 选项。

6. 切削深度

单击图 8-33 所示对话框中的切削深度按钮，出现如图 8-34 所示的对话框。

深度的设定可采用◉绝对坐标，○增量坐标两种方法。默认为○增量坐标，在这里选择如下：

① 选中◉绝对坐标选项。

② 最高位置为 1，为顶面毛坯高度。

③ 最低位置为-29。

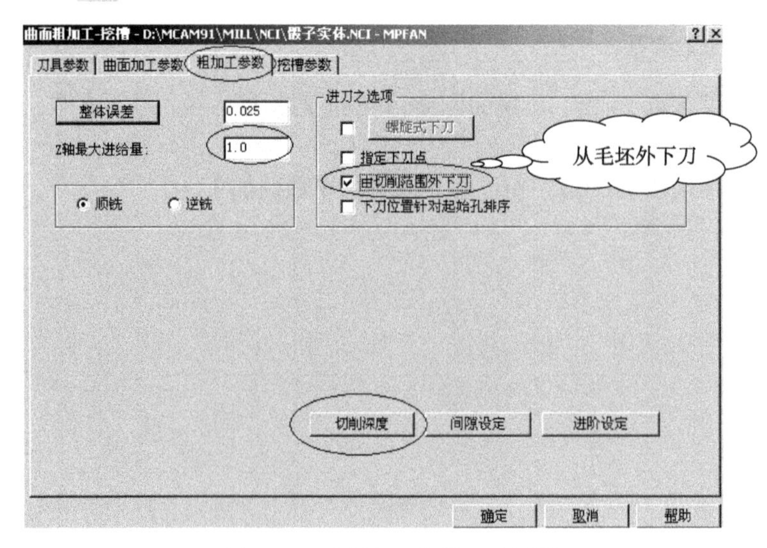

图 8-33 “粗加工参数”对话框

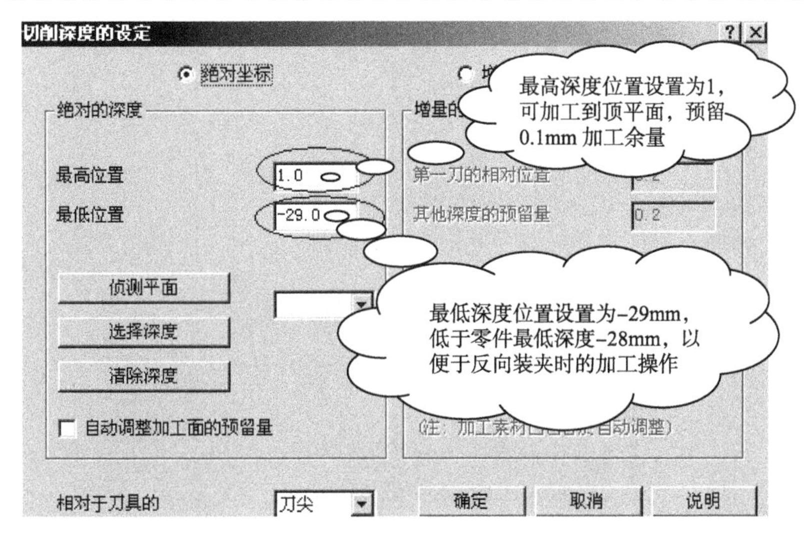

图 8-34　“切削深度的设定”对话框

④ 单击确定按钮，返回图 8-33 所示对话框。

⑤ 间隙设定、进阶设定按钮的参数设为默认值。

7. 确定挖槽参数

挖槽参数的确定如下：

① 单击挖槽参数按钮，出现如图 8-35 所示对话框，并输入有关参数。

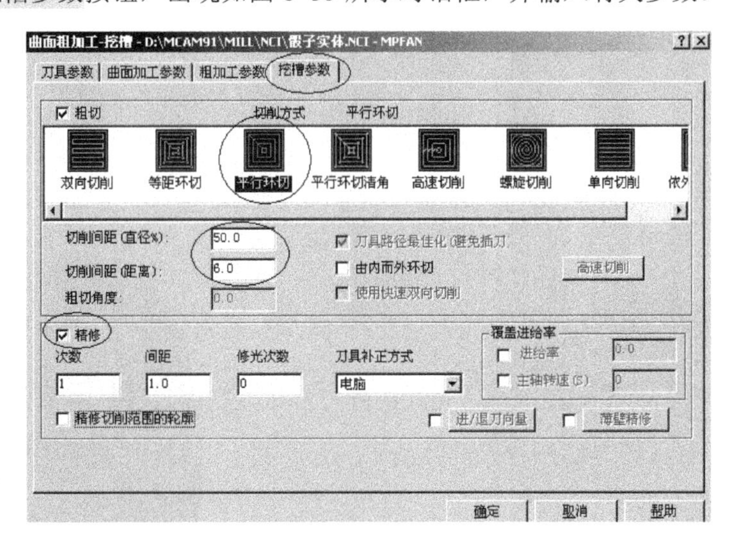

图 8-35　“曲面（实体）挖槽参数”对话框

② 切削方式：平行环切。

③ 切削间距（直径%）：50.0，*XY* 方向的间距。

④ 切削间距（距离）：6.0，由 *XY* 方向的间距自动计算得到该值。

⑤ 所有未说明的项目为默认值。

⑥ 单击确定按钮，在屏幕中出现提示：由于取消精修切削范围的轮廓，在较低的槽可能会增加切削量。单击确定按钮，在主菜单上部系统提示区出现提示：请选择切削范围 1。

⑦ 单击串联命令，选择如图 8-26 所示的“曲面（实体）挖槽加工范围”为串联，串联改变颜色，单击执行命令，产生了刀具路径。

8. 刀具路径模拟

模拟骰子的曲面粗加工的刀具路径，方法如下所述。

① 单击操作管理命令，弹出如图 8-36 所示对话框。

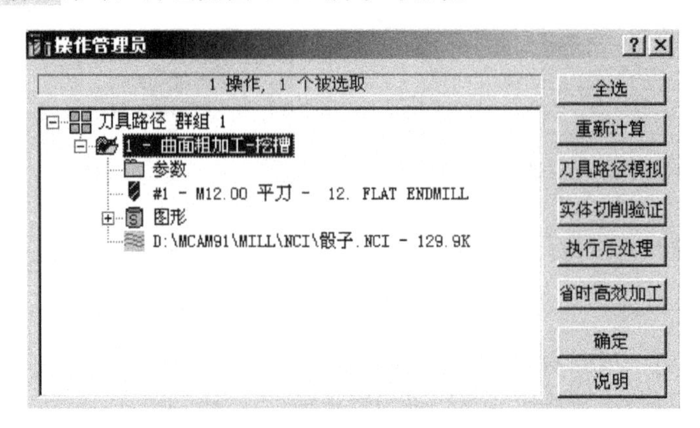

图 8-36 “操作管理员”对话框

② 单击刀具路径模拟→自动执行命令，模拟结果如图 8-37 所示。加工时间为 11min 23s。

9. 实体切削验证

单击图 8-36 中的实体切削验证选项，结果如图 8-38 所示。

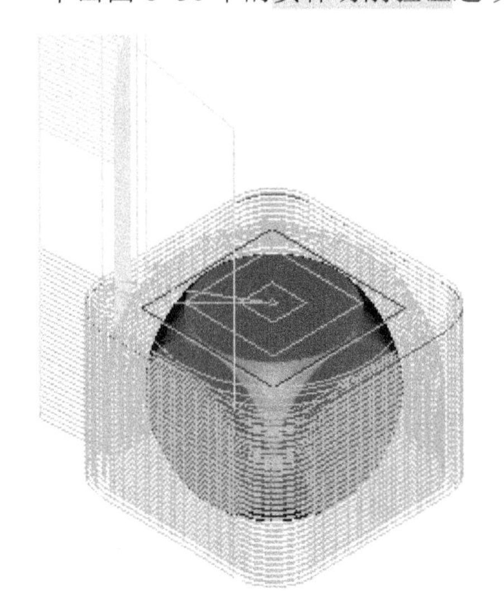

图 8-37 “曲面粗加工-挖槽”的刀具路径模拟

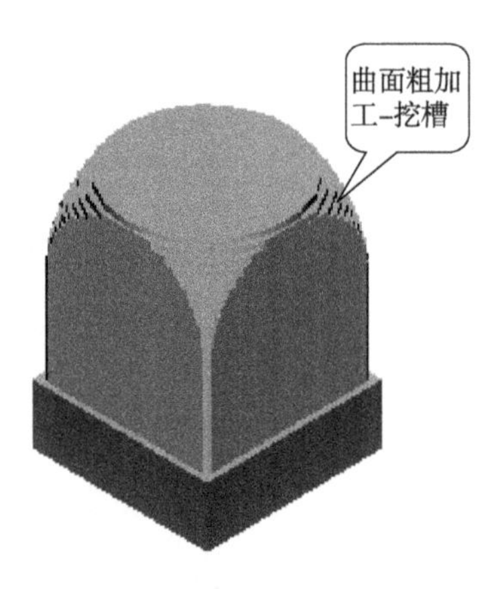

图 8-38 “曲面粗加工-挖槽”的实体切削验证结果

8.4.4 外形铣削精加工

骰子四周垂直面的精加工可采用外形铣削（2D）的方法加工。范围选择 28mm×28mm 的矩形，圆角不加工，留给下一步去加工，方法可参考铭牌的外形铣削精加工方法。

1. 外形铣削对话框

进入外形铣削对话框的方法如下所述。

① 单击主菜单→刀具路径→外形铣削→串联命令。

② 选取加工范围为如图 8-26 所示的 28mm×28mm 矩形为串联，在串联上出现一个起点与箭头，保证串联方向为顺时针方向。

③ 单击主菜单中的执行命令，进入“外形铣削”对话框。

2. 选择刀具参数

另选一把ϕ12 的平刀，用来做精加工，刀具参数如下：

① 进给率：400。

② 下刀速率：300。

③ 提刀速率：2 000。

④ 主轴转速：1 800。

⑤ 冷却液：喷油。

3. 选择 2D 外形铣削参数

单击外形铣削参数按钮，出现如图 8-39 所示对话框，填选参数如图所示。

① 深度：−29.0。

② 单击进/退刀向量按钮前的复选框，设定刀具从工件外边进刀的路径与退出工件的路径。

③ 其余各项为默认值。

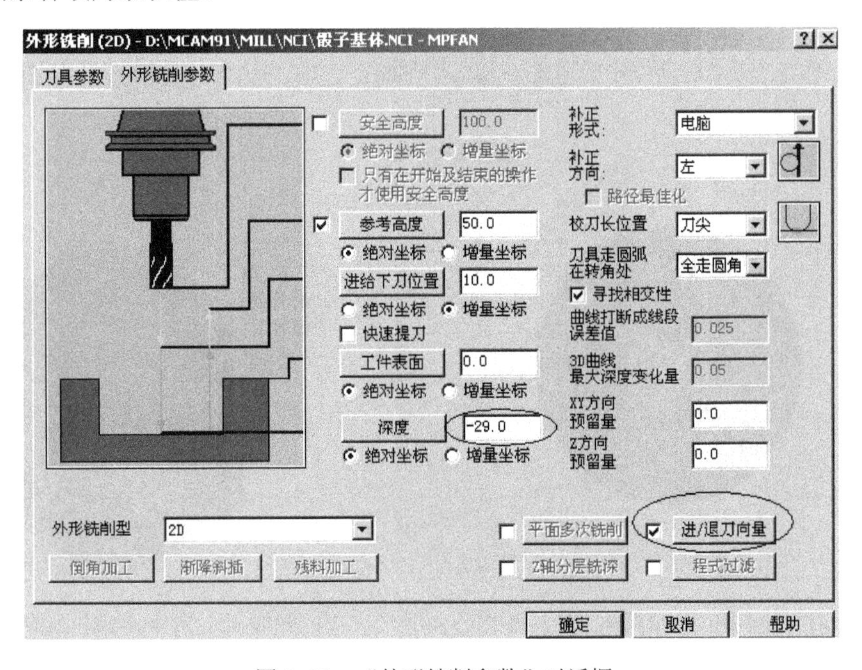

图 8-39　“外形铣削参数”对话框

4. 设定进/退刀向量参数

① 单击进/退刀向量按钮，进入“进/退刀向量设定参数”对话框，参见图 3-28。

进/退刀向量的引线长改为 0，圆弧半径为 12。

② 单击确定按钮，返回图 8-39 所示对话框。

5. 产生刀具路径

单击图 8-39 所示对话框中的确定按钮，产生了外形加工刀具路径，“操作管理员”对话框如图 8-40 所示。

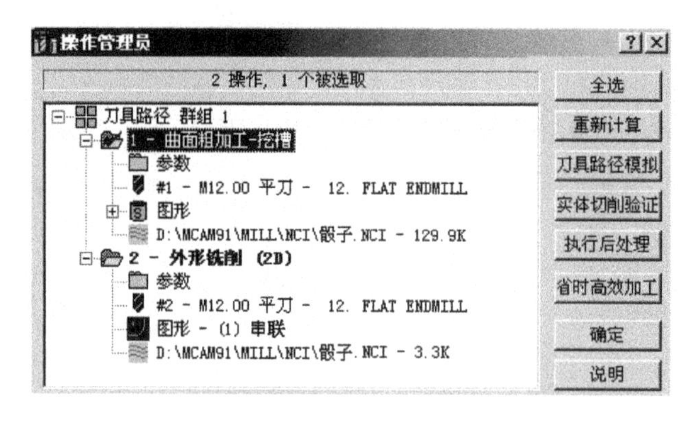

图 8-40 “操作管理员”对话框

6. 模拟刀具路径

刀具路径模拟结果如图 8-41 所示，加工时间为 39s。

7. 实体切削验证

单击“操作管理员”对话框中的全选→实体切削验证选项，模拟实体加工结果如图 8-42 所示。

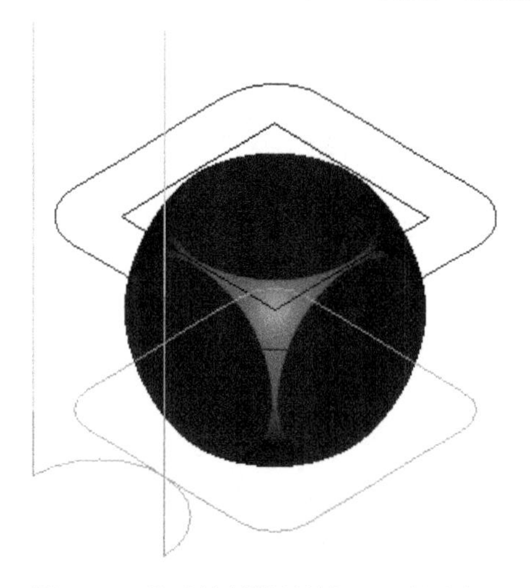

图 8-41 外形铣削模拟精加工刀具路径

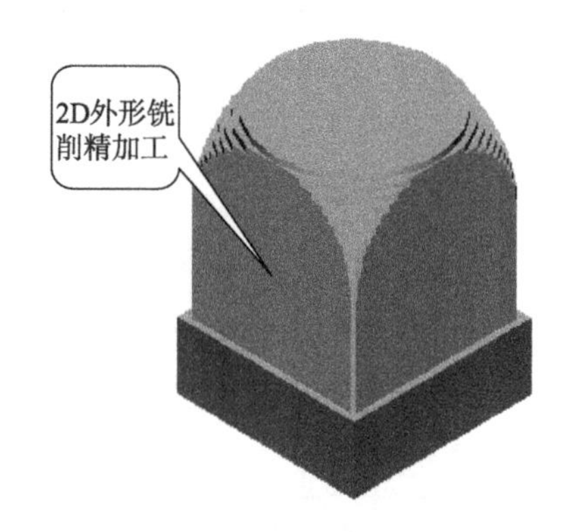

图 8-42 实体切削验证结果

8.4.5 平行铣削精加工

分析图 8-42 所示实体切削验证结果，曲面表面是一个又一个的小台阶，需要进行精加工。

曲面精加工一般采用球刀或圆鼻刀。球刀的端部是一个半球体，精加工时与工件一般是点接触，保持相切，可以很准确地沿着曲面做进给运动，加工出与图形曲面相一致的曲面来。

我们选直径为$\phi6$的球刀做曲面精加工，精加工的刀路有多种，对于骰子的精加工我们推荐采用平行铣削。平行铣削的刀具路径之间在 *XY* 平面上是相互平行的。

1. 进入“平行铣削”对话框

在图 8-40 所示对话框中，单击右键，出现如图 8-43 所示的菜单。移动鼠标单击刀具路径→曲面精加工→平行铣削→实体命令，选中实体，单击执行→执行命令，出现如图 8-44 所示的“曲面精加工—平行铣削”对话框。

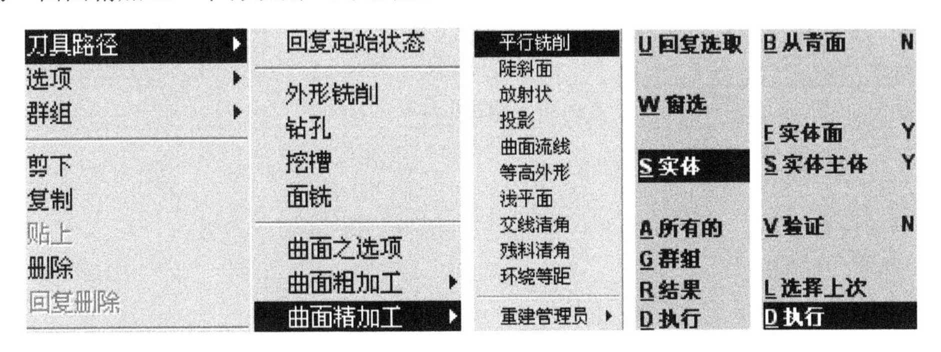

图 8-43　“曲面精加工—平行铣削”菜单

2. 确定刀具及刀具参数

从刀具资料库中选取$\phi6$的球刀，刀具参数的选取如图 8-44 所示。

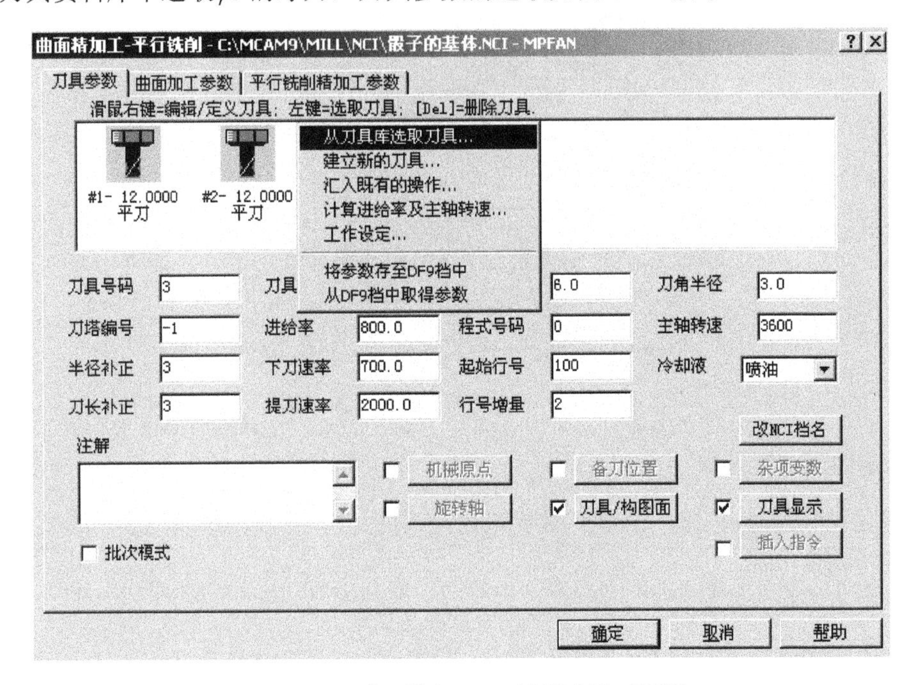

图 8-44　“曲面精加工—平行铣削”对话框

① 在刀具栏空白区内单击鼠标右键，在弹出的菜单中单击从刀具库中选取刀具命令，出现如图 8-45 所示的“刀具管理员”对话框。

② 双击鼠标左键选中ϕ6 的球刀。在刀具栏空白区内出现刀具图标

，在该图标上，单击鼠标右键，出现如图 9-46 所示的“定义刀具”对话框。

刀具管理员 - D:\MCAM91\MILL\TOOLS\TOOLS_MM.TL9
过滤的设定 ☑ 过滤刀具
显示的刀具数 149 / 249

刀具号码	刀具型式	直径	刀具名称
...	球刀	5.0000 mm	5. BALL ENDMIL
...	球刀	6.0000 mm	6. BALL ENDMIL
...	球刀	7.0000 mm	7. BALL ENDMIL

确定 取消 说明

图 8-45 “刀具管理员”对话框

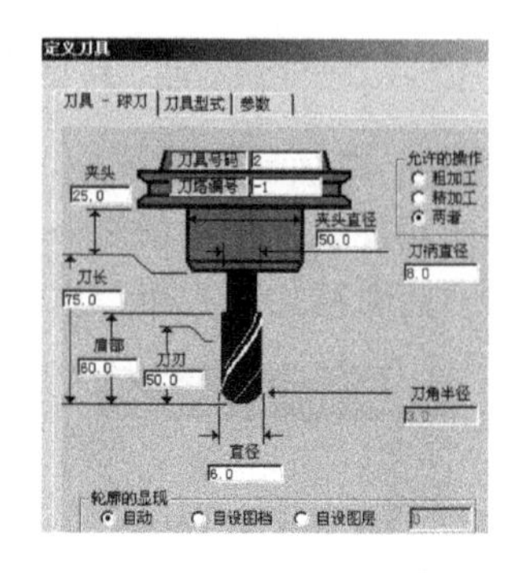

图 8-46 “定义刀具”对话框

③ 单击参数按钮，出现如图 8-47 所示的对话框。输入如下参数：

- 进给率：800.0。
- 下刀速率：700.0。
- 提刀速率：2 000.0。
- 主轴转速：3 600。

④ 单击确定按钮，返回图 8-44 所示对话框。

⑤ 单击冷却液：喷油选项。

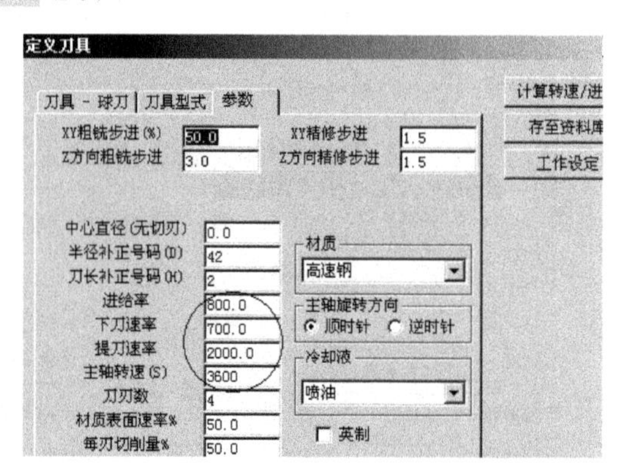

图 8-47 “定义刀具参数”对话框

3. 确定曲面加工参数

单击曲面加工参数按钮，出现如图 8-48 所示对话框，主要修改以下 3 项参数。

① 参考高度：20。

② 进给下刀位置：1.0。

③ 加工的曲面实体预留量：0.0。

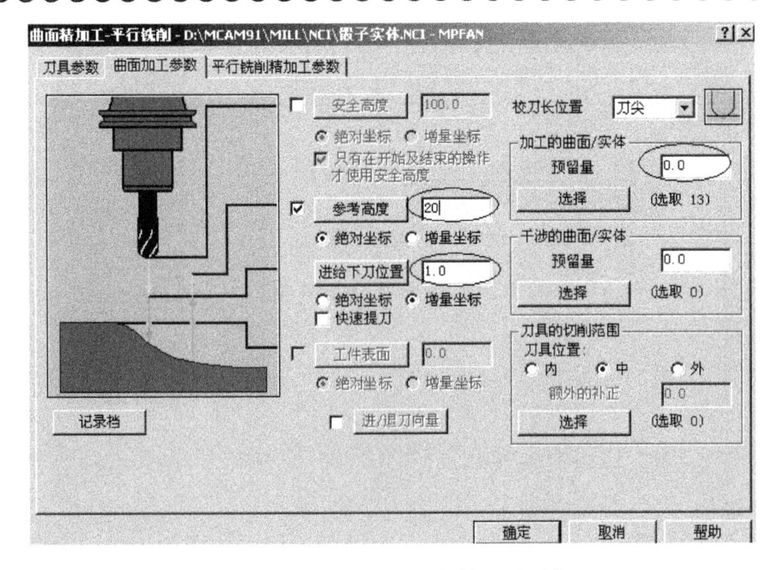

图 8-48　“曲面加工参数”对话框

4. 确定平行铣削精加工参数

① 单击平行铣削精加工参数按钮，出现如图 8-49 所示对话框，输入如下参数。

- 整体误差：0.01。
- 切削最大间距：0.12，表示两条平行刀具路径在 *XY* 平面上的距离，球刀间距不能太大，否则残留的刀痕高，表面粗糙，误差大。
- 加工角度：0.0。

② 单击确定按钮，在系统提示区出现提示：选取加工范围，单击串联命令，拉动鼠标，选择如图 8-26 所示的“挖槽加工范围”为串联。

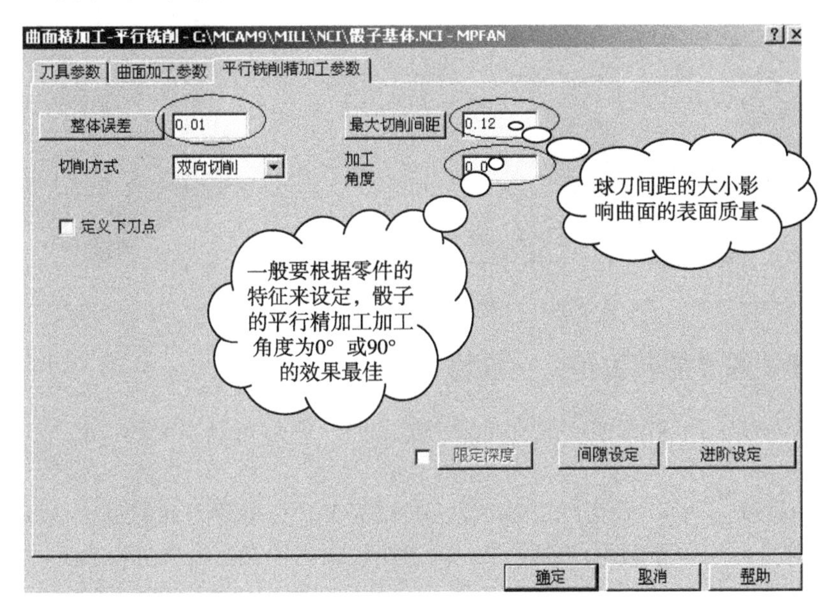

图 8-49　“平行铣削精加工参数”对话框

③ 单击确定按钮，产生了平行铣削精加工刀路，如图 8-50 所示。

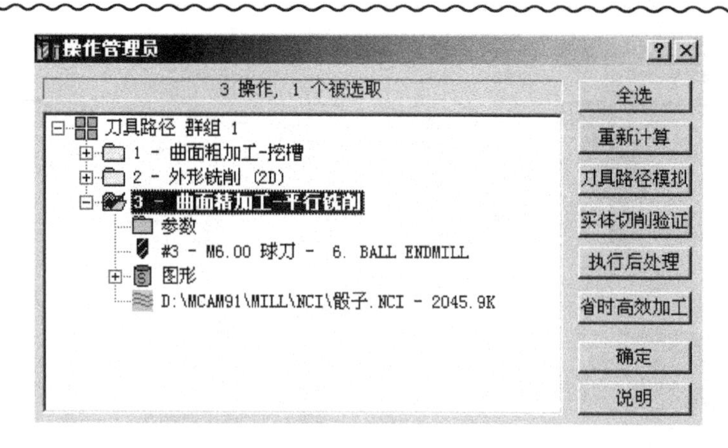

图 8-50 “操作管理员”对话框

5. 刀具路径模拟

刀具路径模拟结果如图 8-51 所示。可以看出，平行铣削精加工生成了很密的刀路，能加工出精度较高的曲面。同时，平行铣削精加工没有对垂直面进行加工，深度只加工到骰子高度的一半，另一半需要掉头加工。

6. 实体切削验证

单击图 8-50 所示界面中的全选→实体切削验证选项，结果如图 8-52 所示。

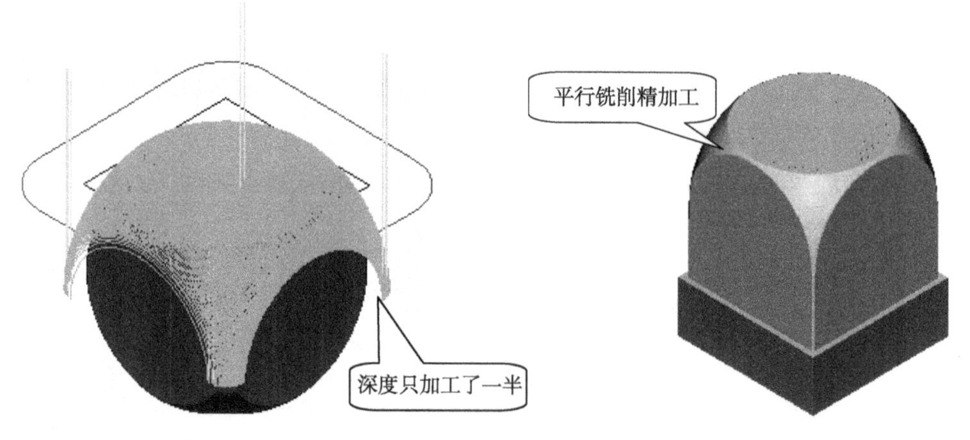

图 8-51 “曲面精加工—平行铣削”刀具路径模拟　　图 8-52 实体切削验证结果

8.4.6 加工骰子的装夹位——面铣

因为骰子基体是上下对称的，故反向装夹加工时，图形可以不旋转 180°，直接在原图上编程。

将骰子掉头装夹在平口虎钳上，注意校正虎钳的水平与垂直方向的误差，骰子下面用等高平铁垫平，装夹时用手锤敲工件的顶面，使工件底面与等高平铁顶面贴合。用杠杆百分表测量垂直面的垂直度，检验工件是否装夹垂直。用面铣的方法将装夹位铣掉，刀具采用ϕ12 的平刀。*XY* 方向的零点的设置可采用ϕ12 的平刀来分中找零。用ϕ12 的平刀找到毛坯的顶面最低点，将该最低点向下降（H_0−28）mm（H_0 为毛坯总高度，可用卡尺预先测量出来）后，设置为 *Z* 方向零点。

注意

此时的零点的设定有误差，但不影响面铣的加工，下一道工序将要重新准确定位零点。

1. 进入面铣参数对话框

用面铣的方法，铣削加工第一次加工的装夹位，方法如下所述。

① 在图 8-50 中，单击右键，移动鼠标单击刀具路径→面铣→串联命令。

② 选取如图 8-26 所示图形中的 28mm×28mm 矩形为串联。

③ 单击主菜单中的执行命令，进入图 8-53 所示对话框。

2. 选择加工刀具参数

刀具采用第一把ϕ12 的平刀，刀具参数同曲面挖槽铣削粗加工的刀具参数，参考图 8-28。输入参数如下所述。

① 进给率：1 300。

② 下刀速率：800。

③ 提刀速率：2 000。

④ 主轴转速：1 800。

3. 确定平面铣削的加工参数

单击面铣加工参数按钮，弹出如图 8-53 所示对话框，输入参数如图所示。

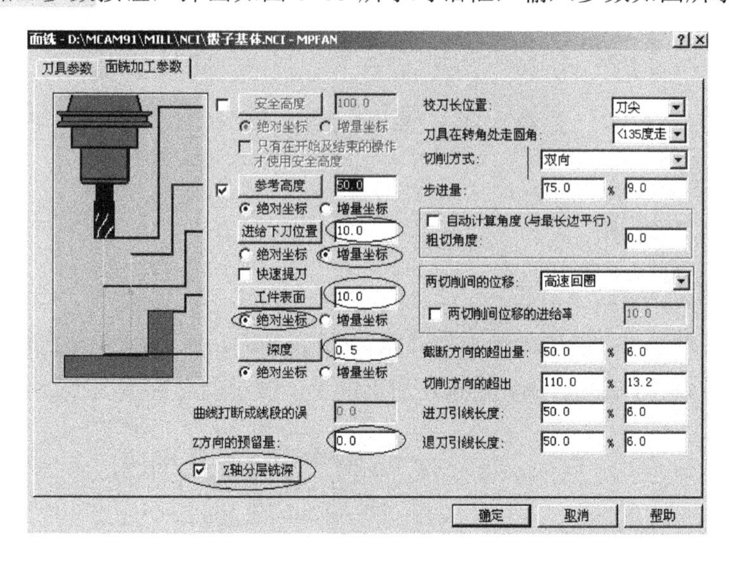

图 8-53　“面铣加工参数”对话框

① 进给下刀位置：10.0，增量坐标。

② 工件表面：10.0，绝对坐标，平面铣削加工从 Z 轴坐标为 10.0mm 的位置处开始加工。

③ 深度：0.5，绝对坐标，平面铣削到 Z 轴坐标为 0.5mm 的位置处结束加工。这样一来，既可保证顶面有 0.5mm 的加工余量，又可将顶面的毛坯加工掉，方便 XY 方向的准确分中对零。

④ Z 方向的预留量为 0.0。

⑤ 单击选中Z 轴分层铣深项。

4. Z 轴分层铣深

用面铣的方法铣削 11mm 厚的装夹位，需要采用分层铣深的方法，每次铣削深度 1mm，步骤如下所述。

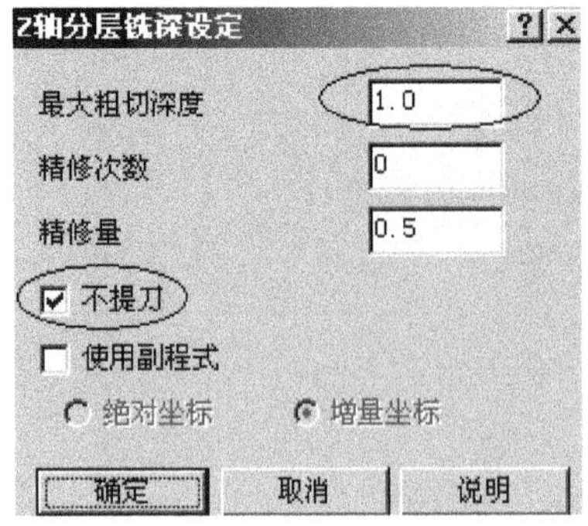

图 8-54 Z 轴分层铣深设定

① 单击 Z 轴分层铣深按钮，弹出如图 8-54 所示的对话框。

② 最大粗切深度为 1.0。

③ 单击并选中☑不提刀选项。

④ 单击确定按钮，返回图 8-53 所示对话框。

5. 产生刀具路径

在图 8-53 所示对话框中，单击确定按钮，产生了刀具路径，“操作管理”对话框如图 8-55 所示。

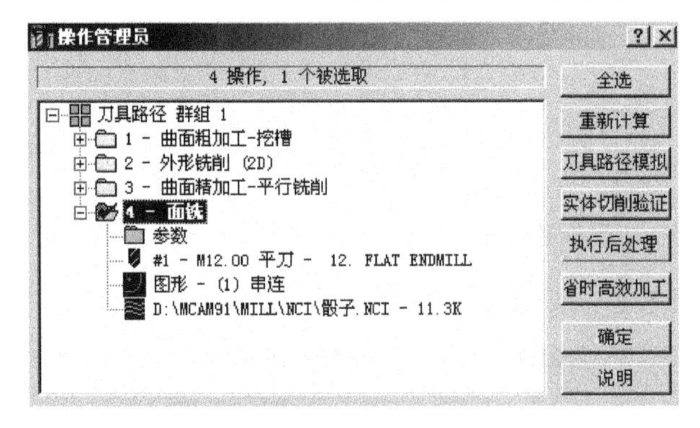

图 8-55 “操作管理员”对话框

6. 刀具路径模拟

模拟结果如图 8-56 所示。

7. 实体切削验证

单击“操作管理员”对话框中的全选→实体切削验证选项，模拟实体加工结果如图 8-57 所示，已将装夹位铣平，顶面还有 0.5mm 加工余量，骰子的总高度为 28.5mm 左右。

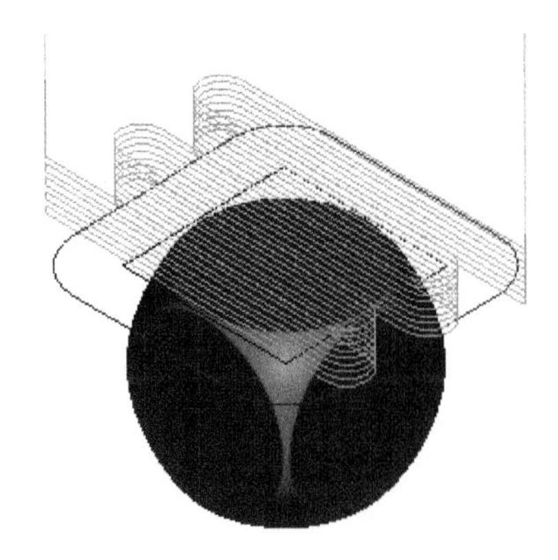

图 8-56 面铣刀具路径模拟

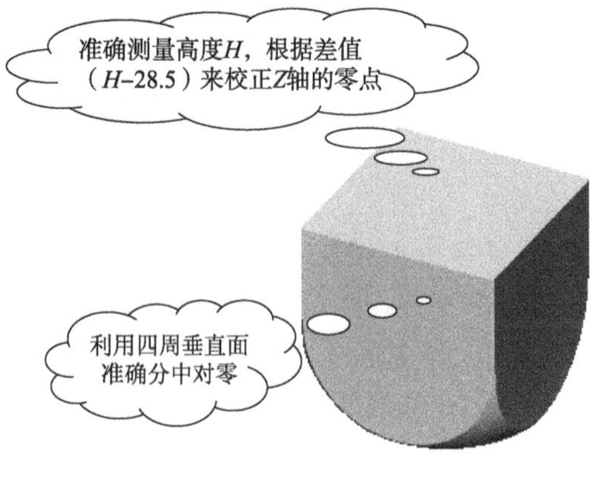

图 8-57 实体切削验证结果

分析图 8-57，将装夹位铣平后，四周垂直面在上一工序已精加工到位，为了进行下一道

工序的加工，需要准确设置零点。

可以利用已加工好的四周垂直面，使用分中棒来分中对零，准确找到 XY 方向的零点。

利用杠杆百分表测量等高垫铁与已加工骰子的上表面的准确高度 H，计算差值 $Z1=(H-28.5)$。若差值 $Z1$ 为正，则 Z 轴的零点需要下降 $Z1$；若差值 $Z1$ 为负，则 Z 轴的零点需要上升 $-Z1$；若差值为零，则不需要调整 Z 轴的零点。

8.4.7 复制程序

找到加工零点后，下一步的加工就可借鉴前面的程序，复制第一个程序“曲面粗加工-挖槽”，第三个程序“曲面精加工-平行铣削”，可完成骰子的全部加工。需要说明的是，在前面的工序中已将四周的垂直面加工到位，此时不需要再进行第二个程序“外形铣削精加工”的加工。

① 在图 8-43 菜单中，单击第一个刀具路径“曲面粗加工—挖槽”，按住“Ctrl”键，单击第三个刀具路径“曲面精加工—平行铣削”，同时选中两个刀具路径。

② 单击鼠标右键，在弹出的菜单中单击复制命令。

③ 单击鼠标右键，在弹出的菜单中单击贴上命令，结果如图 8-58 所示。

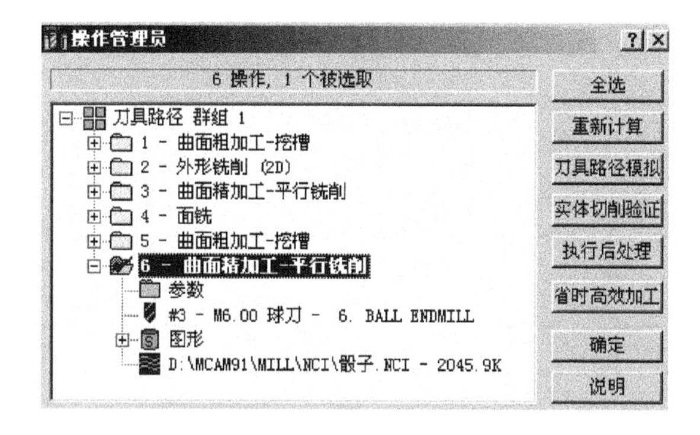

图 8-58　“操作管理员”对话框

④ 单击 5-曲面粗加工—挖槽刀路下面的 参数 选项，在弹出的对话框中，将切削深度选项中的最低位置由-29 改为-14，如图 8-59 所示，单击确定按钮，返回图 8-58，单击重新计算按钮，重新计算刀具路径。

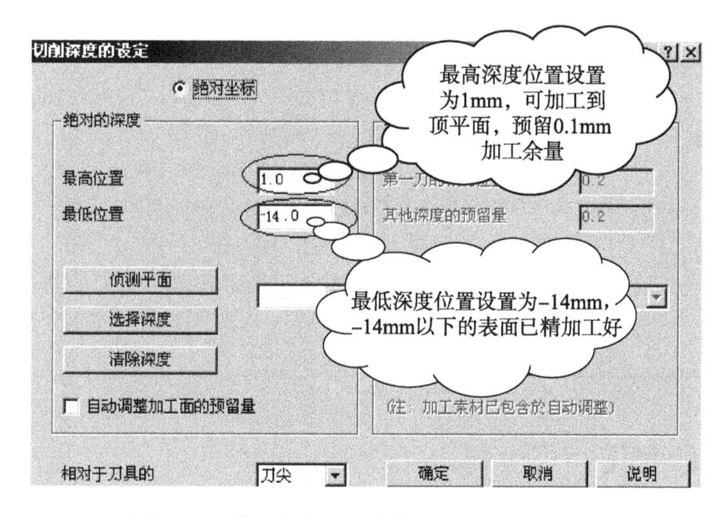

图 8-59　曲面粗加工—挖槽的切削深度的设定

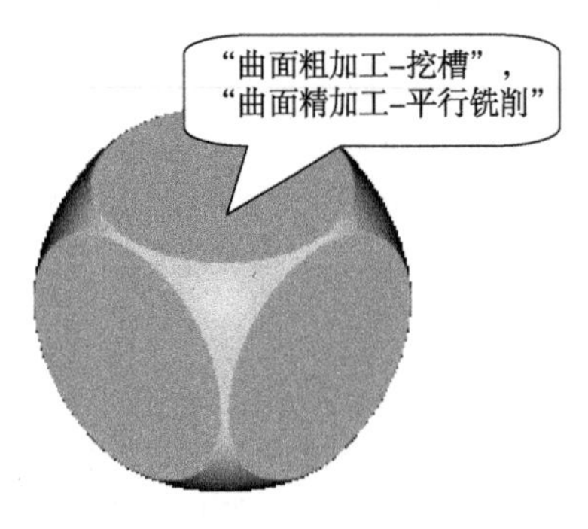

图 8-60 实体切削验证

⑤ 实体切削验证的结果如图 8-60 所示。

8.4.8 骰子的刀路后处理，产生 NC 加工程序

在图 8-58 所示界面中，单击 1 - 曲面粗加工-挖槽选项，单击后处理按钮，保存在某一目录下，如：D:\Mcam9.1\Mill\NC\，输入名称 TZ1.NC，生成了名称为 TZ1.NC 的 NC 加工程序。

同样方法，分别选择另外的刀路，进行后处理，分别命名为 TZ2.NC、TZ3.NC、TZ4.NC、TZ5.NC、TZ6.NC。

其中，TZ6.NC 与 TZ3.NC 相同，后处理可省略。

8.4.9 程序单

骰子的加工程序单见表 8-1。

表 8-1 骰子的加工程序单

<table>
<tr><th colspan="7">数控加工程序单</th></tr>
<tr><td>图号：</td><td>工件名称：骰子的基体</td><td colspan="2">编程人员：
编程时间：</td><td>操作者：
开始时间：
完成时间：</td><td>检验：
检验时间：</td><td>文件档名：D: \Mcam9.1\mill\MC9\骰子的基体.MC9</td></tr>
<tr><td>序号</td><td>程序名</td><td>加工方式</td><td>刀具</td><td>装刀长度（mm）</td><td>理论加工进给速率/时间</td><td>备注（余量）（mm）</td></tr>
<tr><td>1</td><td>TZ1</td><td>曲面挖槽粗加工</td><td>ϕ12 平刀</td><td>30</td><td>1 300/11min</td><td>0.1</td></tr>
<tr><td>2</td><td>TZ2</td><td>外形铣削精加工</td><td>ϕ12 平刀（新）</td><td>30</td><td>400/39s</td><td>0</td></tr>
<tr><td>3</td><td>TZ3</td><td>平行铣削精加工</td><td>$\phi 6R3$ 球刀</td><td>20</td><td>800/15min</td><td>0</td></tr>
<tr><td>4</td><td>TZ4</td><td>面铣粗加工</td><td>ϕ12 平刀</td><td>30</td><td>1 300/2min</td><td>反向装夹，余量为 1</td></tr>
<tr><td>5</td><td>TZ5</td><td>曲面挖槽粗加工</td><td>ϕ12 平刀</td><td>30</td><td>1 300/11min</td><td>反向装夹，余量为 0.1</td></tr>
<tr><td></td><td>TZ6</td><td>平行铣削精加工</td><td>$\phi 6R3$ 球刀</td><td>20</td><td>800/15min</td><td>反向装夹，刀路同 TZ3，余量为 0</td></tr>
<tr><td colspan="2">零件简图及零点位置：
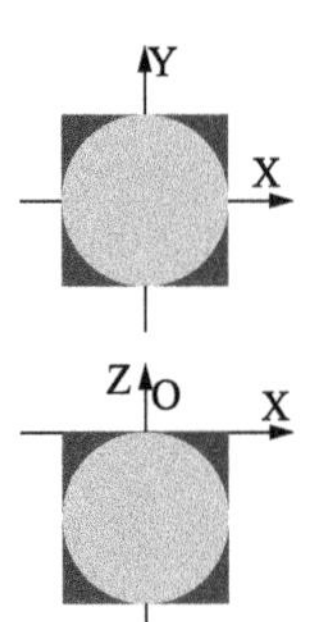
</td><td colspan="5">1. 坯料尺寸为 30mm×30mm×40mm 的铝材。
2. 平口虎钳装夹。
3. 正面加工，XY 方向采用 ϕ12 的平刀分中为零点，Z 向找到工件顶面的最低点后为零点，执行程序 TZ1、TZ2、TZ3。
4. 反面加工，装夹时尽量使已加工好的顶面与等高平铁贴合。面铣粗加工时，XY 方向采用 ϕ12 的平刀来分中为零，Z 向找到工件顶面的最低点后下降 11mm 为零点。执行程序 TZ4。
5. 进行其余工序的加工。首先采用分中棒准确分中校正 XY 方向零点，利用杠杆百分表测量等高垫铁与已加工骰子的上表面的准确高度 H，计算差值 $Z1=(H-28.5)$，若差值 $Z1$ 为正，则 Z 轴的零点需要下降 $Z1$，若差值为负，则 Z 轴的零点需要上升 $-Z1$。
6. 记录对刀器顶面距零点的距离 Z0。</td></tr>
</table>

8.4.10 CNC 加工

现采用三菱加工中心加工烟灰缸，操作系统为三菱系统，其操作过程如下。

1. 坯料的准备

采用 30mm×30mm 的铝型材，用锯床下料，毛坯尺寸为 30mm×30mm×40mm。

2. 刀具的准备

需要准备以下三把刀具：

① ϕ12 高速钢平刀，装刀长度为 30mm。

② ϕ12 高速钢平刀，装刀长度为 30mm，精加工专用。

③ $\phi6R3$ 高速钢球刀，装刀长度为 20mm。

3. 操作 CNC 机床加工骰子

调用程序“TZ1.NC”、“TZ2.NC”、“TZ3.NC”、“TZ4.NC”、“TZ5.NC”、“TZ6.NC”加工方法与第 3 章所介绍的铭牌的外形加工方法基本相同。

注意用第一把刀来测量和记录对刀器顶面距零点的距离 Z0，以后每一把刀利用对刀器来寻找 Z 轴的零点，方法参考第 6 章所介绍的沟槽凸轮的加工。

8.5　检验与分析

加工过程中，注意检验以下项目：

① ϕ12 平刀精加工加工完后，可检查外形尺寸是否为 28mm×28mm。

② $\phi6R3$ 球刀精加工完成后，检查ϕ19.5 尺寸是否到位。

③ 反过来加工后，注意检查两次装夹造成的误差，上下接痕是否明显，高度误差是否符合要求。

练习 8

8.1　绘制立方体的基本方法有哪些？

8.2　布尔运算操作有几种功能？

8.3　如何标注立方体高度方面的尺寸？

8.4　如何进行实体的参数修改？

8.5　曲面（实体）挖槽与 2D 挖槽有什么异同？

8.6　请给出ϕ6 球刀平行铣削精加工骰子的刀具参数。

8.7　请给出ϕ6 球刀平行铣削精加工骰子的切削最大间距。

8.8　用实体造型的方法，设计骰子六个面上的点数，并编制加工刀具路径的程序。

第9章 螺栓的设计

本章主要介绍绘制倒角、螺旋线、多边形的方法，以及旋转实体、扫掠实体、挤出实体的建模方法。

9.1 螺栓的零件图

M8×35 螺栓零件图如图 9-1 所示。

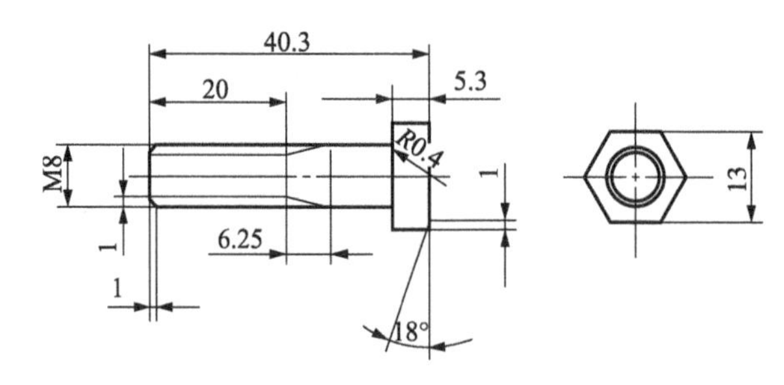

图 9-1 M8×35 螺栓零件图

9.2 绘图思路

螺栓的基本形体可采用旋转实体的方法绘制，螺纹部分可采用扫掠实体切割旋转实体，螺栓头可用实体挤出切割螺栓头。

绘制螺栓实体模型的思路如图 9-2 所示。

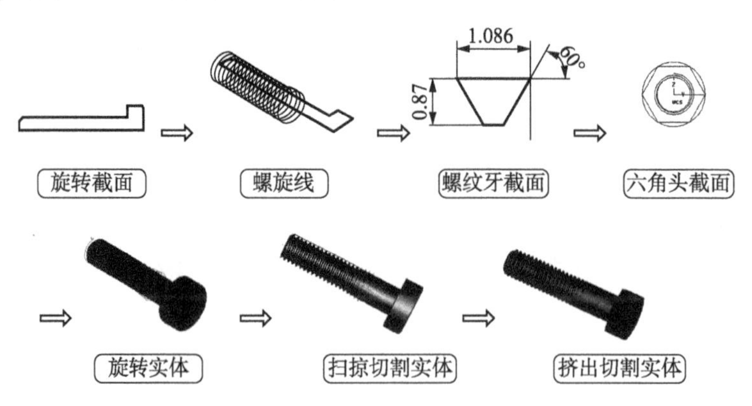

图 9-2 绘制螺栓实体模型的思路

9.3 螺栓线框架的设计

1. 绘制旋转外型

绘制一个旋转外型，如图 9-3 所示。

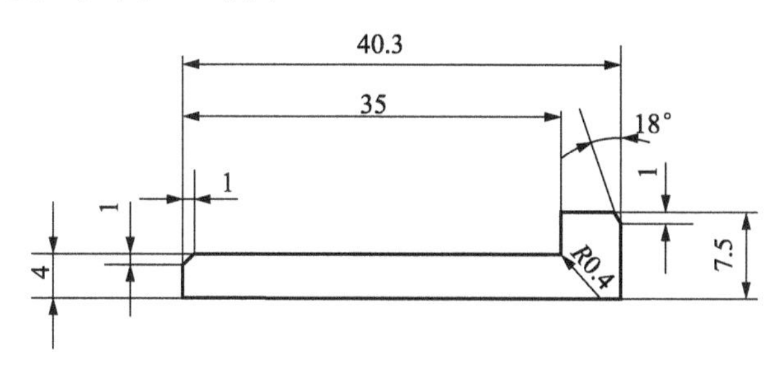

图 9-3　旋转外型

① 设定构图平面为 T，构图深度为 Z：0，设当前图层为 1，命名为“旋转截面”。按 F9 键，显示坐标轴。

② 绘制草图，修整成如图 9-4 所示图形。

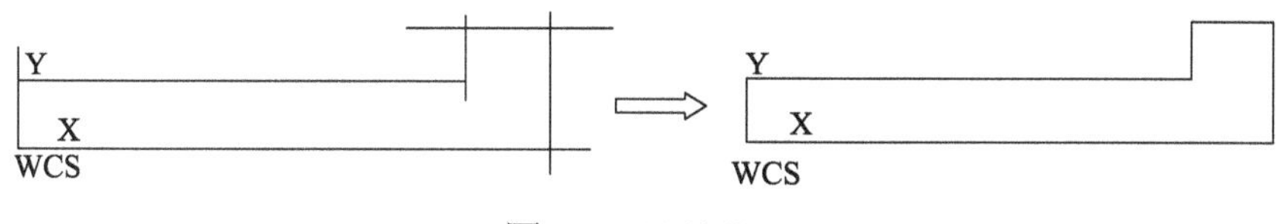

图 9-4　旋转截面

③ 绘制倒角 1×1°。单击主菜单→绘图→下一页→倒角命令，过程如图 9-5 所示，出现如图 9-6 所示的对话框。

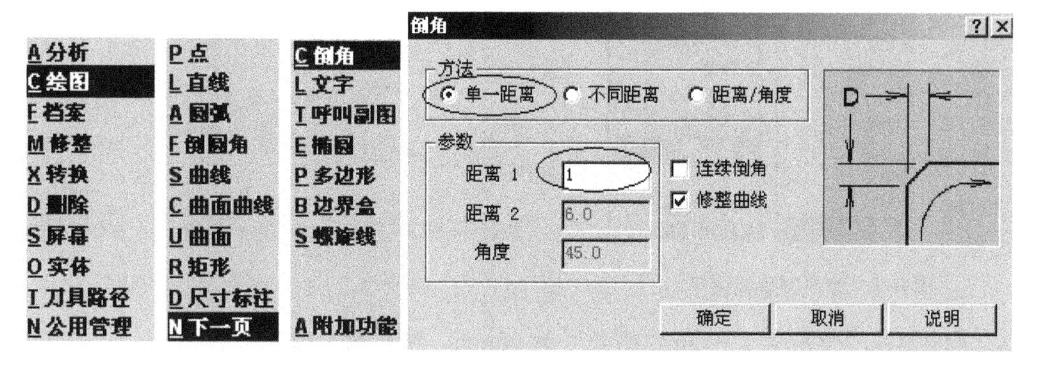

图 9-5　绘制倒角菜单　　图 9-6　“倒角—单—距离”对话框

输入：距离 1 为 1，单击确定按钮，在信息提示区出现提示：倒角：请选择第一条直线或圆弧，选中最左边的垂直线，在信息提示区出现提示：倒角：请选取第二条线，选中左上角的水平线，可绘制一个 1×1° 的倒角，如图 9-2 所示。

④ 倒角（距离/角度）。单击返回→倒角命令，出现如图 9-7 所示的对话框，输入参数如下：

- 距离：1.0。
- 角度：18.0，国家标准为15°～30°。

● 单击确定按钮，在信息提示区出现提示：倒角：请选取第一条线，选中最右边的垂直线，在信息提示区出现提示：倒角：请选取第二条线，选中右上角的水平线，可画好一个1×18° 的倒角，如图9-3所示。

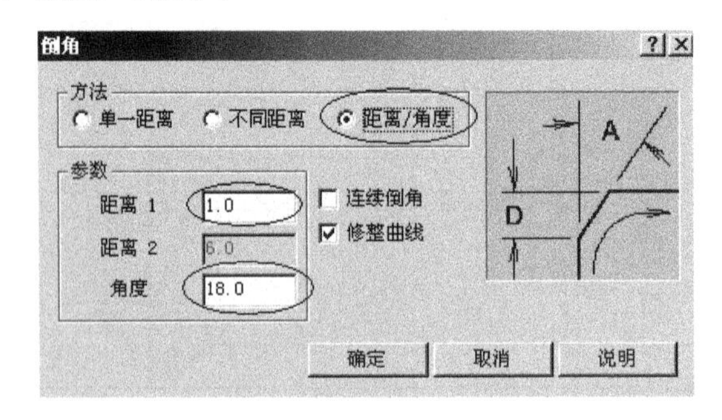

图 9-7　“倒角—距离/角度”对话框

⑤ 倒圆角 *R*0.4，如图 9-3 所示。

2. 绘制螺旋线

绘制螺旋线，作为绘制螺纹的扫掠路径，方法如下所述。

① 将图形视角设为等角视图（I），构图平面设为侧视图（S），设当前图层为 2，命名为“螺旋线”。

② 单击主菜单→绘图→下一页→螺旋线命令，过程如图 9-8 所示，出现如图 9-9 所示的对话框。

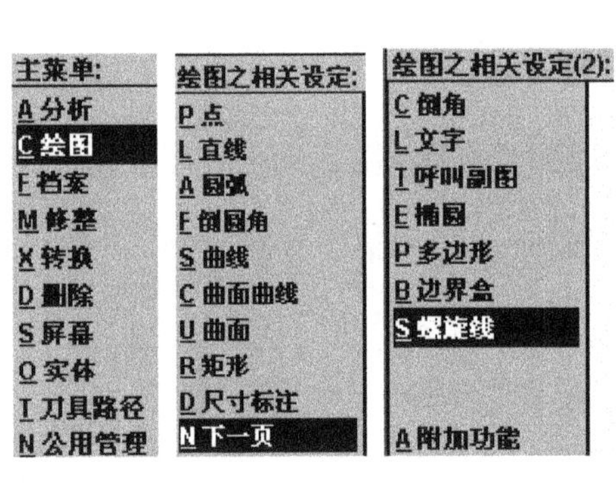

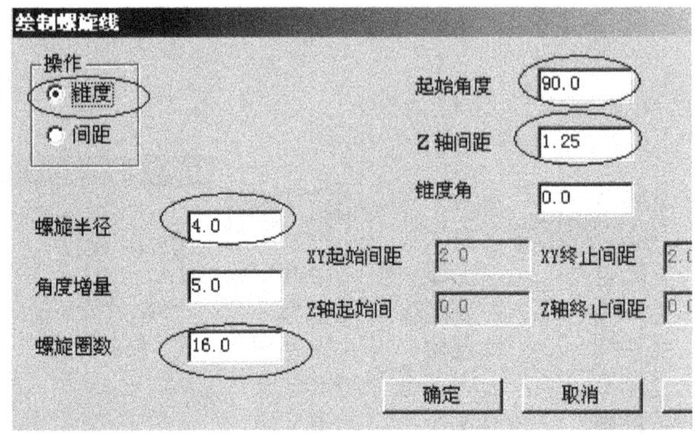

图 9-8　绘制螺旋线菜单　　　　图 9-9　“绘制螺旋线”对话框

③ M8 螺纹的螺距为 1.25mm，螺纹长为 20mm，参数输入如图所示。

● ⊙锥度，绘制锥度螺旋线，圆柱螺纹的锥度角为0。
● 起始角度90.0，螺旋线的起始角，相对于X轴的正向。
● 乙轴间距1.25，螺距。
● 锥度角0.0，直螺纹的锥度角为0。
● 螺旋半径4.0，螺纹半径。
● 螺旋圈数16.0，螺纹圈数。
● 角度增量5.0，控制螺旋线的精度。

④ 单击确定按钮，在信息提示区出现提示：绘制螺旋线：请指定螺旋的中心位置，捕

捉原点为中心，产生了如图 9-10 所示的螺旋线。

⑤ 螺纹尾部的螺旋曲线是锥度螺旋线，螺纹长度为 5*P*，即为 5 个螺距的长度。单击返回→螺旋线命令，出现如图 9-9 所示的对话框。填选参数改变如下：

- 锥度角，螺纹的锥度角为6.182°，锥度角值是根据尾部螺纹长度、螺距、螺纹内径等参数计算得到的。
- 螺旋圈数5.0，螺纹圈数。
- 其余不变。

⑥ 单击确定按钮，在信息提示区出现提示：绘制螺旋线：请指定螺旋的中心位置，输入中心点坐标（0，0，20），回车，产生了如图 9-11 所示的锥度螺旋线。

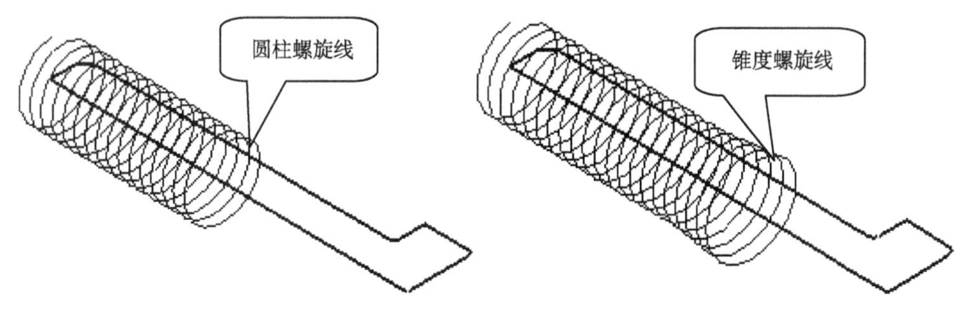

图 9-10　绘制圆柱螺旋线　　　　图 9-11　绘制锥度螺旋线

3. 绘制螺纹截面

根据 M8 螺纹截面的尺寸，在螺旋线的起点，画一个等腰梯形截面，垂直于螺旋线。

① 设置图形视角，构图平面为前视图（F）。设当前图层为 3，命名为“螺纹截面”。按 F9 键，显示坐标轴线。

② 单击主菜单→绘图→直线→极坐标线命令，捕捉螺旋线的起点为起始位置，输入角度-120，回车，输入长度 1.086，回车。

③ 同样方法，输入角度-180，画好另一条线。

④ 连接两直线的端点，画好等边三角形截面。

⑤ 画平行线，距梯形上边的距离为 0.677，如图 9-12 所示。

⑥ 修剪成如图 9-13 所示的截面。

⑦ 将图形视角设为等角视图，按 F9 键，隐藏坐标轴线，结果如图 9-14 所示。

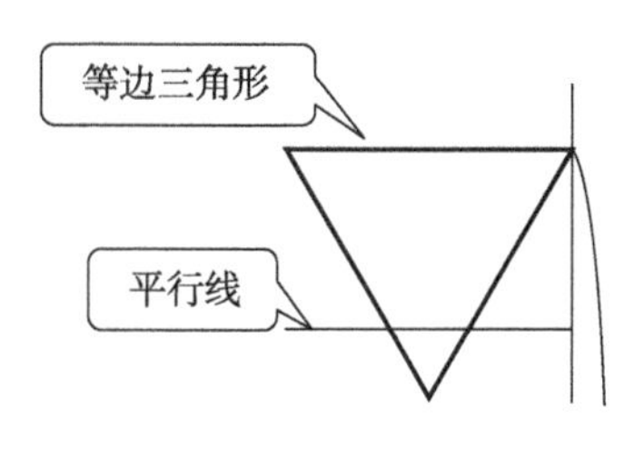

图 9-12　绘制等腰梯形草图

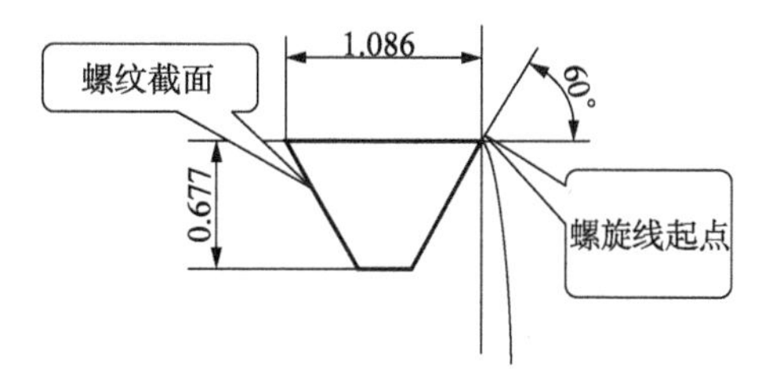

图 9-13　绘制等腰梯形截面

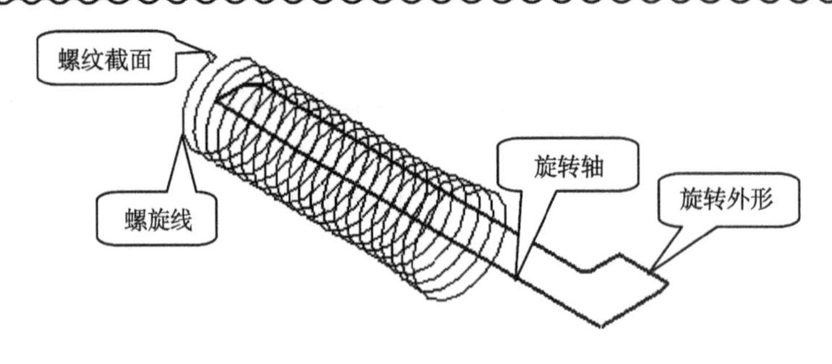

图 9-14　等角视图效果

4. 绘制六角头外形

画边长为 7.5 的六边形，半径为 7.5 的圆，并在相交处打断。

① 设定视角平面，构图平面为侧视图（S），构图深度为 Z：40.3。设当前图层为 4，命名为“六角头外形”。

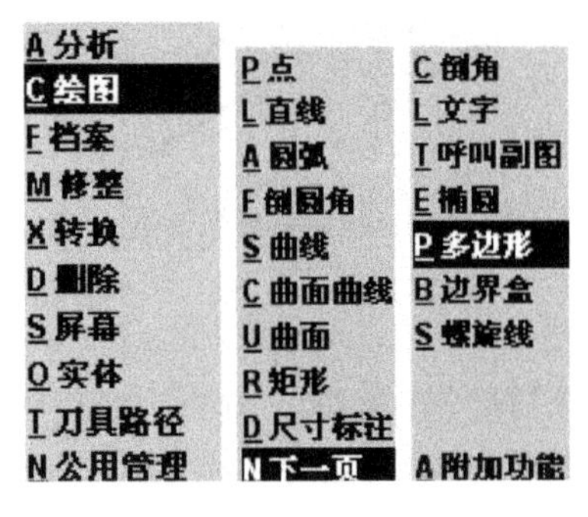

图 9-15　绘制多边形菜单

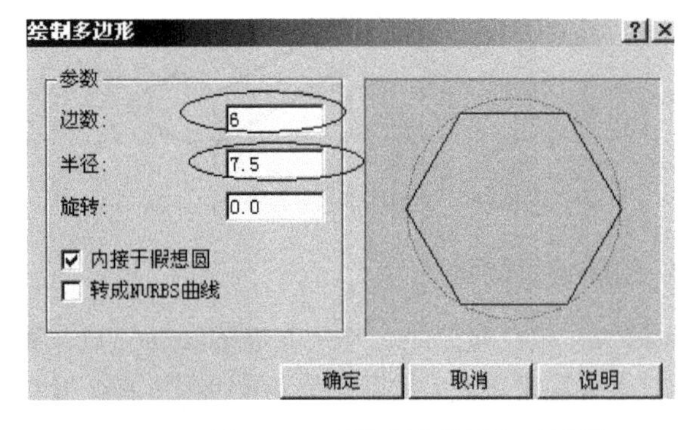

图 9-16　“绘制多边形”对话框

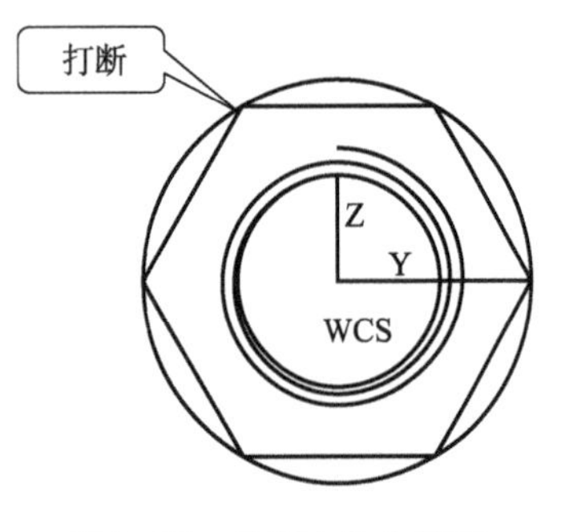

图 9-17　绘制六角头外形

② 单击主菜单→绘图→下一页→多边形命令，过程如图 9-15 所示，出现如图 9-16 所示对话框。输入边数为 6，半径为 7.5。

③ 单击确定按钮，在信息提示区出现提示：请指定假想圆的圆心位置，捕捉原点为假想的圆心位置。

④ 单击主菜单→绘图→圆弧→点半径圆命令，输入半径 7.5，捕捉原点为圆心。画好一半径为 7.5 的圆，如图 9-17 所示。

⑤ 单击主菜单→修整→打断→在交点处→串联命令，选中六边形及圆。

⑥ 单击结束选择→执行→执行命令，将相交处打断。

9.4 旋转实体

螺栓的主体可通过旋转的方法生成实体，方法如下所述。

① 图层设定为 5，命名为“实体”。

② 单击主菜单→实体→旋转→串联命令，过程如图 9-18 所示。选择图 9-14 所示的“旋转外形”为串联，在信息提示区出现提示：请选择一直线作为旋转轴…。

③ 选择图 9-14 所示的“旋转轴”为旋转轴，出现如图 9-19 所示对话框，参数选择如

图所示。

④ 单击确定按钮，生成一旋转实体，如图 9-20 所示。

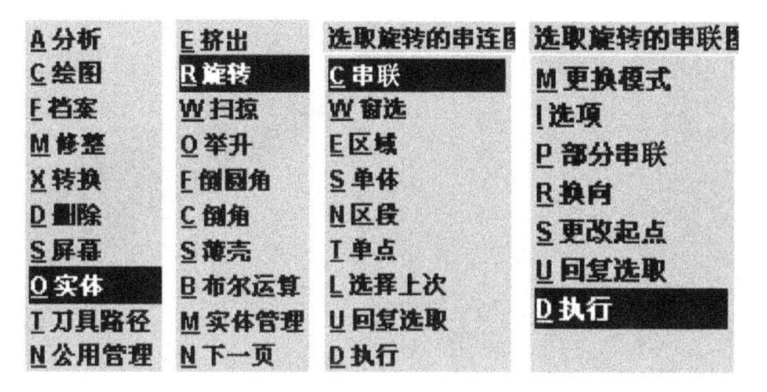

图 9-18　绘制旋转实体菜单

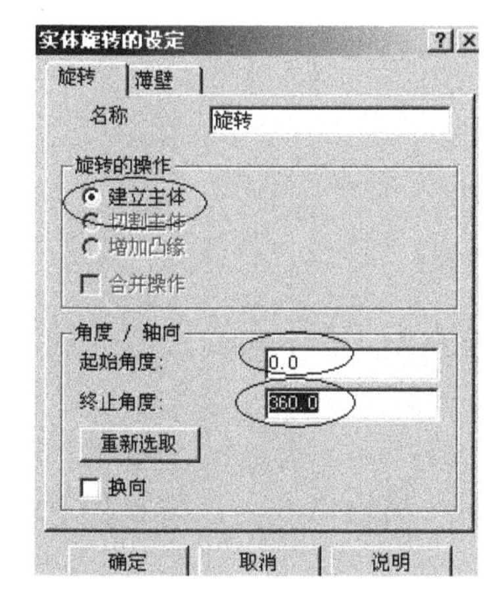

图 9-19　实体旋转的设定对话框

图 9-20　旋转实体

9.5　扫掠实体

螺栓的螺纹特征可通过扫掠的方法切割主体而成，方法如下所述。

① 单击主菜单→实体→扫掠→串联命令，过程如图 9-21 所示。选中图 9-14 中的“螺纹截面”。

② 单击结束选择→执行命令，过程如图 9-22 所示。在信息提示区出现提示：请选择扫掠路径的串联图素，选中图 9-14 中的螺旋线，出现如图 9-23 所示的对话框。

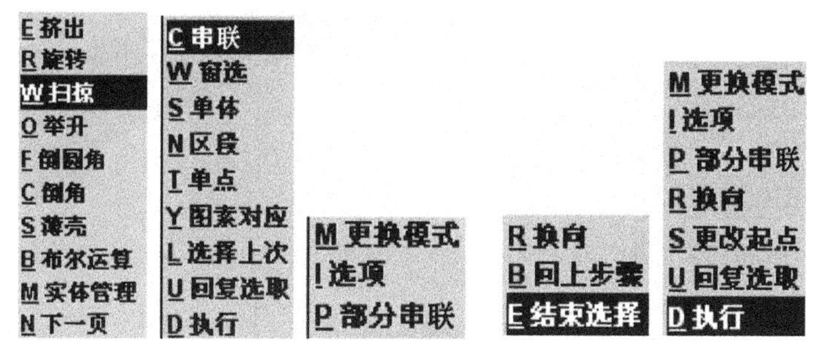

图 9-21　绘制实体扫掠菜单　　　　图 9-22　选择串联

③ 单击并选中 切割主体 选项。

④ 单击确定按钮，生成一个扫掠实体，如图 9-24 所示。

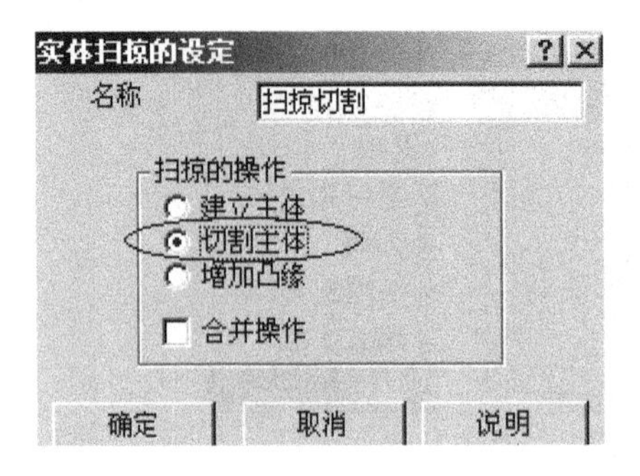

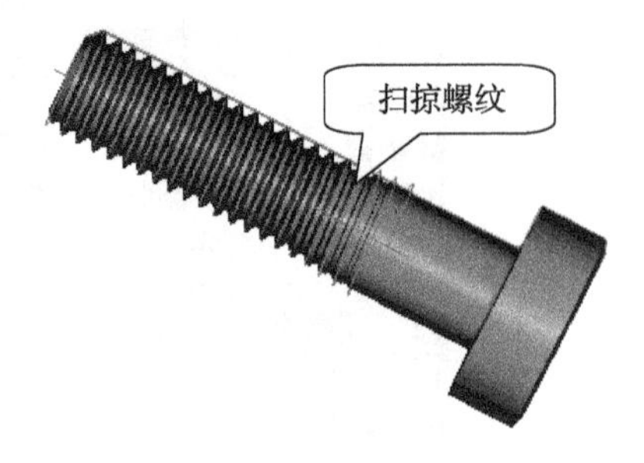

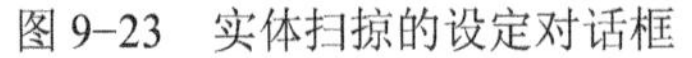

图 9-23 实体扫掠的设定对话框

图 9-24 实体扫掠切割螺纹

9.6 挤出切割实体

螺栓的六角头可通过挤出的方法切割主体而成，方法如下所述：

① 单击工具按钮，将图形视角设为等角视图。

② 单击主菜单→实体→挤出→串联→部分串联命令，选择图 9-17 所示的某一段圆弧及其弦为串联。

③ 单击结束选择→执行命令，在信息提示区出现提示：请选择挤出的方向.。

④ 保证挤出方向向左，否则，单击全部换向→执行命令，出现如图 9-25 所示的对话框。

⑤ 单击并选中 切割主体，全部贯穿选项。

⑥ 单击确定按钮，螺纹的头部圆柱被切割掉一部分。

⑦ 同样的方法，可切割出另五个边，如图 9-26 所示。这样就完成螺纹零件图的绘制。

⑧ 存挡。单击档案→存档命令，输入档案名称“螺栓.MC9”，单击存档按钮。

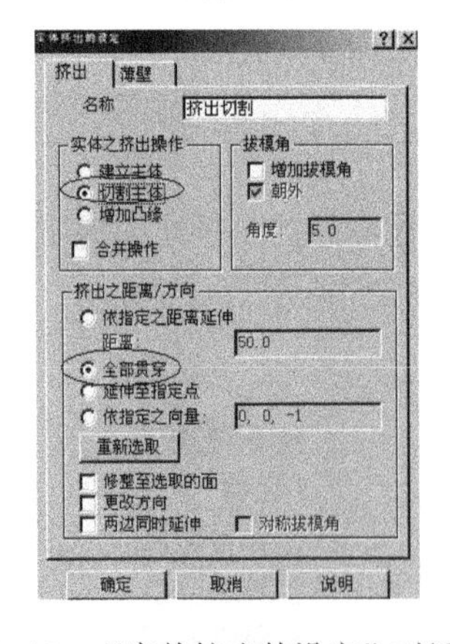

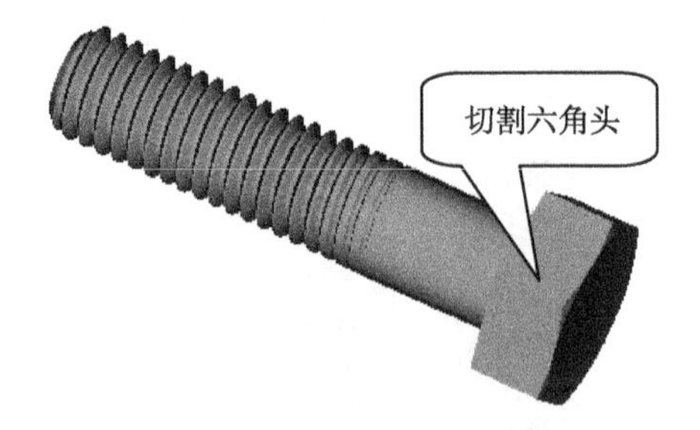

图 9-25 “实体挤出的设定”对话框

图 9-26 实体挤出切割六角头

练习 9

9.1　如何绘制螺旋线？

9.2　请给出旋转实体的步骤。

9.3　请给出扫掠实体的步骤。

第 10 章　肥皂盒铜电极的设计与加工

本章主要介绍实体的挤出、举升、倒圆角、薄壳、铜电极的结构等绘图知识。介绍实体的挖槽粗加工、平行铣削精加工、2D 外形精加工、清角等内容。

10.1　肥皂盒的零件图

肥皂盒零件图如图 10-1 所示。表面粗糙度为 *Ra*0.8，材料为 ABS。该零件为某一肥皂盒的下座，使用时开口朝上，用来支撑上座并收集肥皂盒上座的漏水。

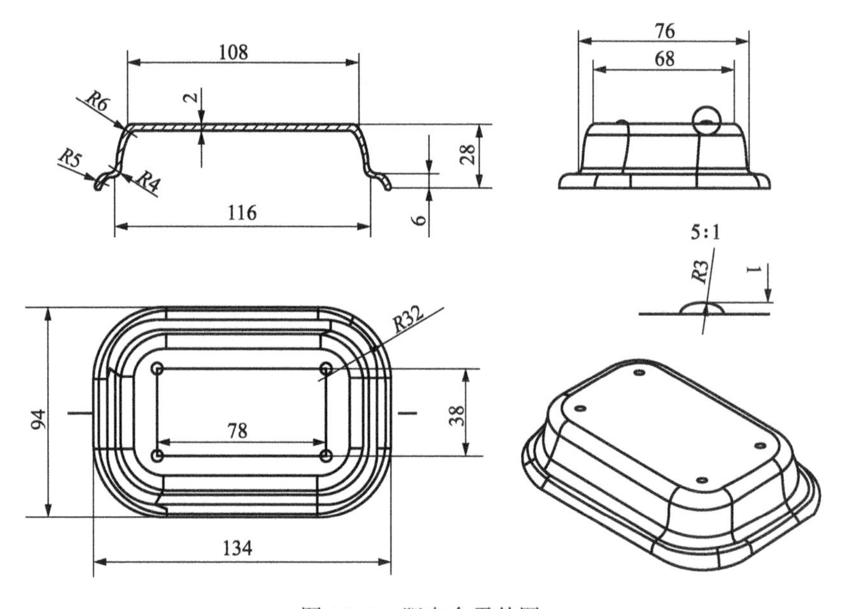

图 10-1　肥皂盒零件图

精加工肥皂盒凹模型腔时，一般不是用数控铣床来加工，而是在电火花机上，利用肥皂盒铜电极进行放电加工。铜电极的外形与零件的外形相似，铜电极图可以通过编辑修改零件图得到。为了在电火花机上安装、校正对零方便，需要设计一个校正对零的基准，一般设计成一个方形台阶。

10.2　绘图思路

绘制肥皂盒铜电极的思路如图 10-2 所示。首先绘制肥皂盒的三维模型，再根据工艺要求，绘制铜电极模型。绘制肥皂盒的三维模型可采用实体造型的方法。先绘制三维线框架模型，再用举升实体、挤出实体、实体倒圆角的方法，绘制出实体的基本外形；用实体薄壳的方法，绘制内腔形状；绘制四个小凸台特征；根据工艺要求，设计铜电极图（隐藏四个小凸台，缩水处理）；绘制校正分中对零的台阶外形。

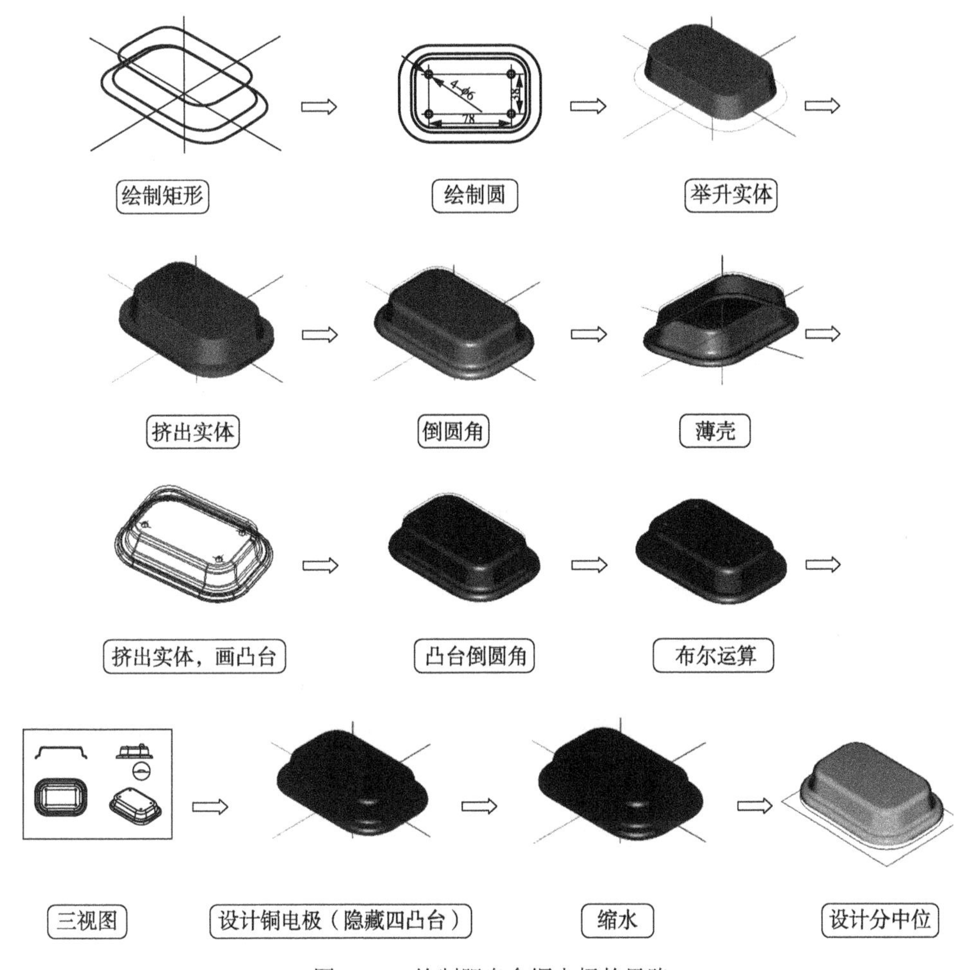

图 10-2　绘制肥皂盒铜电极的思路

10.3　肥皂盒的设计

10.3.1　肥皂盒线框架的设计

1. 绘制四边形外形

绘制一个 134mm×94mm 的四边形，四周圆角为 *R*32。

① 设定构图平面为俯视图（T），构图深度为 Z：0，当前图层为 1，命名为“线框架”。按 F9 键，显示坐标轴。

② 单击绘图→矩形→选项命令，出现如图 10-3 所示的对话框。

③ 在对话框中，单击角落倒圆角中开前面选择框，输入半径为 32。

④ 单击确定按钮，返回主菜单。

⑤ 单击一点命令，出现如图 2-26 所示的对话框，输入宽度 134，高度 94。

⑥ 单击确定按钮，捕捉原点为中心点。画好 134mm×94mm 的四边形，四周圆角为 *R*32，如图 10-4 所示。

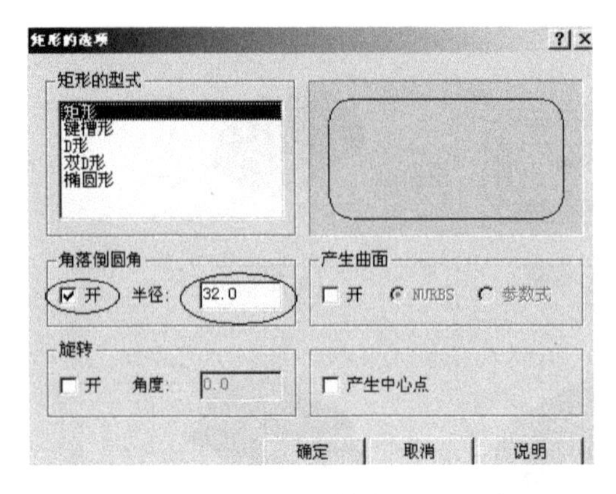

图 10-3 “矩形的选项”对话框

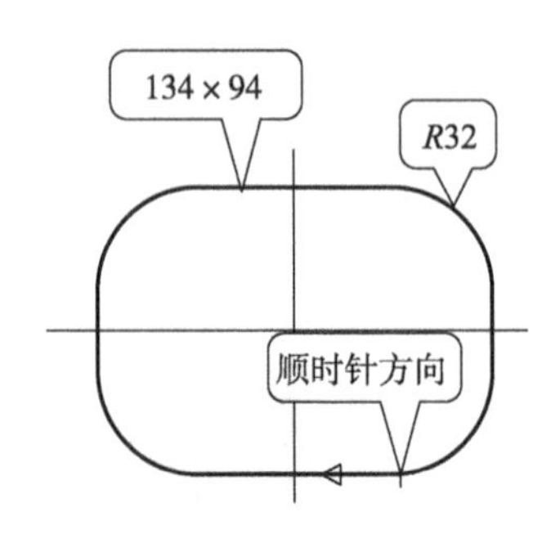

图 10-4 矩形线框

2. 串联补正

绘制其余带圆角的 116mm×76mm 和 108mm×68mm 的四边形，可采用串联补正的方法。

① 单击主菜单→转换→串联补正→串联命令。

② 选择如图 10-4 中所示的串联，出现一个顺时针方向的箭头，同时弹出如图 10-5 所示的对话框。

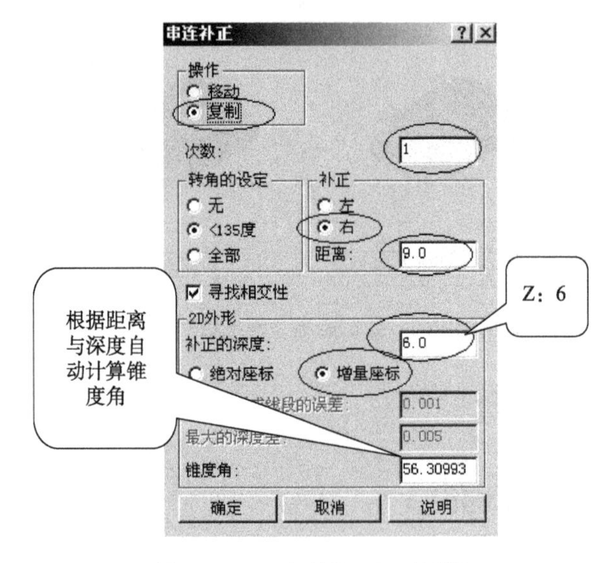

图 10-5 “串联补正”对话框

- 单击并选中 复制 选项。
- 选择补正方向为：右，与串联方向配合使用，保证了向内补正。
- 输入补正距离：9.0。
- 输入补正的深度：6.0，表示构图深度比串联1的构图深度深6mm。
- 单击并选中 增量坐标选项。
- 锥度角56.30993，该值由补正距离与深度自动计算得到。
- 单击确定按钮，将图形视角设为等角视图（I），出现如图10-6所示的串联2。

③ 同样的办法，选择串联 1，输入补正距离为 13，补正深度为 28，得到如图 10-6 所示图形串联 3。

3. 绘制凸缘的四个圆

① 设定构图平面为俯视图（T），构图深度为 Z：26，当前图层为 2，命名为“凸缘”。

② 绘制 4 个直径为 6mm 的圆，圆心坐标分别为（39，19）、（39，-19）、（-39，-19）、（-39，19），结果如图 10-7 所示。

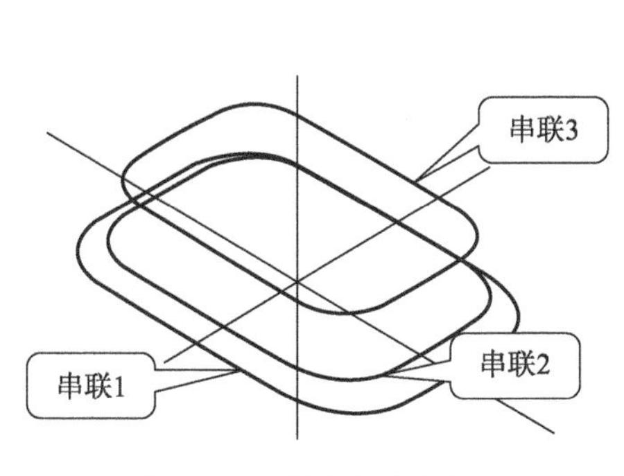

图 10-6　肥皂盒线框架

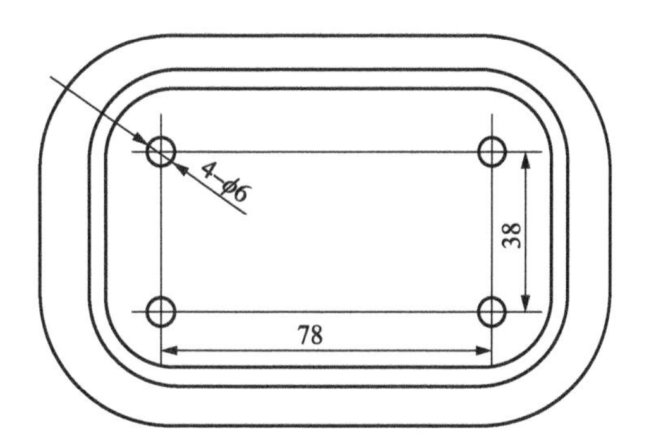

图 10-7　绘制 4 个直径为 6mm 的圆

10.3.2　举升实体

肥皂盒的主体可以通过举升实体的方法产生。

举升实体是将两个或多个不同的封闭截面串联按顺序顺接而成的实体。该实体既可以是独立的，也可以去切割或增加原有实体。

① 设置绘图颜色为 2（墨绿色），设置当前图层为 3，命名为“实体”，关闭图层 2。

② 单击主菜单→实体→举升→串联命令，过程如图 10-8 所示。分别选择图 10-9 中的“串联 2”，“串联 3”，出现如图 10-10 所示对话框。

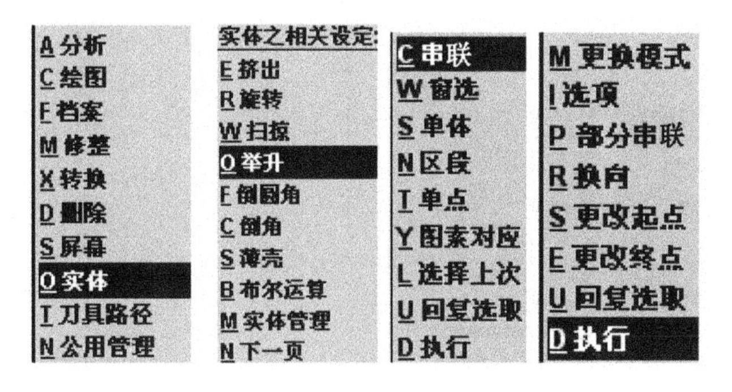

图 10-8　绘制举升实体菜单

注意

在选择串联时，都选择靠近起点的一端，可保证串联的起点对应，方向相同。

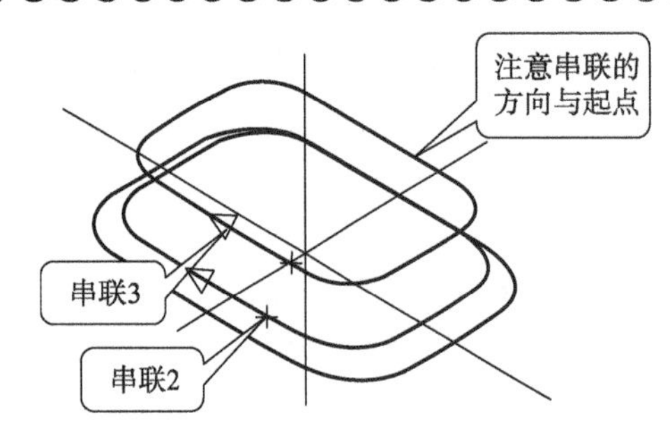

图 10-9 串联的选择

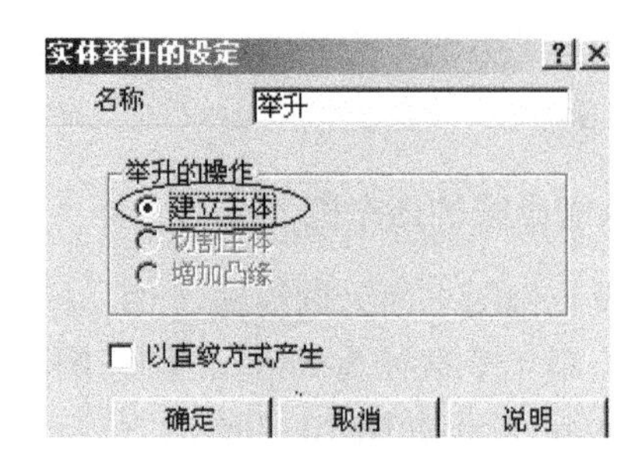

图 10-10 “实体举升的设定”对话框

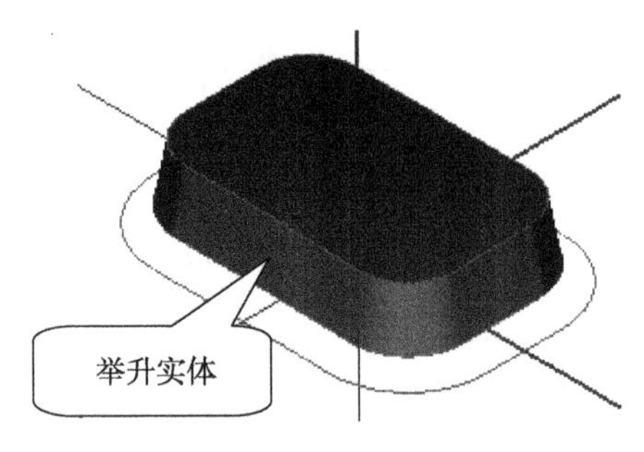

图 10-11 举升实体

③ 单击并选中建立主体选项，建立第一个基本的实体。

④ 单击确定按钮，生成一举升实体，如图 10-11 所示。

10.3.3 挤出实体

肥皂盒的底部台阶可以通过挤出实体的方法产生，如下所述：

① 单击主菜单→实体→挤出→串联命令，过程如图 10-12 所示。选中图 10-6 中的“串联 1”。

② 保证挤出方向向上，否则单击全部换向命令，单击执行命令，出现如图 10-13 所示对话框。

③ 单击并选中增加凸缘项，输入延伸距离为 6。

④ 单击确定按钮，得到一挤出实体，并与原来的举升实体融为一体，如图 10-14 所示。

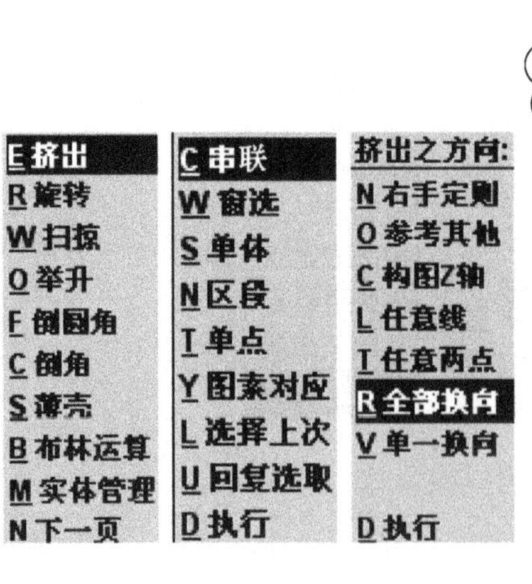

图 10-12 绘制挤出实体菜单

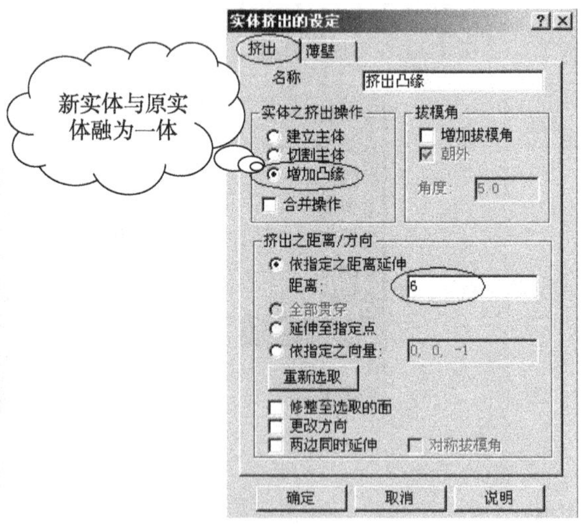

图 10-13 “实体挤出的设定”对话框

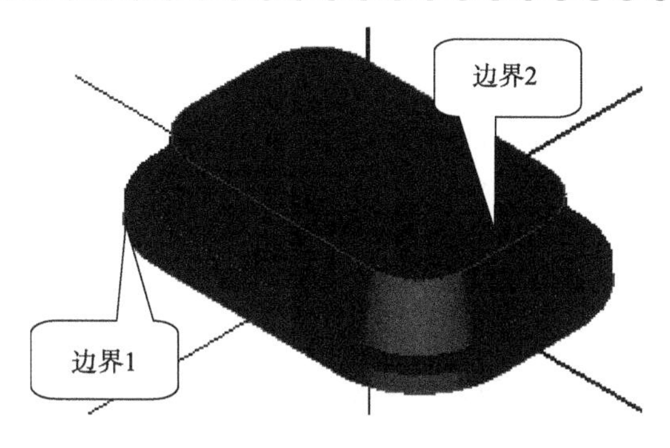

图 10-14　挤出实体

10.3.4　实体倒圆角

① 单击主菜单→实体→倒圆角命令，过程如图 10-15 所示。为方便选中边界，单击实体面 Y、实体主体 Y 选项，将实体面、实体主体后面选项改变为“N”，表示选取不到实体面、实体主体两项，只能选取实体的边界线。

② 逐一选中边界 1 的各段，单击执行命令，出现如图 10-16 所示对话框。

③ 输入半径为 5，单击确定按钮，可倒好 *R*5 的圆角。

④ 同样的方法可倒好边界 2 的圆角 *R*4。

⑤ 将图 10-15 中实体面选项设为“Y”。选中顶面为倒圆角的实体图素，此时在鼠标箭头旁边出现一个白色的正方形标记“↖□”，顶面边界线变为高亮度，表示选择了顶面，输入半径为 6，可倒好顶面圆角 *R*6，结果如图 10-17 所示。

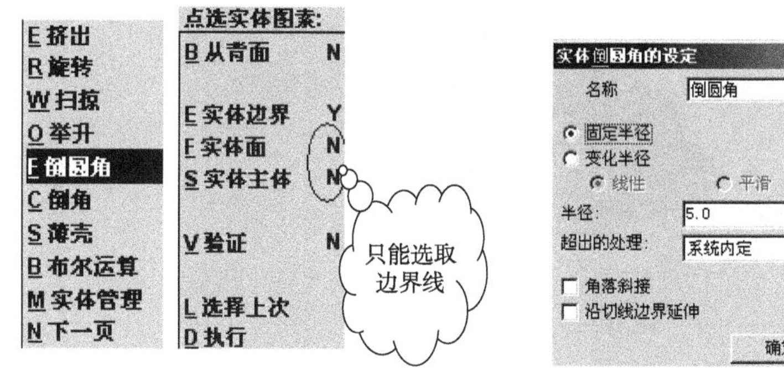

图 10-15　实体倒圆角菜单

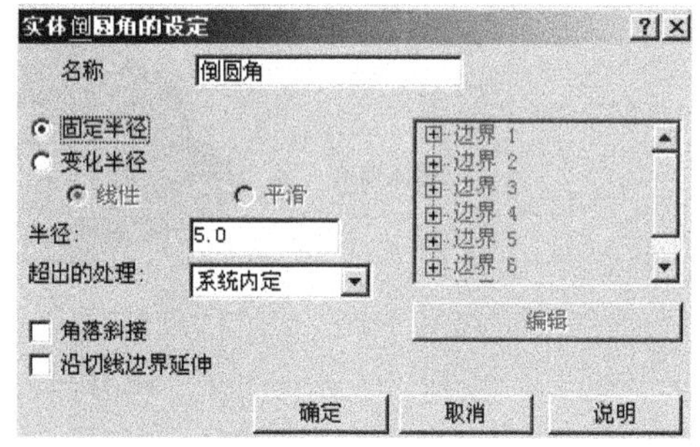

图 10-16　“实体倒圆角的设定”对话框

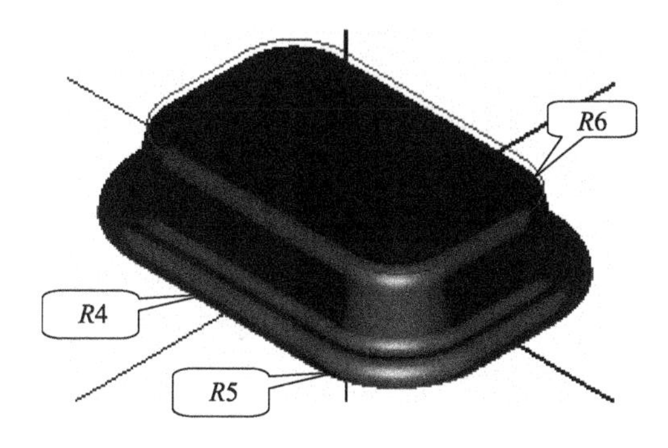

图 10-17　实体倒圆角

10.3.5 实体薄壳

肥皂盒的壁厚为 2mm，可以通过实体薄壳的方法，将实体中间抽空，方法如下所述：

① 单击主菜单→实体→薄壳命令，过程如图 10-18 所示。

② 在系统信息提示区出现提示：请选择要保留开启的主体或面.，为方便选中底面，可将从背面选项设为“Y”。

③ 选中实体的顶面，而底面边界线变为高亮度，表示选择了底面，单击执行命令。

④ 出现如图 10-19 所示的对话框，薄壳的方向为向内，薄壳的厚度为 2.。

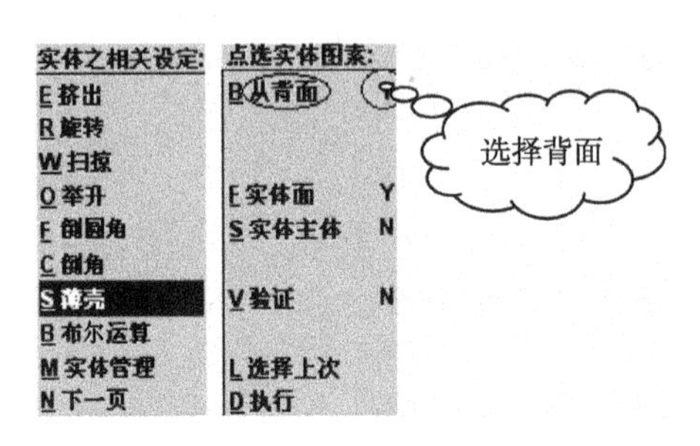

图 10-18　实体薄壳菜单

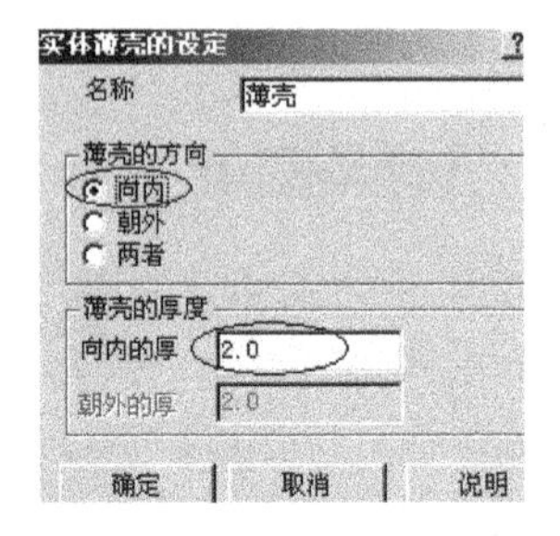

图 10-19　“实体薄壳的设定”对话框

⑤ 单击确定按钮，产生了薄壳特征，底面为开启面。

⑥ 单击动态旋转工具按钮，选中一点，移动鼠标，图形旋转到如图 10-20 所示视角。这样就完成了实体的绘制。

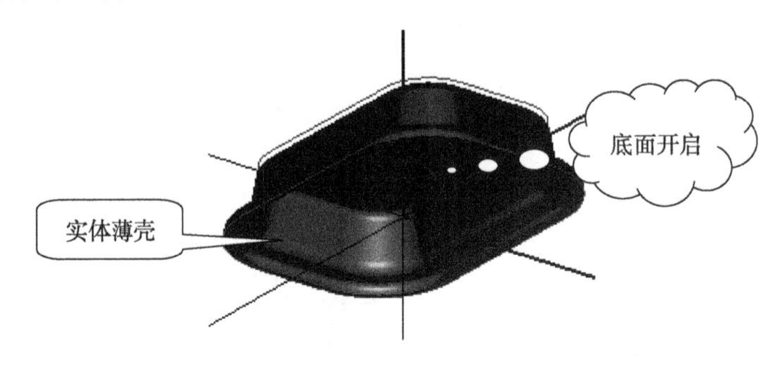

图 10-20　实体薄壳

10.3.6 绘制支撑凸缘

1. 绘制四个支撑凸缘实体

四个支撑凸缘，可以通过建立挤出实体，再倒圆角的方法绘制，方法如下所述：

① 将绘图颜色设为 12（红色），打开图层 2。

② 单击主菜单→实体→挤出→串联命令。

③ 分别选中四个圆，串联方向统一为逆时针方向。单击执行命令。挤出方向都指向上，如图 10-21 所示。如不向上，可通过单一换向命令来改变方向。

④ 单击执行命令，弹出如图 10-13 所示的对话框。在对话框中单击并选中建立主体，依指定之距离延伸，距离输入为 3。

⑤ 单击确定按钮，生成了四个圆柱实体，如图 10-22 所示。

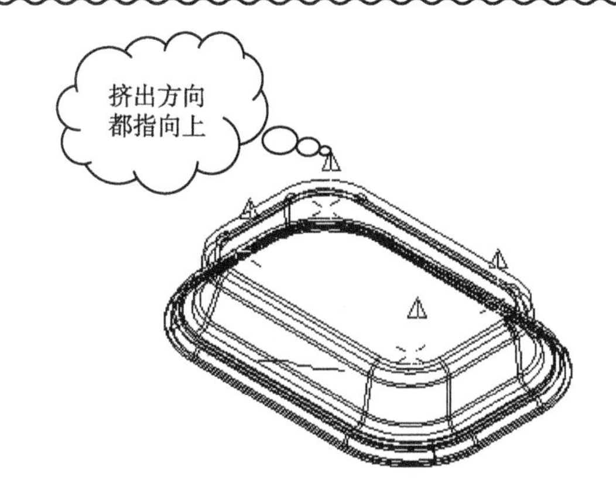

图 10-21　挤出实体方向

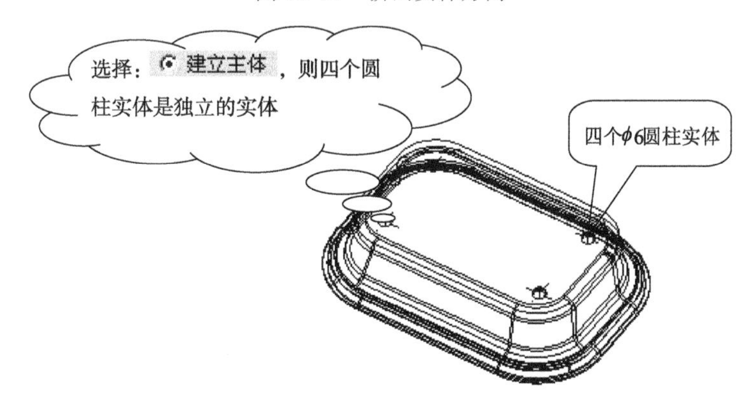

图 10-22　四个$\phi6$ 圆柱挤出实体

⑥ 单击主菜单→实体→倒圆角命令，选中四个圆柱的顶面边界线。单击执行命令，出现如图 10-16 所示对话框。

⑦ 输入半径为 3，单击确定按钮，可倒好 *R*3 的圆角，如图 10-23 所示。

2. 布尔运算

将四个独立的支撑凸缘实体与肥皂盒主体通过布尔运算结合起来，组成一个完整的肥皂盒，方法如下所述：

① 单击主菜单→实体→布尔运算→结合命令，提示区出现提示：请选取要布尔运算的目标主体.，选择薄壳实体为目标主体。

② 提示区出现提示：请选取要布尔运算的工件主体.，选择四个圆柱为工件主体。单击执行命令，完成了布尔运算，所有实体转变成一个布尔结合实体，如图 10-24 所示。

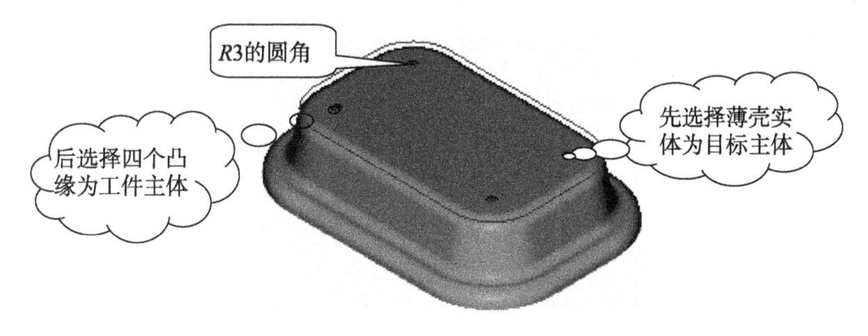

图 10-23　四个挤出实体倒 *R*3 圆角

图 10-24　布尔运算结合实体

10.3.7　三视图的绘制

对于采用三维造型设计的模型，为了检验绘图的正确性及加工制造的需要，简单零件可以采用第 8 章介绍的立体标注方法，较复杂的零件需要绘制工程图，并标注尺寸。Mastercam 9.1 软件具有将三维实体模型自动转化为二维工程图的功能，虽然其投影位置和关系与我国的制图标准有所不同，需要做一些调整，但仍可以很方便地在二维工程图上标注尺寸。

1. 绘制三视图

通过绘制三视图得到肥皂盒二维投影图，方法如下所述：

① 设置当前图层为 4，命名为“三视图”。

② 单击主菜单→实体→下一页→绘三视图命令，过程如图 10-25 所示，出现如图 10-26 所示的对话框，填选内容如图所示。单击并选中：⊙ 4个视窗（第一角法），我国的制图标准采用的是第一角法。

☑ 不显示隐藏线。

③ 单击确定按钮，出现如图 10-27 所示的图层对话框，选择图层 4。

④ 单击确定按钮，出现如图 10-28 所示的三视图图形。

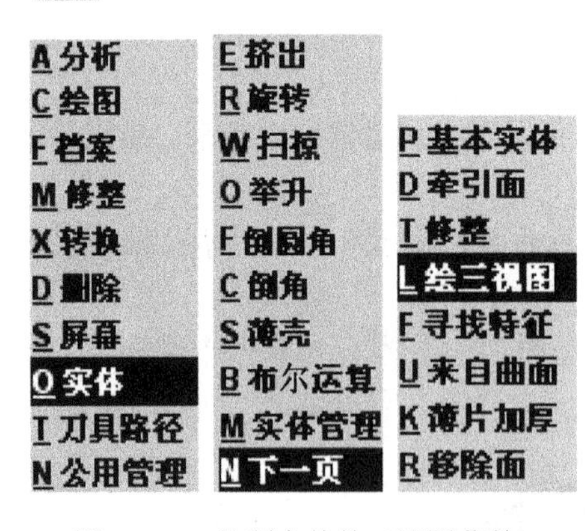

图 10-25　绘制实体的三视图菜单

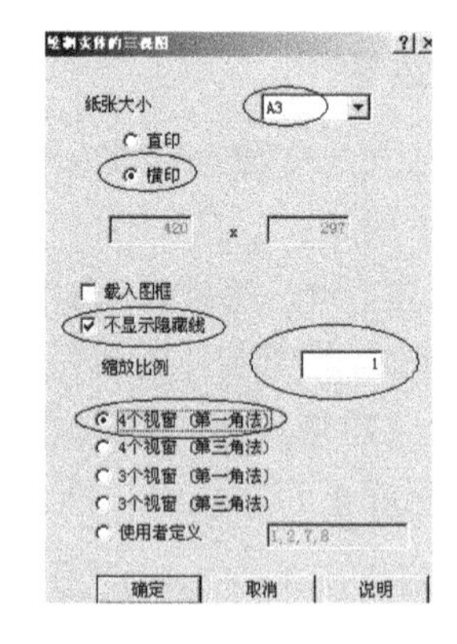

图 10-26　“绘制实体的三视图”对话框

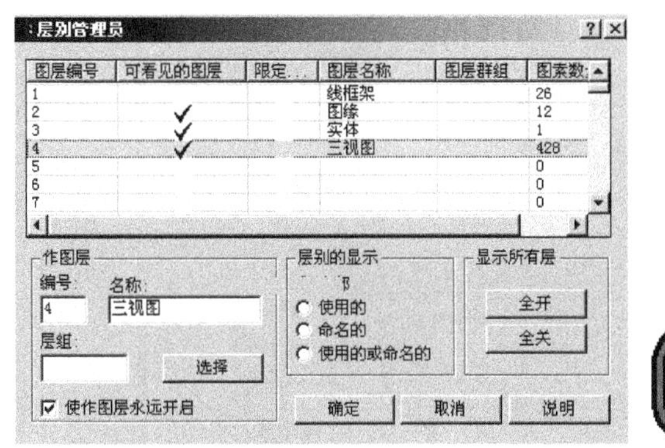

图 10-27　“层别管理员”对话框

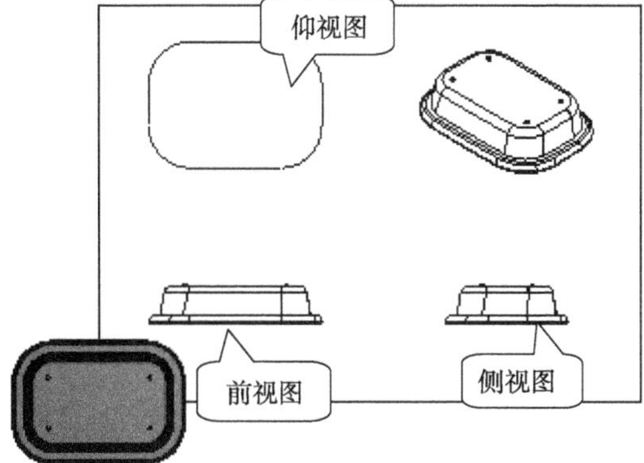

图 10-28　肥皂盒的三视图

2. 检验图纸的正确性

根椐国家标准调整视图位置，并标注尺寸，结果见图 10-1，可检验图纸的正确性，具体过程不作介绍。在编制 CNC 加工程序时，只需要三维模型，为使图面简洁，将主图层设为 3，关闭图层 4，则三视图被隐藏。

3. 存档

单击档案→存档命令，输入档案名称“肥皂盒.MC9”，单击存档命令。

10.4　肥皂盒铜电极（铜公）

10.4.1　铜电极（铜公）的概念

注射塑料模具一般分为成形零件和结构零件两大类。成形零件是直接与塑料接触的，决定塑料制品的形状和精度，它是模具的主要部分，一般是镶嵌在模架内，如凹模、凸模及镶件等。

凹模又称为阴模，或定模、上模。它是成型塑料制品外形的主要零件，有整体式和组合式两类，其加工往往有一定的难度，如很细小的结构和小的倒圆角，表面有特别的要求等等，需要借助一些特种加工方法。

肥皂盒的凹模精加工，就需要用电火花加工的方法，见示意图 10-29。采用电火花加工，先要设计和加工一个与成型塑料制品外形相似的铜电极，用铜电极放电腐蚀凹模表面，精加工成型。而铜电极一般为凸形，加工方便得多。

铜电极外形一般与零件图相似，但仍需要根据使用要求和加工方便做一些修改。

首先，塑料注塑时要加热，加热后体积会膨胀，冷却后塑料件会收缩，即所谓“缩水”，不同的塑料，缩水率不同，可以查阅有关参考书籍。故凹模型腔要先放大，同样，精加工凹模的铜电极也要放大。

其次，为了进一步简化加工，需要将零件拆分成几个易加工的部分，使铜电极变得更简单。肥皂盒铜电极就可以拆分成两部分，四个支撑台阶可用一个小的铜电极加工，其余的可用一个整体铜电极加工。

再次，铜电极需要定位，与凹模的型腔位置对齐，因此，需要一个方正的外形，便于在火花机加工时找准位置，因此，特意在底部设计加工一个矩形的台阶，即所谓的分中位。同时，该台阶面不能与分型面接触，必须离开一段距离，避免铜电极放电时，破坏分型面，即要有一个避空位。

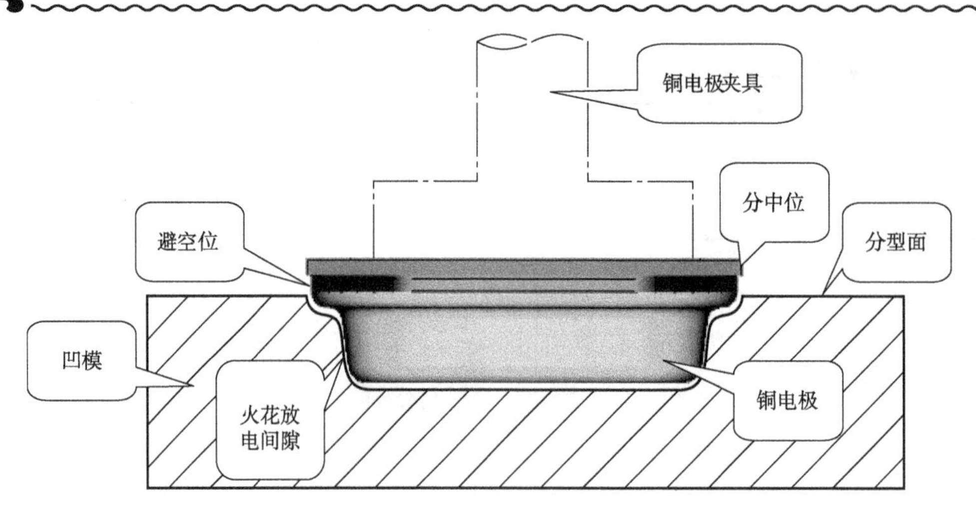

图 10-29　肥皂盒凹模的电火花加工示意图

最后，铜电极放电腐蚀加工时，有一个放电间隙，不同的工艺参数，放电间隙有一些变化，因此，铜电极需要适当缩小一些，这样加工出来的凹模的型腔刚好到要求的尺寸。

下面，我们设计加工一个肥皂盒铜整体电极。

10.4.2 缩水

肥皂盒材料采用ABS，缩水率为5‰，模具型腔需要放大为原来的（1+缩水率）倍，放大比例为1.005。

① 设当前图层为5，命名为“铜公1.005”。

② 单击主菜单→转换→比例缩放命令，窗选选中所有的图素，单击 执行 命令。

③ 在信息提示区提示：请指定缩放之基准点。捕捉原点为缩放之基准点。

④ 出现如图10-30所示的对话框。

- 单击选中 ⊙ 移动 项。
- 输入缩放的比例为1.005。
- 不单击选中 □ 使用构图属性 项，表示缩水结果放在原图素的图层。
- 单击确定按钮。

⑤ 产生了放大为原来1.005倍的图形，如图10-31所示。关闭图层1和2。

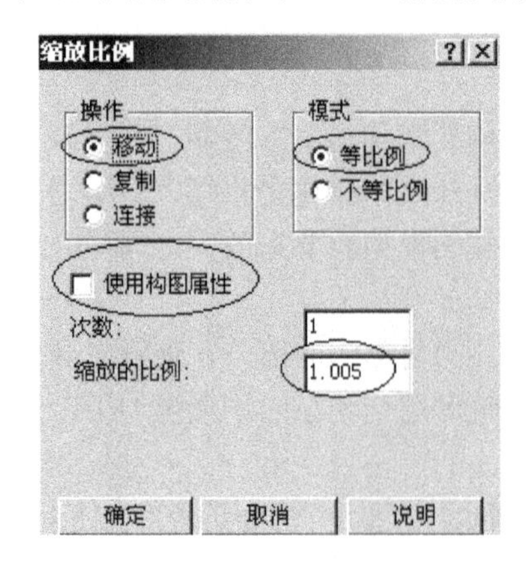

图 10-30　“比例缩放”对话框

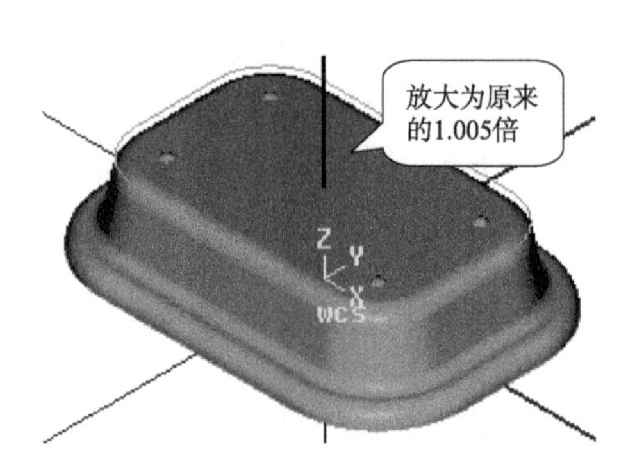

图 10-31　缩水处理后的效果图

10.4.3　肥皂盒铜电极图

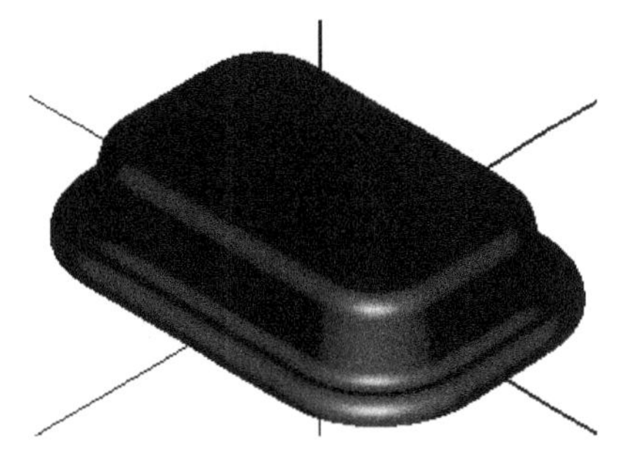

图 10-32　隐藏了凸缘的肥皂盒

根据肥皂盒模具加工的工艺要求，需要设计一个不包含四个支撑凸缘的整体铜电极（也叫铜公，下称铜公），如图 10-32 所示，用于精加工凹模。

图 10-32 所示肥皂盒造型是将图 10-31 所示的肥皂盒的四个支撑凸缘特征隐藏而得到的，方法如下所述。

① 先关闭图层 1 和 2，单击主菜单→实体→实体管理命令，弹出如图 10-33 所示实体管理员对话框。

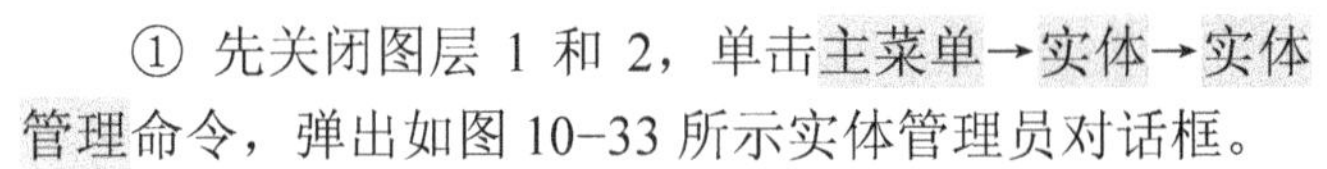

② 单击四个支撑凸缘特征的“ 布尔结合”选项，单击鼠标右键，弹出如图 10-33 所示菜单，单击隐藏命令，则四个支撑凸缘特征消失，结果如图 10-32 所示。

为了电火花加工时分中对零方便，需要增加一个方正的台阶，绘制一个矩形来表示该台阶，图 10-31 所示为铜公加工验证的结果。

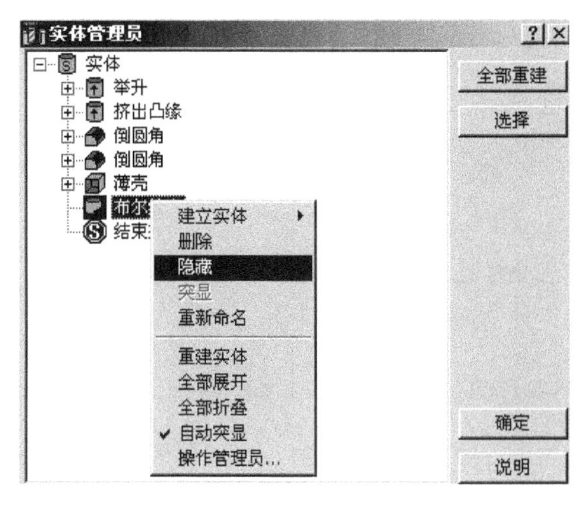

图 10-33　隐藏特征菜单

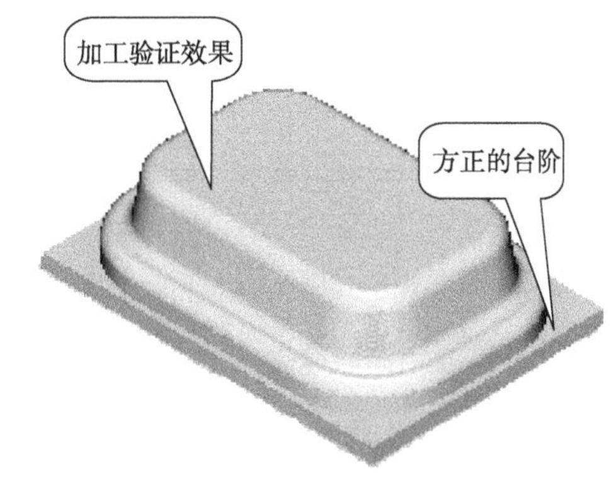

图 10-34　肥皂盒加工验证效果图

③设置加工零点

如图 10-32 所示的零件 XY 方向的加工零点设置在三维零件图形的中心，Z 轴的加工零点设置在分型面的平面上，即在图形的最低点。

10.4.4　设计铜公分中面台阶

1. 生成铜公外形边界线

为了加工避空位，需要绘制铜公外形边界线，作为 2D 外形铣削的加工范围，方法如下所述。

① 将图形视角设为等角视图（I），颜色设为蓝色。

② 单击主菜单→绘图→曲面曲线→单一边界→由实体产生命令，捕捉实体底面边界，边界线显示为亮色，单击鼠标左键，产生了实体底面边界线。

③ 单击执行命令，完成绘制实体的外形边界线，结果如图 10-35 所示。

2. 设计铜公分中面边界线

在构图深度为−4 的位置，绘制一个矩形来表示铜公分中面台阶的边界线。

① 单击工具栏中的图形视角按钮，将图形视角设为俯视图（T）。构图深度设为 Z：−4。设当前图层为 6，命名为“分中面台阶”，颜色设为蓝色。

② 单击绘图→矩形→选项命令，出现如图 10-3 所示的对话框。

③ 在对话框中，选中角落倒圆角菜单中开项前面选择框，输入半径为 1。

④ 单击确定按钮，返回主菜单。

⑤ 单击一点命令，出现如图 2-26 所示的对话框。

⑥ 在对话框中，输入宽度 140，高度 100。

⑦ 单击确定后，捕捉原点为中心点。画好 140mm×100mm 的四边形，四周圆角为 *R*1，如图 10-35 所示。

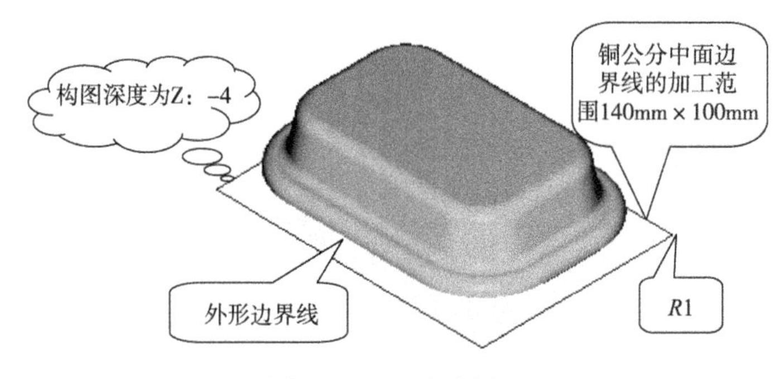

图 10-35　肥皂盒铜公

3. 存档

单击档案→存档命令，输入档案名称“肥皂盒铜公.MC9”，单击存档按钮。

10.5　肥皂盒的铜公的加工

10.5.1　加工前的设置

将当前图层设为 7，将图层 1、2、4 关闭，设定构图平面为俯视图 T，刀具平面为“关”，即默认为俯视图 T，其余设置为默认值。

10.5.2　加工工艺

通过对图 10-35 所示零件图的分析，毛坯可采用 145mm×105mm×42mm 的锻造铜坯。

1. 装夹方法

用普通铣床铣平铜公的底面，根据夹具孔的位置加工 2 个 M12×20 的螺纹孔。用 2 个 M12 的螺栓将铜公的底面固定在专用夹具上。皂肥盒铜公采用三菱加工中心加工，机床的最高转速为 12 000r/min。

2. 设定毛坯的尺寸

① 单击回主菜单→刀具路径→工作设定命令，出现“工作设定”对话框。
② 输入毛坯长、宽、高尺寸：X 145，Y 105，Z 42。
③ 输入工件原点：X 0，Y 0，Z 29。
④ 其余为默认选项。
⑤ 单击确定按钮，设定好毛坯尺寸。

3. 加工中心上的加工工艺

铣装夹位的加工工艺我们不做具体介绍，这里主要介绍在加工中心上的加工工艺。

一般来说，模具零件的生产，采用的是方形或圆形的毛坯料，先采用粗加工的办法，快速去除多余毛坯，只留下小的精加工余量，再采用精加工的方法，将零件加工到位。而大多数有曲面特征的简单零件，可采用曲面挖槽的方法来进行粗加工，再采用平行铣削、等高外形铣削等方法进行精加工。

肥皂盒铜公在加工中心上初步的加工工艺如图 10-36 所示。

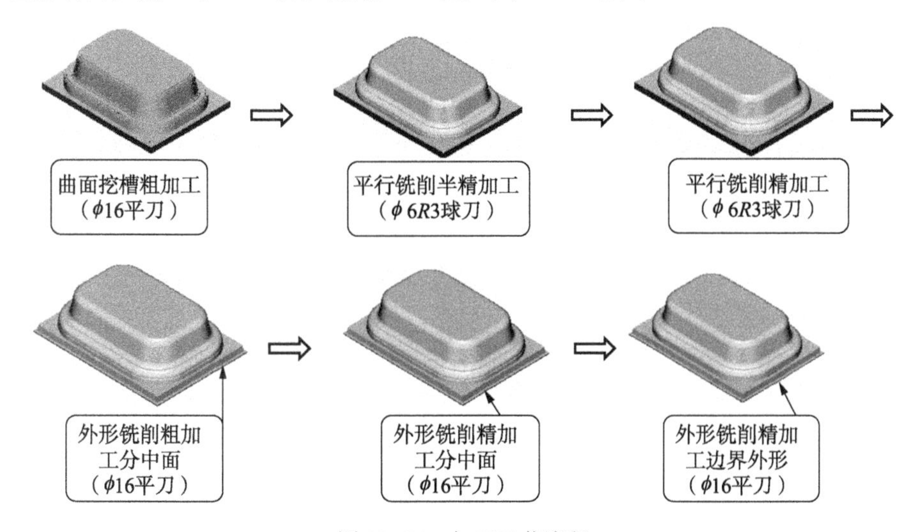

图 10-36　加工工艺流程

10.5.3　曲面（实体）挖槽粗加工（开粗）

铜公的粗加工采用曲面（实体）挖槽刀具路径的方法进行加工。

1. 设定切削加工的范围

将当前图层设为 8，命名为“挖槽的范围”。

在编制实体的挖槽刀具路径之前，先要设定挖槽的范围——绘制挖槽串联，初学者可采用简便粗略的方法，将切削加工尺寸范围设为“毛坯的边界线+刀具半径”。

① 假定刀具直径为ϕ16，在构图深度为 Z：28 的位置画一个 145mm×105mm 的矩形，为毛坯边界线。

② 再向外补正一个刀具半径的距离，即为刀具中心最大的切削加工尺寸范围，如图 8-37 所示。

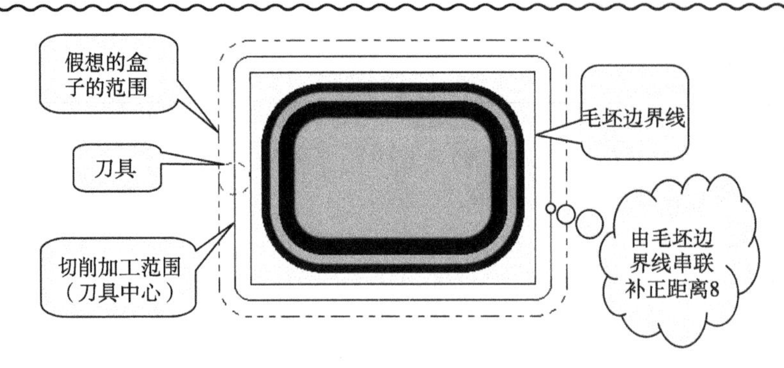

图10-37 切削加工范围示意图

若要较准确的设定加工尺寸范围，以减少加工时间，可采用以下办法。

曲面（实体）挖槽加工的最小尺寸范围为“模型的外形边界线+刀具半径+粗加工余量”，一般情况下，采用将模型的外形边界线向外补正“刀具半径+粗加工余量+1”，若所选用的毛坯尺寸大于该尺寸范围，则选毛坯的边界线为挖槽串联，若两者有交叉，则选择尺寸范围大的作为边界。这样一来，刀具能加工到所有的地方，同时加工量最小，可节省加工时间。

（1）隐藏图素

为使画面简洁，经常需要将一些图素隐藏。现将图10-35所示零件图中的铜公分中面边界外形隐藏。

单击主菜单→屏幕→隐藏图素→串联命令，或按快捷键“Alt+F7”，选取铜公分中面边界线，单击执行命令，该线被隐藏。

（2）串联补正

刀具半径为8，假定加工预留量为0.5，则补正距离为9.5。将图10-38所示零件图中铜公外形边界线向外补正9.5。

单击主菜单→转换→串联补正→串联命令，选中铜公的外形边界线，单击执行→执行命令，产生了串联补正曲线，如图10-38所示。

（3）毛坯的边界线

设置构图深度为0，构图平面为T，视角平面为T，颜色为2（墨绿色），绘制一个145mm×105mm的矩形，为毛坯边界线，如图10-39所示。

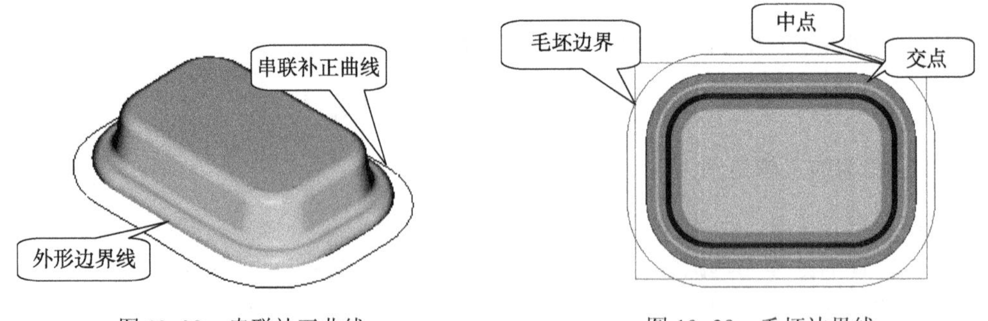

图10-38 串联补正曲线　　图10-39 毛坯边界线

（4）分析

分析图10-39所示两条曲线，串联补正曲线与毛坯边界线两者有交叉，选择尺寸范围大的作为切削加工尺寸范围的边界。

例如，分析图10-39所示毛坯边界线中圆弧中点与直线交点之间的距离，结果为11.196，超出刀具半径 8，若以串联补正线为加工尺寸范围，边角处毛坯不能全部加工完，因此，此处的加工尺寸范围要以毛坯为边界线。

（5）修整

- 单击主菜单→修整→修剪延伸→分割物体命令，过程如图10-40所示。在系统提示区出现提示：请选择要分割的直线或圆弧，选中要分割的圆弧，如图10-41所示。
- 在系统提示区出现提示：请选择第一边界线，选中一垂直线为第一边界线。
- 在系统提示区出现提示：请选择第二边界线，选中一水平线为第二边界线。则将圆弧中间修剪掉，如图10-42所示。
- 同样方法可将其余的圆弧分割。
- 同样的方法可将直线用两圆弧来分割。
- 将图形修剪为如图10-43 所示的曲面挖槽加工的尺寸范围。

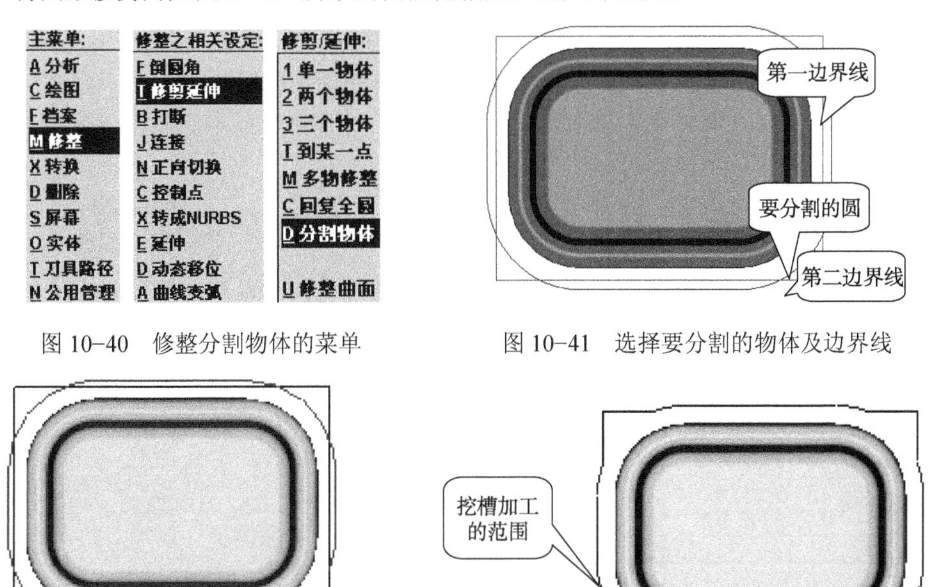

图 10-40　修整分割物体的菜单

图 10-41　选择要分割的物体及边界线

图 10-42　分割圆弧

图 10-43　曲面挖槽加工的范围

对比图 10-37 与图 10-43，显然图 10-43 所示的加工尺寸范围小一些，可节省加工时间。需要说明的是，挖槽范围串联的位置深度 Z 可以设置在任意位置。

2. “粗加工–曲面挖槽”对话框

实体粗加工挖槽的功能，是放在曲面粗加工挖槽的功能菜单下。粗加工的目的，是要尽快去除毛坯的加工余量，为精加工做准备。肥皂盒铜公的粗加工采用ϕ16 高速钢的平底刀加工，操作方法如下。

① 单击主菜单→刀具路径→曲面加工→粗加工→挖槽粗加工→实体命令。

② 在系统提示区出现提示：选取实体之主体或面，移动鼠标，在实体上出现图标表示选取的是实体的主体，单击鼠标左键，实体改变颜色。

③ 单击执行→执行命令，出现如图 10-44 所示“曲面粗加工–挖槽”对话框。

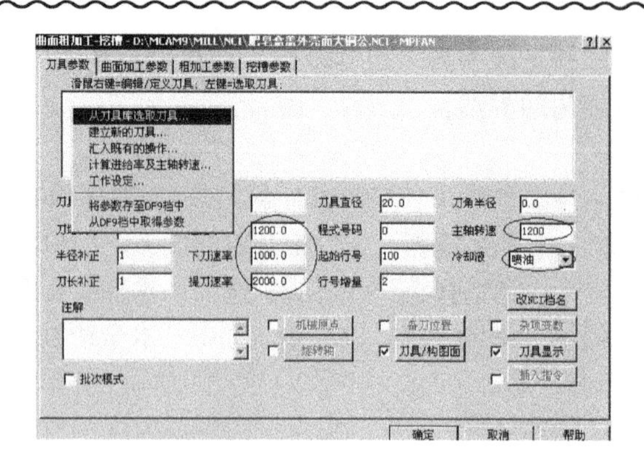

图 10-44　“曲面粗加工–挖槽”对话框

3. 确定刀具及刀具参数

从刀具资料库中选取ϕ16 的平刀。刀具参数的设置如图 10-44 所示。

① 在刀具栏空白区内单击鼠标右键，在弹出的菜单中单击从刀具库中选取刀具选项，出现如图 10-45 所示的“刀具管理员”对话框。

② 双击鼠标左键选择ϕ16 的平刀。在刀具栏空白区内出现刀具图标“ ”，在该图标上，单击鼠标右键，出现如图 10-46 所示的“定义刀具”对话框。

③ 单击工作设定按钮，在进给率的计算菜单中，单击 依照刀具选项。单击确定按钮，返回如图 10-46 所示对话框。

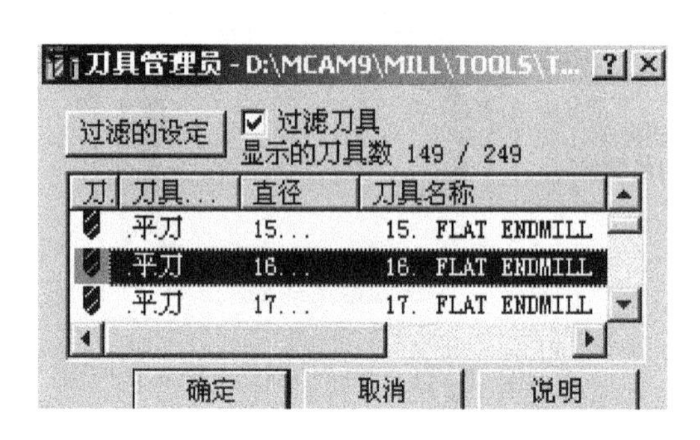

图 10-45　“刀具管理员”对话框

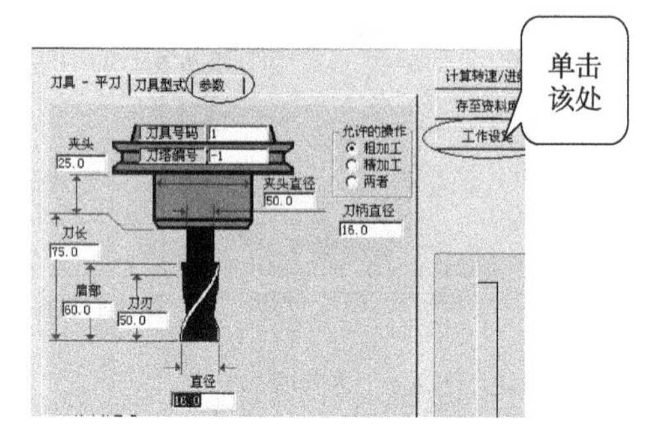

图 10-46　“定义刀具”对话框

④ 单击参数按钮，出现如图 10-47 所示的对话框。输入下列参数：

- 进给率：1 200.0。
- 下刀速率：1 000.0。
- 提刀速率：2 000.0。
- 主轴转速：1 200。
- 单击确定按钮，返回图10-44所示对话框。
- 单击“冷却液喷油”选项。

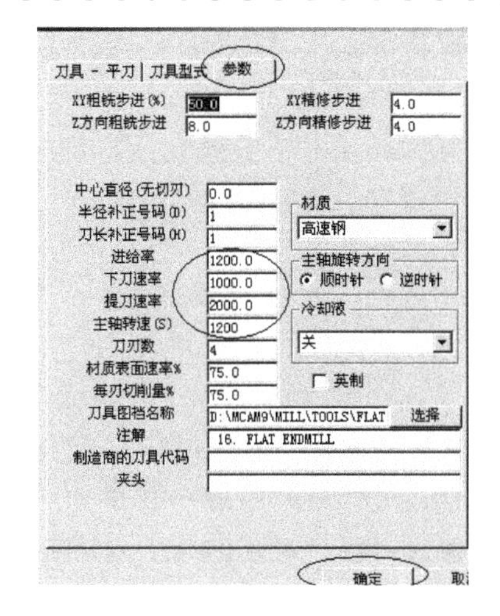

图 10-47　“定义刀具参数”对话框

4. 确定曲面加工参数

单击曲面加工参数按钮，出现如图 10-48 所示对话框，输入下列参数：

① 进给下刀位置：2.0。

② 加工的曲面/实体预留量：0.5。

③ 刀具位置：中。

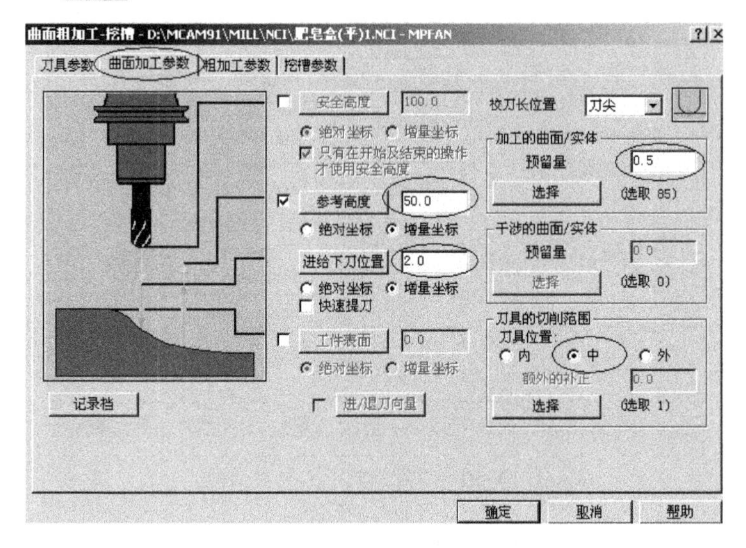

图 10-48　“曲面加工参数”对话框

5. 确定粗加工参数

单击粗加工参数按钮，出现如图 10-49 所示对话框。输入：

- Z轴最大的进给量1.0，一般采用小的进给量。
- 单击并选中 螺旋式下刀 选项。
- 单击并选中 由切削范围外下刀 选项。

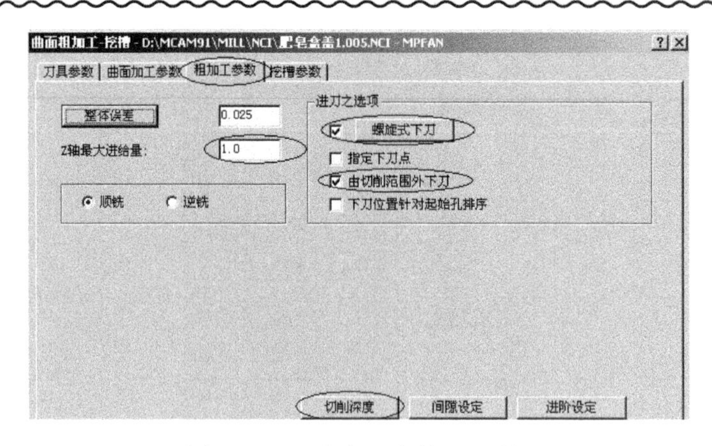

图 10–49 “粗加工参数”对话框

6. 螺旋式下刀

挖槽加工时，下刀的设置很重要，设置不当，易产生撞刀事故、刀具易磨损、加工效果差等。一般来说，进刀能从切削尺寸范围外下刀的，就从毛坯外面直接下刀，而封闭的内槽一般采用螺旋式下刀或斜线下刀，以避免直接下刀。

单击螺旋式下刀按钮，现如图 10–50 所示对话框，参数选择如图所示。

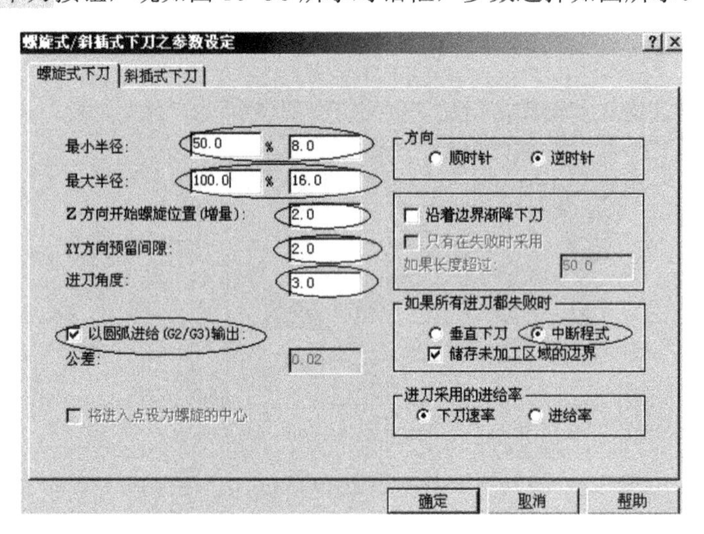

图 10–50 “螺旋式下刀”对话框

肥皂盒铜公没有封闭的内槽，故会自动选择从切削尺寸范围外下刀，而不采用螺旋式下刀。

7. 切削深度

单击图 10–49 所示对话框中的切削深度按钮，出现如图 10–51 所示的对话框。

深度的设定可采用 绝对坐标， 增量坐标两种方法。默认为 增量坐标，现我们选择如下：

① 绝对坐标。

② 最高位置为 29。比铜公的最高点高 1mm，为顶面毛坯高度。

③ 最底位置为–3.8。比分中面台阶面高 0.2mm，也就是分中面台阶面上留有 0.2mm 余量用来进行精加工。

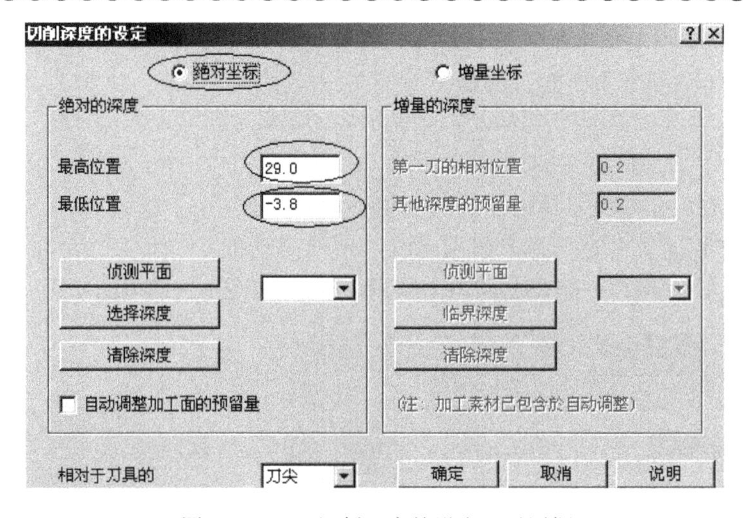

图 10-51　“切削深度的设定”对话框

注意

此处深度的选择很重要，如果选择增量坐标，结果有所不同，读者可以试一下。

④ 单击确定按钮，返回图 10-49 所示对话框。

⑤ 间隙设定与进阶设定选项为默认值。

8. 确定挖槽参数

单击挖槽参数按钮，出现如图 10-52 所示对话框。输入：

- 切削方式：平行环切。
- 切削间距（直径%）：50.0。
- 切削间距（距离）：8.0。
- 不单击选中 □ 精修切削范围的轮廓选项。
- 所有未说明的项目为默认值。

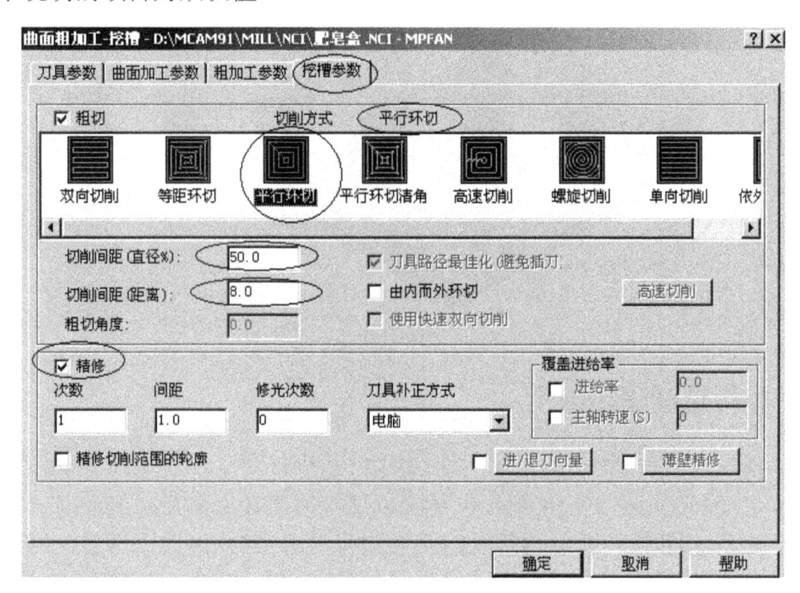

图 10-52　“挖槽参数”对话框

单击确定按钮，在主菜单上部系统提示区出现提示：请选择切削范围 1。选择如图 10-43 所示的“挖槽加工范围”为串联，串联改变颜色，单击执行命令，产生刀具路径。

9. 刀具路径模拟

模拟曲面粗加工挖槽的刀具路径的过程如下：

① 单击操作管理员命令，弹出如图 10-53 所示对话框。

② 单击刀具路径模拟→自动执行选项，模拟结果如图 10-54 所示。

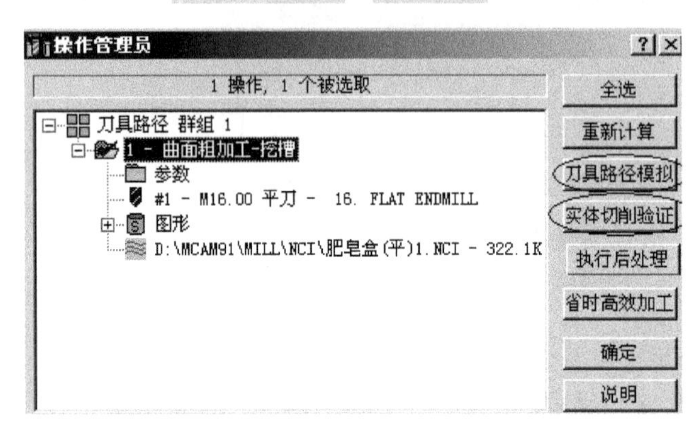

图 10-53　“操作管理员”对话框

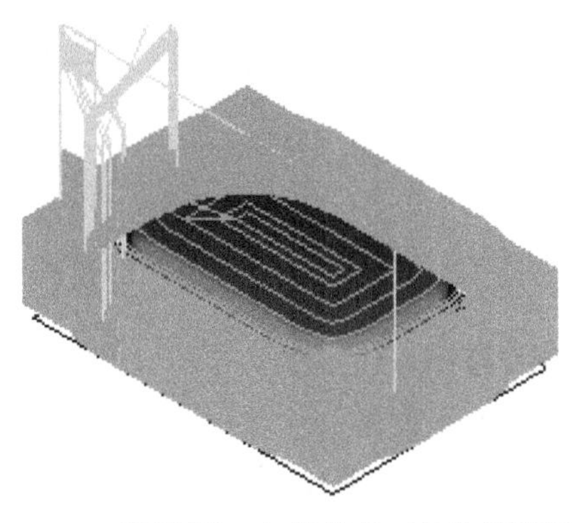

图 10-54　曲面粗加工–挖槽的刀具路径模拟

10. 实体切削验证

单击图 10-53 所示对话框中的实体切削验证选项，结果如图 10-55 所示。

分析图中已加工部分的结果，发现加工的深度到达 Z：(−3.8)，超过了肥皂盒铜公实体图形的分模面（底平面）的深度 Z：0，也就是说，虽然铜公底平面与分中面之间的实体未画出来，但刀具一样能加工到分中面，此时就相当于以铜公外形边界线作为加工范围。

当下一道工序用ϕ6 球刀进行曲面精加工时，分模面与分中面之间的距离为 3.8mm，大于球刀的半径 3mm，可以避让球刀刀尖，使其与曲面不发生碰撞。

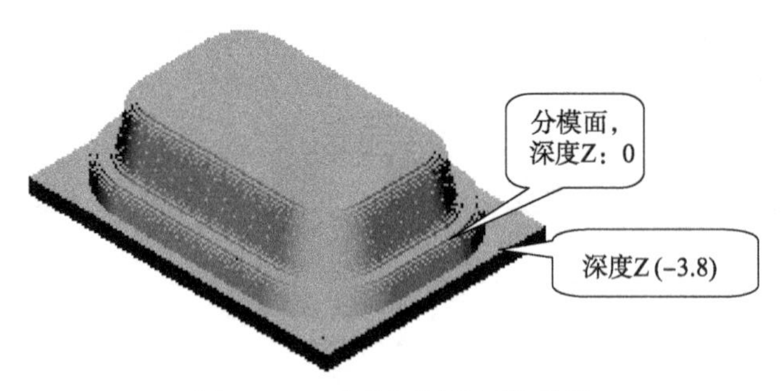

图 10-55　实体切削验证的结果

10.5.4　平行铣削半精加工

分析图 10-55 所示的结果，表面是一个又一个的小台阶，加工余量还是较大。为获得较好的加工质量，一般先要进行半精加工，留较小且均匀的加工余量，为精加工做准备。

分析图 10-1 所示图形，最小的向内的倒圆角半径为 *R*4，因此平行铣削精加工采用球刀半径要小于 *R*4，我们选择半径为 *R*3 的球刀做曲面精加工（要避免选用与最小的向内的倒圆角半径相等的球刀）。

精加工的刀路有多种，肥皂盒铜公的半精加工我们推荐采用平行铣削。

1. 刀具路径群组

将使用同一把刀的不同的刀具路径组成一个群组，后处理成一个程序，可以减小换刀次数。

① 现将第一把刀ϕ16 的平底刀的群组命名为：“FZH1- D16 粗加工”。在图 10-53 所示对话框中，移动鼠标到刀具路径 群组 1上，单击鼠标右键，再单击鼠标左键，出现一个编辑框，将“刀具路径 群组 1”修改为“刀具路径 FZH1- D16 粗加工”。

② 现将第二把刀ϕ6 的球刀的群组命名为：“FZH2-D6R3 精加工”。单击鼠标右键，单击群组→建立新的操作群组选项，过程如图 10-56 所示，输入为“刀具路径 FZH2-D6R3 精加工”。建立了新的操作群组，为下一步做准备，如图 10-57 所示。

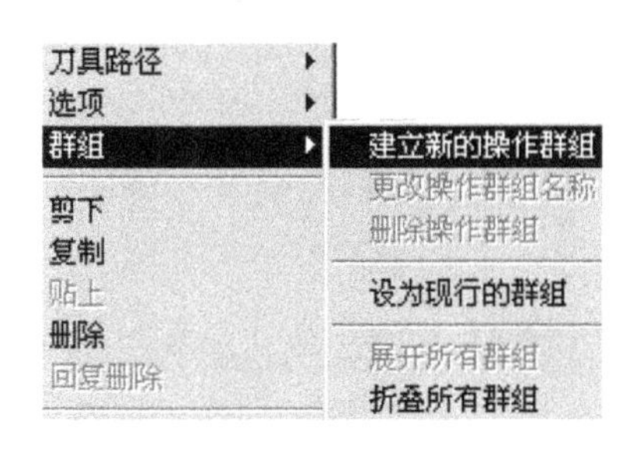

图 10-56　建立新的操作群组菜单

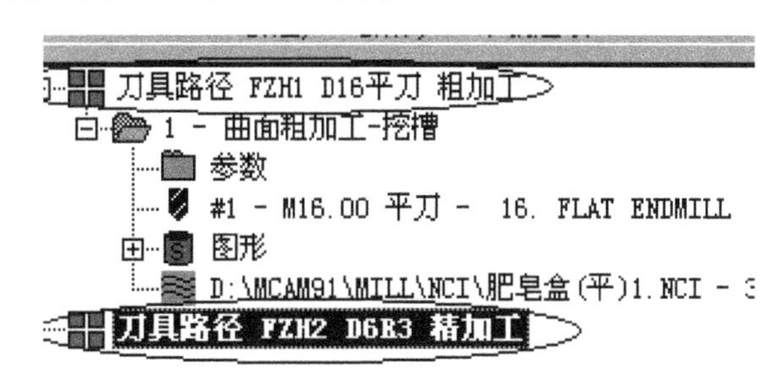

图 10-57　命名新的群组“FZH2-D6R3 精加工”

2. “平行铣削精加工”对话框

在图 10-57 界面中，单击右键，在出现菜单中，移动鼠标单击刀具路径→曲面精加工→平行铣削→实体命令，选中实体，单击执行→执行命令，出现如图 10-58 所示的对话框。

3. 确定刀具及刀具参数

从刀具资料库中选取ϕ6 的球刀，刀具参数的选择如图 10-58 所示。

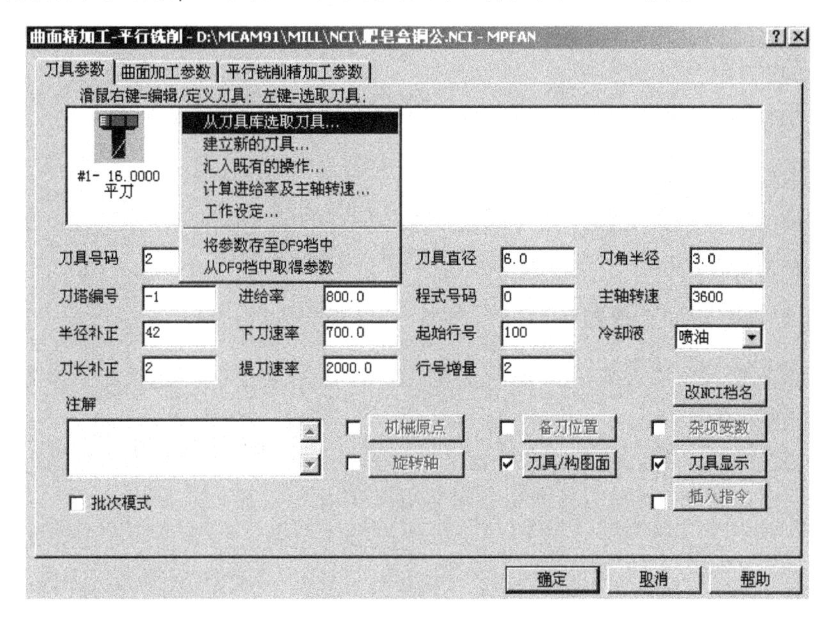

图 10-58　“曲面精加工-平行铣削”对话框

① 在刀具栏空白区内单击鼠标右键，在弹出的菜单中单击从刀具库中选取刀具选项，出现如图 10-59 所示的“刀具管理员”对话框。

② 双击鼠标左键选择$\phi 6R3$ 的球刀。在刀具栏空白区内出现刀具图标，在该图标上，单击鼠标右键，出现如图 10-60 所示的“定义刀具”对话框。

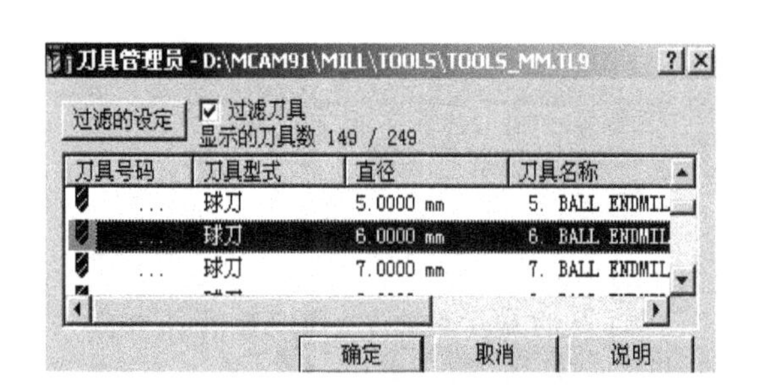

图 10-59　“刀具管理员”对话框

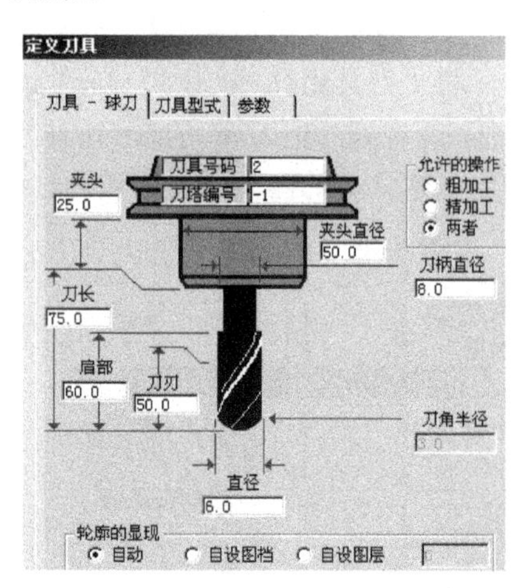

图 10-60　“定义刀具”对话框

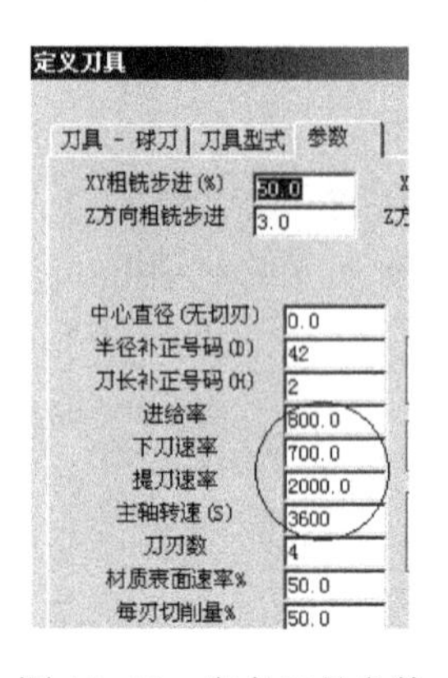

图 10-61　定义刀具参数

③ 单击参数按钮，出现如图 10-61 所示的对话框。输入参数如下：

- 进给率：800.0。
- 下刀速率：700.0。
- 提刀速率：2 000.0。
- 主轴转速：3 600。
- 单击确定按钮，返回图10-58所示对话框。
- 单击“冷却液喷油”选项。

4. 确定曲面加工参数

单击曲面加工参数按钮，出现如图 10-62 所示对话框，主要修改两项参数：

- 进给下刀位置：1。
- 加工的曲面实体预留量0.0，因为铜公与模具型腔的电火花间隙为0.1mm，所以铜公最后精加工要求为-0.1mm，半精加工完成后还留了0.1mm 做精加工。

5. 确定平行铣削精加工参数

单击平行铣削精加工参数按钮，出现如图 10-63 所示对话框。输入如下参数：

- 整体误差：0.025。
- 最大切削间距：0.3，球刀间距不能太大，否则残留的刀痕高，表面粗糙，误差大。
- 加工角度：45.0，表示刀具运动方向与X轴的角度。

单击确定按钮，在系统提示区出现提示：选取加工范围，拉动鼠标，选择如图 10-35 所示的铜公分中面的边界外形为串联。单击执行命令，产生了平行铣削精加工刀路，如图 10-64 所示。

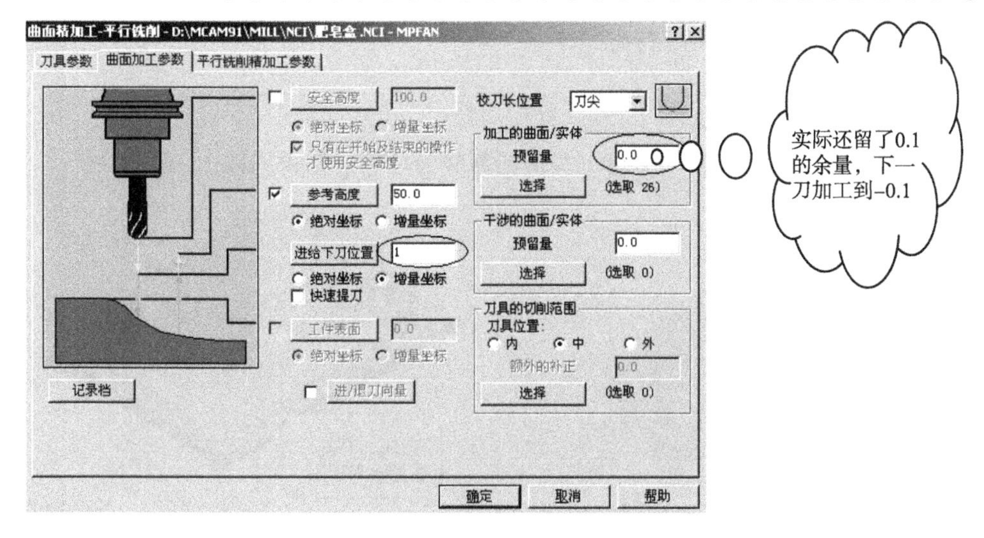

图 10-62　“曲面加工参数”对话框

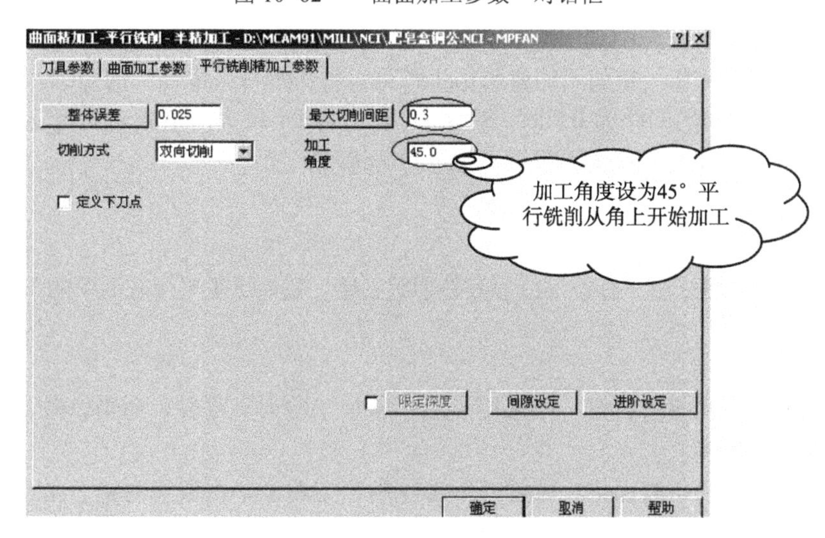

图 10-63　“平行铣削精加工参数”对话框

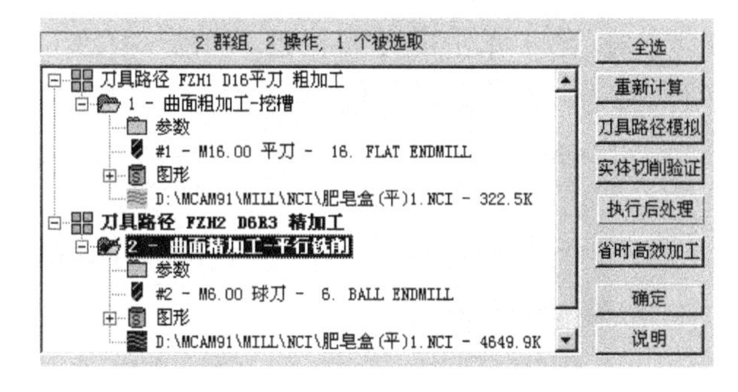

图 10-64　“操作管理员”对话框

6. 刀具路径模拟

刀具路径模拟结果如图 10-65 所示，模拟结束后，在返回“操作管理员”对话框时，等待时间较长，原因是又重复显示了第一个刀具路径，可通过按 Ctrl+T 组合键，将所选择的刀具路径隐藏起来，这样可减少等待时间。

7. 实体切削验证

单击图 10-64 所示界面中的全选→实体切削验证选项，结果如图 10-66 所示。

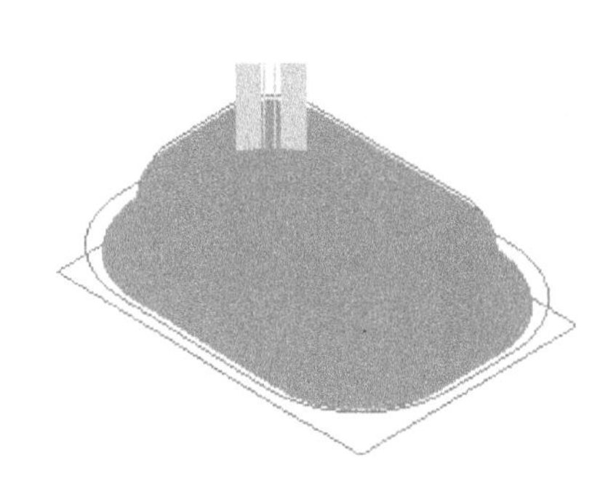

图 10-65 平行铣削半精加工刀具路径模拟

图 10-66 实体切削验证

分析图中结果，平行铣削加工后，深度只加工到 Z：1，有 5mm 高的垂直面未加工到，后续可采用外形铣削（2D）精加工的办法加工该处，在开始与结束加工的角上，表面较粗糙，原因是该处在 *XY* 方向的间距为 0.3 时，在 Z 轴方向的间距较大，造成表面粗糙。

将图 10-64 中的平行铣削刀具路径命名为“半精加工”。

10.5.5 曲面精加工

本例曲面精加工可采用平行铣削或等高外形等刀路，我们这里采用较简单的平行铣削刀路。

1. 复制刀具路径

曲面精加工仍采用平行铣削，可采用复制半精加工的刀具路径，适当修改，再重新计算机即可，方法如下所述。

① 在图 10-64 所示界面中，选择“平形铣削”刀路，单击鼠标右键，出现如图 10-67 的菜单，单击 复制 命令。

② 单击鼠标右键，出现如图 10-68 所示的菜单，单击贴上命令，产生了新的平形铣削刀路，出现如图 10-69 所示对话框。单击 参数按钮，弹出“参数”对话框。

③ 刀具仍选用$\phi 6R3$ 的球刀，刀具参数不变，如图 10-58 所示。

图 10-67 “复制”菜单

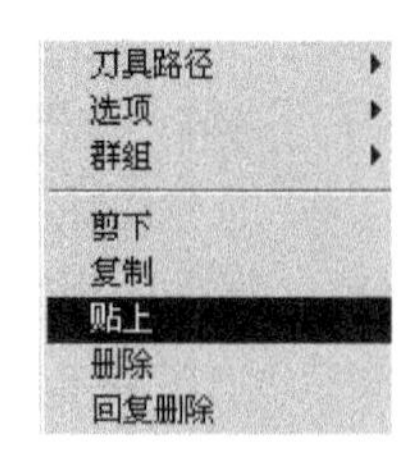

图 10-68 “贴上”菜单

刀具路径 FZH1 D16平刀 粗加工
刀具路径 FZH2 D6R3 精加工
2 - 曲面精加工-平行铣削 - 半精加工
3 - 曲面精加工-平行铣削 - 半精加工
参数
#2 - M6.00 球刀 - 6. BALL ENDMILL
图形
D:\MCAM91\MILL\NCI\肥皂盒(平)1.NCI

图 10-69 “操作管理员”对话框

2. 确定曲面加工参数

单击曲面加工参数按钮，出现如图 10-62 所示对话框，参数修改如下：加工的曲面/实体预留量-0.1，-0.1mm 作为精加工用铜公的火花间隙。

3. 确定平行铣削精加工参数

单击平行铣削精加工参数按钮，出现如图 10-63 所示对话框，参数修改如下：

- 整体误差：0.01。误差越小，加工出的曲面越精确，计算时间越长。
- 最大切削间距：0.15。间距越小，加工精度越高。

4. 产生刀具路径

单击确定按钮，在“操作管理员”对话框中，刀具路径项前出现一个▨，变为▨D:\MCAM91\MILL\NCI\肥皂盒（平）1.NCI-6020，表示参数已改变，需要重新计算刀路。单击重新计算按钮，生成平行铣削精加工刀路，命名为“精加工”，如图 10-70 所示。

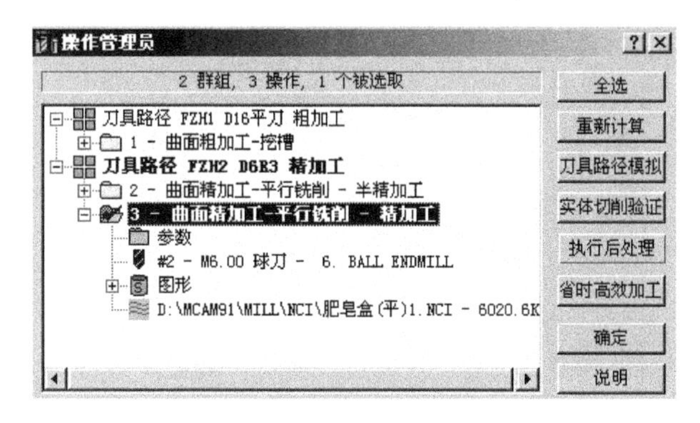

图 10-70　“操作管理员”对话框

5. 刀具路径模拟

刀具路径模拟结果如图 10-71 所示。

6. 实体切削验证

单击图 10-70 所示对话框中的全选→实体切削验证选项，结果如图 10-72 所示。分析实体切削验证结果，在右下角的陡坡面加工质量较差，表面粗糙度值较大。这是平行铣削的不足之处。当表面质量要求较高时，可以配合其他刀路来弥补，例如，改变加工角度为 135°，设定要弥补加工刀路的尺寸范围，再做一次平行铣削，可解决该问题。本例不做详细介绍。

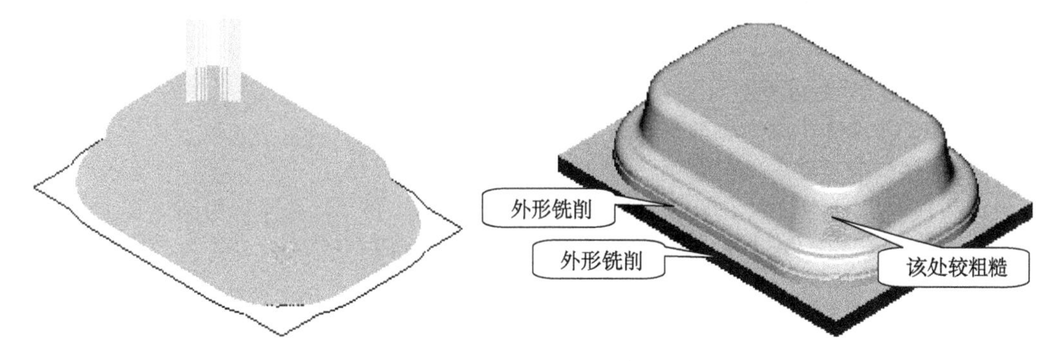

图 10-71　平行铣削精加工刀具路径模拟　　图 10-72　实体切削验证

到这里为止，已完成了曲面的精加工，但分析一下图 10-72 所示实体切削验证结果，铜公的外形边界线垂直面及分中面未加工到位，需要用外形铣削（2D）加工的方法进行精加工。

10.5.6　外形铣削加工（2D）——铜公分中面的粗加工

铜公分中面边界的加工尺寸范围如图 10-35 所示，屏幕上显示被隐藏的图素，该边界线在 10.5.3 节中被隐藏，需要回复隐藏。单击主菜单→屏幕→隐藏图表→回复隐藏→串联命令选取铜公分中面边界线，单击返回命令，分中面边界线又显示出来了。可用外形铣削（2D）的方法进行粗加工，方法可参考铭牌的外形铣削粗加工。

① 单击主菜单→刀具路径→外形铣削→串联命令，选取铜公分中面边界线为加工范围，进入“外形铣削参数”对话框，如图 10-73 所示。

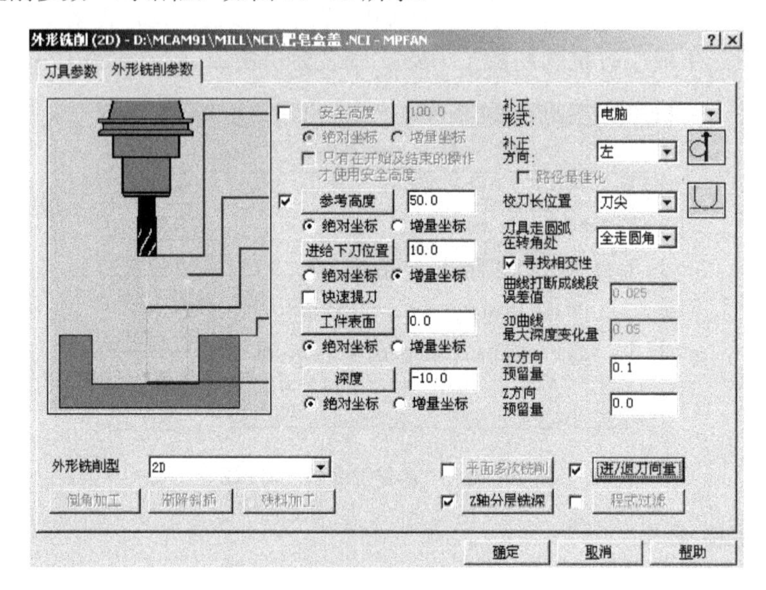

图 10-73　“外形铣削参数”对话框

② 刀具采用ϕ16 的平刀，刀具参数见挖槽粗加工的刀具参数，参考图 10-47。

- 进给率：1 200。
- 下刀速率：1 000。
- 提刀速率：2 000。
- 主轴转速：1 200。

③ 工件表面：-3.8。（-3.8mm 以上已用挖槽加工完毕。）

④ 深度：-10.0。

⑤ *XY* 方向预留量为 0.1。

⑥ *Z* 轴方向分层铣削，最大粗加工步距为 1。

⑦ 其余参数参考铭牌的外形铣削粗加工的参数设置。

刀具路径结果如图 10-74 所示，命名为“分中面粗加工”。刀具路径模拟结果如图 10-75 所示，加工时间为 3min 6s。实体切削验证结果如图 10-76 所示。

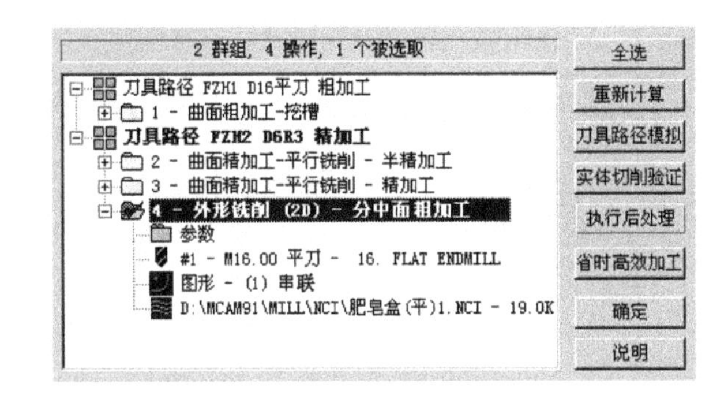

图 10-74　“操作管理员”对话框

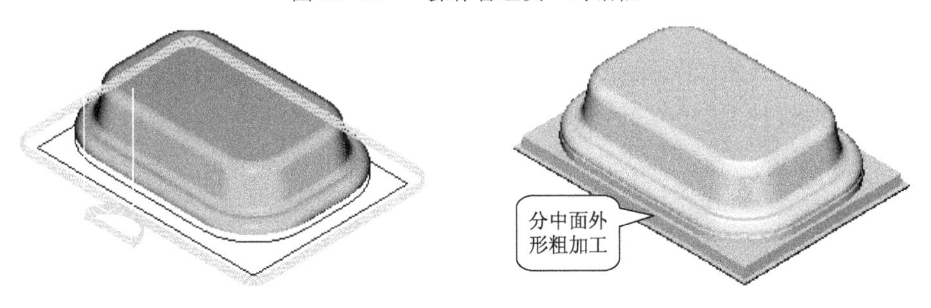

图 10-75　分中面外形铣削粗加工刀具路径模拟　　图 10-76　实体切削验证结果

10.5.7　外形铣削加工（2D）——铜公分中面的精加工

复制铜公分中面的边界外形的粗加工，刀具路径主要做如下修改。

1. 刀具参数

另选取一把ϕ16 的平刀做精加工，精加工用刀尽量选用新刀。输入：进给率为 300，向下进给率为 300，提刀速率为 2 000，主轴转速为 1 500r/min。

2. 外形铣削参数

XY 方向的预留量为 0，Z 轴方向进行不分层铣削。

其余参数不变，重新计算后，精加工刀具路径结果如图 10-77 所示，命名为“分中面外形精加工”，刀具路径模拟结果如图 10-78 所示。实体切削验证结果如图 10-79 所示。

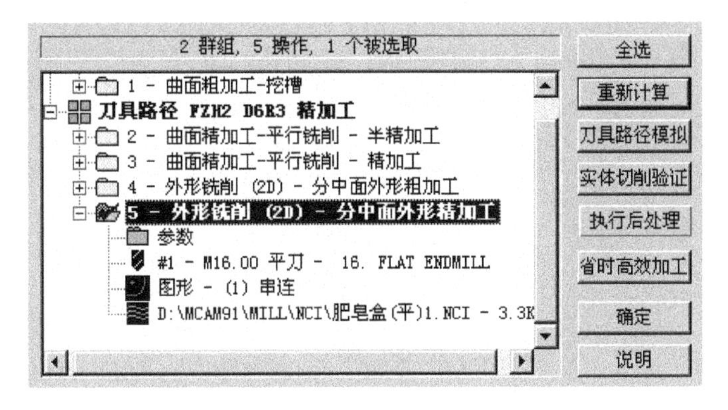

图 10-77　“操作管理员”对话框

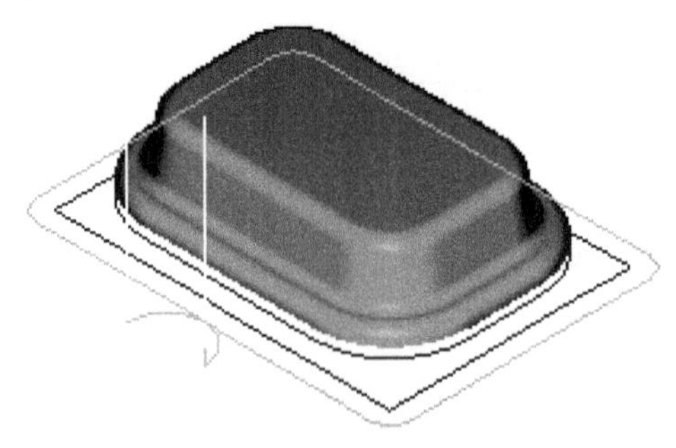

图 10-78　分中面外形铣削精加工刀具路径模拟

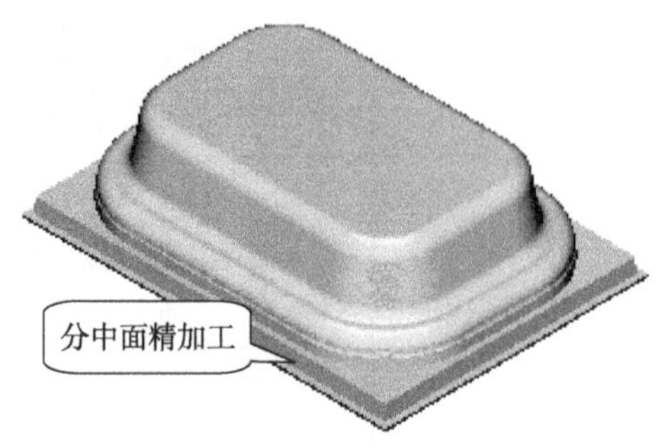

图 10-79　实体切削验证结果

10.5.8　外形铣削加工（2D）——铜公外形边界的精加工

铜公外形边界线如图 10-34 所示，可用外形铣削（2D）进行精加工，方法可参考铭牌的外形铣削精加工，刀具采用ϕ16 的平刀。

1. 进入外形铣削对话框

单击主菜单→刀具路径→外形铣削→串联命令，选取铜公外形边界线为加工范围，进入“外形铣削”对话框，参考图 10-73。

2. 刀具参数

与 10.5.7 节所介绍的刀具参数相同，进给率为 300，向下进给率为 300，提刀速率为 2 000，主轴转速为 1 500r/min。

3. 外形铣削参数

外形铣削参数修改如下：

① 加工深度为-4。

② *XY* 方向的预留量为-0.1，保持与整个铜公的预留量的一致。

③ *XY* 方向分层铣削，如图 10-80 所示，粗加工次数为 2，步距为 8.0，精加工次数为 2，步距为 0.1。

④ *Z* 轴方向不分层铣削。

刀具路径结果如图 10-81 所示，命名为“铜公外形边界精加工”。刀具路径模拟结果如图 10-82 所示，实体切削验证结果如图 10-83 所示。

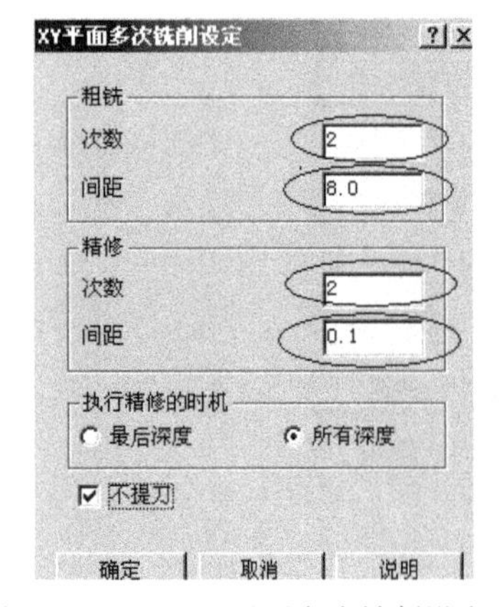

图 10-80　“XY 平面多次铣削设定”对话框

2 群组，6 操作，1 个被选取
刀具路径 FZH1 D16平刀 粗加工
1 - 曲面粗加工-挖槽
刀具路径 FZH2 D6R3 精加工
2 - 曲面精加工-平行铣削 - 半精加工
3 - 曲面精加工-平行铣削 - 精加工
4 - 外形铣削 (2D) - 分中面外形粗加工
5 - 外形铣削 (2D) - 分中面外形精加工
6 - 外形铣削 (2D) - 铜公外形边界精加工
参数
#1 - M16.00 平刀 - 16. FLAT ENDMILL
图形 - (1) 串联
D:\MCAM91\MILL\NCI\肥皂盒(平)1.NCI - 9.3K
全选
重新计算
刀具路径模拟
实体切削验证
执行后处理
省时高效加工
确定
说明

图 10-81　“操作管理员”对话框

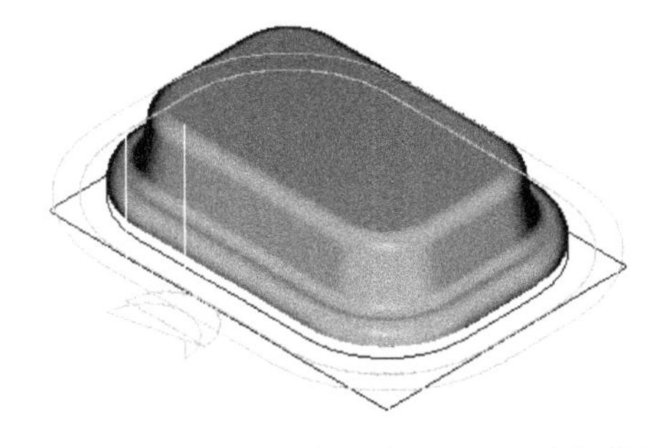

图 10-82　外形边界精加工刀具路径模拟

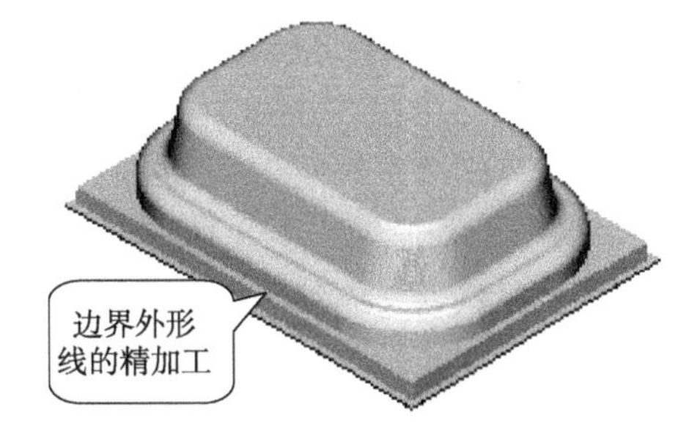

图 10-83　实体切削验证结果

10.5.9　加工工艺的调整

分析图 10-80 所示界面中的刀路，可将“分中面粗加工”刀路移到第一个群组“FZH1 D16 平刀 粗加工”之下。将 φ16 的平刀的精加工刀路设为一个群组，移动调整为第二个群组，命名为“FZH2 D16 平刀 精加工”，将原来的群组“FZH2 D6*R*3 球刀 精加工”改为第三个群组，重新命名为“FZH3 D6*R*3 球刀 精加工”，结果如图 10-84 所示。

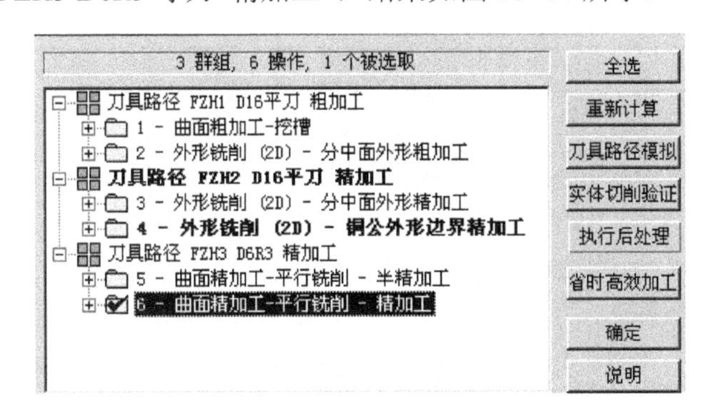

图 10-84　“操作管理员”对话框

调整后的工艺为：

① 曲面（实体）粗加工（开粗）用曲面挖槽刀路，采用ϕ16 的高速钢平刀，加工余量为 0.5mm。

② 分中面外形粗加工采用 2D 外形铣削刀路，采用ϕ16 的高速钢平刀，加工余量为 0.1mm。

③ 分中面外形精加工采用 2D 外形铣削刀路，采用ϕ16 的高速钢平刀，加工余量为 0。

④ 铜公边界外形精加工采用 2D 外形铣削刀路，采用ϕ16 的高速钢平刀，加工余量为−0.1mm，作为铜公火花间隙。

⑤ 曲面半精加工采用平行铣削刀路，采用ϕ6*R*3 的球刀，加工余量为 0。

⑥ 曲面精加工采用平行铣削刀路，采用ϕ6*R*3 的球刀，加工余量为−0.1mm，作为铜公火花间隙。

10.5.10　肥皂盒铜公的刀路的后处理，产生 NC 加工程序

对于使用相同刀具的刀具路径，可以后处理为一个 NC 程序，方法如下所述。

① 在图 10-84 中，单击 刀具路径 FZH1 D16平刀 粗加工 选项，单击后处理按钮，

保存在某一目录下，如：D：\Mcam9.1\Mill\NC\，输入名称 FZH1.NC，产生了名称为 FZH1.NC 的 CNC 加工程序。

同样方法，分别选中另外 2 个群组，进行后处理，分别命名为 FZH2.NC 和 FZH3.NC。

② 存档。

单击档案→存档命令，输入档案名称“肥皂盒铜公.MC9”，单击存档按钮。

10.5.11 程序单

加工程序单如表 10-1 所示。

表 10-1 肥皂盒铜公加工程序单

数控加工程序单						
图号：	工件名称：肥皂盒	编程人员： 编程时间：	操作者： 开始时间： 完成时间：	检验： 检验时间：	文件档名：D：\Mcam9.1\mill\MC9\肥皂盒铜公.MC9	
序号	程序号	加工方式	刀　具	装刀长度	理论加工进给/时间	备注
1	FZH1	粗加工	ϕ16 高速钢平刀	40	1 200/42min	
2	FZH2	精加工	ϕ16 高速钢平刀	40	400/7min	
3	FZH3	精加工	$\phi6R3$ 高速钢球刀	30	800/ 4h16min	
零点及零件简图： 138　Y　X　98 Z　28　X　0	1. 毛坯尺寸为 145mm×105mm×42mm 的锻造铜材。 2. 采用专用装夹板装夹，用两个 M12 的螺栓固定。 3. X、Y 方向分中为零点，Z 向找到工件顶面的最低点后，下降 28.5 为零点。 4. 记录对刀器顶面距零点的距离 Z0：					

10.5.12 CNC 加工

现采用三菱加工中心加工，操作系统为三菱系统，其操作过程如下。

1. 坯料的准备

现采用 145mm×105mm×42mm 的锻造铜材。在普通铣床上铣平底面，并加工出 2 个 M12×20 的螺纹孔。

2. 刀具的准备

准备三把如下所述的刀具。

① ϕ16 高速钢平刀，装刀长度为 40mm。

② ϕ16 高速钢平刀，装刀长度为 40mm，新刀，精加工用。

③ $\phi 6R3$ 高速钢球刀，装刀长度为 30mm。

3. 操作 CNC 机床，加工肥皂盒的外壳铜公

调用程序“FZH1.NC”，“FZH2.NC”，“FZH3.NC”，加工方法与第 3 章所介绍的铭牌的外形加工方法基本相同。

注意用第一把刀来测量记录对刀器顶面距零点的距离 Z0，以后每一把刀利用对刀器来寻找 Z 轴的零点，方法参考第 6 章所介绍的沟槽凸轮的加工。

10.6　检验与分析

加工过程中注意观察与检验以下几项内容。

① $\phi 16$ 平刀粗加工挖槽加工完后，观察是否有未加工到的地方。

② $\phi 16$ 平刀精加工加工完后，可检查分中面外形尺寸是否为 140×100。

③ $\phi 6$ 球刀精加工完成后，检查对角表面粗糙度是否符合要求，尺寸是否加工到位。

练习 10

10.1　构建举升实体要注意些什么？

10.2　叙述薄壳实体的方法。

10.3　叙述铜公设计的过程。

10.4　请给出肥皂盒铜公的加工工艺。

第 11 章　印章的设计

本章主要介绍直纹曲面、举升曲面、曲面倒圆角的构建。

11.1　印章的零件图

印章的零件图如图 11-1 所示。

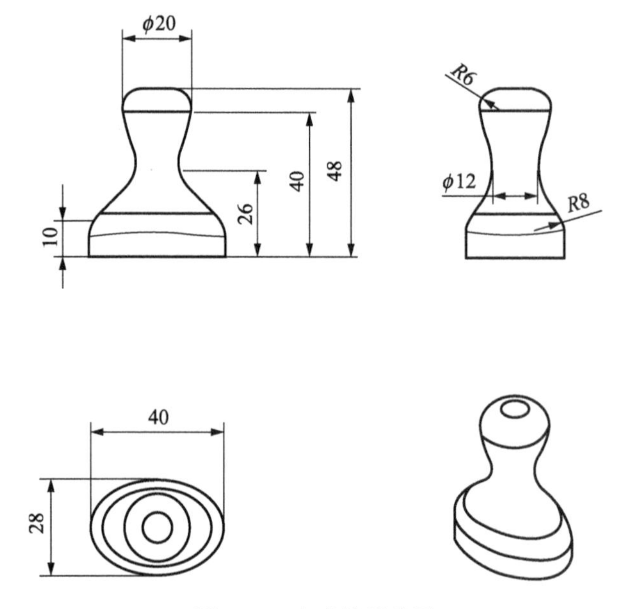

图 11-1　印章的零件图

印章的三维造型采用曲面造型的方法。曲面模型是用来表示零件表面的模型，是在线框架模型的基础上，用 6 种曲面进行处理后得到的。它不仅显示曲面的边界轮廓，而且可以用来表示工件的真实形状，产生真实感图形，还可以针对曲面直接生成刀具路径。

11.2　绘图思路

绘制印章曲面模型的思路如图 11-2 所示，先绘制线框架模型，再绘制直纹曲面，举升曲面，最后修整平面，倒圆角。

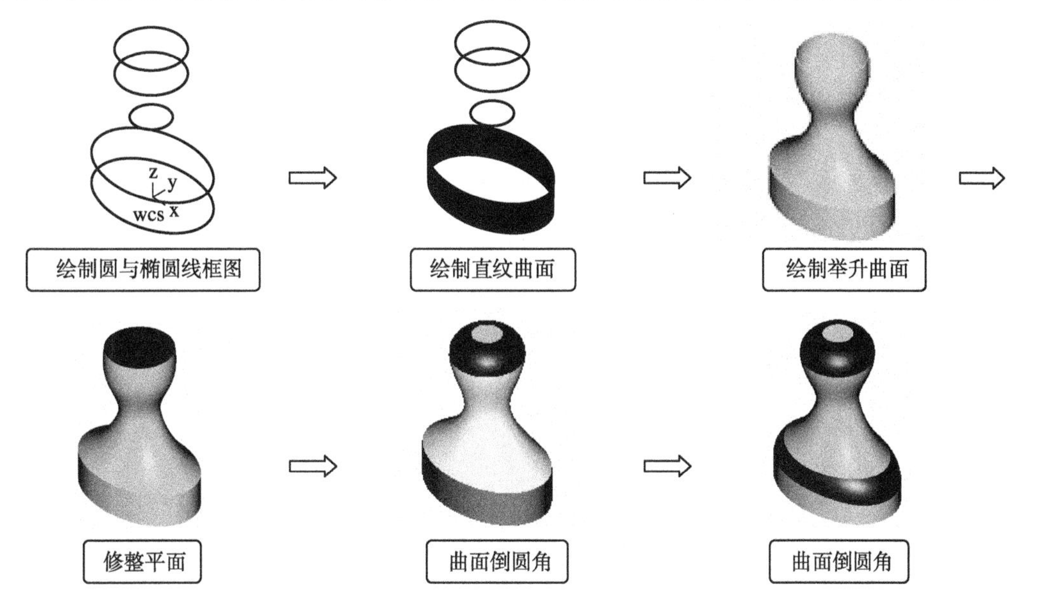

图 11-2　绘制印章曲面模型的思路

11.3　印章的曲面模型

11.3.1　绘制线框图

1. 绘图前的设置

将当前图层设为 1，命名为“椭圆”，图层群组被命名为“线框图”。如图 11-3 所示，辅助菜单其余设置为默认值，按 F9 键，显示坐标轴。

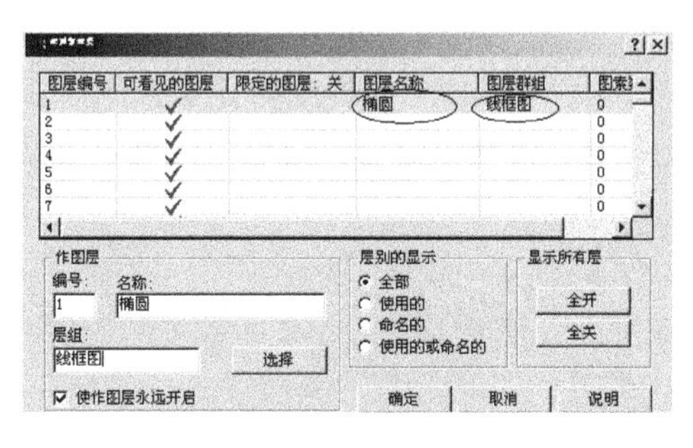

图 11-3　“图层管理”对话框

2. 绘制椭圆

绘制在同一构图面而构图深度不同的两个椭圆的方法如下所述。

① 单击绘图→下一页→椭圆命令，过程如图 11-4 所示，进入如图 11-5 所示的“绘制椭圆”对话框，输入 *X* 轴半径为 20.0、*Y* 轴半径为 14.0，单击确定按钮，捕捉椭圆中心位置为原点（0，0），绘图区显示已绘制的第一个椭圆。

② 单击构图深度 Z：0.000 项，或按 ALT+0 快捷键，在系统提示区输入“10”，构图深度 Z0 改变为 Z10，捕捉椭圆中心位置为原点（0，0），再绘制一个椭圆。

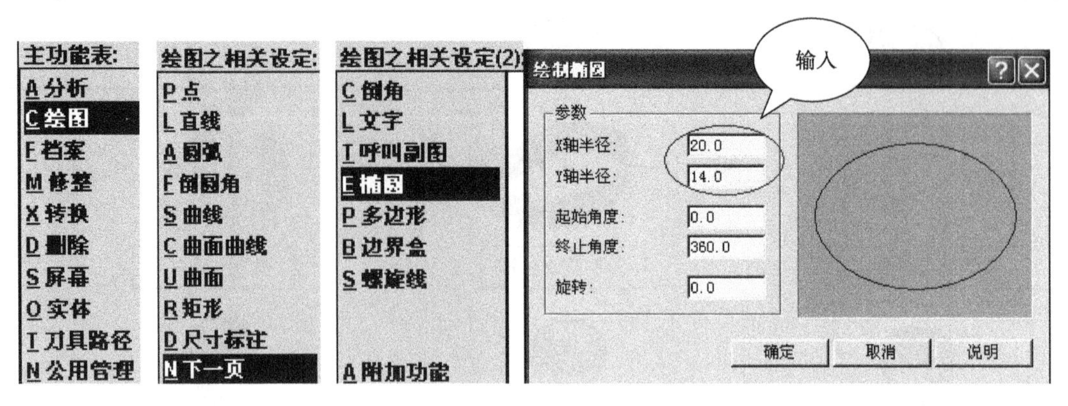

图 11-4　椭圆绘制的过程菜单　　　　图 11-5　“绘制椭圆”对话框

3. 绘制圆弧

绘制在同一构图面而构图深度不同的三个圆弧的方法如下所述。

① 设置构图深度为 Z：26.0，当前图层设为 2，命名为“圆弧”，层组栏输入“线框图”。

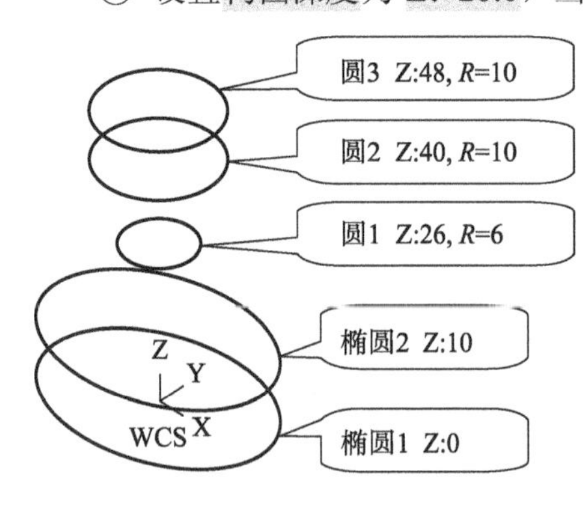

图 11-6　印章的线框架图

② 单击绘图→圆弧→点半径圆命令，在系统提示区输入圆弧半径 6，回车。生成第一个圆弧。

③ 分别设置构图深度为 40 及 48，画好半径为 10 的两个圆。

④ 单击图形视角命令，设定为等角视图 I。按 F9 键，坐标轴隐藏，结果如图 11-6 所示。

11.3.2　绘制直纹曲面

曲面模型是用来描绘曲面的真实形状，是在线框架模型上处理得到的，使人看起来有立体感。可以针对曲面模型计算加工刀具路径，后处理成 NC 程序，在数控机床上加工出零件来。

直纹曲面是顺接至少两条曲线或串联曲线而构建的曲面。直纹曲面使用线性熔接的方式来连接断面的轮廓外形。

① 绘图设置。将当前图层设为 3，图层名称命名为“直纹曲面”，图层群组命名为“曲面”。单击图形视角按钮，设定为等角视图 I，其余设置为默认值。

② 单击主菜单→绘图→曲面→直纹曲面→单体命令，过程如图 11-7 所示。

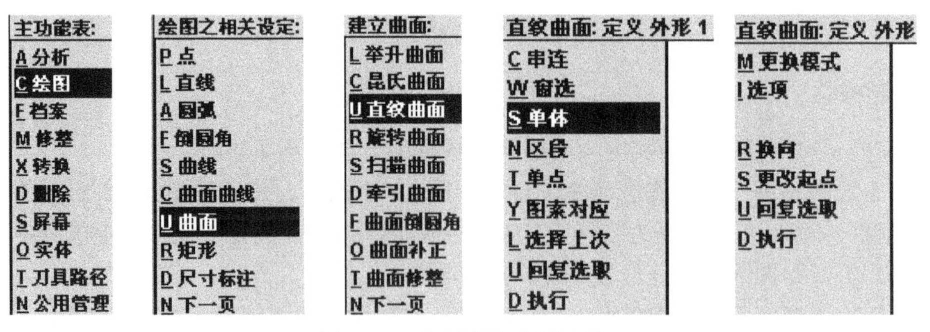

图 11-7　绘制直纹曲面菜单

③ 在绘图区选中第一个椭圆，如图 11-8 所示，再选中第二个椭圆，如图 11-9 所示。

注意出现的箭头的起点与方向要对应。单击执行命令，出现如图 11-10 所示菜单。

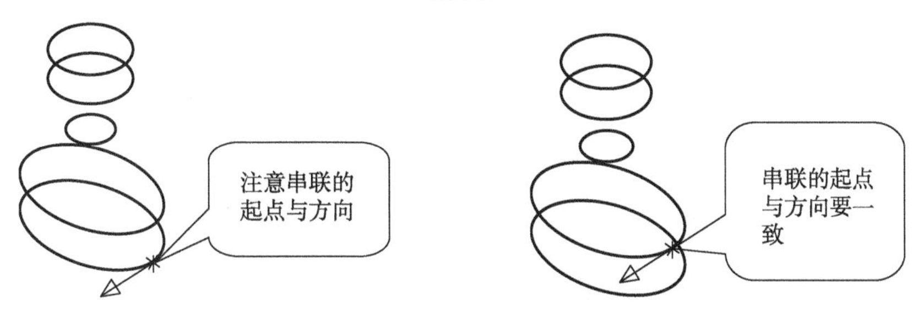

图 11-8　选择第一个串联　　　　图 11-9　选择第二个串联

④ 单击曲面形式命令，可以选择“P，N，C”。

P 代表参数式曲面（Paramtriic），由参数式曲线构建而成。N 代表昆氏曲面（NURBS），由昆氏曲线构建而成。C 代表曲线生成曲面（Curve-generated），由曲线用顺接的方式构建而成，是一个真实的曲面（不是一个近似曲面）。

这里选择“N”，即选择昆氏曲面，如图 11-10 所示。

⑤ 单击误差值命令，在系统信息提示区出现提示：曲面误差 = 0.002，输入 0.002。

⑥ 单击执行命令，如图 11-11 所示，生成直纹曲面。曲面以网格形状表现出来，如图 11-12 所示。

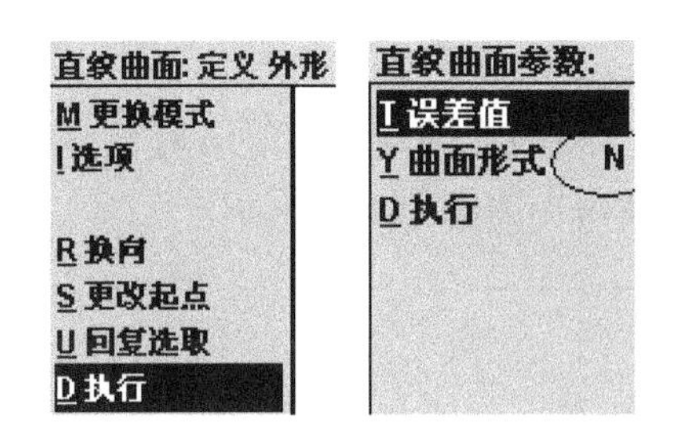

图 11-10　直纹曲面的误差值菜单

图 11-11　选择直纹曲面的形式菜单

⑦ 单击彩现图标，单击并选中启用着色项，或按着色的快捷键 Alt+S，直纹曲面著色的效果图如图 11-13 所示。

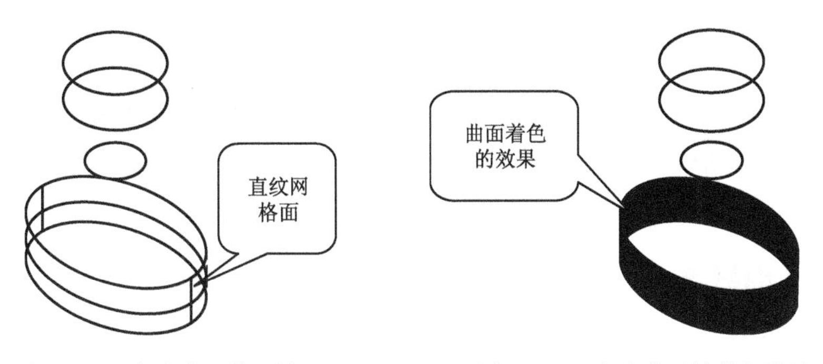

图 11-12　直纹曲面的网格面　　　　图 11-13　直纹曲面的着色效果

11.3.3　绘制举升曲面

举升曲面是顺接至少两条曲线或串联曲线（不一定要求封闭）而构建的曲面。举升曲面使用平滑的曲线来熔接截面的轮廓外形。

① 将当前图层设为 4，图层命名为“举升曲面”，图层群组命名为“曲面”。

② 单击主菜单→绘图→曲面→举升曲面→单体命令，过程如图 11-14 所示。

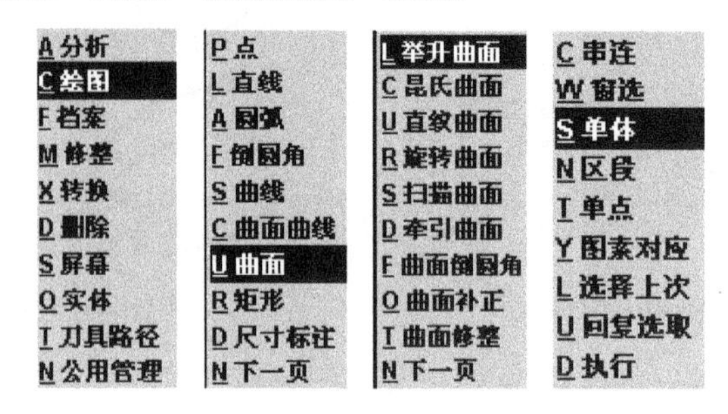

图 11-14 绘制举升曲面菜单

③ 按 1，2，3，4 顺序依次选择椭圆及圆弧，如图 11-15 所示。

注意

单击选中第一个外形后，会出现一个起点与箭头，选择下一个外形时，要注意其起点与箭头方向，要与第一个外形的起点与箭头方向一致。

④ 单击执行命令，主菜单区出现如图 11-16 的菜单。单击曲面形式选项，选择为 **Y 曲面形式 C**，C 代表曲线生成曲面（Curve-generated），如图 11-16 所示。

注意

此处曲面形式的选择很关键，建议选择“C”，否则有可能在倒圆角时遇到困难。

⑤ 单击执行命令，产生了举升曲面，曲面著色效果图如图 11-17 所示。

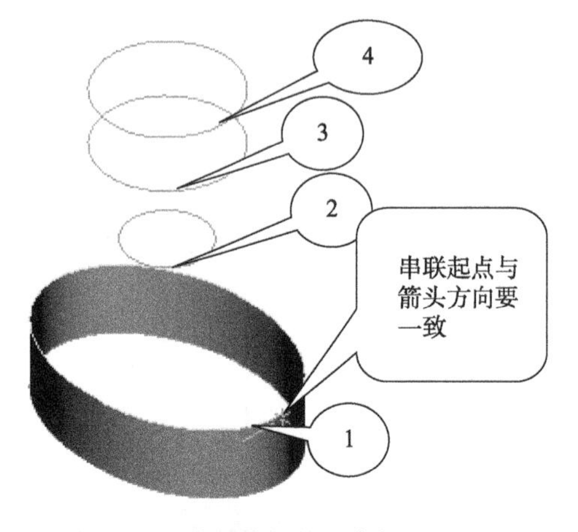

图 11-15 外形选择的顺序与位置

图 11-16 曲面形式的选择

11.3.4 平面修整

顶面是一个平面，可采用平面修整的方法绘制，其实质是一个平面被顶面圆弧修剪而成。

① 将当前图层设为 5，图层名称命名为“平面修整”，图层群组命名为“曲面”。作图颜色选择 2 号颜色（草绿色）。

② 单击主菜单→绘图→曲面→曲面修整→平面修整→串连命令，过程如图 11-18 所示。

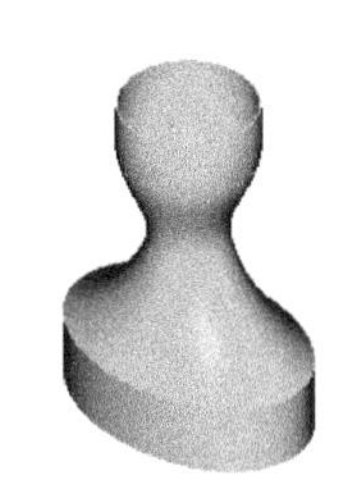

A 分析
C 绘图
F 档案
M 修整
X 转换
D 删除
S 屏幕
O 实体
T 刀具路径
N 公用管理

L 举升曲面
C 昆氏曲面
U 直纹曲面
R 旋转曲面
S 扫描曲面
D 牵引曲面
F 曲面倒圆角
O 曲面补正
T 曲面修整
N 下一页

C 至曲线
P 至平面
U 至曲面
F 平面修整
I 曲面分割
N 回复修整
R 回复边界
H 填补内孔
E 曲面延伸

C 串连
W 窗选
E 区域
M 手动串连
B 回上步骤
I 选项
D 执行

图 11-17　举升曲面　　　　图 11-18　平面修整菜单

③ 选择顶面上的圆弧 3 为串联，单击执行命令，完成了顶面的绘制，效果图如图 11-19 所示。

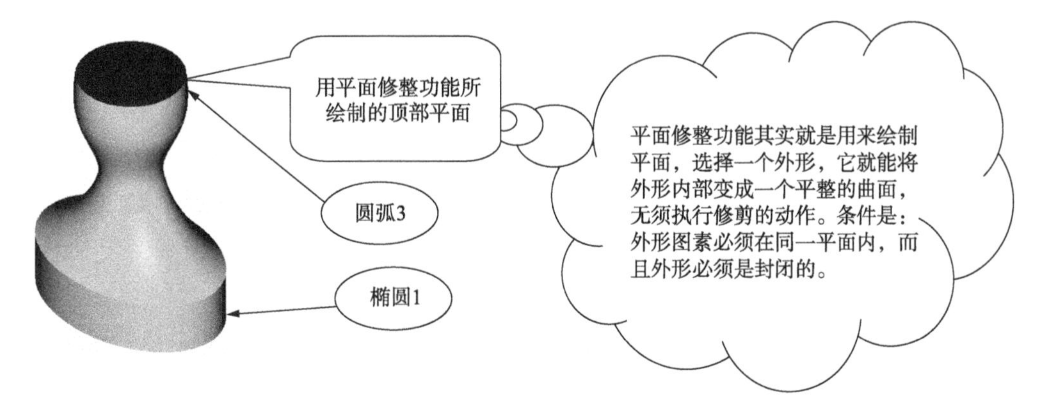

图 11-19　绘制顶部平面

④ 采用同样的方法，点选底面的椭圆 1 为串联，可将底面绘制出来。

11.3.5　曲面倒圆角

在印章的顶部手柄位倒圆角，圆角半径为 *R*6。

① 将当前图层设为 6，图层名称命名为“曲面倒圆角”，图层群组命名为“曲面”。将线框图层 1 和 2 关闭，作图颜色选择 6 号颜色（棕色）。

② 单击主菜单→绘图→曲面→曲面倒圆角→曲面/曲面命令，过程如图 11-20 所示。

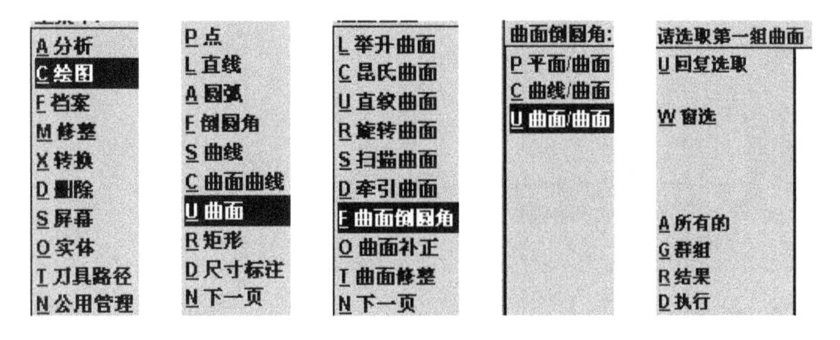

图 11-20　曲面倒圆角菜单

③ 选择相交的两组面，第一组曲面选择顶部的平面，单击执行命令后，再选择举升曲面作为第二组曲面，如图 11-21 所示。

④ 单击执行命令，在系统信息提示区出现提示：输入半径，输入 6，回车，进入曲面对

曲面倒圆角的参数设置。单击正向切换→单一命令，如图 11-22 所示。

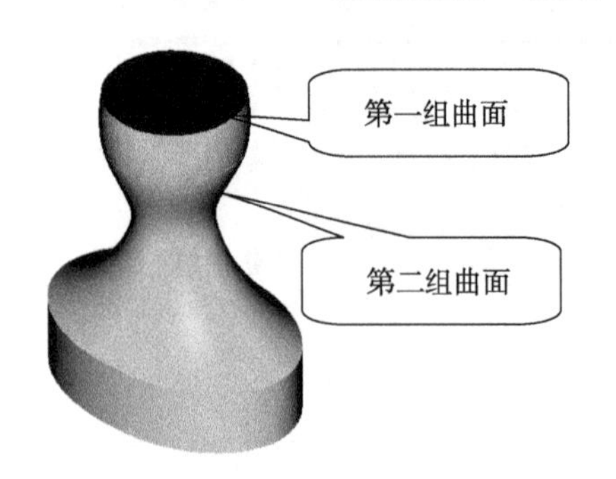

图 11-21　选择倒圆角的两组曲面

图 11-22　检查曲面法线方向的操作菜单

⑤ 在系统信息提示区出现提示：请选择一曲面:，选中顶平面，在顶平面上出现一个表示曲面法向的箭头，如图 11-23 所示。曲面法向可通过单击图 11-24 所示界面中切换方向选项来改变，保证法向方向指向倒圆角的圆心，如图 11-25 所示，单击确定命令。

⑥ 选中举升曲面，采用同样方法将举升曲面的法向方向切换为向里面，如图 11-26 所示，单击确定命令。

注意

曲面倒圆角，定义曲面的法线方向尤为重要，它决定着创建的圆角是否能够成功！

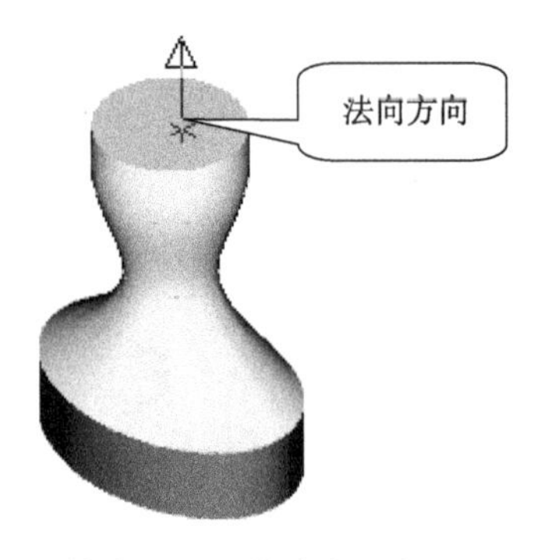

图 11-23　检查顶平面的法向方向

图 11-24　切换法线方向菜单

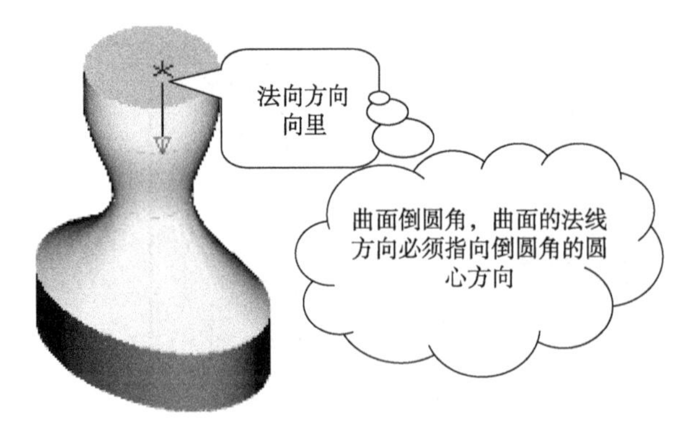

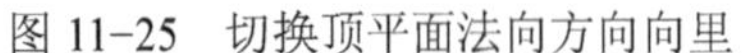

图 11-25　切换顶平面法向方向向里

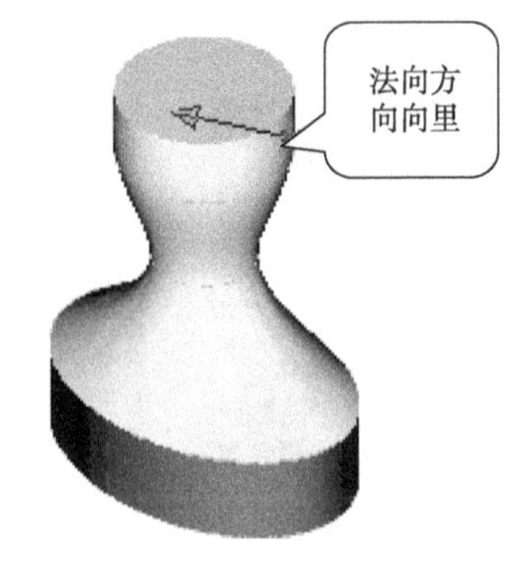

图 11-26　检查举升曲面的法向方向

⑦ 成功定义曲面的法线方向后，单击返回命令，返回到图 11-22 所示的曲面对曲面倒圆角的参数设置菜单。单击修剪曲面 N 选项，改变为修剪曲面 Y，表示倒圆角后修剪多余的

曲面，如图 11-27 所示。

⑧ 单击选项命令，弹出如图 11-28 所示对话框，选取参数如图所示。

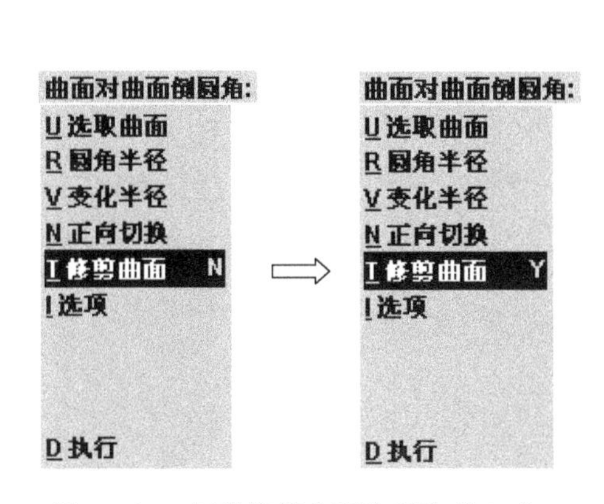

图 11-27　切换修剪曲面选项为“Yes”

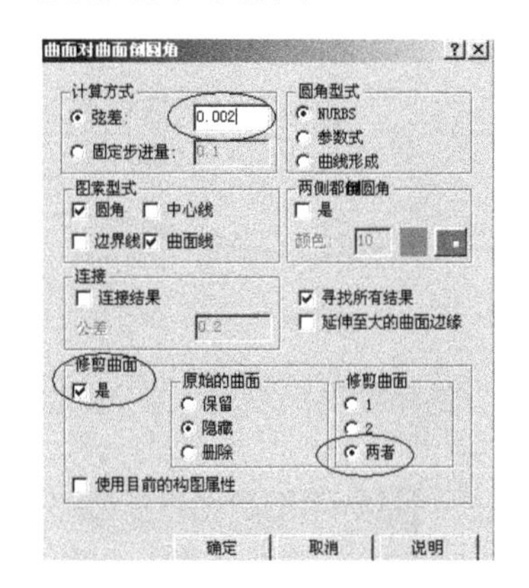

图 11-28　“曲面对曲面倒圆角”对话框

⑨ 单击确定按钮，返回图 11-27。

⑩ 单击执行命令，完成了倒圆角，结果如图 11-29 所示。

⑪ 采用同样的方法，可倒好直纹面与举升面的倒圆角，圆角半径为 *R*8，结果如图 11-30 所示。

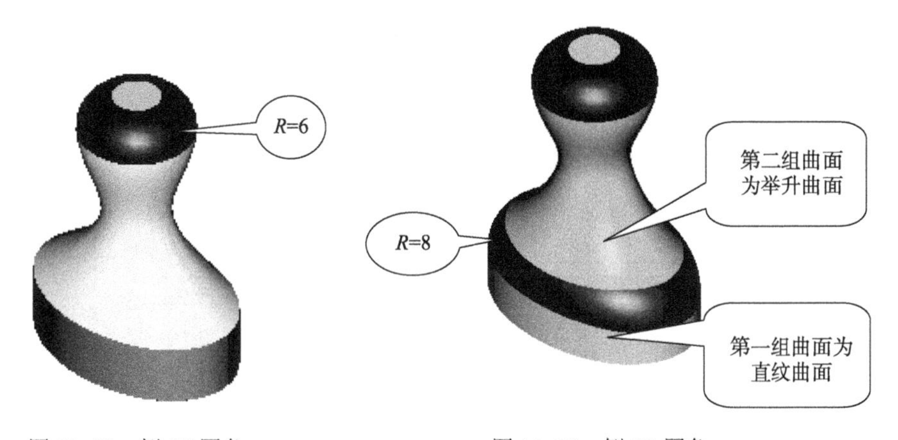

图 11-29　倒 *R*6 圆角　　　　图 11-30　倒 *R*8 圆角

⑫ 存档。文件名“印章外形.MC9”，存档。

至此，我们已完成了印章外形的绘制，曲面表达零件的方式与实体有所不同，只需要将四周用曲面围起来就可以了。印章底面的结构我们不做介绍。

练习 11

11.1　举升曲面的构建要注意什么？

11.2　曲面倒圆角要注意什么？

11.3　如何绘制一个圆的平面？

11.4　将印章外形的曲面模型转化为实体模型。

第 12 章　砚台的设计

本章主要介绍昆氏曲面、旋转曲面、曲面倒圆角的构建。

12.1　砚台的曲面模型

砚台的曲面模型如图 12-1 所示。

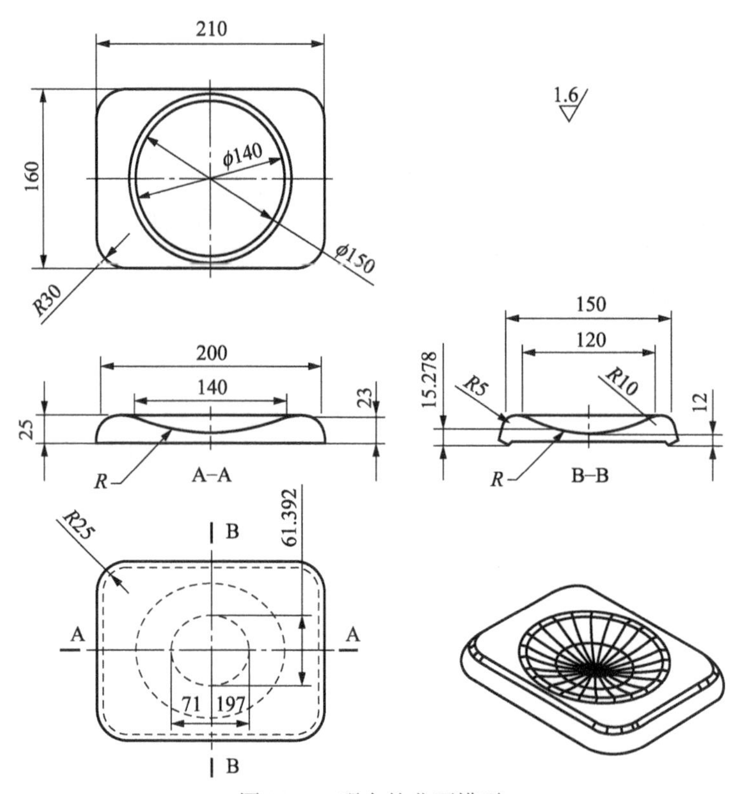

图 12-1　砚台的曲面模型

Mastercam 软件的曲面造型功能强大，能够绘制复杂的曲面模型。对一些实体造型表达困难的复杂模型，可用曲面模型来表达，如昆氏曲面等。砚台的顶部，是一个不规则的形状，用昆氏曲面绘制就比较容易。

12.2　绘图思路

分析图 12-1 所示砚台的曲面模型，砚台的主体形状是一个举升曲面，顶面是一个昆氏曲面，底座是一个旋转曲面。通过曲面修整，倒圆角，可完成砚台零件图的绘制。

绘制砚台零件图的思路如图 12-2 所示。

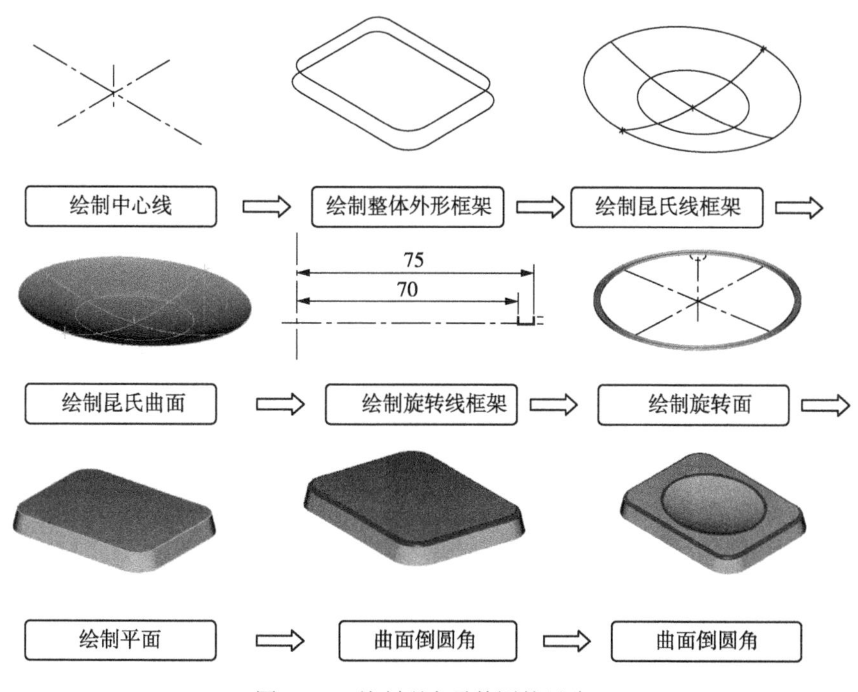

图 12-2　绘制砚台零件图的思路

12.3　绘制砚台的线框架图

12.3.1　绘制中心线

绘制砚台的中心线，方法如下所述。

① 单击图层按钮，或按 ALT+Z 快捷键，将当前图层设为 1，命名为“中心线”，图层群组栏输入“线框架”，构图深度设为 Z：0，其余设置为默认值。

② 单击图素属性按钮，将线型改为中心线，颜色设为 12（红色）。

③ 设构图平面为俯视图 T，绘制与 X、Y 轴重合的两条中心线。

④ 设构图平面为侧视图 F，绘制与 Z 轴重合的一条中心线。如图 12-3 所示。

图 12-3　绘制中心线

⑤ 单击图素属性按钮，将线型改为实线。

12.3.2　绘制砚台的线框架图

1. 绘制整体外形

在构图深度为 2 的位置，绘制一个 210×160 的四边形，四周圆角为 $R30$。

① 设定构图平面为俯视图T，构图深度为Z：2，当前图层为2，命名为“整体外形”，关闭图层1，选择2号颜色（墨绿色），其余设置为默认值。按“F9”键，显示坐标轴。

② 单击绘图→矩形→选项命令，出现如图10-3所示的对话框。

③ 在对话框中，点选角落倒圆角中开前面的选择框，输入半径为30。

④ 单击确定按钮，返回主菜单。

⑤ 单击一点命令，出现如图2-26所示的对话框，输入宽度210，高度160。

⑥ 单击确定按钮，捕捉原点为中心点。画好210×160的四边形，四周圆角为*R*30，如图12-4所示。

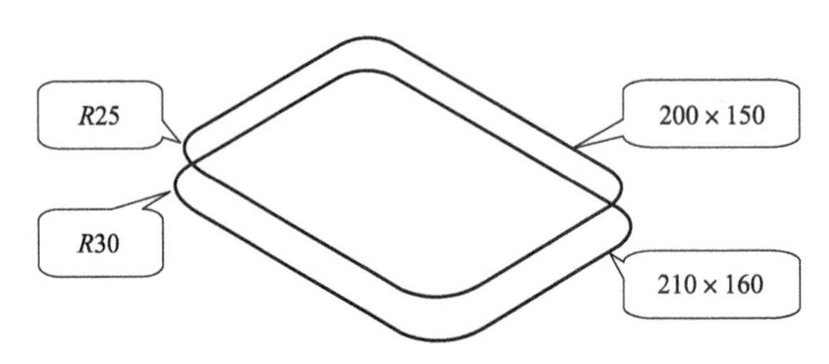

图12-4　绘制砚台的外形线框

2. 串联补正

在构图深度为25的位置，绘制一个200×150的四边形，四周圆角为*R*25。可采用串联补正的方法。

① 单击主菜单→转换→串联补正→串连命令。

② 点选上一步绘制的图形，出现一个顺时针方向的箭头，同时弹出如图10-5所示的对话框。

- 选择 ⊙复制 选项。
- 选择补正方向为：⊙右，与串联方向配合使用，保证了向内补正。
- 输入补正 距离 5。
- 输入补正深度23，表示构图深度比所选的串联的构图深度高23mm。
- 选择 ⊙增量座标 选项。
- 锥度角12.26477，该值由补正距离与深度自动计算得到。

单击确定按钮，将图形视角设为等角视图I，出现如图12-4所示的图形。

3. 绘制顶面外形

砚台的上面是一个不规则的曲面，先要构建曲面的网格线框架，方法如下所述。

① 设定图形视角，构图平面为俯视图T，构图深度设为Z：25，将当前图层设为3，命名为“顶面外形”，关闭图层2，选择12号颜色（红色），其余设置为默认值。

② 单击绘图→下一页→椭圆命令，进入如图12-5所示的“绘制椭圆”对话框，输入*X*轴半径为“70.0”，输入*Y*轴半径为“60.0”，单击 确定 按钮，捕捉椭圆中心位置为原点（0，0），绘制好椭圆，如图12-6所示。

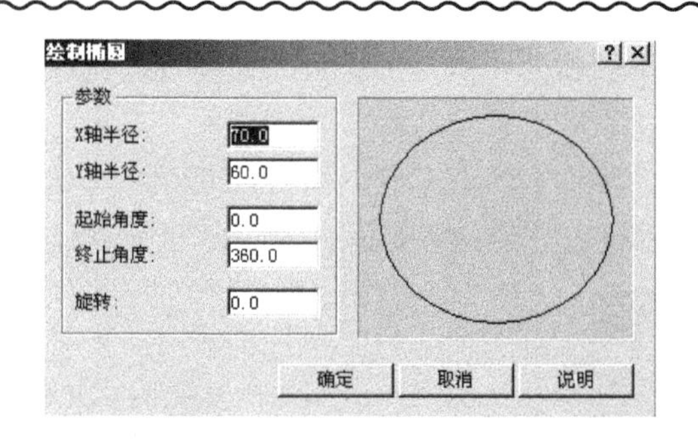

图 12-5　“绘制椭圆”对话框

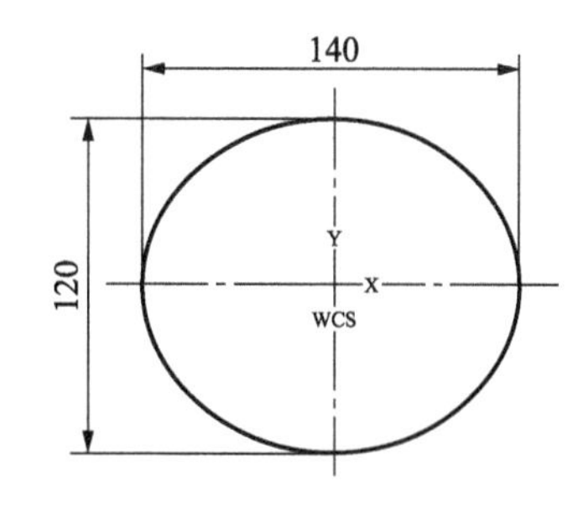

图 12-6　椭圆

③ 设定图形视角，构图平面为前视图 F，构图深度设为 Z：0。先绘制“点 2”，坐标为（0，12），点 1 和点 3 是椭圆长轴的两个端点，经过点 1、点 2、点 3，采用三点画弧的方法画“圆弧 1”，如图 12-7 所示。

④ 设定图形视角、构图平面为侧视图 S，构图深度设为 Z：0。绘制“点 4”，坐标为（60，25），绘制“点 5”，坐标为（-60，25），经过点 4、点 2、点 5，采用三点画弧的方法画“圆弧 2”，如图 12-8 所示。

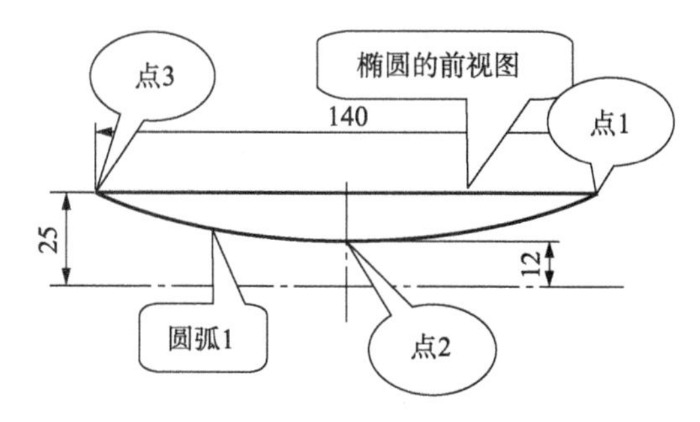

图 12-7　绘制前视图圆弧

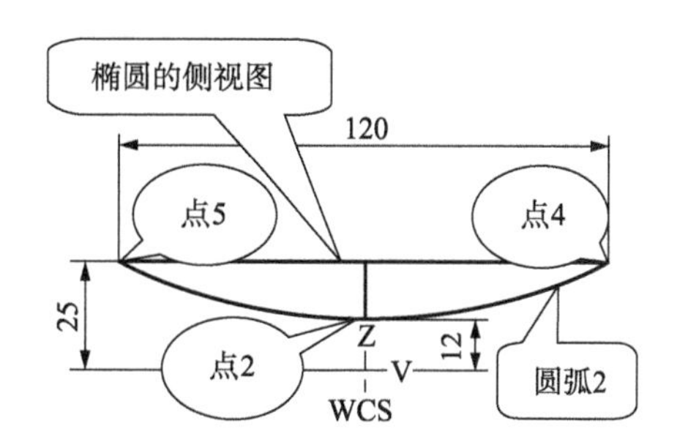

图 12-8　绘制侧视图圆弧

⑤ 设定图形视角为等角视图 I，关闭图层 1。

⑥ 将交点处打断。单击修整→打断→打断成两段命令，选中需要打断的图素，捕捉各个交点为要打断的位置点，可将每一个图素在交点处打断，结果如图 12-9 所示。

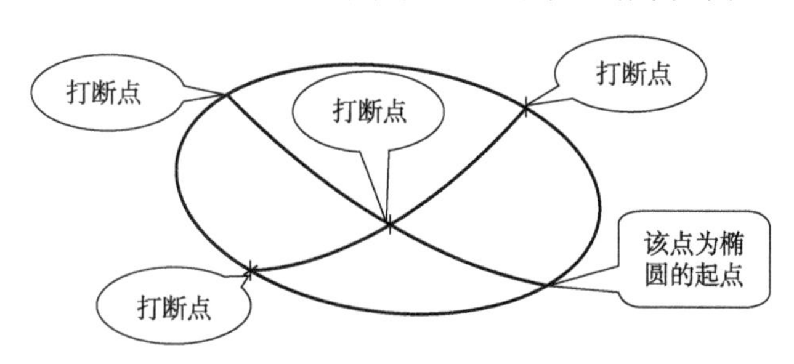

图 12-9　将交点处打断

⑦ 设定构图深度：点选 Z：0 按钮，捕捉四条圆弧中任意一条的中点，得到 Z：15.278。

⑧ 单击绘图→下一页→椭圆命令，进入如图 12-10 所示的绘制椭圆对话框。

输入 X 轴和 Y 轴半径的方法：通过捕捉两圆弧的中点的方法，得到两中点的距离，再将距离值除以 2，即为半径值。

单击选中“ X轴半径:　　　　　| ”输入框，按右键，弹出右键菜单，选择 S=两点的

间距，如图12-10所示。分别捕捉一条水平圆弧的中点1、交点，如图12-11所示，得到"X轴半径: 35.59846"。

单击选中"Y轴半径: "输入框，按右键，弹出右键菜单，选择S=两点的间距，分别捕捉一条垂直圆弧的中点2、交点，得到Y轴半径: 30.69609。

图12-10 选择S=两点的间距

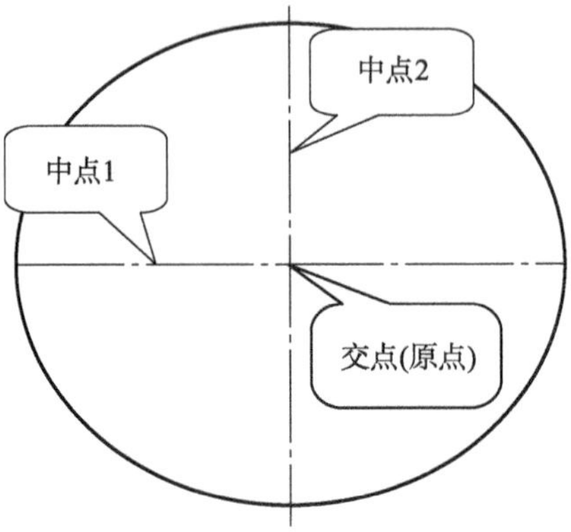

中点2
中点1
交点(原点)

图12-11 捕捉中点、交点

⑨ 单击确定按钮，捕捉交点为指定圆心位置，绘制好椭圆，如图12-12所示。

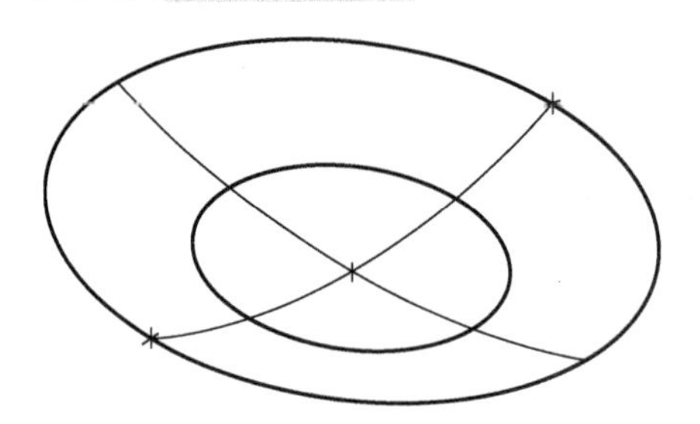

图12-12 顶面外形线框架

12.4 砚台的曲面模型

12.4.1 绘制昆氏曲面

昆氏曲面是由许多缀面（也叫网格面）熔接而形成的曲面，其特点是多个缀面可以合成为单一曲面。每一个缀面是由四个或四个以上边界曲线组成。

构建昆氏曲面要求使用昆氏串联，其串联方式有自动方式与手动方式两种。自动昆氏串联方式，只需选择三条边界曲线即可，这3条边界曲线依次为左上角的两条曲线串联和右下角的一条曲线串联。同时还需要指定最小分支角度，系统根据选取的3条曲线串联和指定的最小分支角度来选择曲面的边界线。但大多数情况下要使用手动昆氏串联方式，要求每一条边界线必须选择到，且有严格的顺序要求。

缀面的外形边界被假定成一个方格，在使用手动昆氏串联方式定义外形边界时，可以自由选择起点和方向，但一旦选定之后，之后的顺序必须遵守同一顺序要求。方向分为两个垂直的方向：引导方向，截断方向。可以根据需要选择任一个方向为引导方向。

先定义完引导方向（也叫切削方向）的所有外形的各个段落后，再定义截断方向（也叫交叉方向）的外形各个段落。所有外形线必须在交点处打断，以便选取各个外形边界的段落。

定义引导方向的外形的顺序为：先依次单击选中引导方向第一个外形的所有段落，再依次单击选中引导方向第二个外形的所有段落，依次类推，直至单击选中全部引导方向的外形段落。

定义截断方向的外形的顺序为：先依次单击选中截断方向第一个外形的所有段落，再依次单击选中截断方向第二个外形的所有段落，依次类推，直至单击选中全部的截断方向的外形段落。

图 12-13 是一个典型的昆氏网格面，共有 6 个缀面，是开放式外形，即第一个外形与最后一个外形不连接，我们来定义其引导方向、截断方向的缀面数，并定义其各个段落的顺序。

假定起始点在右上角，沿水平方向向左为引导方向，则沿垂直方向向下为截断方向。引导方向每行的缀面数是 3 个，截断方向每列的缀面数是 2 个。

定义：1、2、3 为引导方向的外形 1 的段落 1、段落 2、段落 3。

　　　4、5、6 为引导方向的外形 2 的段落 1、段落 2、段落 3。

　　　7、8、9 为引导方向的外形 3 的段落 1、段落 2、段落 3。

　　　10、11 为截断方向的外形 1 的段落 1、段落 2。

　　　12、13 为截断方向的外形 2 的段落 1、段落 2。

　　　14、15 为截断方向的外形 3 的段落 1、段落 2。

　　　16、17 为截断方向的外形 4 的段落 1、段落 2。

只有三条边界曲线的缀面，可以看成是四条边界曲线的一个特例，是将其中的一个边界线缩小为一个点而得到的。所以在单击选中该边界时，捕捉一个点代替一条边界线。

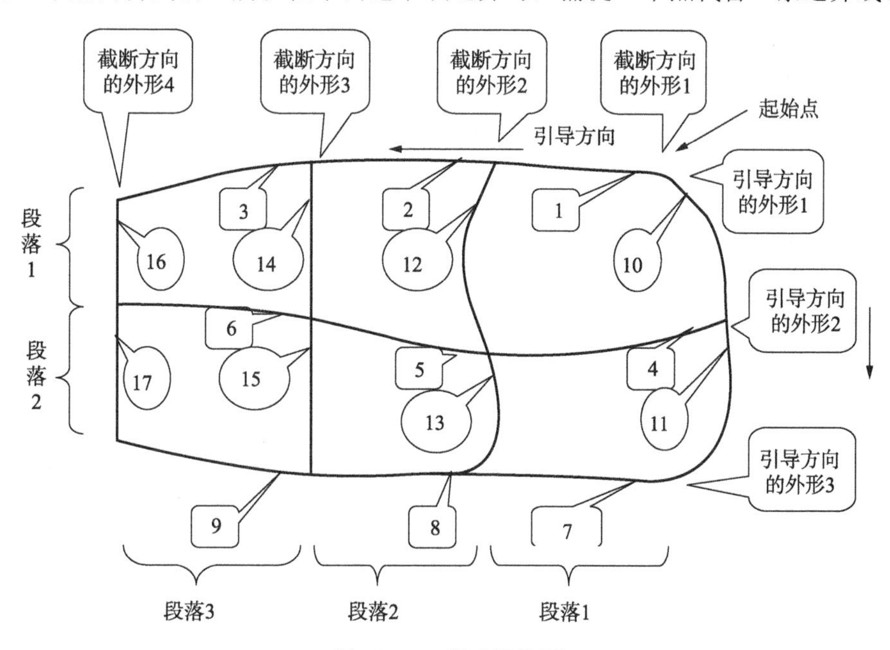

图 12-13　昆氏网格面

砚台的顶面是一个昆氏曲面，绘制方法如下所述。

① 绘图设置。

将当前图层设为 4，图层名称命名为“昆氏曲面”，图层群组命名为“曲面”。颜色设置为 10（绿色），其余设置为默认值。

② 单击主菜单→绘图→曲面→昆氏曲面命令，过程如图 12–14 所示，弹出如图 12–15 所示的对话框。

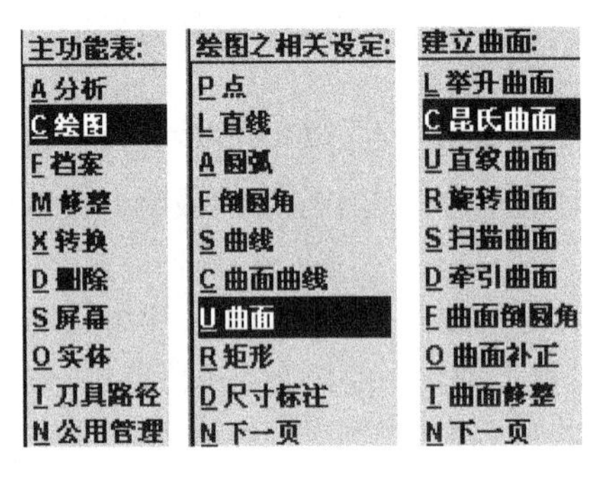

图 12–14　绘制昆氏曲面菜单

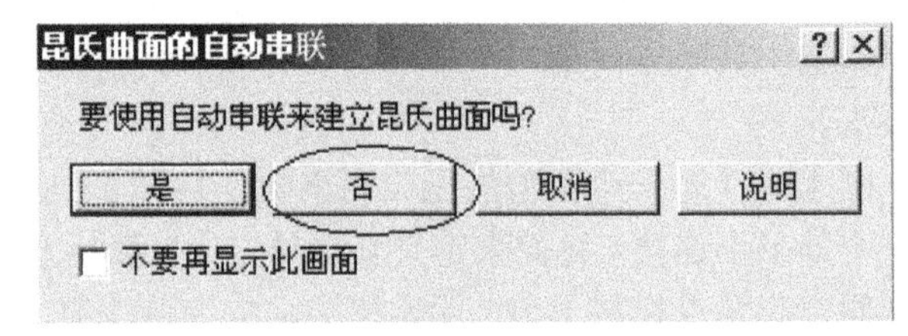

图 12–15　“昆氏曲面的自动串联”对话框

③ 单击否按钮，表示采用手动串联方式。在系统信息提示区出现提示：引导方向的缀面数=，输入 4，回车。

注意

本例的中间 4 个缀面只有三条边界曲线，是四条边界曲线的一个特例，将其中的一条边界无限缩小成一点，即将图 12–18 的中心交点当做一条边界曲线，选择时以点来代替边界曲线。设定沿着椭圆曲线方向为引导方向，则引导方向共有 4 个缀面。

④ 在系统信息提示区出现提示：截断方向的缀面数=输入 2，回车。

注意

沿着垂直椭圆曲线方向（即径向）为截断方向，该方向有两个缀面，图中总的缀面数为 4×2 = 8 个。

⑤ 在绘图区上面的提示区提示：昆氏曲面：定义引导方向：段落 1 外形 1，要求选择引导方向的外形 1 的段落 1。单击单体命令，如图 12–16 所示。

⑥ 假定选择最右边的与 X 轴的交点为起始点，外沿边界顺时针方向为引导方向，径向边界向里为截断方向。

靠近起点位置选中引导方向的第一条外形线为“外形 1 的段落 1”，出现如图 12–17 所示菜单，要求选择外形 1 的段落 2，并在绘图区中串联出现一个箭头，指向引导方向（顺时针方向），如图 12–18 所示。

注意

以后选择每一个段落都要靠近起点位置点选，保证串联的箭头方向一致。

⑦ 依次选中引导方向外形 1 的段落 2、引导方向外形 1 的段落 3、引导方向外形 1 的段落 4，定义完引导方向外形 1 上所有的段落，同时，在上面的提示区出现提示：昆氏曲面：定义引导方向：段落 1 外形 2，要求选择外形 2 的段落 1。

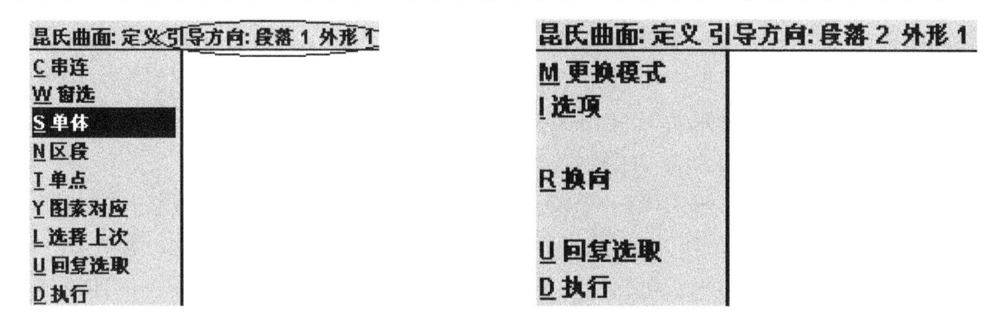

图 12-16 选择图素的方式为“单体”的菜单　　图 12-17 定义引导方向外形 1 的段落 2 的菜单

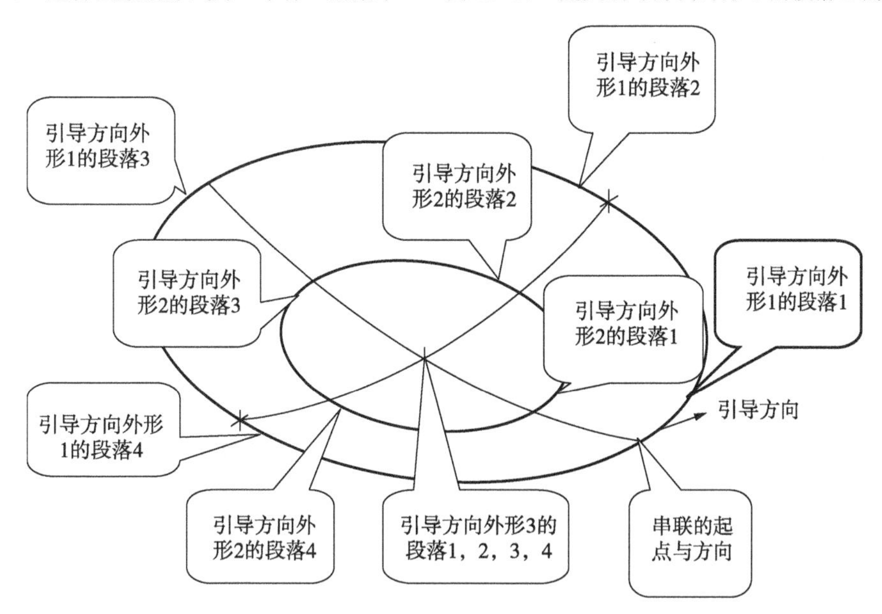

图 12-18 昆氏串联定义引导方向的顺序

⑧ 依次选中引导方向外形 2 的段落 1、引导方向外形 2 的段落 2、引导方向外形 2 的段落 3、引导方向外形 2 的段落 4，定义完引导方向外形 2 上所有的段落，同时，在上面的提示区出现提示：昆氏曲面：定义引导方向：段落 1 外形 3，要求选择外形 3 的段落 1。

注意

引导方向的外形 3 的段落 1、2、3、4 是交于中心的四个点。

⑨ 单击更换模式→单点命令，过程如图 12-19 所示。

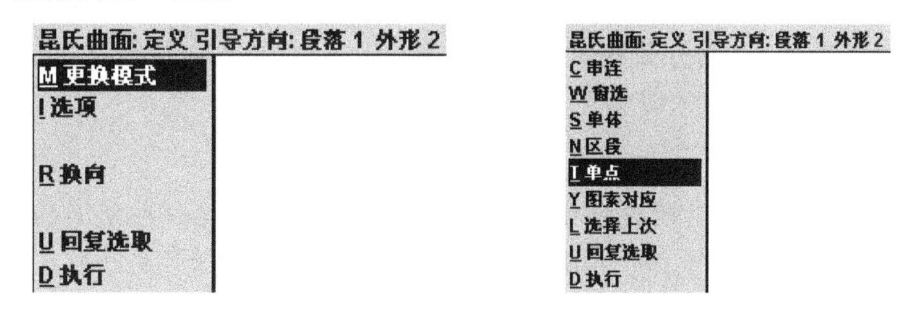

图 12-19 选择图素的方式为“单点”菜单

⑩ 捕捉图 12-18 的中心点为引导方向外形 3 的段落 1；单击单点命令，再捕捉中心点为

引导方向外形3的段落2；单击单点命令，第三次捕捉中心点为引导方向外形3的段落3；单击单点命令，第四次捕捉中心点为引导方向外形3的段落4，定义完引导方向外形3上所有的段落，同时，在上面的提示区出现提示：昆氏曲面：定义截断方向：段落1外形1，如图12-20所示，要求选择截断方向的外形1的段落1。

⑪ 在靠近起点位置，选中第一个缀面的截断方向第一条线，作为截断方向外形1的段落1，同时，出现如图12-21所示菜单，要求选择截断方向外形1的段落2，并在第一条线上出现一个箭头，指向截断方向，如图12-22所示。该方向共两个缀面，每一个外形就有两个段落。选中同方向的第二条线，作为截断方向外形1的段落2。

昆氏曲面: 定义 截断方向: 段落 1 外形 1
C 串连
W 窗选
S 单体
N 区段
T 单点
Y 图素对应
L 选择上次
U 回复选取
D 执行

图12-20 定义截断方向外形1的段落1的菜单

昆氏曲面: 定义 截断方向: 段落 2 外形 1
M 更换模式
I 选项
R 换向
U 回复选取
D 执行

图12-21 提示定义截断方向外形1的段落2的菜单

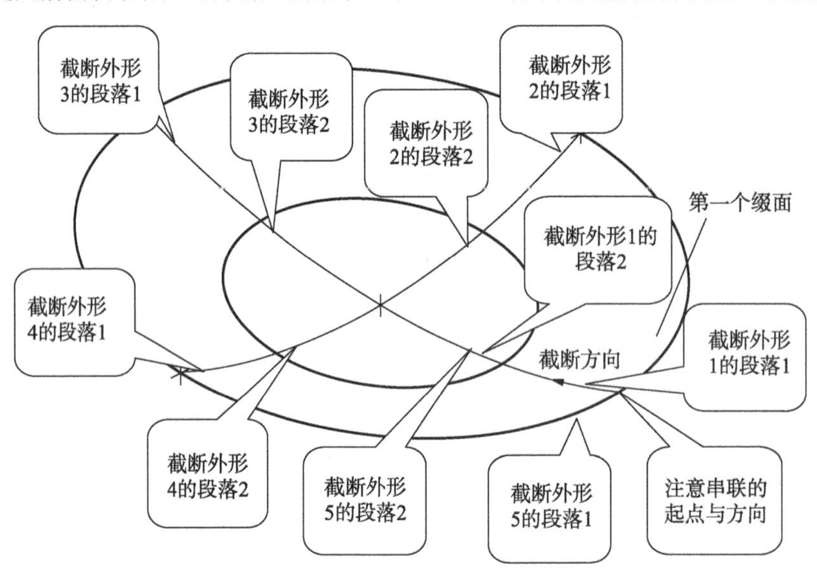

图12-22 昆氏串联定义截断方向的顺序

⑫ 依次选中截断方向外形2的段落1，外形2的段落2，截断方向外形3的段落1，截断方向外形3的段落2，截断方向外形4的段落1，截断方向外形4的段落2。截断方向外形5的段落1，截断方向外形5的段落2。

注意

图12-22所示的图形是封闭式外形，第一组缀面的首边和最后一组缀面的尾边重合。截断方向外形5的段落1与截断方向外形1的段落1是重合的，截断方向外形5的段落2与截断方向外形1的段落2是重合的。

⑬ 在绘图区上面的提示区提示：连接完毕。单击执行命令，如图12-23所示，出现了昆氏曲面菜单，如图12-24所示。

⑭ 单击误差值命令，在系统信息提示区出现提示：曲面误差 = 0.002，输入 0.002。

⑮ 单击曲面形式 N 选项，可以选择“P”、“N”。P 代表参数式曲面（Parametric），由参数式曲线构建而成；N 代表昆氏曲面（Nurbs），由昆氏曲线构建而成。本例选择“N”，即选择昆氏曲面，如图 12-24 所示。

⑯ 单击熔接方式 C 选项，可以选择“L”、“P”、“C”、“S”。L 表示线性，P 表示抛物线，C 表示三次式曲线，S 表示三次式曲线配合斜率，生成的曲面的光滑程度是递增的。本例选择“C”。

⑰ 单击执行命令，生成了昆氏曲面，如图 12-25 所示。

⑱ 按 Esc 键，或单击主菜单命令，退出昆氏曲面绘制模式。

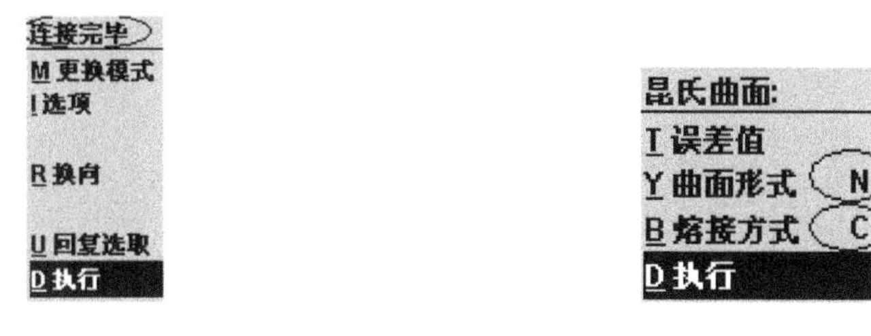

图 12-23　“连接完毕”菜单　　　图 12-24　定义昆氏曲面菜单

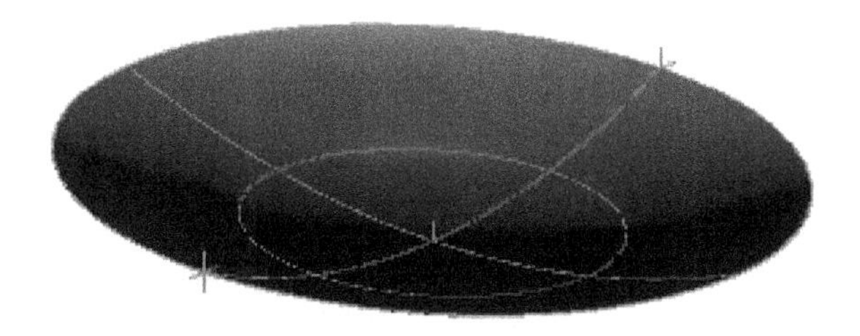

图 12-25　昆氏曲面

12.4.2　旋转曲面

旋转曲面是将一个或多个图素绕某一轴旋转而生成的曲面。砚台的底面支撑是一个旋转曲面，绘制方法如下所述。

① 将当前图层设为 5，图层名称命名为“旋转外形”。打开图层 1，关闭图层 2、3、4，颜色设置为 8（深灰），其余设置为默认值。按“F9”键，显示坐标轴。

② 绘制底面支撑旋转外形如图 12-26 所示。

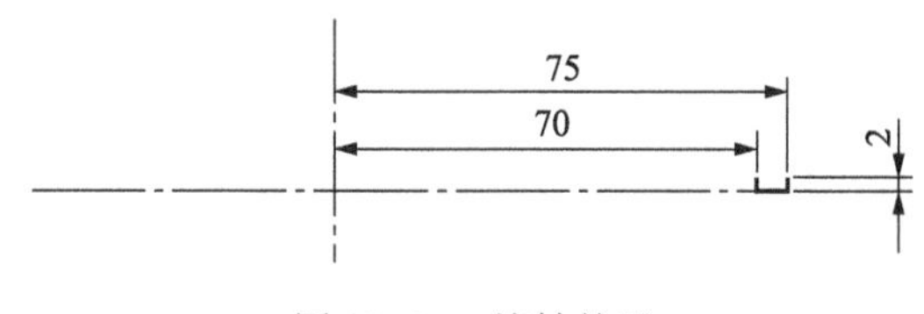

图 12-26　旋转外形

③ 将当前图层设为 6，图层名称命名为“旋转曲面”。

单击主菜单→绘图→曲面→旋转曲面→串联命令，过程如图 12-27 所示。选择旋转外形为串联，单击执行命令，在系统信息提示区出现提示：请选择旋转轴。

图12-27　旋转曲面的绘制菜单

④ 选择如图12-28所示的垂直线为旋转轴，在旋转轴处产生一个有旋转方向与起点的箭头。在系统信息提示区出现提示：起始角度=0.000 终止角度=360.000。

在主菜单提示区出现如图12-29所示的菜单。

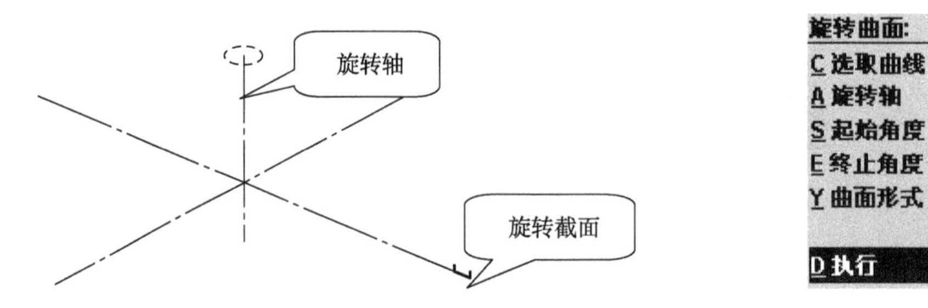

图12-28　选择旋转截面与旋转轴　　图12-29　定义旋转曲面菜单

⑤ 单击曲面形式 N选项，可以选择 "P"、"N"、"C"。P代表参数式曲面（Parametric），N代表昆氏曲面（NURBS），C代表曲线生成曲面（Curve-generated）。本例选择"N"，即选择昆氏曲面，如图12-24所示。

⑥ 单击执行命令，生成旋转曲面，如图12-30所示。

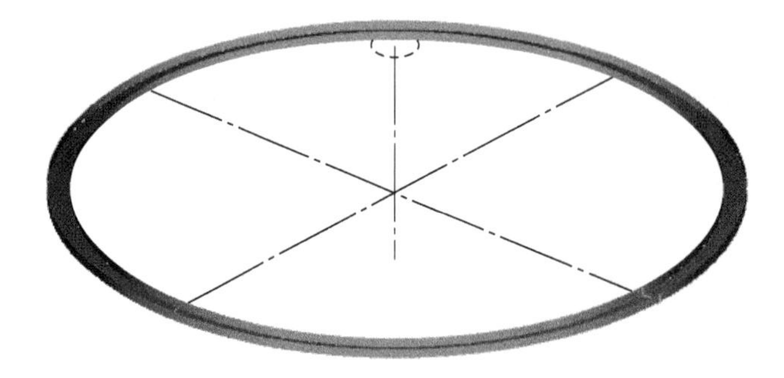

图12-30　旋转曲面

12.4.3　绘制整体外形曲面

1. 绘制举升曲面

① 将当前图层设为7，图层名称命名为"外形曲面"。打开图层2，关闭图层1、3、4、5、6。颜色设置为2（墨绿），其余设置为默认值。

② 单击主菜单→绘图→曲面→举升曲面→串联命令，选择如图12-31所示串联1、串联2，单击执行命令，产生举升曲面如图12-32所示。

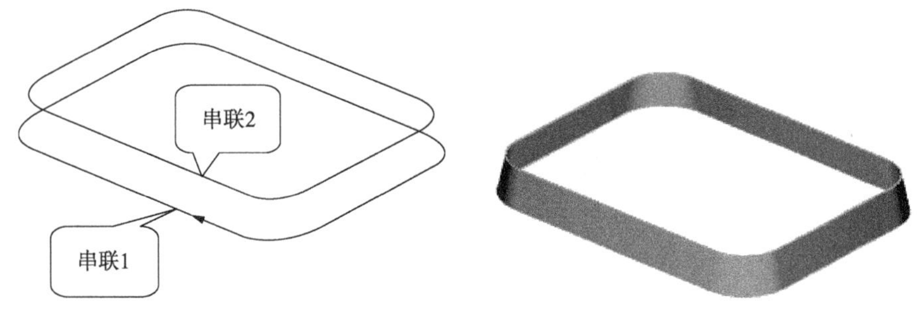

图 12-31　旋转曲面　　　图 12-32　举升曲面

2. 平面修整

① 单击主菜单→绘图→曲面→曲面修整→平面修整→串联命令，选择如图 12-31 所示串联 1，单击执行命令，产生平面如图 12-33 所示。

② 单击串联命令，选择如图 12-31 所示串联 2，单击执行命令，产生平面如图 12-33 所示。

12.4.4　曲面倒圆角

图 12-33　平面修整

1. 顶部与侧面倒圆角

① 将当前图层设为 8，图层名称命名为“曲面倒圆角”。作图颜色选择 9 号颜色（蓝色）。打开图层 7，关闭其余图层。

② 单击主菜单→绘图→曲面→曲面倒圆角→曲面/曲面命令。

③ 选择相交的两组面。第一组曲面选择顶部的平面，单击执行命令后，再选择侧面曲面作为第二组曲面，如图 12-34 所示。

④ 单击执行命令，在系统信息提示区出现提示：输入半径，输入 5，回车，进入曲面对曲面倒圆角的参数设置菜单，如图 12-35 所示。

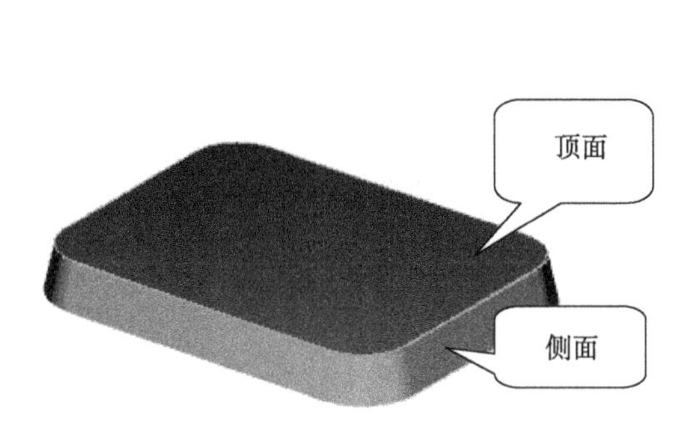

图 12-34　选择两组曲面倒圆角

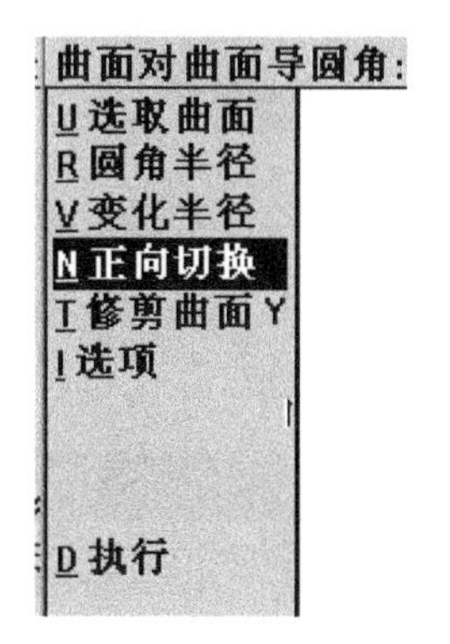

图 12-35　曲面对曲面倒圆角菜单

⑤ 单击正向切换→循环命令，通过切换方向命令，将曲面的法线方向切换到向内的方向。单击修剪曲面 Y 选项，可选择“Y”、“N”。本例选“Y”，表示要修剪曲面。

⑥ 单击执行命令，产生了倒圆角，如图 12-36 所示。

图 12-36 倒圆角 $R5$

2. 顶部与昆氏曲面倒圆角

砚台的顶部四周为平面，中间为昆氏曲面，通过倒圆角，可以将两曲面光滑连接起来，并同时修剪两曲面，方法如下所述。

① 打开图层 4（昆氏曲面），按 Alt+S 组合键，曲面不着色，按 Alt+E 组合键，选中顶面及昆氏曲面。单击执行命令，再按 Alt+S 组合键，旋转图形视角如图 12-37 所示，只显示了顶面及昆氏曲面。

② 单击主菜单→绘图→曲面→曲面倒圆角→曲面/曲面命令。

③ 选择相交的两组面，第一组曲面选择昆氏曲面，单击执行命令后，再选择顶面作为第二组曲面。

④ 单击执行命令，在系统信息提示区出现提示：输入半径，输入 10，回车，进入曲面对曲面导圆角的参数设置，如图 12-35 所示。

⑤ 单击正向切换→循环命令，通过切换方向命令，将曲面的法线方向都切换为向下方向。

⑥ 单击执行命令，产生倒圆角曲面，按 Alt+E 组合键，显示所有曲面，将图形视角设定为等角视图 I，结果如图 12-38 所示。

图 12-37 显示顶面与昆氏曲面

图 12-38 曲面倒圆角

⑦ 打开图层 4，如图 12-39 所示，将所有曲面显示出来，按 Alt+S 组合键，曲面不着色，结果如图 12-40 所示。

层别管理员

图...	可...	限定的图层：关	图层名称
1			中心线
2			整体外形
3			顶面外形
4	✓		昆氏曲面
5			旋转外形
6	✓		旋转曲面
7	✓		举升曲面
8	✓		倒圆角

图 12-39 显示曲面图层

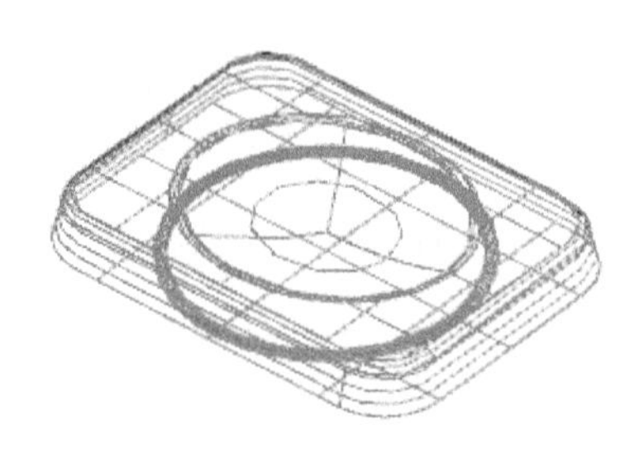

图 12-40 砚台

至此，我们已完成了砚台的绘制，要进一步完善砚台的结构，还可以在砚台的周围开一个架笔的槽，具体结构的绘制在此省略。

3. 存档

输入文件名“砚台.MC9”，存档。

练习 12

12.1　昆氏曲面有什么特征？

12.2　请叙述昆氏曲面定义外形边界的顺序。

12.3　旋转曲面与旋转实体对要旋转的图素的串联要求有什么不同？

12.4　请在计算机上绘制如题 12.4 图所示的线框架图，并绘制成昆氏曲面。

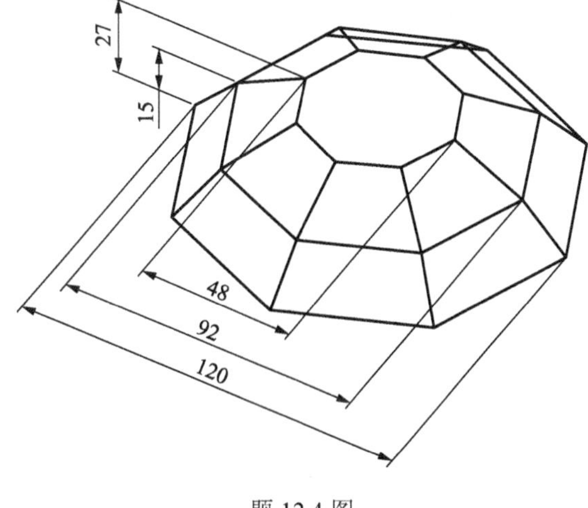

题 12.4 图

第13章 遥控器后盖后模的设计与加工

本章主要介绍牵引曲面、补正曲面，以及曲面的修剪、曲面倒圆角和后模的结构等绘图知识；介绍曲面的挖槽粗加工、等高外形精加工、平行铣削精加工和 2D 外形精加工清角等加工知识。

13.1 遥控器后盖的零件图

遥控器后盖零件如图 13-1 所示。零件四侧面拔模斜度为 1°，四边倒圆角 *R*2.5。

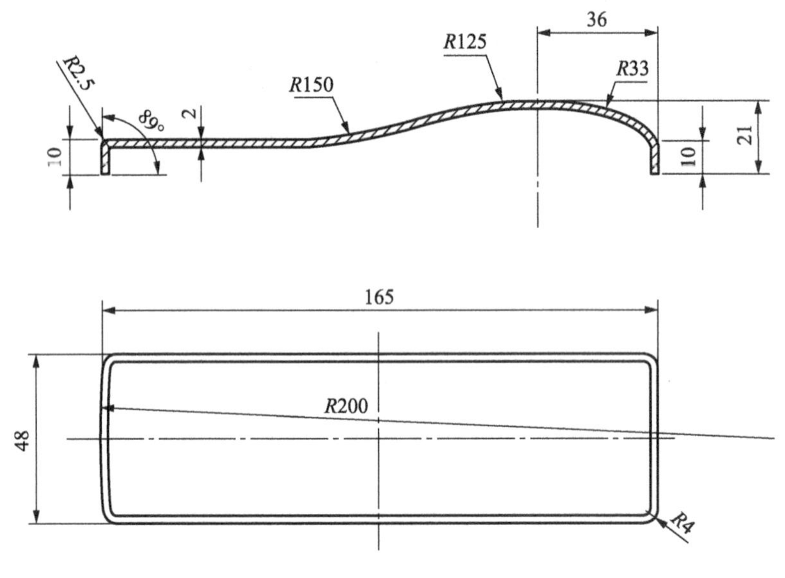

图 13-1　遥控器后盖零件图

根据遥控器后盖的零件模型，设计产生遥控器后盖的前模与后模模具型芯。后模是凸模，用来形成遥控器后盖的内腔，后模图形加上分型面、镶嵌结构就构成了遥控器后盖的后模型芯。

13.2 绘图思路

首先绘制遥控器后盖的曲面模型，再根据模具结构的要求，绘制后模型芯的曲面模型。

遥控器后盖的外表面可用牵引曲面的方法生成，通过修剪倒圆角的方法可完成外表面的造型。内表面可由外表面向内补正得到。将内表面缩水处理后，作为后模的曲面模

型。绘制镶嵌结构线框，形成分型平面及四周垂直平面，完成遥控器后盖后模型芯的三维造型。

绘制遥控器后盖后模型芯思路如图 13-2 所示。

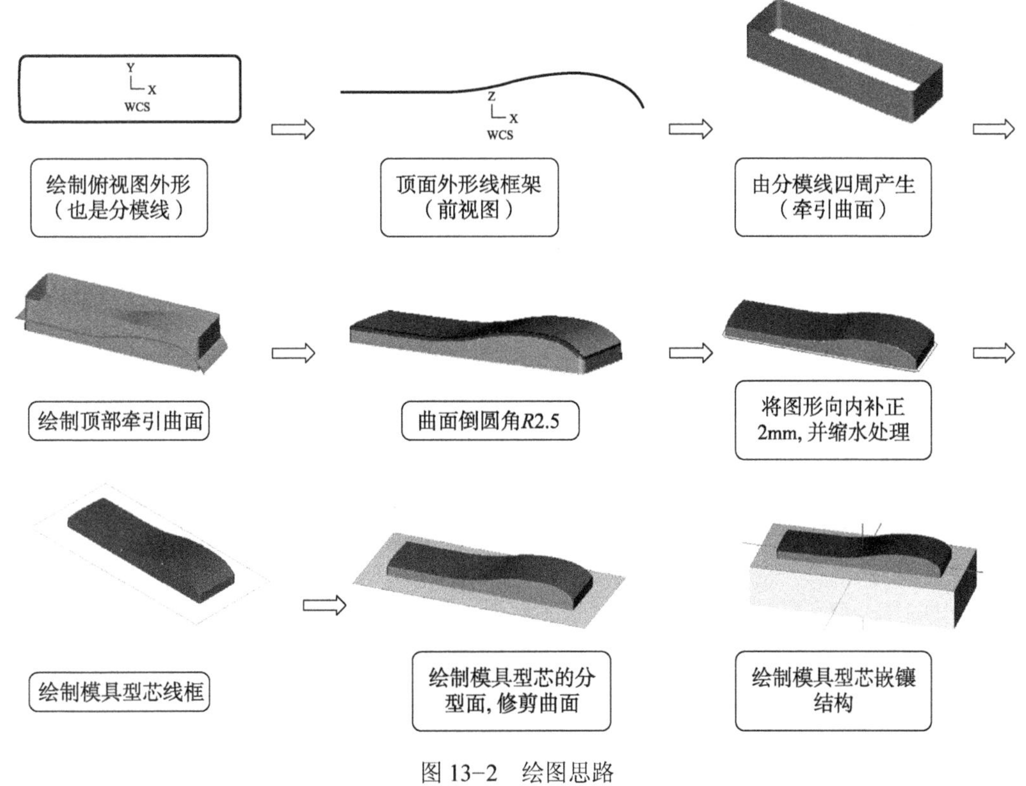

图 13-2　绘图思路

13.3　绘制遥控器后盖

13.3.1　绘制遥控器后盖的图形

1. 绘制中心线

将当前图层设为 1，命名为“中心线”，将线型改为中心线，其余设置为默认值。

绘制与 *X*、*Y*、*Z* 三轴重合的三条中心线。

2. 绘制遥控器后盖的俯视图

在俯视图上绘制遥控器后盖的外形线框，也就是分模线，方法如下所述。

① 设置构图平面为俯视图 T，当前图层为 2，命名为“外形线”，选择 10 号颜色（绿红），将线型改为实线。

② 绘制遥控器后盖的外形的平面草图如图 13-3 所示，半径为 *R*200 的圆弧可采用极坐标画圆弧（选任意角度）的方法绘制，圆心坐标为（117.5，0），修剪成如图 13-4 所示的图形。

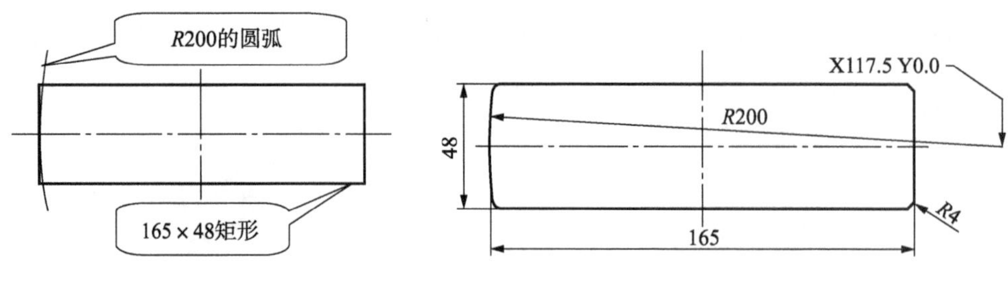

图 13-3　遥控器后盖的外形草图　　图 13-4　修剪后的外形

3. 在前视图上绘制遥控器后盖轮廓线

遥控器后盖顶部的曲面轮廓线由3条圆弧与一条水平线组成，绘制方法如下所述。

① 设置构图平面为前视图F，构图深度为Z：25，当前图层为3，命名为“后盖轮廓线”。

② 画好水平线及圆弧，绘制圆弧*R*125采用极坐标画圆弧（选任意角度）的方法绘制，圆心为（46.5，-104）。

③ 采用极坐标法画右边的斜直线，起始点的位置为（82.5，0），角度91，长度12。

④ 绘制水平线，Y轴坐标为10，与斜直线生成一个交点。

⑤ 圆弧*R*150采用切弧（切两物体）的方法绘制，圆弧*R*33采用切弧（经过一点）的方法绘制，绘制遥控器后盖轮廓线的前视图草图，修剪成如图13-5所示的图形。

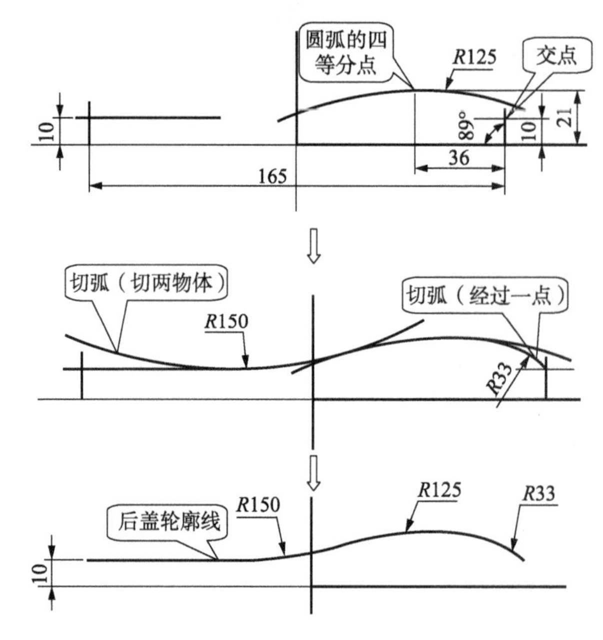

图 13-5　遥控器后盖轮廓线的绘制过程

13.3.2　用牵引曲面构建四周曲面

遥控器后盖零件四侧面拨模斜度为1°，可以用牵引曲面构建。

① 将当前图层设为4，命名为“四周牵引曲面”，并且关闭图层3，作图颜色选择7号颜色（灰色），图形视角设为等角视图。

② 单击主菜单→绘图→曲面→牵引曲面→串连命令，过程如图13-6所示，选择俯视图外形线为串连，如图13-7所示。

③ 单击执行命令，产生了一个垂直于构图平面的箭头，如图 13-7 所示，进入绘制牵引曲面设置选项菜单，如图 13-8 所示。

④ 单击视角命令，可选择牵引的方向，默认方向为垂直于构图平面方向。

⑤ 单击牵引长度命令，输入“30”。若输入为“-30”，则牵引的方向反向。

⑥ 单击牵引角度命令，输入“1”，即为拔模斜度值，箭头方向向串联内偏转了 1°。若输入为“-1”，则拔模方向相反，箭头方向向串联外偏转了 1°。

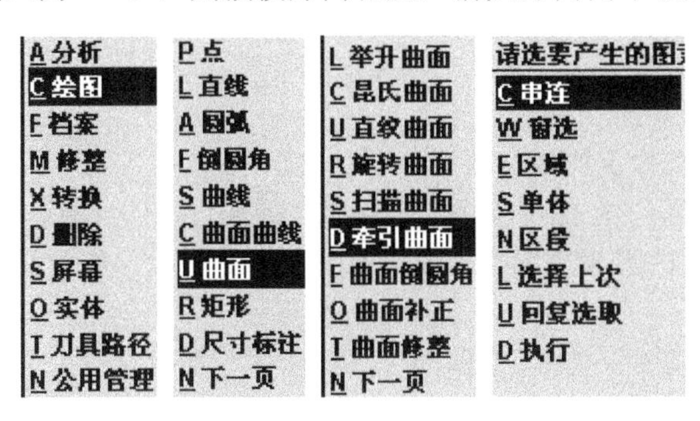

图 13-6　牵引曲面绘制菜单　　图 13-7　侧面牵引曲面的串连及牵引方向

⑦ 单击曲面形式 N 选项，可改变构建曲面的种类，利用该选项可将曲面切换为 P 曲面、N 曲面或 C 曲面。

⑧ 单击执行命令，生成牵引曲面。按 Alt+S 组合键，渲染上色，显示如图 13-9 所示图形。

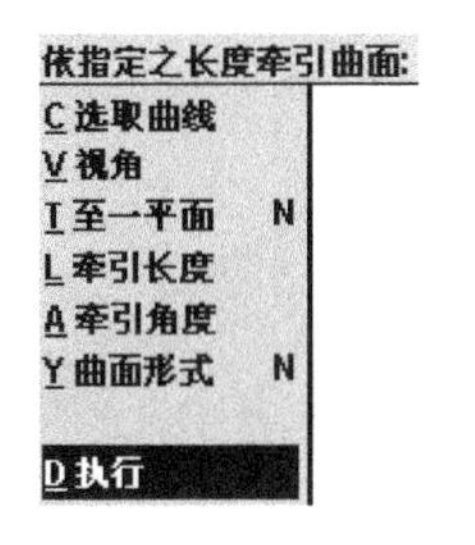

图 13-8　牵引曲面菜单

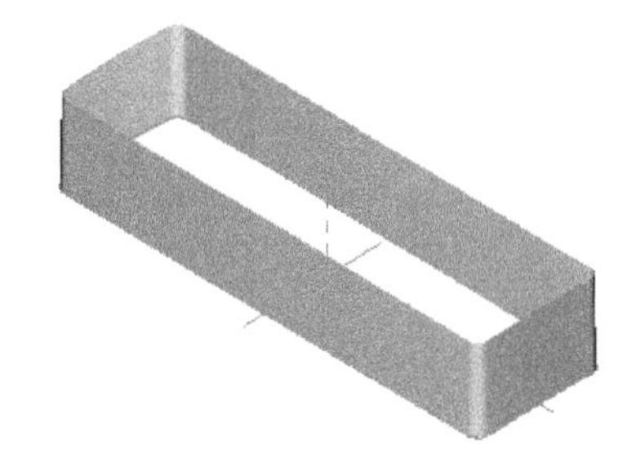

图 13-9　侧面牵引曲面

13.3.3　遥控器后盖零件顶面的曲面构建

遥控器后盖零件顶面的曲面可由图 13-5 的轮廓线来构建，可采用牵引曲面、举升曲面、直纹曲面三种曲面中的任何一种曲面来完成，现采用牵引曲面进行构建。

① 设置图形视角为等角视图 I，构图平面为前视图 F，将当前图层设为 5，命名为“顶面曲面”，打开图层 3，并且关闭图层 2 和 4。

② 单击主菜单→绘图→曲面→牵引曲面→串连命令，过程如图 13-6 所示，选中后盖轮廓线，如图 13-10 所示。

③ 单击执行命令，进入绘制牵引曲面设置选项，如图 13-8 所示。

④ 单击牵引长度命令，输入“-50”。“ -”表示向 Y 轴的负方向牵引。

⑤ 单击牵引角度命令，输入“0”。

⑥ 选择曲面形式 N 选项。

⑦ 单击执行命令，生成牵引曲面，如图 13-11 所示。

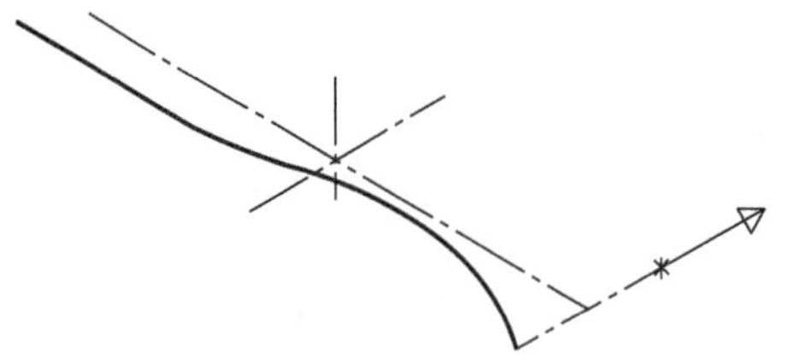

图 13-10 顶面牵引曲面的串联及牵引方向

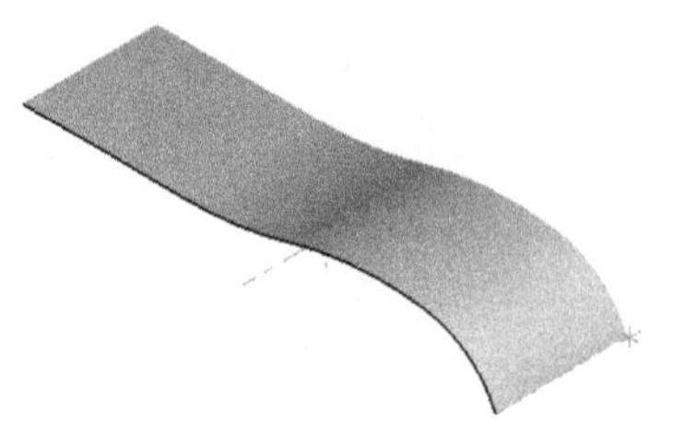

图 13-11 顶面牵引曲面

13.3.4 曲面/曲面的倒圆角

遥控器侧面与顶面倒 *R*2.5 的圆角，方法如下所述。

① 将当前图层设为 6，命名为“倒圆角”，在图层群组栏内输入“曲面”，打开图层 4，关闭图层 1 和 3。工作区显示遥控器后盖零件侧面及顶面图形，如图 13-12 所示。作图颜色选择 12 号颜色（红色）。

② 单击主菜单→绘图→曲面→曲面倒圆角→曲面/曲面命令，提示区左上角显示：请选取第一组曲面。

③ 选中第一次构建的所有侧面，单击执行命令，提示区左上角显示：请选取第二组曲面。

④ 选中刚构建的顶面，单击执行命令，提示区左下角显示：输入半径，输入 2.5，回车。

⑤ 单击正向切换→循环命令，检查曲面倒圆角的两组曲面法线方向，注意箭头方向应指向圆弧的中心，否则使用切换方向命令改变方向。

⑥ 单击确定→执行命令，完成曲面的倒圆角，如图 13-13 所示。

⑦ 单击主菜单→档案→存档命令，输入“遥控器后盖.MC9”，回车。

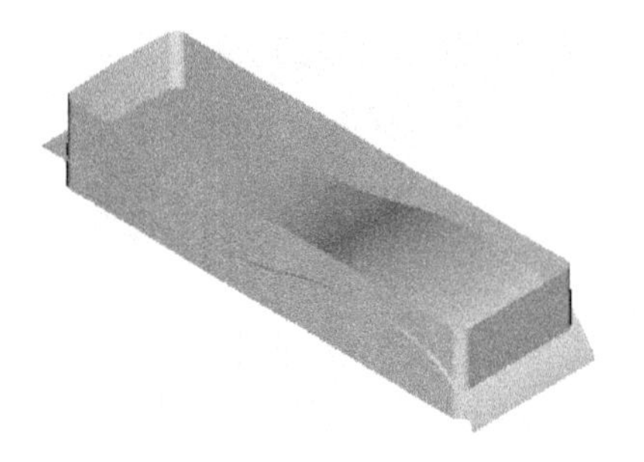

图 13-12 遥控器后盖侧面分顶面

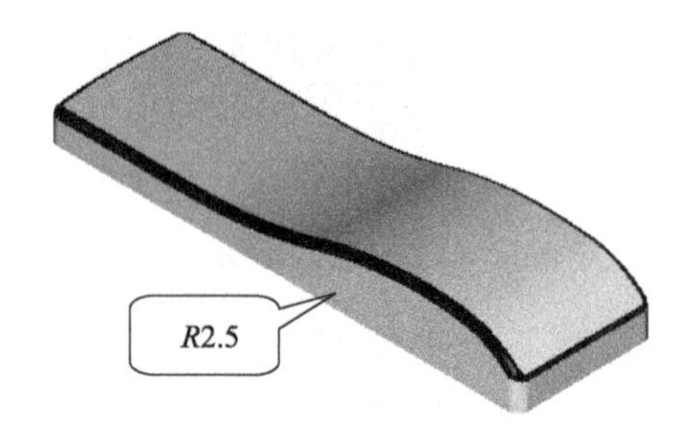

图 13-13 倒圆角 *R*2.5

这样，我们就建立了遥控器后盖的曲面模型。在数控加工中，刀具加工不到的底面的结构，可省略不画，以节省时间。在模具的设计与数控加工编程中，前模与后模型芯的设计可根据零件的曲面外形来完成。

一般情况下，前模决定了产品的的外表面形状，前模型腔向内凹陷，也叫凹模，与之相对应，后模决定了产品的内表面，后模型腔向外凸出，也称凸模。

选择底平面为遥控器后盖的分型面，加上曲面外形构成了前模图，加工编程时图形需要绕 X 轴旋转 180°。

遥控器后盖的后模的设计，只需要将产品的曲面外形向内补正一个距离即可得到内表面图形，加上分型面就可构成后模图。下面具体介绍遥控器后盖后模的绘制过程。

13.3.5 曲面补正——构建遥控器后盖内表面

构建遥控器后盖内表面，只需要将外表面向内补正一个距离即可。

① 将当前图层设为 7，命名为“补正曲面”。

② 单击主菜单→绘图→曲面→曲面补正→窗选命令，过程如图 13-14 所示，窗选所有曲面。

③ 单击执行→补正距离命令，过程如图 13-15 所示，提示区左下角显示：补正距离=，输入 2，回车。

		建立曲面:	选取曲面
A 分析	P 点	L 举升曲面	U 回复选取
C 绘图	L 直线	C 昆氏曲面	
F 档案	A 圆弧	U 直纹曲面	W 窗选
M 修整	F 倒圆角	R 旋转曲面	
X 转换	S 曲线	S 扫描曲面	
D 删除	C 曲面曲线	D 牵引曲面	
S 屏幕	U 曲面	F 曲面倒圆角	A 所有的
O 实体	R 矩形	O 曲面补正	G 群组
T 刀具路径	D 尺寸标注	T 曲面修整	R 结果
N 公用管理	N 下一页	N 下一页	D 执行

图 13-14 曲面补正操作菜单

④ 单击正向切换命令，出现如图 13-16 所示的菜单，单击循环命令，检查曲面的法线方向，若曲面的法向指向外，通过单击切换方向按钮，可将每一个曲面的法线方向转换为向里面。

⑤ 单击确定命令，返回图 13-15 所示菜单界面。

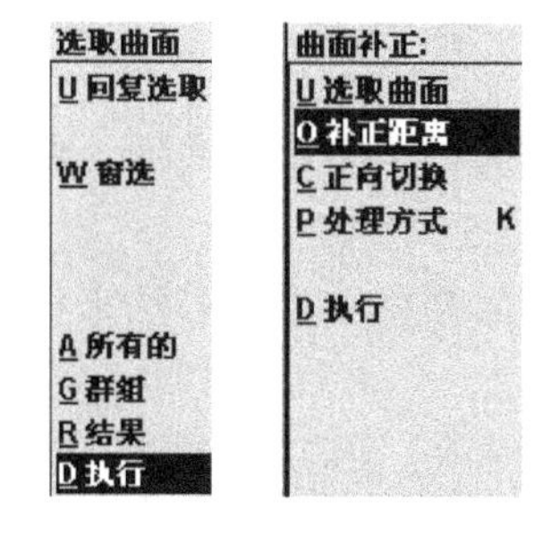

图 13-15 曲面补正距离菜单

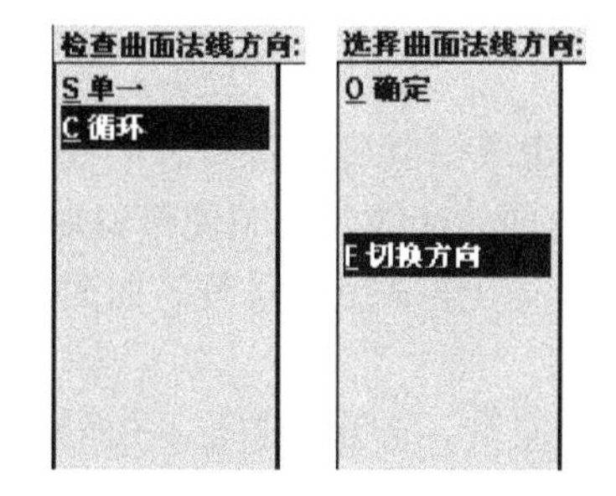

图 13-16 检查曲面法线方向菜单

⑥ 单击处理方式 K 选项，可选择为 K、B、D。K 表示保留（Keep），B 表示隐藏（Blank），D 表示删除（Delete）。

⑦ 单击执行命令，完成了曲面补正，产生了遥控器后盖内表面。按 Alt+S 组合键，曲面不上色，结果如图 13-17 所示。

⑧ 将图层 4、5、6 关闭，只保留图层 7（补正曲面），结果如图 13-18 所示。

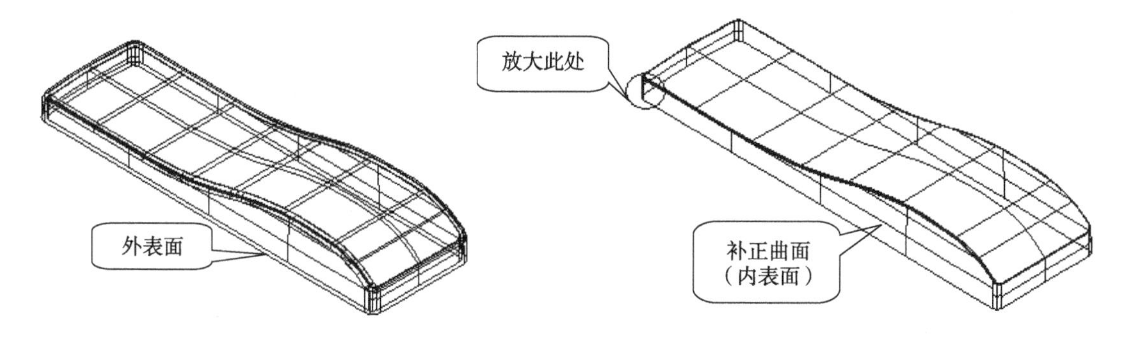

图 13-17 曲面补正得到内表面　　图 13-18 补正曲面

13.3.6 修剪曲面

曲面补正后，其底边已不在 Z=0 的 XY 平面，将图 13-18 中所示的底边处放大，如图 13-19

所示。通过分析，底边的 Z 坐标为-0.034，原因是在做曲面补正时，补正面的方向与四周的面垂直，而四周有拔模斜度，故补正后曲面的底边的 Z 坐标不在零位置。拔模斜度越大，差距越大。

遥控器后盖的分模面是一个位于底边的平面，处在 Z=0 的 XY 平面上，因此内表面的底边也应在上述平面上。可以通过两种方法来修剪分模面以下多余的曲面。

图 13-19　曲面放大图

① 在构建遥控器后盖后模时，我们暂时不修剪分模面以下多余的曲面，留待后续绘制分模面与内表面的交线时，顺便修剪掉多余的曲面，见 13.5.3 节。

② 如果只构建遥控器后盖的曲面模型，我们采用平面修剪图形的办法来将零位以下的部分修剪掉。

- 单击主菜单→绘图→曲面→曲面修整→至平面→窗选命令，窗选所有曲面，单击执行→Zxy平面命令，提示区左下角显示：请输入平面之Z坐标 0. ，回车，在图中Z=0的位置处生成一个平面，平面法向方向向上，表示保留平面上面的曲面，如图13-20所示。
- 单击确定→执行命令，Z=0的XY平面以下的曲面被修剪掉，如图13-21所示。
- 单击工具栏复原按钮，取消曲面修整操作，保留分模面以下多余的曲面，以便绘制分模面与内表面的交线，见13.5.3节。

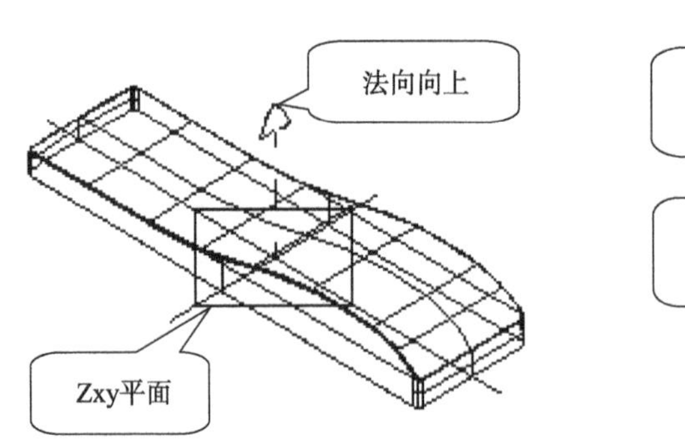

图 13-20　用平面修整曲面

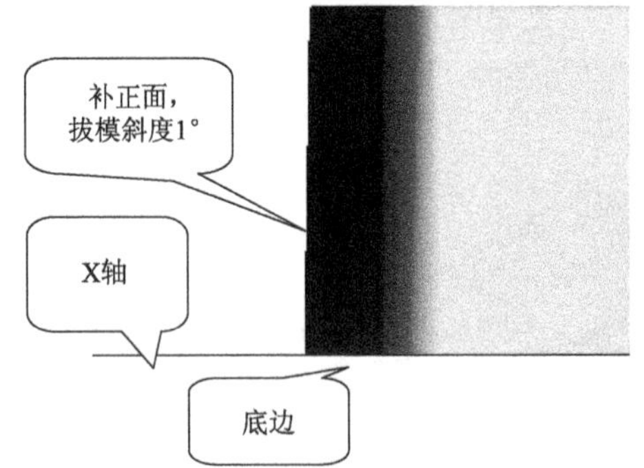

图 13-21　曲面 X 轴以下部分被修剪

13.3.7　存档

单击主菜单→档案→存档命令，输入“遥控器底盖内表面.MC9”，回车。

13.4　遥控器后盖后模

后模也叫下模、动模，开模后，塑料制品随后模离开前模。一般是将模具的型芯镶嵌在模架内，组成后模，这里我们只介绍遥控器后盖后模的型芯的设计与加工。

13.4.1　缩水

遥控器后盖材料采用 ABS，缩水率为 5‰，模具型腔需要放大（1+缩水率）倍，放大比例为 1：1.005。

① 设当前图层为 8，命名为"缩水 1.005"。

② 单击主菜单→转换→缩放比例命令，窗选所有的图素，单击执行命令。

③ 出现如图 13-22 所示的对话框，在信息提示区提示：请指定缩放之基准点。捕捉原点为缩放的基准点。

④ 输入缩放的比例倍数为 1.005，单击确定按钮。

⑤ 产生了放大 1.005 倍后的图形，结果如图 13-23 所示。

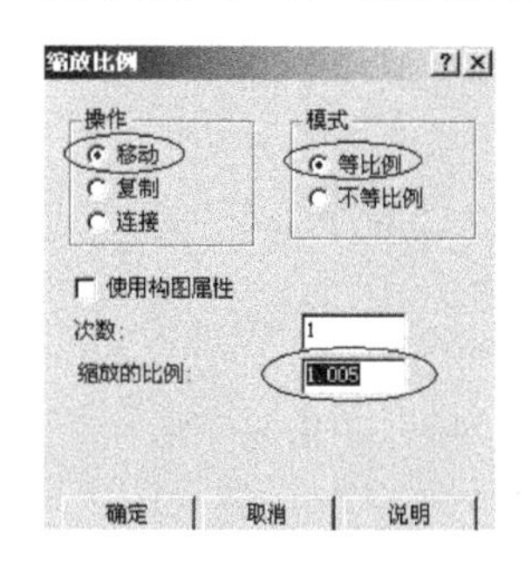

图 13-22　缩放比例对话框

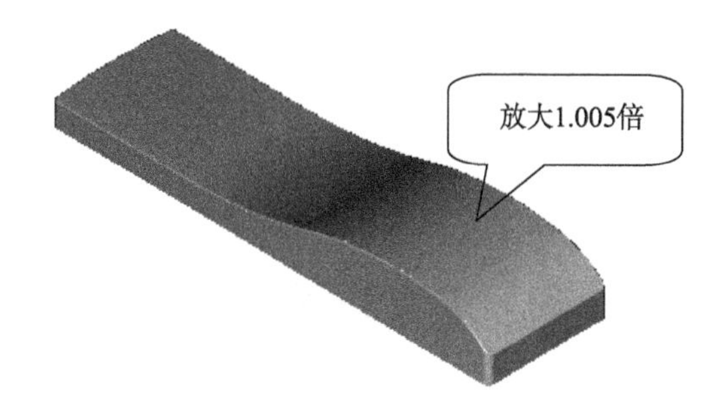

图 13-23　遥控器后盖内表面放大 1.005 倍

13.4.2　设计模具型芯

根据模具的工艺及结构的要求，遥控器后盖后模的结构，除零件的内表面外，还需要设计分型面及镶嵌入模架的结构，镶嵌结构一般设计成一个长方体。

① 设置图形视角为等角视图，构图平面为俯视图 T，构图深度为 Z：0，将当前图层设为 9，命名为"型芯"，作图颜色选择 7 号颜色（灰色）。

② 绘制一个长 200、宽 90 的矩形，如图 13-24 所示，该线框可作为型芯镶嵌在模架内的外形边界。后续加工中也可作为型芯挖槽加工的范围。

③ 单击主菜单→绘图→曲面→曲面修整→平面修整→串连命令，选择矩形为串连，单击执行命令，完成了分型面的绘制，效果图如图 13-25 所示。

④ 为更形象地表达该模具型芯后模图，将四周的垂直面用牵引曲面的方法画出，牵引高度为 40，如图 13-26 所示。

⑤ 单击主菜单→档案→存档命令，输入"遥控器后盖后模.MC9"，回车。

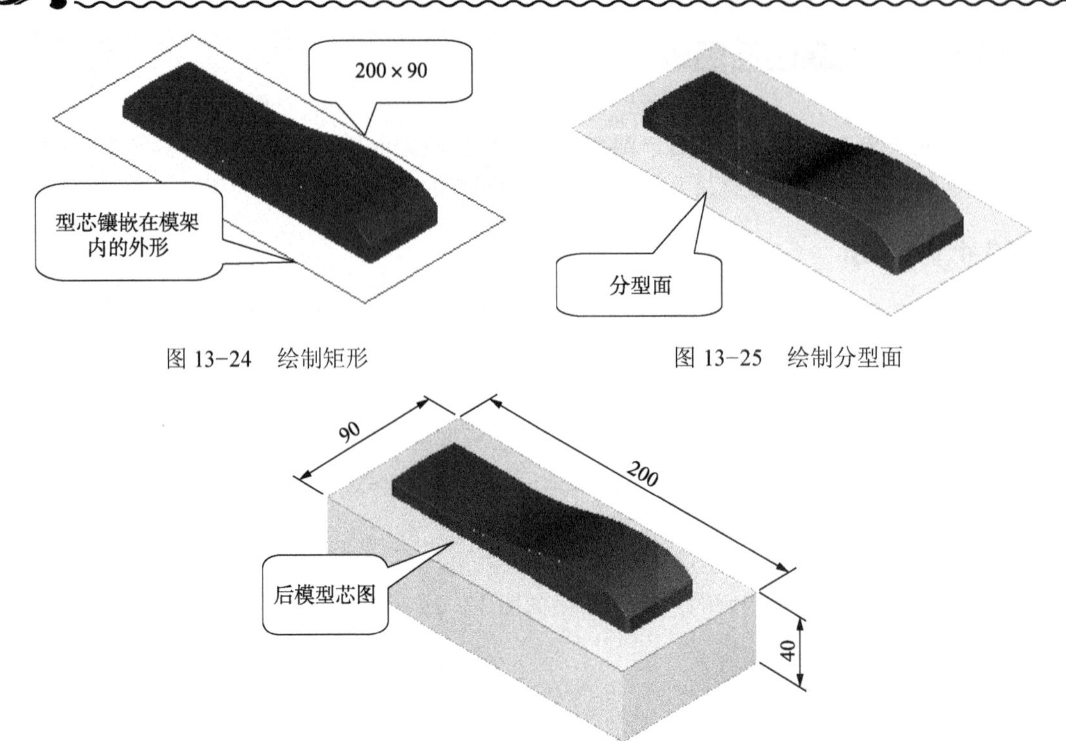

图 13-24 绘制矩形

图 13-25 绘制分型面

图 13-26 遥控器后盖后模型芯图

13.5 遥控器后盖后模的加工

13.5.1 加工工艺

根据图 13-26 所示图形的尺寸，选择合适的模具钢毛坯，用普通铣床铣削加工，最后磨削加工成 200×90×59.5 的一个长方形钢料，作为数控机床的加工的坯料。

1. 装夹方法

采用平口虎钳装夹，需要用杠杆百分表打表校正钢料的顶面及四周。摇控器后盖后模采用数控铣床加工，机床的最高转速为 5 000 r/min。

2. 设定毛坯的尺寸

设定毛坯的尺寸方法如下：

① 单击主菜单→刀具路径→工作设定命令，出现“工作设定”对话框。

② 输入毛坯长、宽、高尺寸：X 200，Y 90，Z 60。

③ 输入工件原点：X 0，Y 0，Z 19.5，遥控器后盖后模的工作坐标原点设在分型面的中点，即 XY 方向的工作坐标原点是分型面的对称中点，Z 方向的工作坐标原点是在分型面上。

④ 其余为默认选项。

⑤ 单击确定按钮，设定好毛坯尺寸。

3. 数控铣床上的加工工艺

遥控器后盖后模型芯在数控铣床上初步的加工工艺如图 13-27 所示。

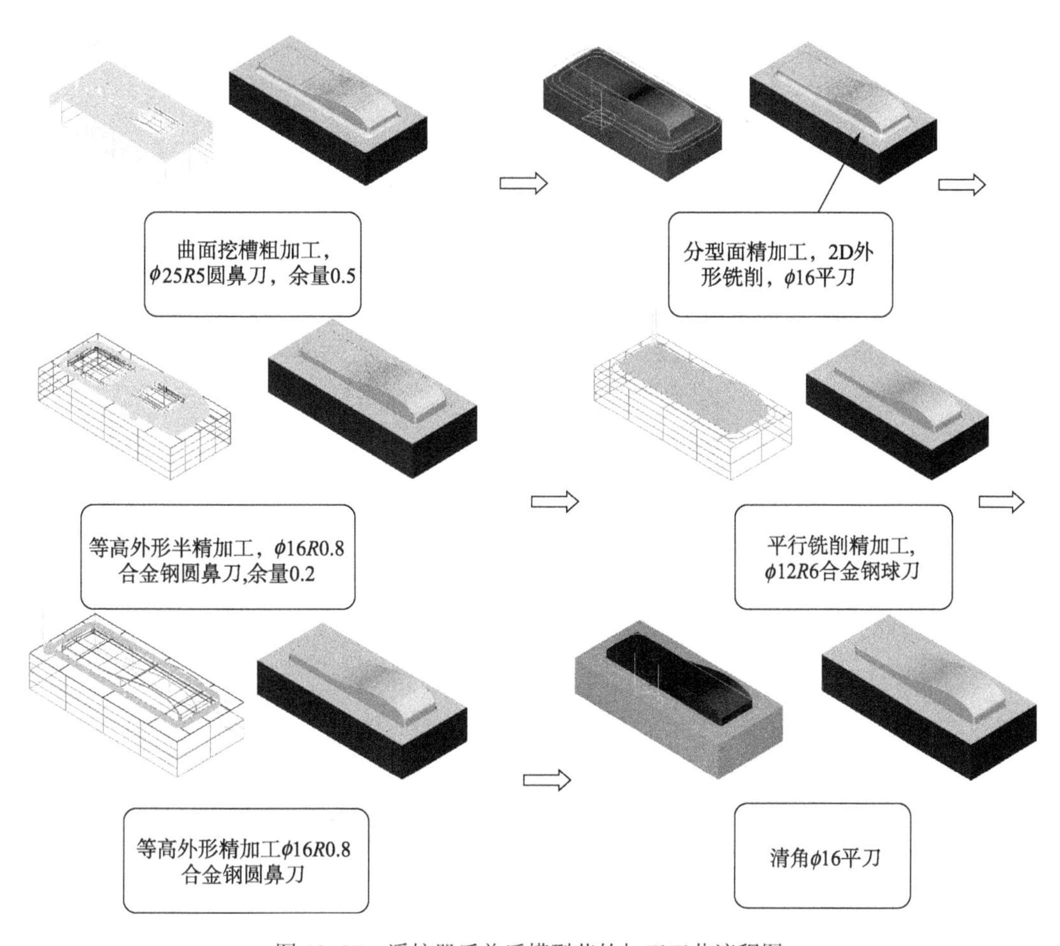

图 13-27　遥控器后盖后模型芯的加工工艺流程图

13.5.2　曲面挖槽粗加工（开粗）

1. 曲面粗加工—挖槽对话框

遥控器后盖后模型芯的粗加工方法可采用曲面挖槽粗加工的刀具路径，进入“曲面粗加工— 挖槽”对话框的方法如下。

① 设定构图平面为俯视图 T，刀具平面为“关”，即默认为俯视图 T，其余设置为默认值。

② 单击主菜单→刀具路径→曲面加工→粗加工→挖槽粗加工→窗选命令，过程如图 13-28 所示。

③ 窗选分型面以上所有曲面为加工面，被选曲面改变为黄色。

④ 将分型面设为非选取的曲面。

可通过单击回复选取命令，选中分型面，分型面恢复原图颜色，则分型面为非加工面。

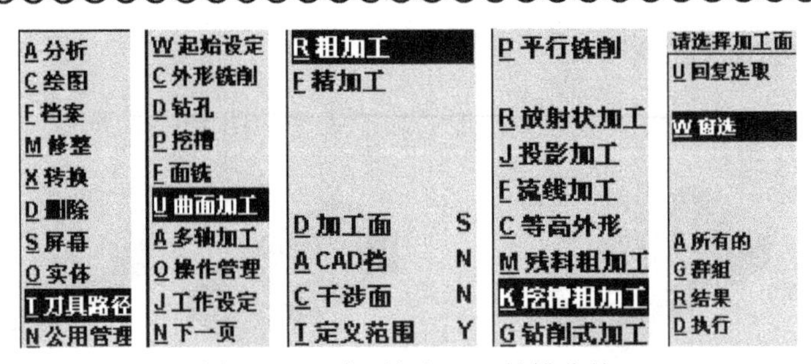

图 13-28　曲面粗加工—挖槽菜单

注意

此处将分型面设为非加工面的目的，是为了配合切削深度参数的设置，将分型面的加工余量控制为 0.2mm，便于以后直接精加工分型面，参见 13.5.3 节介绍的内容。

⑤ 单击执行→执行命令，出现如图 13-29 所示“曲面粗加工—挖槽”对话框。

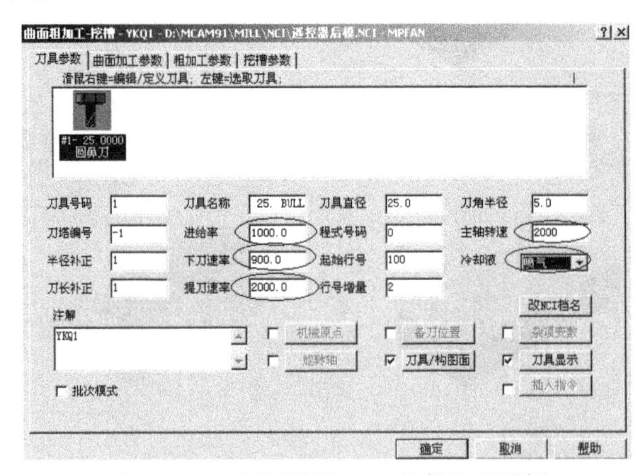

图 13-29　“曲面粗加工—挖槽”对话框

2. 确定刀具及刀具参数

建立新的直径为$\phi 25$ 的合金钢圆鼻刀。合金钢圆鼻刀一般采用将圆的或带有圆角的合金钢刀粒镶嵌在刀柄上。刀具参数如图 13-29 所示。

① 在刀具栏空白区内单击鼠标右键，在弹出的菜单中单击建立新的刀具选项，出现如图 13-30 所示的“定义刀具”对话框。

② 单击鼠标左键选中圆鼻刀，出现如图 13-31 所示的对话框，输入直径为$\phi 25$，刀角半径为 $R5$。

③ 单击工作设定按钮，在进给率的计算中，单击 依照刀具 选项。单击确定按钮，返回图 13-31 所示对话框。

④ 单击参数按钮，出现如图 13-32 所示的对话框，输入参数如下：

- 进给率：1 200.0。
- 下刀速率：1 000.0。
- 提刀速率：2 000.0。
- 主轴转速：1 700。
- 单击确定按钮，返回图13-29所示对话框。
- 选择冷却液：喷气。

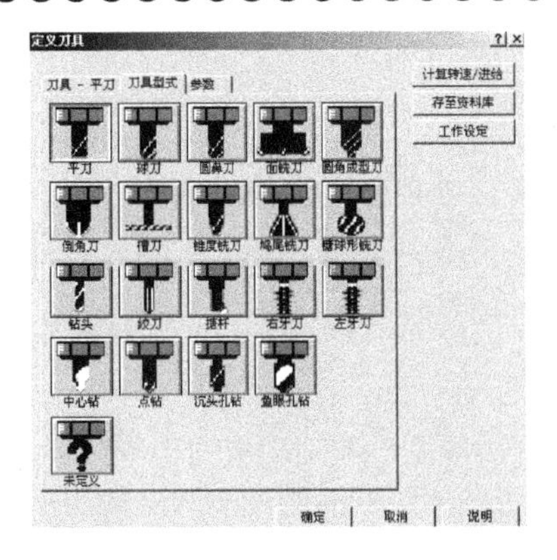

图 13-30　“定义刀具”对话框

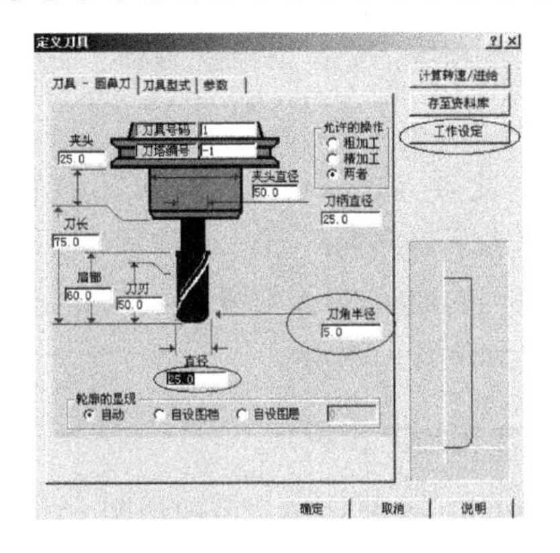

图 13-31　“定义刀具型式”对话框

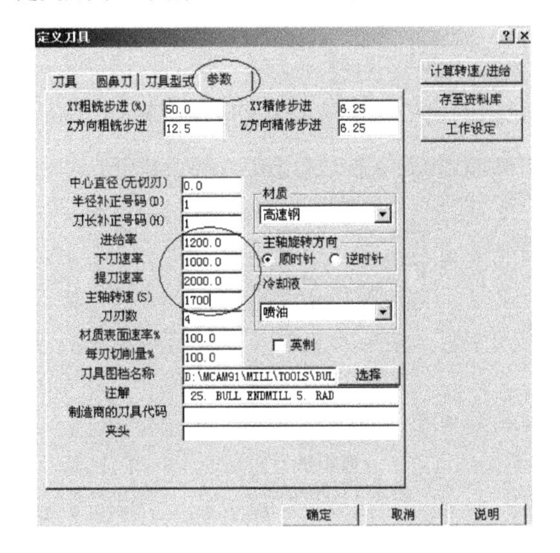

图 13-32　“定义刀具参数”对话框

3. 确定曲面加工参数

单击曲面加工参数按钮，出现如图 13-33 所示对话框，输入参数如下：

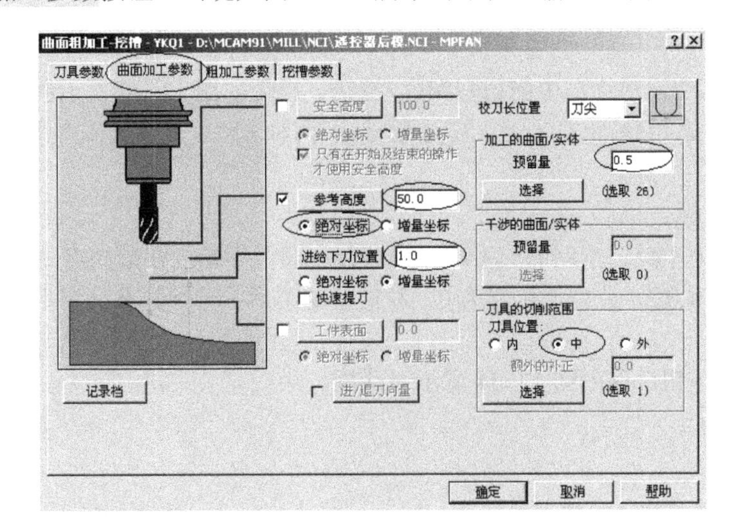

图 13-33　“曲面加工参数”对话框

① 参考高度：50，◉ 绝对座标。

注意

该值一定要大于零件的最高点到坐标原点的距离，否则会发生撞刀事故。

② 进给下刀位置：1.0。

③ 加工的曲面/实体预留量：0.5。

④ 刀具位置：◉ 中。

4. 确定粗加工参数

单击粗加工参数按钮，出现如图 13-34 所示对话框。

输入参数如下：

① Z 轴最大进给量 0.5。

② 单击并选中☑ 由切削范围外下刀选项。

遥控器后盖后模没有封闭的内槽，故选择从切削范围外下刀，而不采用螺旋下刀。

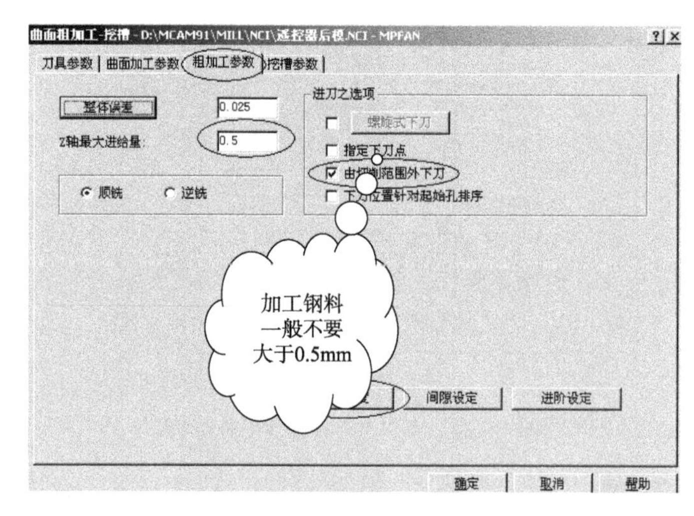

图 13-34 “粗加工参数”对话框

5. 切削深度

单击图 13-34 所示对话框中的切削深度 按钮，出现如图 13-35 所示的对话框。

深度的设定可采用◉ 绝对坐标，○ 增量坐标 两种方法。默认为○ 增量坐标，现我们选择如下：

① ◉ 绝对坐标。

② 最高位置为 19.5。本例的加工零点设在分型面，不是设在最高点。

③ 最低位置为 0.2。分型面位置为 0，故挖槽加工后，分型面上会留下 0.2mm 的余量用做精加工。

④ 单击确定按钮，返回图 13-34 所示对话框。

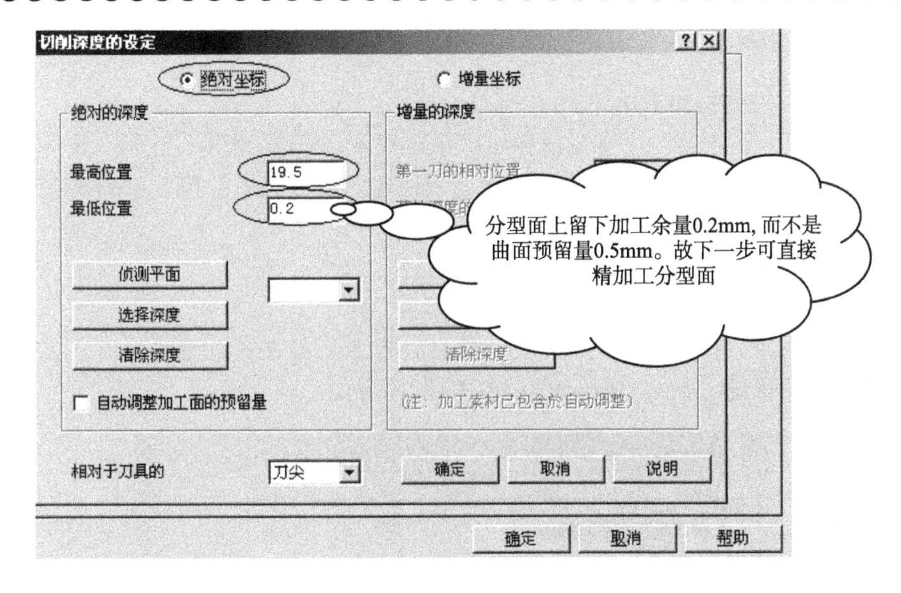

图 13-35　“切削深度的设定”对话框

6. 确定挖槽参数

单击挖槽参数按钮，出现如图 13-36 所示对话框，输入如下参数：

- 切削方式：平行环切。
- 切削间距（直径%）：50.0。
- 切削间距（距离）：12.5。
- 单击选中☑精修项。
- 次数：1。
- 间距：0.5。
- 不选中☐精修切削范围的轮廓项。
- 所有未说明的项目为默认值。

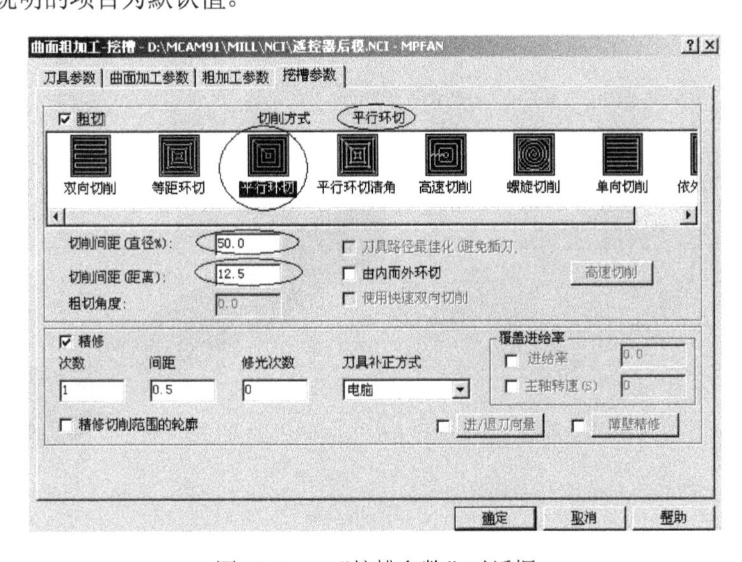

图 13-36　“挖槽参数”对话框

7. 产生刀具路径

产生刀具路径的过程如下所述。

单击确定按钮，在主菜单上部系统提示区出现提示：请选择切削范围 1，选择如图 13-24 所示的“型芯镶嵌在模架内的外形”为挖槽切削串连，串连改变颜色，单击执行命令，生成了刀具路径。

8. 刀具路径模拟

模拟遥控器后盖后模型芯的粗加工刀具路径，检查刀具路径有无问题，方法如下所述。

① 单击 操作管理 命令，弹出如图 13-37 所示界面。

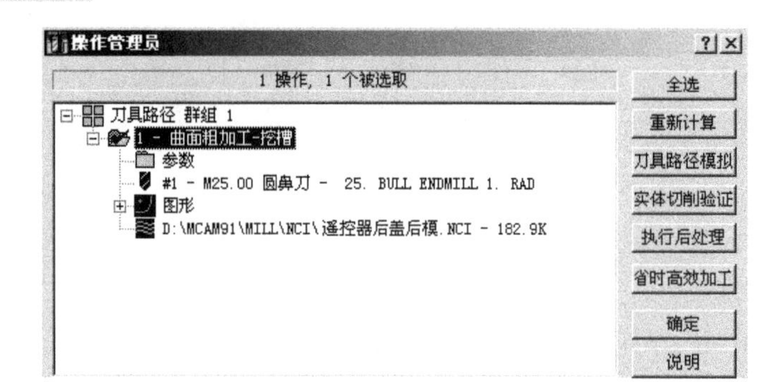

图 13-37　“操作管理员”对话框

② 单击刀具路径模拟→自动执行命令，模拟结果如图 13-38 所示，加工时间为 56min。

9. 实体切削验证

单击图 13-37 所示界面中的实体切削验证选项，结果如图 13-39 所示。

分析图中已加工部分，发现遥控器后盖后模四周陡坡面与分型面之间存在着一半径为 5mm 的圆角，此圆角是圆鼻刀刀角在曲面挖槽粗加工后留下来的，后续将采用等高外形精加工的方法清角加工。

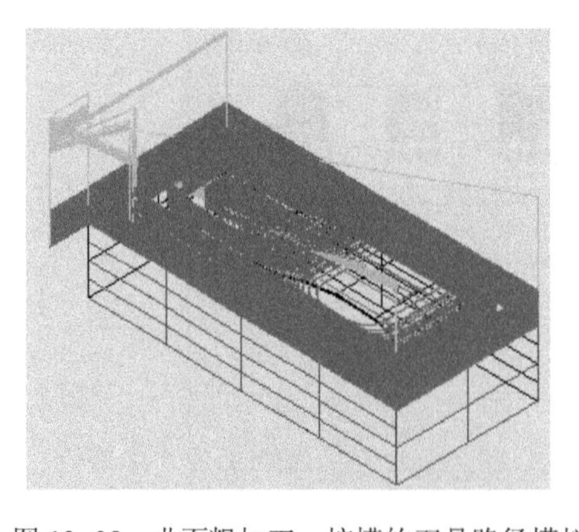

图 13-38　曲面粗加工—挖槽的刀具路径模拟

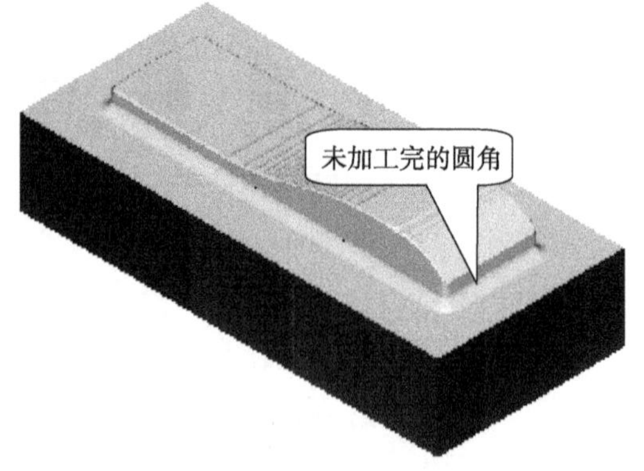

图 13-39　实体切削验证结果

13.5.3　2D 外形铣削精加工

分型面上有 0.2mm 余量未加工完，可用ϕ16 的平刀采用 2D 外形铣削的方法精加工分型面，通过设置 XY 方向预留量为 5mm 的方法，特意留下遥控器后盖后模四周陡坡面与分型面之间半径为 5 的圆角不加工，留待后续工序中进行加工。

1. 设定外形铣削加工范围

绘制遥控器后盖后模分模面与四周陡坡面的交线，作为外形铣削加工范围，绘制曲面交线的方法如下：

① 设定画图颜色为 9 号颜色（蓝色）。

② 单击主菜单→绘图→曲面曲线→交线命令，系统提示：请选取第一组曲面。

③ 单击选中分模面为第一组曲面，单击执行命令，系统提示：请选取第二组曲面。

④ 单击选中四周陡坡面为第二组曲面，单击执行命令，出现绘制曲面交线菜单，过程如图 13-40 所示。

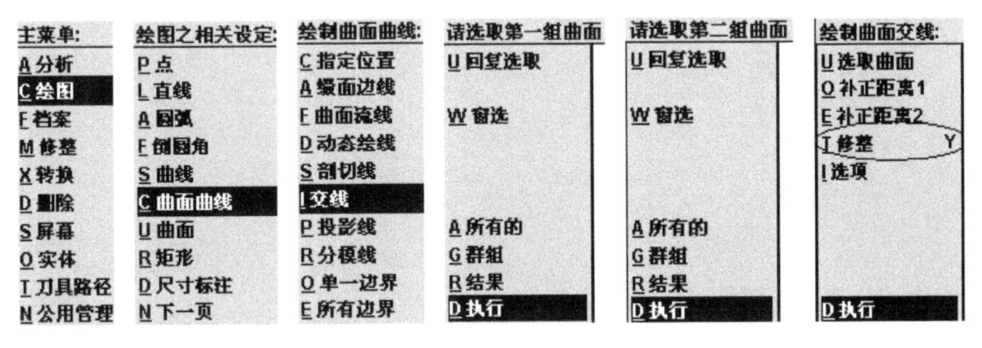

图 13-40　绘制曲面交线菜单

⑤ “修整“的选择为“Y”，表示修整曲面，可修剪 13.3.6 节所介绍的遥控器后盖后模四周陡坡面在分模面以下的多余曲面。

⑥ 单击执行命令，在系统提示区出现提示：请指出要保留的区域—选择要修整的曲面。

⑦ 单击选中分模面，在系统提示区出现提示：移动箭头至修整后要保留的位置.。

⑧ 移动箭头到四周陡坡面的外边，如图 13-41 所示，单击鼠标左键，在系统提示区出现提示：请指出要保留的区域—选择要修整的曲面。

⑨ 单击选中任一个陡坡面，在系统提示区出现提示：移动箭头至修整后要保留的位置。

⑩ 移动箭头到分模面上边，单击鼠标左键，产生了曲面交线，设为外形铣削加工范围，并将分模面以下的四周陡坡面多余曲面以及曲面交线以内的分模面修剪掉，如图 13-42 所示。

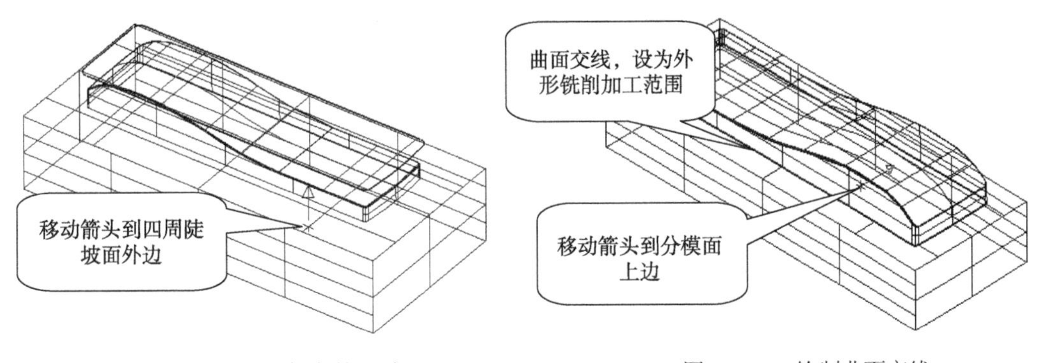

图 13-41　选择保留的区域　　图 13-42　绘制曲面交线

注意

曲面被修剪后，第一步曲面挖槽粗加工的刀具路径需要重新计算一次。

2. 2D外形铣削对话框

进入外形铣削对话框的方法如下：

① 单击主菜单→刀具路径→外形铣削→串连命令。

② 选取图13-42中“外形铣削加工范围”为串连。

③ 单击执行命令，进入外形铣削对话框。

3. 选择刀具参数

选取ϕ16mm的平刀。在刀具参数对话框中，主要修改以下几项：

① 进给率：300。

② Z轴进给率：300。

③ 提刀速率：2 000。

④ 主轴转速：800。

⑤ 冷却液：喷油。

⑥ 其余各项为默认值。

4. 选择2D外形铣削参数

单击外形铣削参数按钮，出现如图13-43所示对话框。

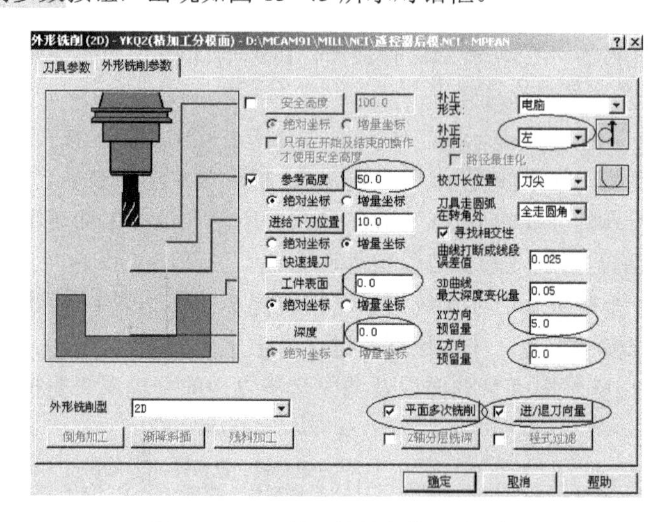

图13-43 “外形铣削参数”对话框

参数的填选、改动如下。

① 参考高度：50.0，该值一定要大于零件的最高点到坐标原点的距离。

② 深度：0.0，◉绝对坐标。

③ XY方向预留量：5。留下半径为5的圆角不加工。

④ Z方向预留量：0.0。

⑤ 单击并选中☑进/退刀向量选项。进/退刀向量的半径设为16.0，长度为0.0。

⑥ 单击并选中☑平面多次铣削选项。
⑦ 其余各项为默认值。

5. 设定平面多次铣削参数

单击平面多次铣削选项，出现如图 13-44 所示对话框。填选如下参数。
① 粗铣次数 3。
② 粗铣间距 8.0。
③ ☑不提刀。
④ 其余各项为默认值。
⑤ 单击确定按钮，返回图 13-43 所示对话框。

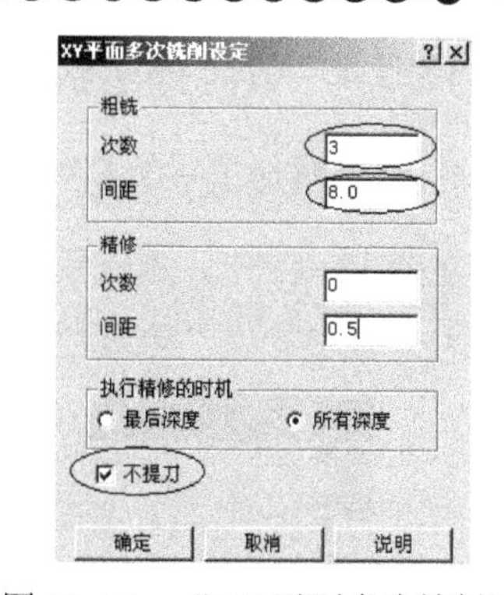

图 13-44　“XY 平面多次铣削设定”对话框

6. 产生刀具路径

单击图 13-43 所示对话框中的确定按钮，生成了加工刀具路径。

7. 刀具路径模拟

单击操作管理命令，弹出如图 13-45 所示界面。单击刀具路径模拟→自动执行命令，模拟结果如图 13-46 所示，加工时间大约 5min。

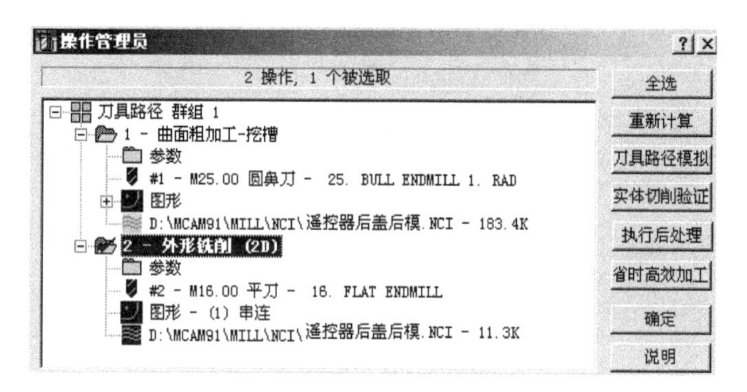

图 13-45　“操作管理员”对话框

8. 实体切削验证

单击图 13-45 所示界面中的实体切削验证选项，实体切削验证结果如图 13-47 所示。

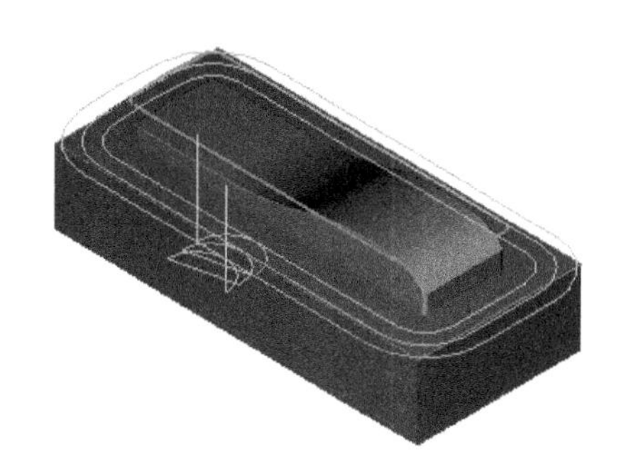
图 13-46　模拟外形铣削精加工分型面的刀具路径

图 13-47　实体切削验证结果

13.5.4 等高外形铣削精加工（后模的半精加工）

1. 曲面精加工—等高外形对话框

在图 13–45 中，单击鼠标右键，出现如图 13–48 的菜单。移动鼠标单击刀具路径→曲面精加工→等高外形→所有的→曲面→执行命令，出现如图 13–49 所示的对话框。

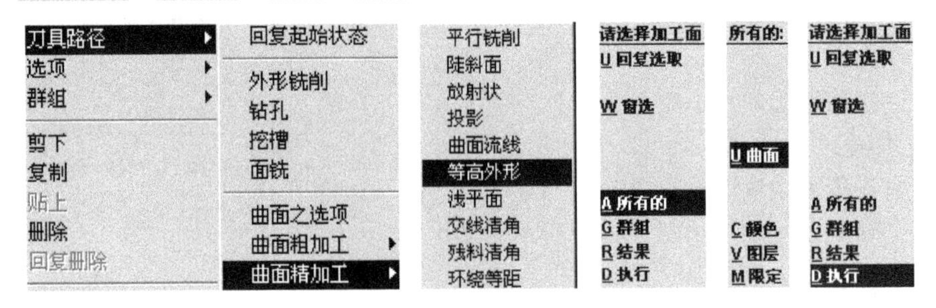

图 13–48 等高外形铣削精加工菜单

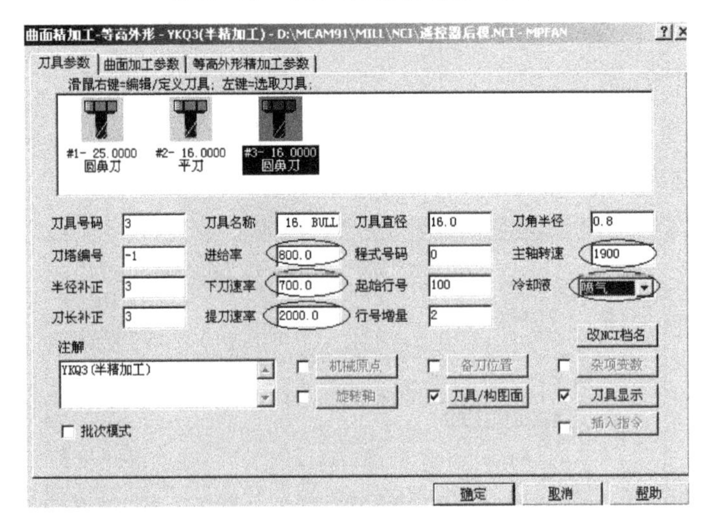

图 13–49 “曲面精加工—等高外形”对话框

2. 确定刀具及刀具参数

选取ϕ16、刀角半径为 0.8 的圆鼻刀，刀具参数如图 13–49 所示。

① 进给率：800.0。

② Z 轴进给率：700.0。

③ 提刀速率：2 000.0。

④ 主轴转速：1 900。

⑤ 冷却液：喷气。

⑥ 其余各项为默认值。

3. 确定曲面加工参数

单击曲面加工参数按钮，出现如图 13–50 所示对话框，输入如下参数。

① 参考高度：50.0，该值一定要大于零件的最高点到坐标原点的距离。

② 进给下刀位置 1.0。

③ 加工的曲面/实体预留量 0.2。

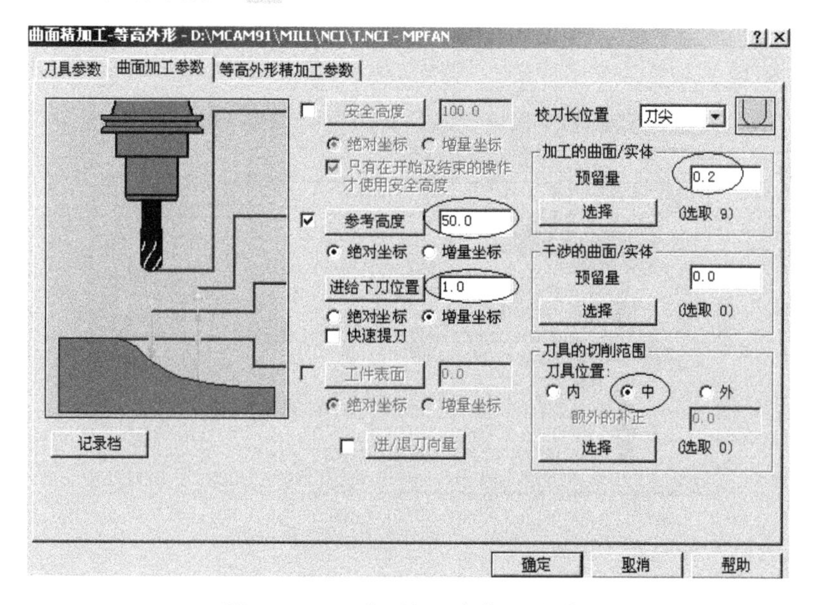

图 13-50　“曲面加工参数”对话框

4. 确定等高外形精加工参数

单击等高外形精加工参数按钮，出现如图 13-51 所示对话框，输入如下参数。

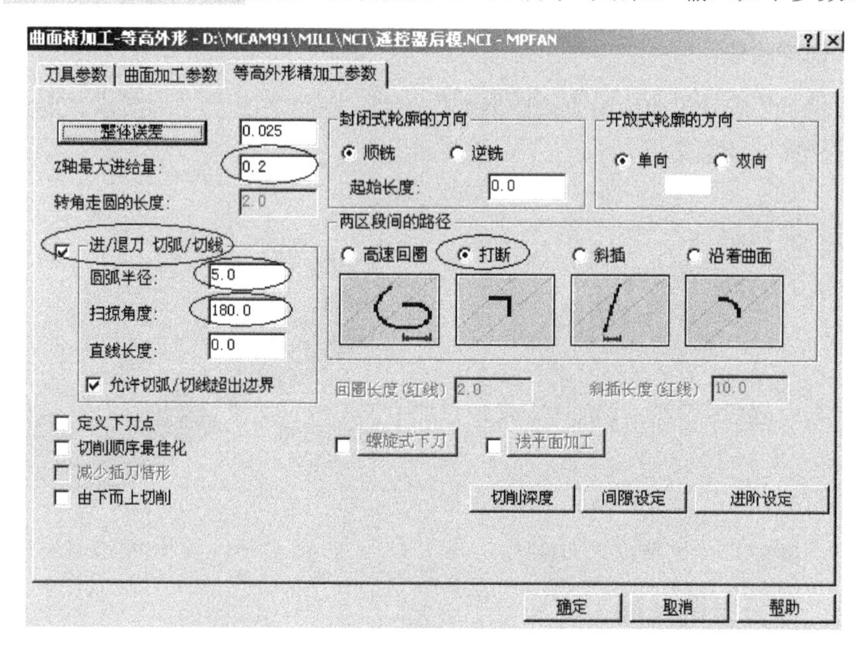

图 13-51　“等高外形精加工参数”对话框

① Z 轴最大的进给量 0.2。

② 单击 进/退刀 切弧/切线 按钮。

③ 圆弧半径：5.0。

④ 扫掠角度：180.0。

在图 13-51 所示对话框中，单击确定按钮，在上面的提示区显示：请选择切削范围 1，选择图 13-24 中“型芯镶嵌在模架内的外形”为串连，单击 执行 命令，产生了等高外形精加工刀路，如图 13-52 所示。

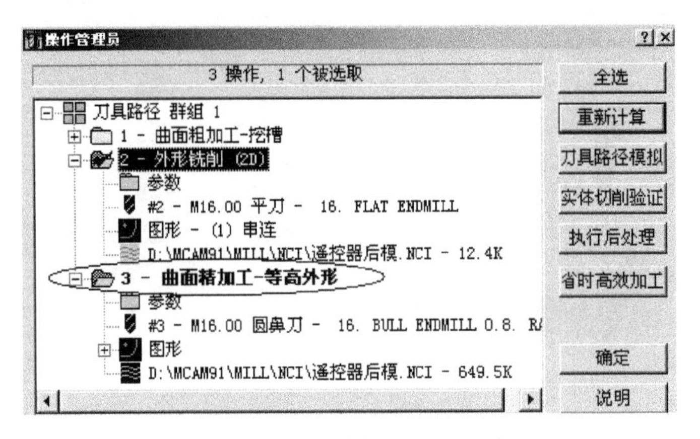

图 13-52　“操作管理员”对话框

5. 刀具路径模拟

单击刀具路径模拟→自动执行按钮，模拟结果如图 13-53 所示，加工时间为 44min。刀具只加工到分型面以上部分曲面，分型面以下的曲面未加工，是因为选择的加工范围为“型芯镶嵌在模架内的外形”。

6. 实体切削验证

单击图 13-52 所示界面中的实体切削验证选项，结果如图 13-54 所示，*R*5 的圆角被加工掉，只留下 *R*0.8 的圆角。

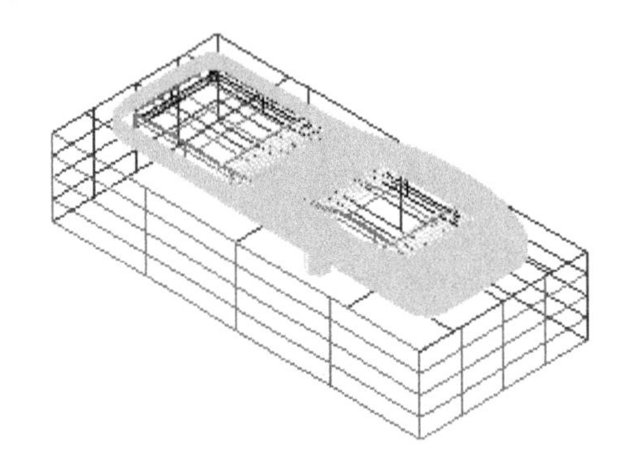

图 13-53　模拟等高外形精加工刀具路径

图 13-54　实体切削验证结果

13.5.5　平行铣削精加工

遥控器后盖后模型的精加工分为两个步骤，先采用ϕ12 的球刀进行平行铣削精加工，留下四周陡斜面部分采用ϕ16、刀角半径为 0.8 的圆鼻刀进行等高外形精加工。

1. 曲面精加工—平行铣削对话框

在图 13-52 所示界面中，单击鼠标右键，出现如图 13-55 的菜单。移动鼠标单击刀具路径→曲面精加工→平行铣削→所有的→曲面→执行命令，出现如图 13-56 所示的“曲面精加工—平行铣削”对话框。

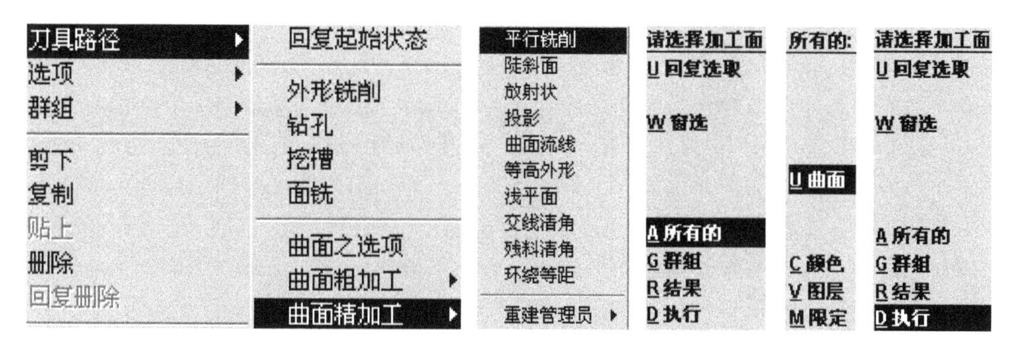

图 13-55　平行铣削精加工菜单

2. 确定刀具及刀具参数

从刀具资料库中选取ϕ12 的球刀，刀具参数如图 13-56 所示。输入参数如下。

① 进给率：1 000.0。

② 下刀速率：900.0。

③ 提刀速率：2 000.0。

④ 主轴转速：3 000。

⑤ 冷却液：“喷油”选项。

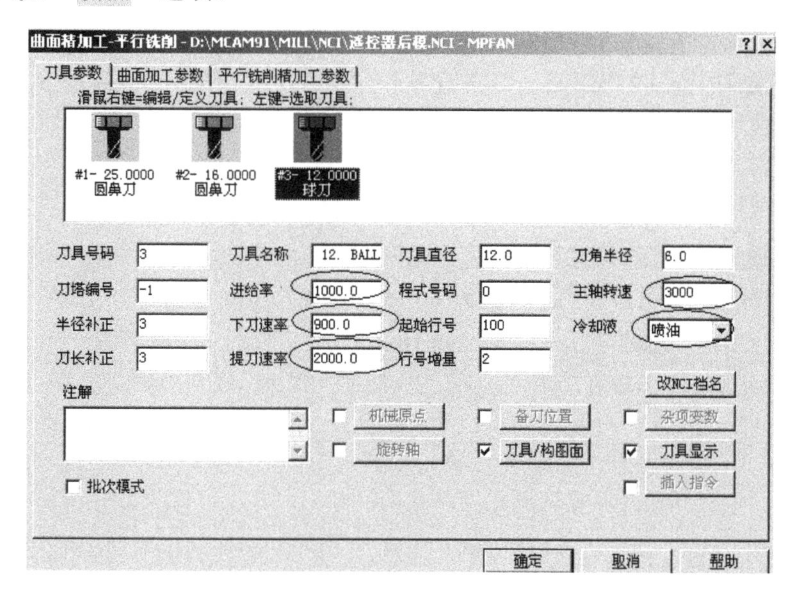

图 13-56　“曲面精加工—平行铣削”对话框

3. 确定曲面加工参数

单击曲面加工参数按钮，出现如图 13-57 所示对话框。

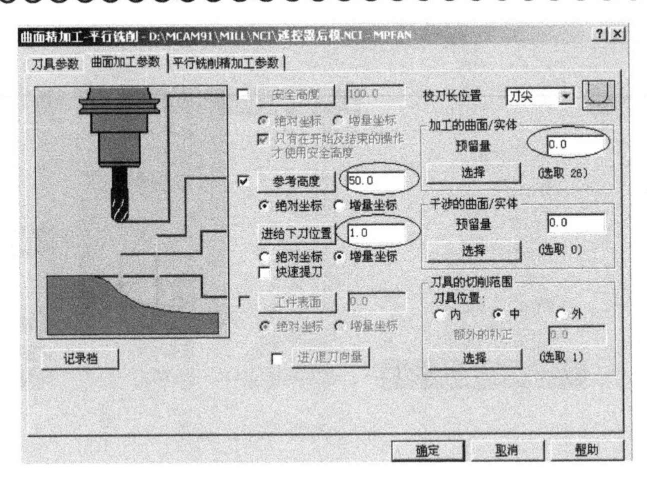

图 13-57 “曲面加工参数”对话框

主要修改三项参数。

① 参考高度：50.0，该值一定要大于零件的最高点到坐标原点的距离。

② 进给下刀位置：1.0。

③ 加工的曲面/实体预留量：0.0。

④ 干涉的曲面/实体预留量：0.0。

4. 确定平行铣削精加工参数

单击平行铣削精加工参数按钮，出现如图 13-58 所示对话框。操作如下所述。

① 输入整体误差：0.02。

② 输入最大切削间距：0.12。

③ 输入加工角度：45.0。

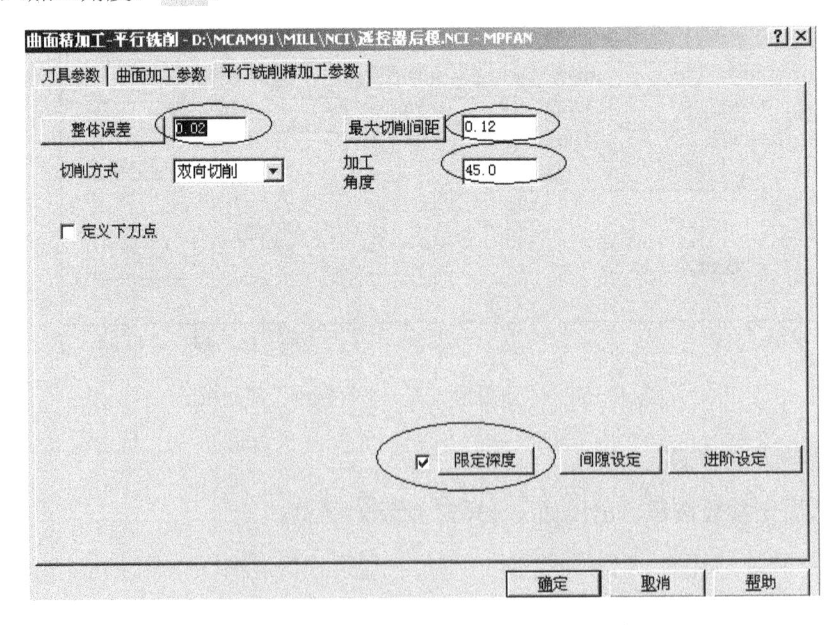

图 13-58 “平行铣削精加工参数”对话框

④ 单击并选中 限定深度 选项，弹出如图 13-59 所示对话框，输入如下参数。

- 最高位置：20.0。
- 最低位置：1.0，该值保证了ϕ12R6球刀的刀尖不会碰伤分模面。

⑤ 单击确定按钮，在系统提示区出现提示：选取加工范围，拉动鼠标，选择图 13-24 中“型芯镶嵌在模架内的外形”为串连。

⑥ 单击执行命令，产生了平行铣削精加工刀路，如图 13-60 所示。

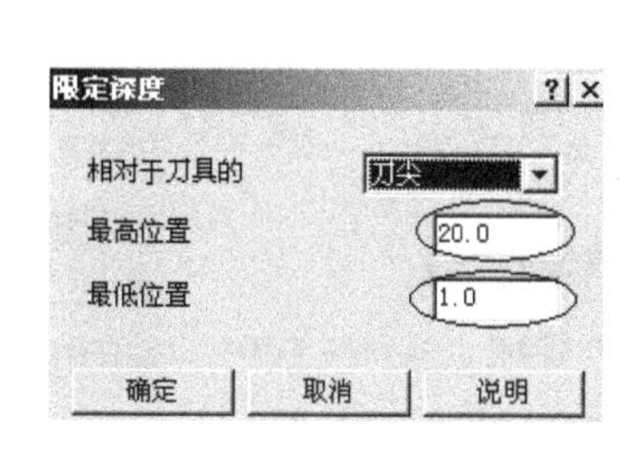

图 13-59　“限定深度”对话框

操作管理员

4 操作, 1 个被选取

刀具路径 群组 1
1 - 曲面粗加工-挖槽
2 - 外形铣削 (2D)
3 - 曲面精加工-等高外形
4 - 曲面精加工-平行铣削
参数
#4 - M12.00 球刀 - 12. BALL ENDMILL
图形
D:\MCAM91\MILL\NCI\遥控器后盖后模.NCI - 6626.3K

全选
重新计算
刀具路径模拟
实体切削验证
执行后处理
省时高效加工
确定
说明

图 13-60　“操作管理员”对话框

5. 刀具路径模拟

刀具路径模拟结果如图 13-61 所示，加工时间为 1h39min。

6. 实体切削验证

单击图 13-60 所示界面中的实体切削验证选项，结果如图 13-62 所示。

分析图中结果，平行铣削加工后，四周陡斜面深度只加工到 7mm 左右，主要原因是球刀的圆角半径 R6 造成的。四周陡斜面未加工完，可采用 ϕ16、刀角半径为 0.8 的圆鼻刀选择等高外形精加工的方法加工四周陡斜面。

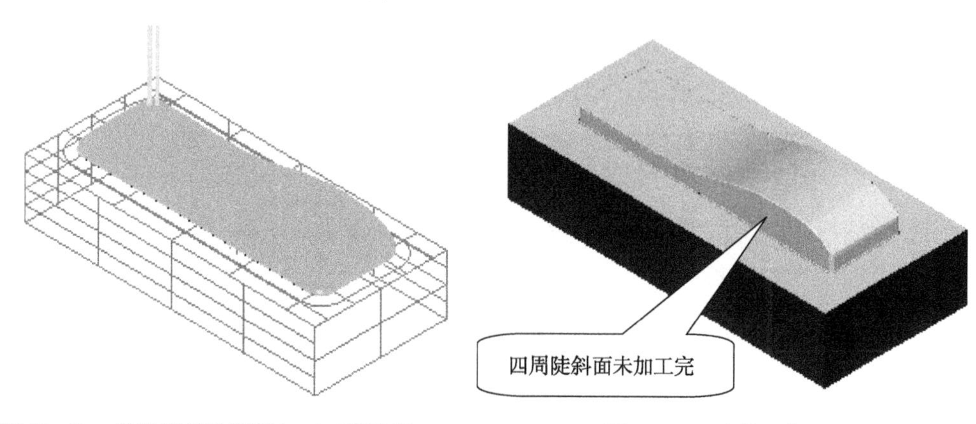

图 13-61　模拟平行铣削精加工刀具路径　　图 13-62　实体切削验证结果

13.5.6　等高外形铣削精加工（后模的精加工）

精加工四周陡斜面，可将第三个等高外形的刀具路径复制后，修改有关参数重新计算后，生成精加工四周陡斜面的刀具路径，方法如下所述。

1. 复制刀具路径

复制刀具路径的方法如下所述。

① 在图13-60所示界面中，选中第三个刀路即 “等高外形”刀路，单击鼠标右键，出现如图13-63的菜单。单击复制命令。

② 单击鼠标右键，出现如图13-64的菜单，单击贴上命令。产生了新的等高外形刀路，出现如图13-65所示对话框。单击参数按钮，弹出“参数”对话框。

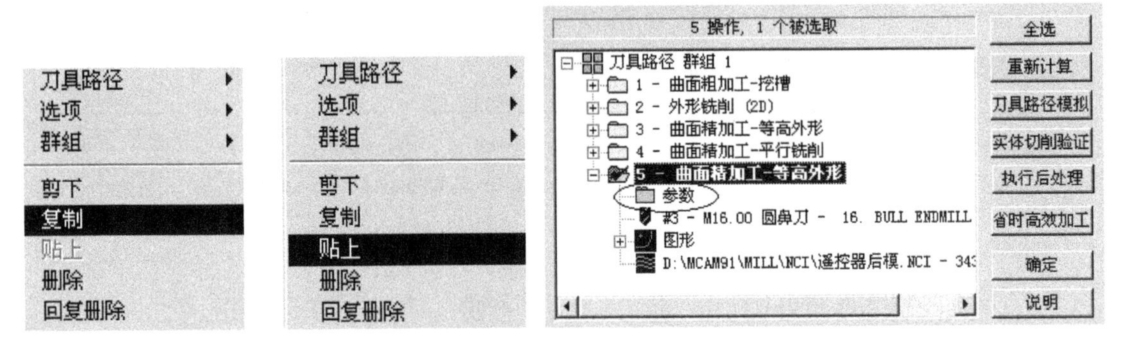

图13-63 “复制”菜单 图13-64 “贴上”菜单 图13-65 “操作管理员”对话框

2. 刀具参数

仍采用ϕ16、刀角半径为0.8的圆鼻刀进行加工，刀具参数不做改变，如图13-49所示。

3. 曲面加工参数

单击曲面加工参数按钮，出现如图13-50所示界面，修改如下参数。加工的曲面/实体预留量由0.2改为0.0，其余参数值不变。

4. 确定等高外形铣削精加工参数

单击等高外形精加工参数按钮，出现如图13-66所示对话框，修改如下参数。

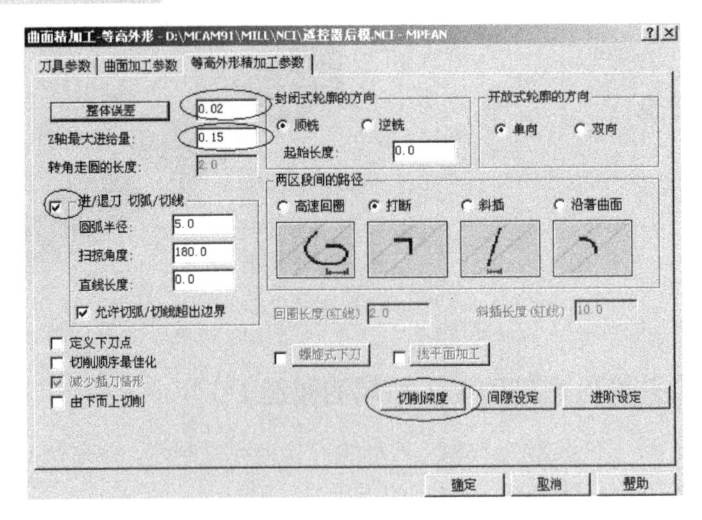

图13-66 “等高外形精加工参数”对话框

① 整体误差：0.02。

② Z 轴最大进给量：0.15。

③ 单击切削深度按钮，弹出如图 13-67 所示对话框。

- 单击并选中 绝对坐标选项。
- 最高位置7.546 5。捕捉顶面*R*2.5的圆角的最低位置得到该值。
- 最低位置0.0。
- 单击确定按钮，返回图13-66所示对话框。

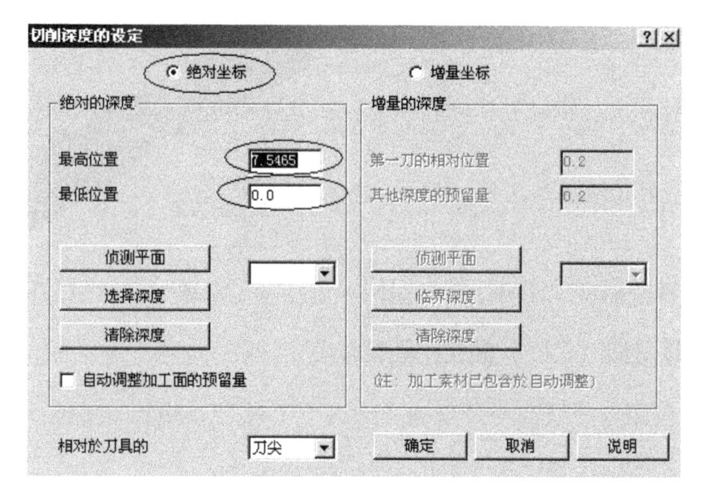

图 13-67　“切削深度的设定”对话框

5. 产生刀具路径

产生刀具路径的方法如下所述。

① 单击确定按钮，在“操作管理员对话”框中，刀具路径项前出现一个符号，表示参数已改变，需要重新计算刀路。

② 单击重新计算按钮，生成等高外形铣削精加工刀路，如图 13-68 所示。

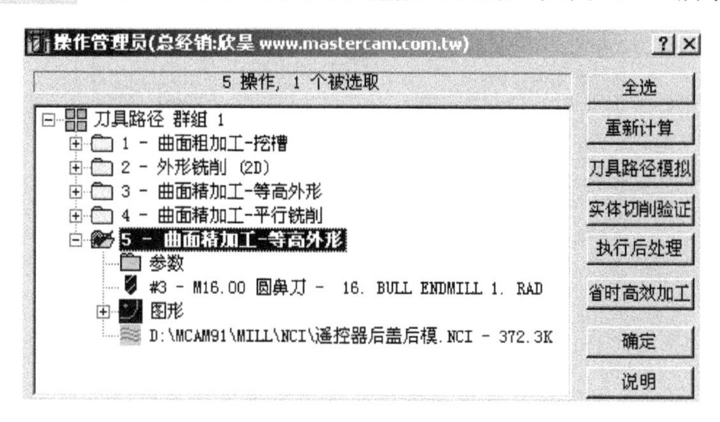

图 13-68　“操作管理员”对话框

6. 刀具路径模拟

单击刀具路径模拟→自动执行命令，模拟结果如图 13-69 所示，加工时间为 31min。

7. 实体切削验证

单击图 13-68 所示界面中的实体切削验证选项，验证结果如图 13-70 所示。

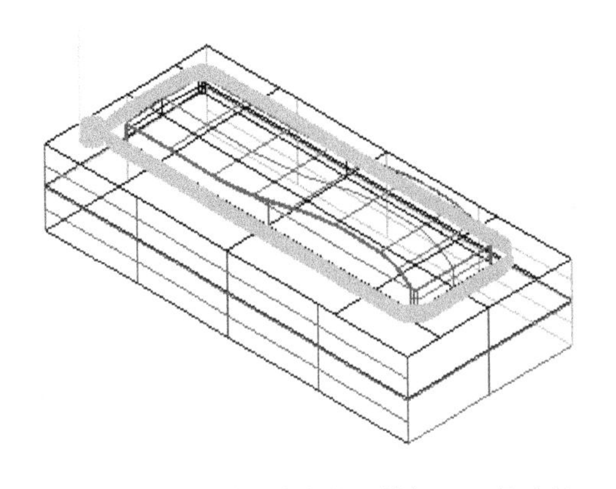

图 13-69　模拟等高外形精加工刀具路径

图 13-70　实体切削验证结果

13.5.7　外形铣削（2D）精加工清角

遥控器后盖后模四周陡坡面与分型面之间有一半径为 0.8mm 的圆角未加工完，可用ϕ16 的平刀进行 2D 外形铣削清角。

1. 复制刀具路径

将第二个刀具路径“外形铣削”复制，方法如下所述。

① 在图 13-68 中，单击第二个刀路即“外形铣削”刀路，单击鼠标右键，出现如图 13-63 的菜单。单击复制命令。

② 单击鼠标右键，出现如图 13-64 的菜单。单击贴上命令，产生了新的外形铣削刀路，出现如图 13-71 所示界面。单击参数按钮，弹出“参数”对话框。

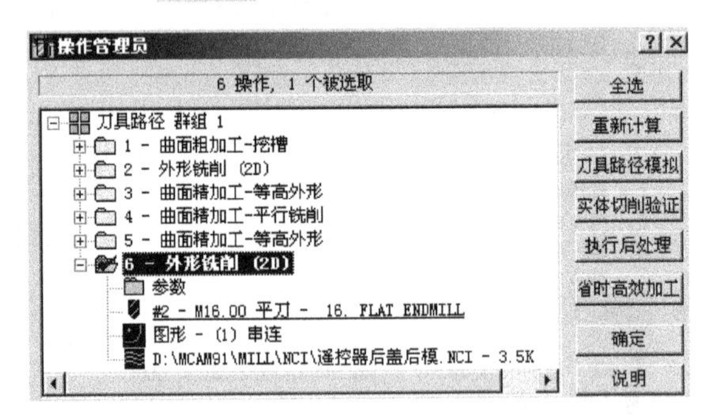

图 13-71　“操作管理员”对话框

2. 选择刀具参数

仍选用ϕ16 的平刀，刀具参数与外形铣削精加工的刀具参数相同，参见图 13-43 所示。

3. 选择 2D 外形铣削参数

单击外形铣削参数按钮，如图 13-72 所示。

参数的填选、改动如下：

① XY 方向预留量：0.0。

② 不选中▢平面多次铣削选项。

③ 单击选中☑程式过滤项，设定误差值为 0.005。

④ 其余各项为默认值。

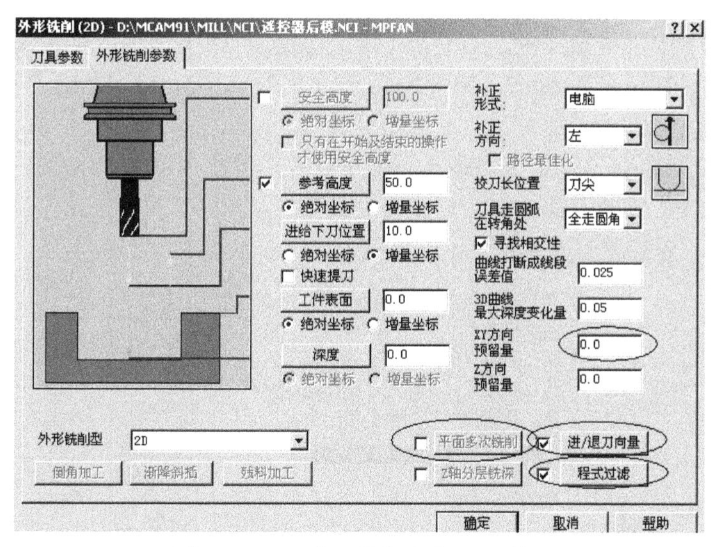

图 13-72　“外形铣削参数”对话框

4. 产生刀具路径

产生 2D 外形清角的方法如下所述。

① 单击确定按钮，返回图 13-71，在“操作管理员”对话框中，刀具路径项前出现一个▩图标，表示参数已改变，需要重新计算刀路。

② 单击重新计算按钮，生成外形铣削精加工刀路，如图 13-71 所示。

5. 刀具路径模拟

单击刀具路径模拟→自动执行命令，模拟结果如图 13-73 所示，加工时间 1min47s。

6. 实体切削验证

单击图 13-71 所示界面中的实体切削验证选项，实体切削验证结果如图 13-74 所示。完成了遥控器后盖后模的加工

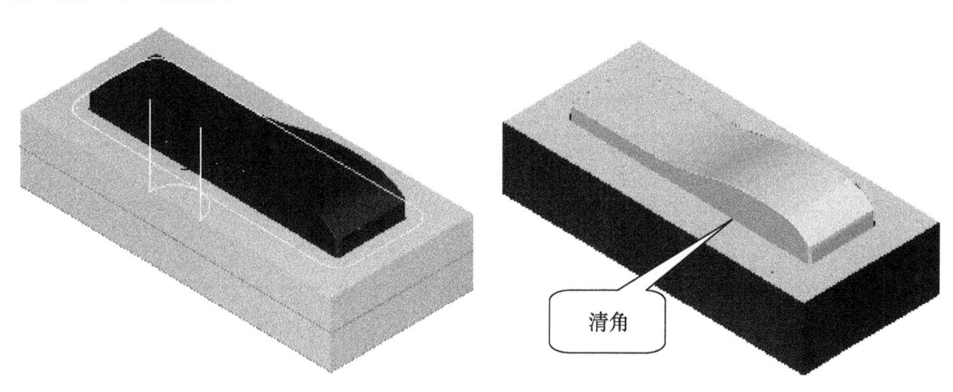

图 13-73　模拟 2D 外形清角的刀具路径　　图 13-74　实体切削验证结果

13.5.8 遥控器后盖刀路的后处理，生成 NC 加工程序

分别对六个刀具路径进行后处理，生成 NC 加工程序，方法如下所述。

① 将图 13-71 所示界面中六个刀路分别命名为 YKQ1、YKQ2（精加工分模面）、YKQ3（半精加工）、YKQ4、YKQ5、YKQ6（清角），如图 13-75 所示。

② 在图 13-75 中，单击⊞ ☑1-曲面粗加工-挖槽-YKQ1 选项，单击执行后处理按钮，保存在某一目录下，如：D：\Mcam9.1\Mill\NC\，输入名称 YKQ1.NC，生成了名称为 YKQ1.NC 的 CNC 加工程序。

同样方法，分别选中另外 5 个刀路，进行后处理，分别命名为 YKQ2.NC、YKQ3.NC、YKQ4.NC、YKQ5.NC 和 YKQ6.NC。

③ 文件名为“遥控器后盖后模.MC9”，存档。

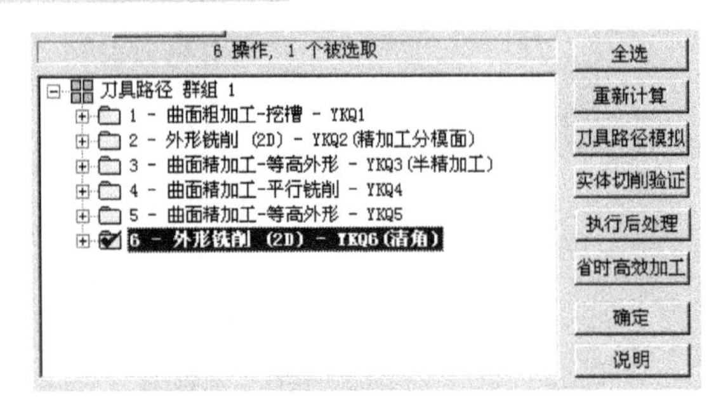

图 13-75 “操作管理员”对话框

13.5.9 CNC 加工程序单

加工程序单见表 13-1。

表 13-1 遥控器后盖后模型芯加工程序单

数控加工程序单						
图号：	工件名称：遥控器后盖	编程人员： 编程时间：	操作者： 开始时间： 完成时间：	检验： 检验时间：	文件档名：D：\Mcam9.1\Mill\MC9\遥控器后盖后模.MC9	
序号	程序号	加工方式	刀　具	装刀长度	理论加工进给时间	备注（预留量）
1	YKQ1	挖槽粗加工	ϕ25*R*5 合金圆鼻刀	50	1h34min	0.5
2	YKQ2	外形铣削精加工	ϕ16 平刀（倒角 0.2）	25	2min22s	0
3	YKQ3	等高外形半精加工	ϕ16*R*0.8 合金钢圆鼻刀	25	44min	0.2
4	YKQ4	平行铣削精加工	ϕ12*R*6 合金钢球刀	25	1h39min	0
5	YKQ5	等高外形精加工	ϕ16*R*0.8 合金钢圆鼻刀	25	37min	0
6	YKQ6	外形铣削精加工	ϕ16 平刀	25	1min47s	清角 0

续表

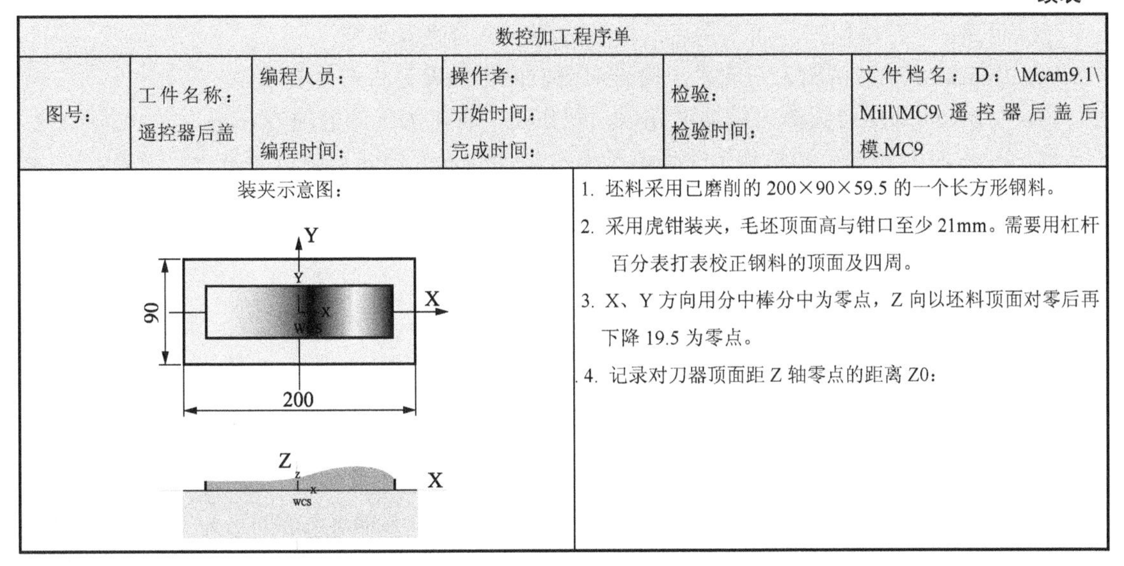

数控加工程序单					
图号：	工件名称：遥控器后盖	编程人员： 编程时间：	操作者： 开始时间： 完成时间：	检验： 检验时间：	文件档名：D：\Mcam9.1\Mill\MC9\遥控器后盖后模.MC9
装夹示意图：			1. 坯料采用已磨削的 200×90×59.5 的一个长方形钢料。 2. 采用虎钳装夹，毛坯顶面高与钳口至少 21mm。需要用杠杆百分表打表校正钢料的顶面及四周。 3. X、Y 方向用分中棒分中为零点，Z 向以坯料顶面对零后再下降 19.5 为零点。 4. 记录对刀器顶面距 Z 轴零点的距离 Z0：		

13.5.10　CNC 加工

现采用数控铣床加工，操作系统为发那科系统，其操作过程如下。

1. 坯料的准备

根据图 13-26 所示的零件尺寸，选择合适的模具钢毛坯，用普通铣床铣削加工，最后磨削加工成 200×90×59.5 的一个长方形钢料，以便数控机床的加工。

2. 刀具的准备

准备下列五把刀具。

① $\phi 25R5$ 合金钢圆鼻刀，装刀长度为 35mm。
② $\phi 16$ 高速钢平刀，刀角倒角为 0.2mm，装刀长度为 25mm。
③ $\phi 16$ 高速钢平刀（新刀），装刀长度为 25mm。
④ $\phi 12R6$ 合金钢球刀，装刀长度为 25mm。
⑤ $\phi 16R0.8$ 合金钢圆鼻刀钢球刀，装刀长度为 35mm。

3. 操作 CNC 机床，加工遥控器后盖后模

分别调用程序 YKQ1.NC、YKQ2.NC、YKQ3.NC、YKQ4.NC、YKQ5.NC、YKQ6.NC。加工方法与第 3 章所介绍的铭牌的外形加工方法基本相同。

注意用第一把刀来测量记录对刀器顶面距零点的距离 Z0，以后每一把刀利用对刀器来寻找 Z 轴的零点，方法参考第 4 章所介绍的沟槽凸轮的加工。

13.6　检验与分析

在加工过程中，观察与检验下列事项。

① 用ϕ25*R*5 圆鼻刀进行挖槽粗加工，加工完后，检查对零是否正确，挖槽是否到位。

② 用ϕ16 平刀精加工，加工完后，检查分型面是否光滑平整。

③ 用ϕ12*R*6 球刀精加工完成后，检查对角表面粗糙度是否符合要求。

④ 用ϕ16*R*0.8 球刀圆鼻刀精加工完后，观察是否有未加工到的地方。

⑤ 用ϕ6 平刀精加工清角加工完后，检查分型面与遥控器四周陡坡面是否已清角。

练习 13

13.1　叙述曲面补正方法。

13.2　叙述后模的设计过程。

13.3　给出ϕ25*R*5 圆鼻刀挖槽加工钢料的刀具参数与 Z 轴最大的进给量。

13.4　给出ϕ16*R*0.8 圆鼻刀的等高外形精加工钢料的刀具参数与 Z 轴的最大进给量。

13.5　给出ϕ12 球刀平行铣削精加工钢料的刀具参数与最大切削间距。

第 14 章　电话听筒后盖前模的设计

本章主要介绍绘制分模线、投影曲线、牵引曲面、扫描曲面、曲面倒圆角以及产品前模型芯设计。通过电话听筒后盖前模型芯的设计，掌握由产品图构建前模型芯图的方法。

14.1　电话听筒后盖的曲面模型

电话听筒后盖的曲面模型如图 14-1 所示。图形沿 X 轴对称，壁厚 2mm。

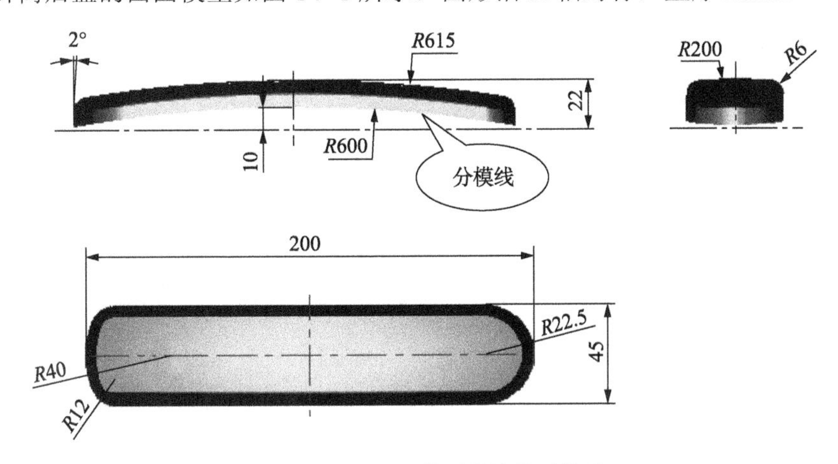

图 14-1　电话听筒后盖的曲面模型

根据电话听筒后盖的零件模型，可设计产生前模和后模的模具型芯。前模是凹模，用来形成电话听筒后盖的外表面形状。零件的外表面模型再加上镶嵌结构就构成了电话听筒后盖的前模型芯。

14.2　绘图思路

分析图 14-1 所示电话听筒后盖的结构，其分型面不是一个平面，而是一个曲面。绘制模型的关键是要在该分型面上绘制出分模线，由该分模线向上牵引，产生四周的曲面。而顶面是一个扫描曲面。将顶面与四周的曲面倒圆角就可绘制出电话听筒后盖外表面的曲面模型。

将电话听筒后盖外表面的曲面模型翻转 180°，进行缩水处理，得到电话听筒后盖前模型腔部分的曲面模型。再加上分型面及镶嵌结构，就完成了电话听筒后盖前模型芯的绘制。

绘制电话听筒后盖前模型芯的思路如图 14-2 所示。

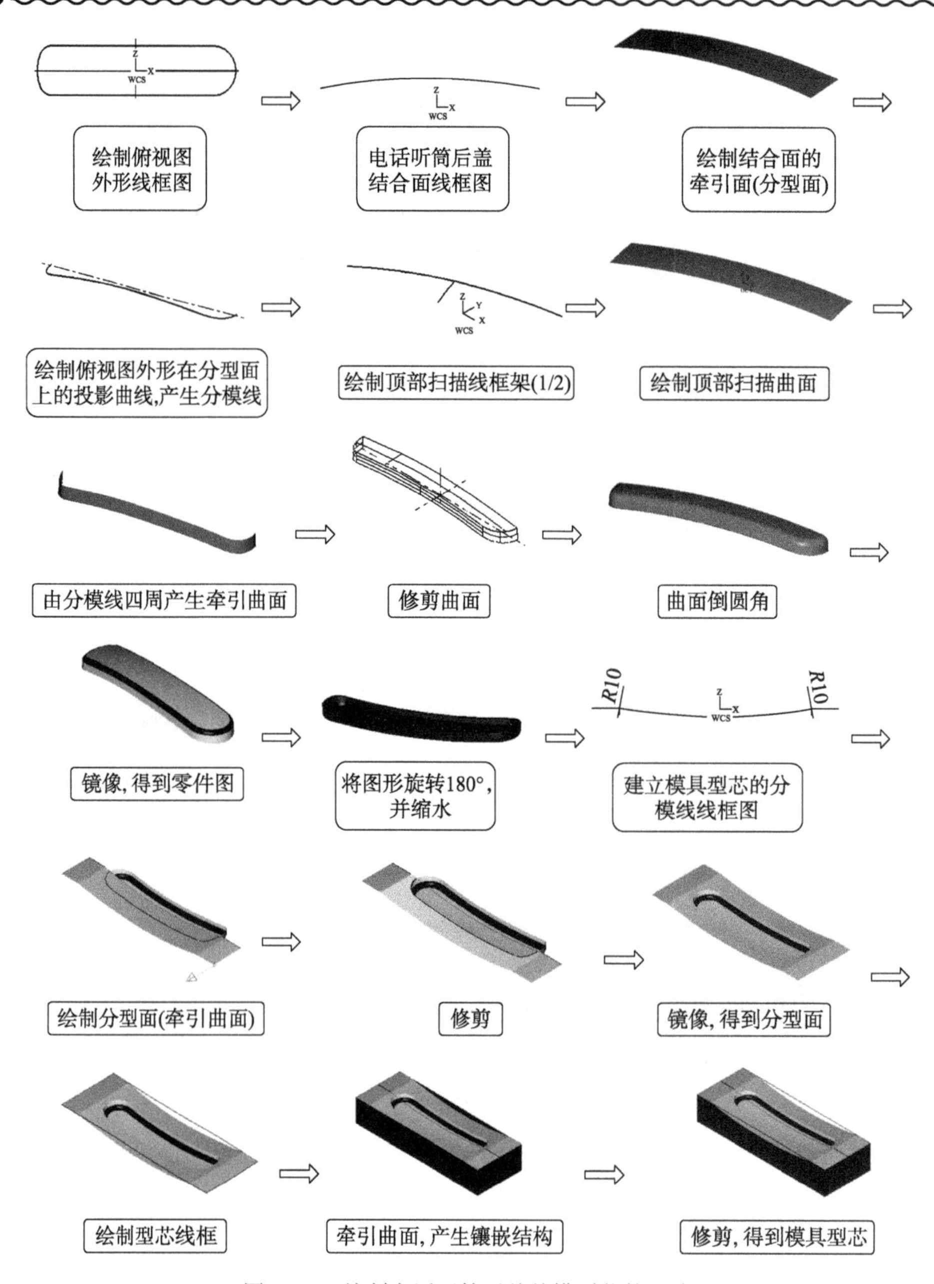

图 14-2 绘制电话听筒后盖前模型芯的思路

14.3 绘制电话听筒后盖的图形

14.3.1 绘制电话听筒后盖的俯视图外形框架

1. 绘图中心线

将当前图层设为 1，命名为“中心线”，将线型改为中心线，设颜色为 12（红色），其余设置为默认值。绘制与 X、Y、Z 三轴重合的三条中心线。

2. 绘制电话听筒后盖的俯视图外形轮廓线

设置构图平面为俯视图 T，当前图层为 2，命名为“外形线”，选择 13 号颜色（紫红），将线型改为实线。绘制电话听筒后盖外形的平面草图如图 14-3 所示，修剪成如图 14-4 所示的图形。

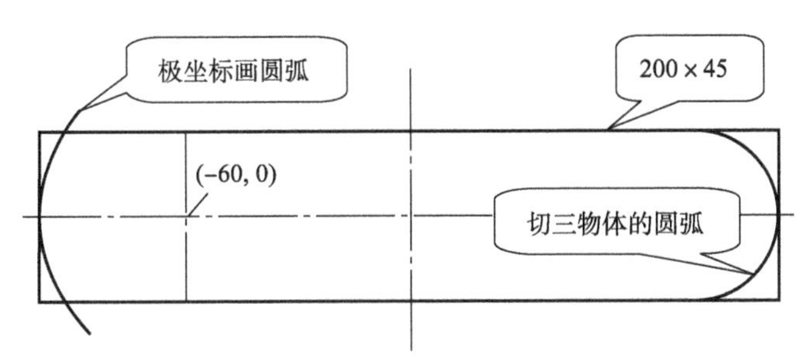

图 14-3　电话听筒后盖的外形轮廓线草图

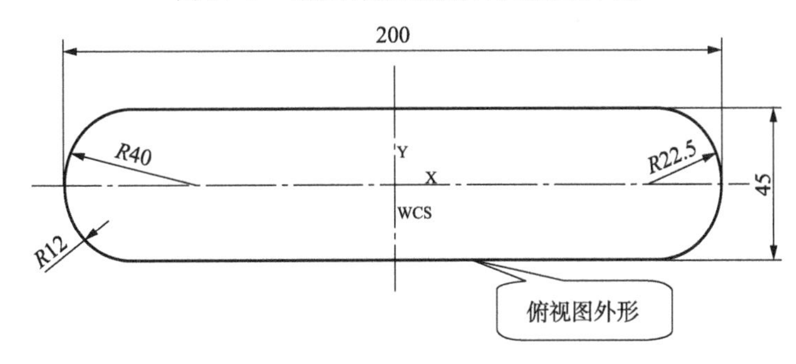

图 14-4　电话听筒后盖的外形轮廓线

14.3.2　绘制分型面

1. 绘制分型面线框架图

分型面线框架为一个圆弧，绘制方法如下所述。

① 设置图形视角、构图平面为前视图 F，构图深度设为 Z：0，将当前图层设为 3，命名为“分型面线框”，选择 2 号颜色（墨绿），其余设置为默认值。

② 分型面线框架图如图 14-5 所示，为一圆弧，圆心坐标为（0，−590），半径为 600。圆弧与 X 轴相交，长度为 218.17。

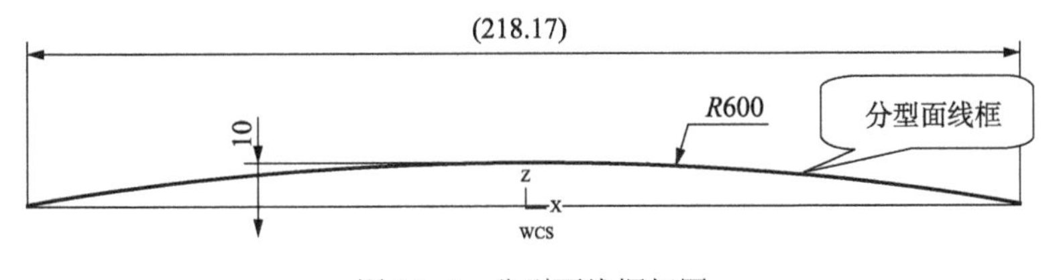

图 14-5　分型面线框架图

2. 绘制分型面（牵引曲面）

分型面由分型面线框架牵引得到，方法如下所述。

① 设置图形视角为等角视图 I，构图平面为前视图 F，将当前图层设为 4，命名为“分

型面”，选择 3 号颜色（天蓝色）。

② 单击主菜单→绘图→曲面→牵引曲面→串连命令。选择“分型面线框”为串连，产生一个向外方向的箭头，出现如图 14-6 所示菜单。

③ 单击牵引长度命令，在信息提示区显示：牵引长度=，输入 45，回车。

④ 单击执行命令，产生了牵引曲面，如图 14-7 所示，为电话听筒后盖分型面，图中只画出了一半，另一半可镜像得到。

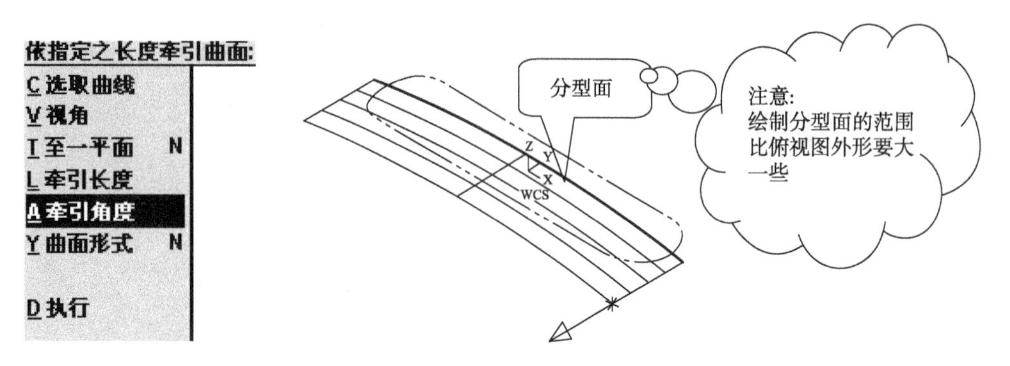

图 14-6 牵引曲面菜单　　图 14-7 电话听筒后盖分型面

14.3.3 绘制投影线（分模线）

将电话听筒后盖的外形轮廓线向分型面投影，在分型面上得到了投影曲线，也就是分模线，方法如下所述。

① 构图平面设置为俯视图 T。设置当前图层为 5，命名为“投影线”，作图颜色设为 4 号颜色（紫色）。

② 单击主菜单→绘图→曲面曲线→投影线命令，过程如图 14-8 所示，在系统提示区提示：选取曲面，选中分型面。

③ 单击执行命令，在系统提示区提示：请选取曲线，选中俯视图外形线。

④ 单击执行命令，过程如图 14-9 所示，出现如图 14-10 所示菜单。

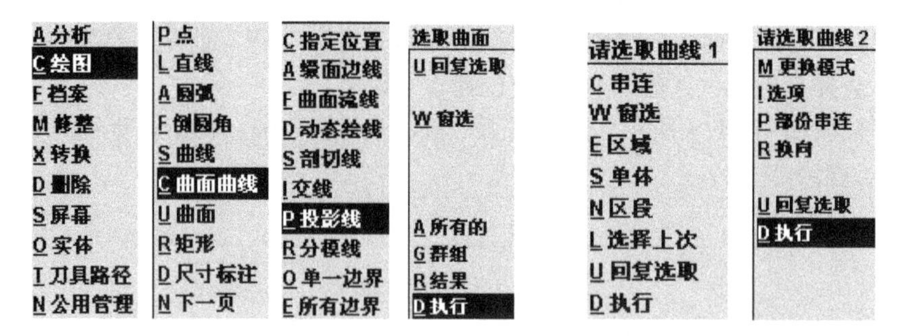

图 14-8 绘制投影线菜单　　图 14-9 选择要投影的曲线菜单

⑤ 选择 V投影方式　V，“V”表示对构图平面 Z 轴方向投影，若选择为“N”，则表示对曲面法向投影。

⑥ 选择 T修整　　Y，“Y”表示修剪曲面，若选择为“N”，则表示为不修剪曲面。

⑦ 单击选项命令，弹出如图 14-11 所示对话框，参数选择如图所示。

- 弦差为0.002。太大的弦差会影响曲线的精度，生成牵引曲面时曲面的误差也大，造成曲面不连续，因此，弦差要尽量设置得小一些。
- 单击选中修剪曲面 ☑是 选项。

⑧ 单击执行命令，在系统提示区提示：请指出要保留的区域—选择要修整的曲面。

⑨ 单击分型面，拉动鼠标箭头，选择分型面外侧为保留区域，产生了投影线，也就是分模线，如图 14-12 所示。图中只画出了一半，另一半可镜像得到。该分模线为后盖与前盖的共同的分模线，也是电话听筒前盖与后盖装配时的重合线。

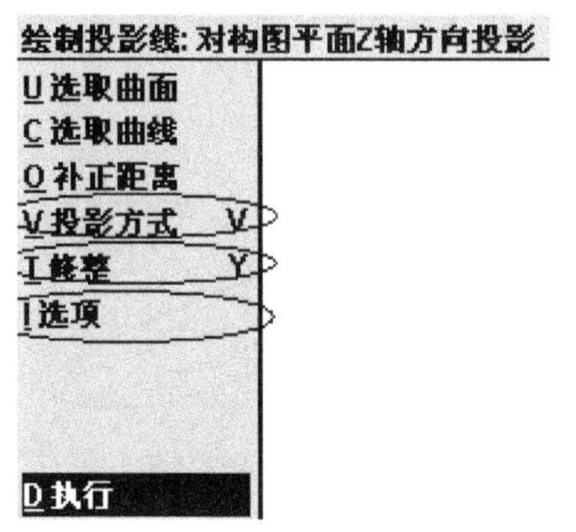

图 14-10　绘制投影线菜单

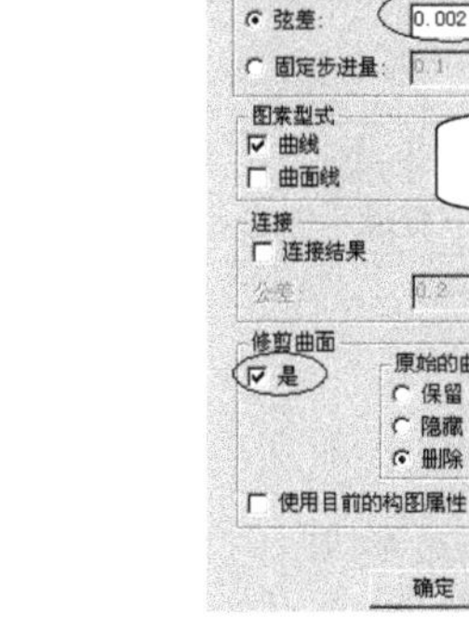

图 14-11　投影线“选项”对话框

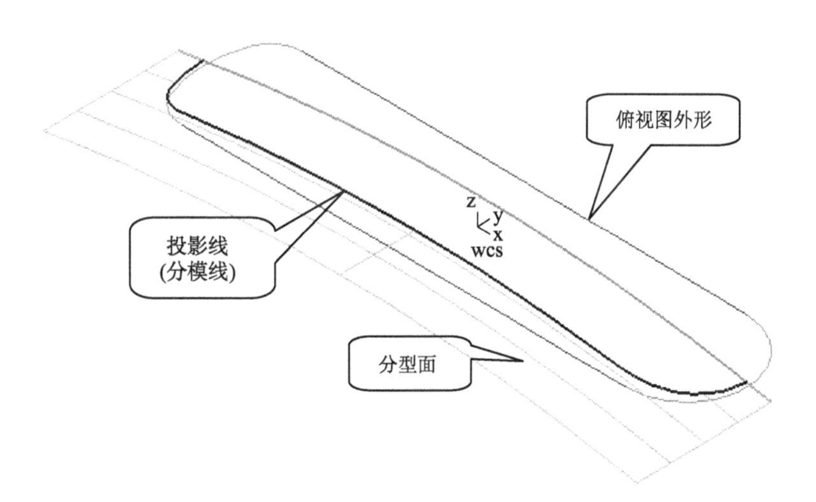

图 14-12　绘制投影线

14.3.4　绘制顶部扫描线框架

电话听筒后盖的顶部曲面是一个扫描曲面，线框架是两个圆弧，一个为截断方向外形线，另一个为引导方向外形线，绘制方法如下所述。

① 构图平面设置为前视图 F，构图深度为 Z：0，设置当前图层为 6，命名为“顶部扫描线框架”，作图颜色设为 5 号颜色（深紫）。在前视图中绘制一个圆弧作为截断方向外形线，圆心坐标为（0，-593），半径为 615，弦长 222，如图 14-13 所示。

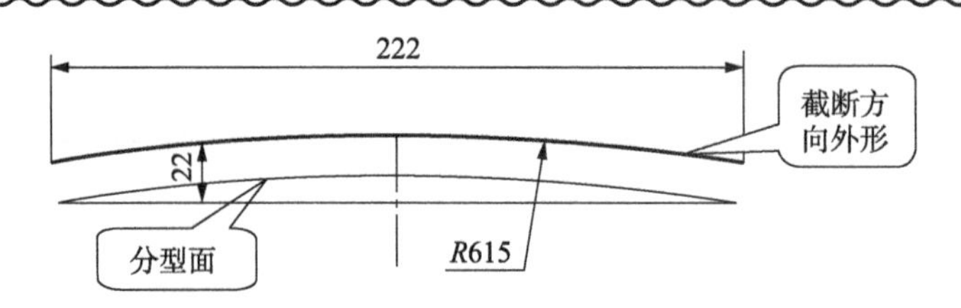

图 14-13　绘制截断方向外形线

② 构图平面设置为侧视图 S，构图深度为 Z：0.00，在侧视图中绘制一个圆弧作为引导方向外形线，圆心坐标为（0，−178），半径为 200，圆弧长度为 37，如图 14-14 所示。

③ 将图形视角设为等角视图 I，关闭图层 3、4、5，显示绘制的顶部圆弧，如图 14-15 所示。

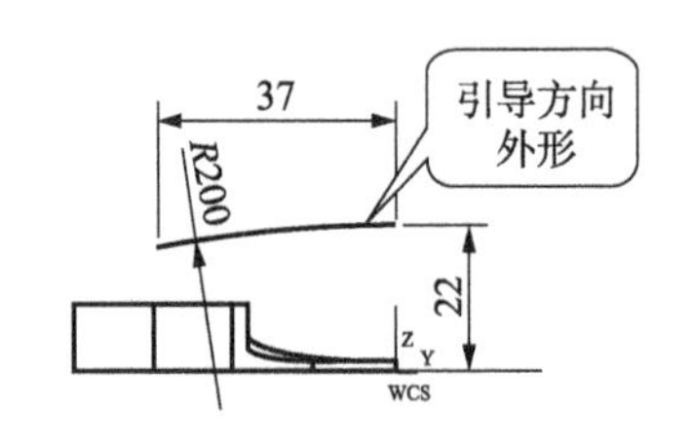

图 14-14　绘制引导方向外形线

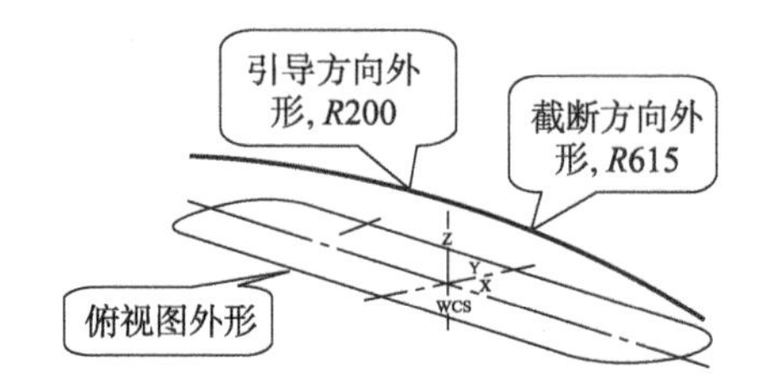

图 14-15　等角视图效果

14.3.5　绘制顶面扫描曲面

绘制顶面扫描曲面的方法如下所述。

① 设置当前图层为 7，命名为“扫描曲面”，图层群组栏输入“曲面”。作图颜色选择 7 号颜色（灰色）。

② 单击主菜单→绘图→曲面→扫描曲面→单体命令，选中图 14-15 中“截断方向外形”为截断方向外形，单击执行→串联命令，过程如图 14-16 所示。

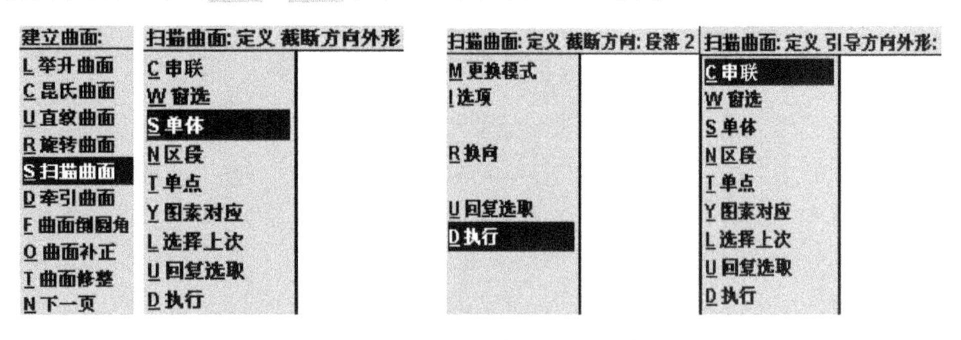

图 14-16　绘制扫描曲面的菜单

③ 选中图 14-15 中“引导方向外形”为引导方向外形，单击执行命令，弹出如图 14-17 所示对话框。

④ 单击R平移/旋转　R 选项，T 表示截面沿引导方向平移，*R* 表示截面沿引导方向旋转。

⑤ 单击执行命令，过程如图 14-17 所示。生成了扫描曲面，曲面着色效果图如图 14-18 所示。

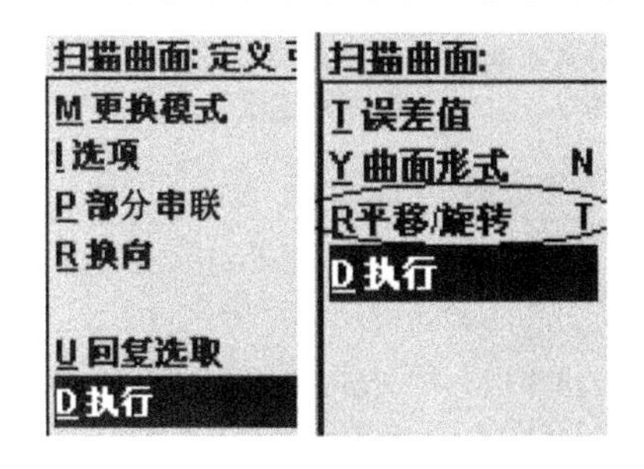

图 14-17　扫描曲面菜单

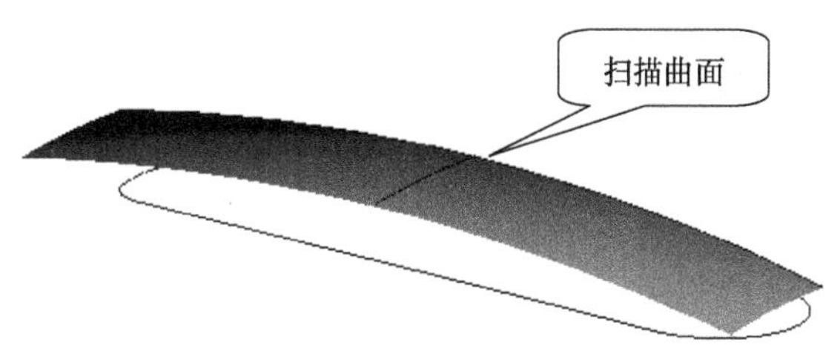

图 14-18　电话听筒后盖顶部扫描曲面

14.3.6　绘制侧面牵引曲面

将分模线向上牵引曲面，形成电话听筒后盖的侧面。

① 设置构图平面为俯视图（T），将当前层别设为 8，命名为“牵引曲面”，并且关闭图层 6 和图层 7。

② 单击主菜单→绘图→曲面→牵引曲面→串联命令，选中投影线，如图 14-19 所示。

③ 单击执行命令，进入绘制牵引曲面设置选项，参照图 14-6。单击牵引长度命令，输入 15。

④ 单击牵引角度命令，输入 2。单击执行命令，生成牵引曲面，如图 14-20 所示。

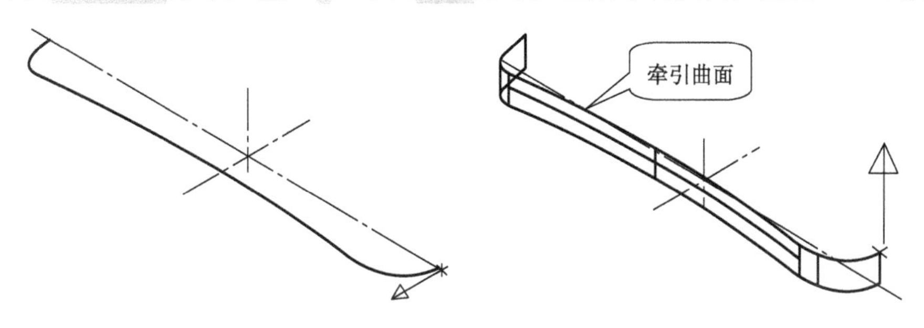

图 14-19　选中投影线　　图 14-20　绘制电话听筒后盖的侧面

14.3.7　曲面与曲面的修剪

电话听筒后盖的顶部扫描曲面与侧面的牵引曲面相交，各有一部分多余的曲面，可以通过曲面修剪的方法，将多余的曲面修剪掉，方法如下所述。

① 打开图层 7，显示扫描曲面。

② 单击主菜单→绘图→曲面→曲面修整→至曲面命令，过程如图 14-21 所示。

③ 选择牵引曲面为第一组曲面，单击执行命令后，选择扫描曲面为第二组曲面，单击执行命令，弹出如图 14-22 所示菜单。

④ 单击选项命令，弹出如图 14-23 所示对话框，选择如图所示，单击确定按钮，返回图 14-22 所示菜单。

⑤ 单击执行命令，在系统信息提示区提示：请指出要保留的区域—选择要修整的曲面，选中牵引面，拉动鼠标箭头，选择下边为保留区域，单击鼠标左键，如图 14-24 所示。

⑥ 选中扫描面，拉动鼠标箭头，选择里面为保留区域，单击鼠标左键，如图 14-24 所示。多余的曲面被修剪掉，如图 14-25 所示。

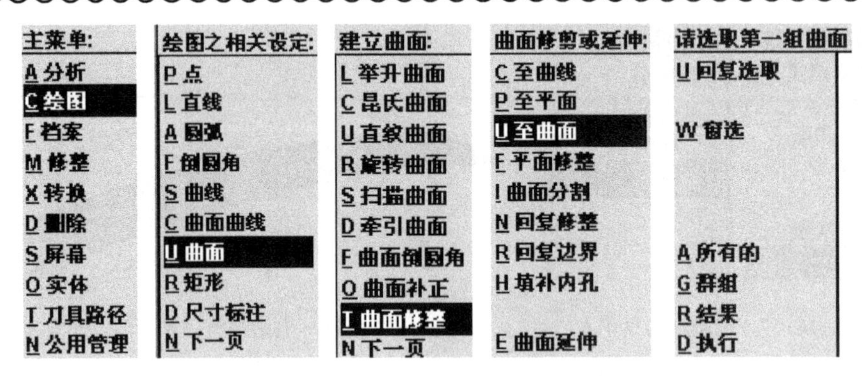

图 14-21　曲面修整菜单

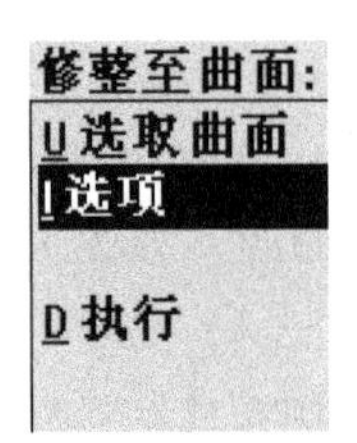

图 14 22　修整至曲面“选项”菜单

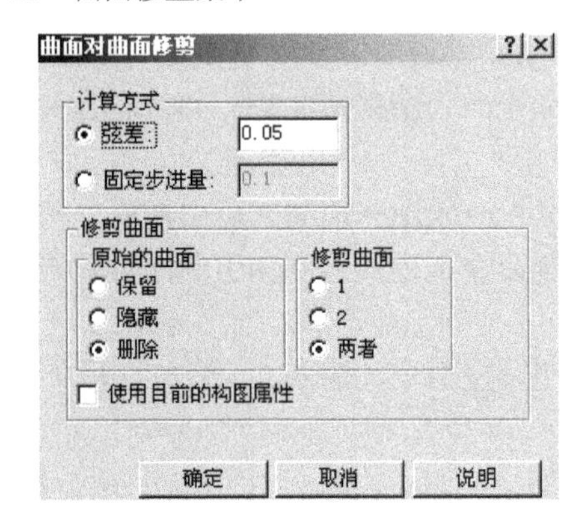

图 14-23　“曲面对曲面修剪”对话框

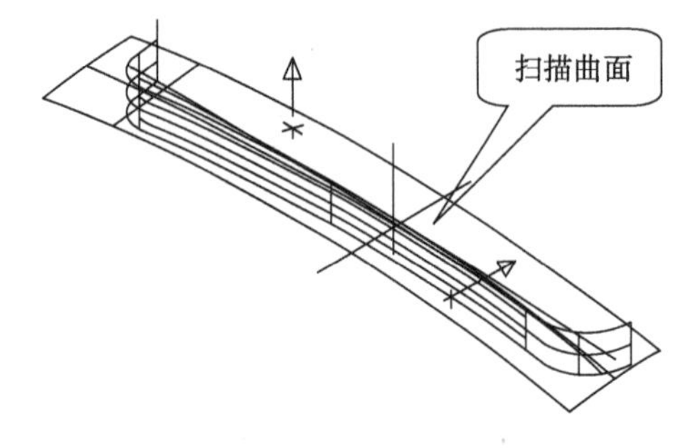

图 14-24　选择要保留的区域

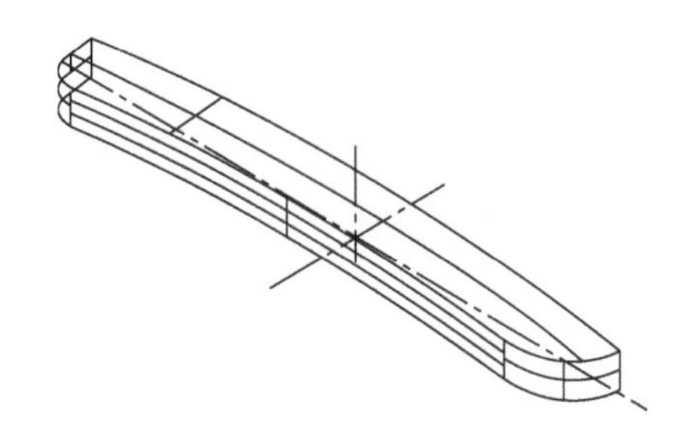

图 14-25　修剪结果

14.3.8　曲面倒圆角

在牵引面与扫描面相交处倒圆角，圆角半径为 *R*6.0。需要说明的是，在倒圆角之前可以不修剪两个要倒圆角的曲面，而在倒圆角时顺便修剪两曲面。

① 将当前图层设为 9，命名为“曲面倒圆角”，作图颜色选择 12 号颜色（红色）。打开图层 7（扫描曲面）。

② 单击主菜单→绘图→曲面→曲面倒圆角→曲面/曲面命令，第一组曲面选择牵引曲面，单击执行命令后，第二组曲面选择扫描曲面，如图 14-26 所示，单击执行命令。

③ 在系统信息提示区提示：输入半径，输入倒圆角半径“6”，回车，进入曲面对曲面倒圆角的参数设置，如图 14-27 所示。

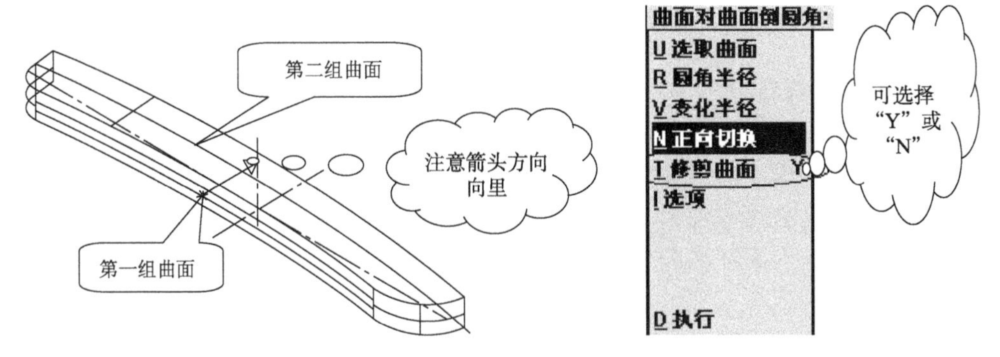

图 14-26　选择倒圆角的两组曲面　　　图 14-27　曲面对曲面倒圆角菜单

④ 单击正向切换→循环命令，检验曲面法线的方向，保证让曲面法线的方向指向要倒圆角的圆心。成功定义曲面的法线方向后，单击确定按钮。

⑤ 单击修剪曲面 Y 选项，“Y”表示修剪曲面，可将不在圆心方向的曲面修剪掉。

⑥ 单击执行命令，完成倒圆角后的效果图如图 14-28 所示。

14.3.9　曲面镜像

单击主菜单→转换→镜像→窗选命令，窗选所有曲面，单击执行→X 轴命令，在出现的对话框中单击选中 ⊙复制 选项，单击确定按钮，另一半曲面构建成功，效果图如图 14-29 所示。

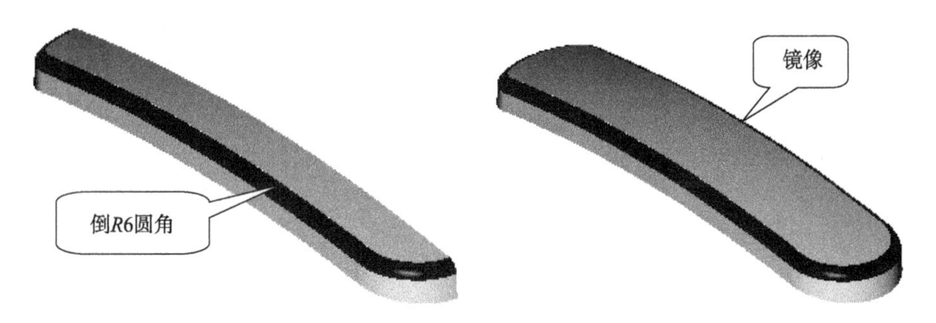

图 14-28　倒 *R*6 圆角的效果　　　图 14-29　电话听筒后盖曲面模型

14.3.10　存档

电话听筒后盖外形图已画好，在数控加工中，我们对刀具加工不到的底面的结构可省略不画，以节省时间。

单击主菜单→档案→存档命令，输入“电话听筒后盖.MC9”，回车。

14.4　绘制电话听筒后盖前模

前模也叫上模、定模，开模后，塑料制品随后模离开前模，前模不动。一般是将模具的型芯镶嵌在模架内，组成前模，我们介绍电话听筒后盖前模的型芯的设计。

如图 14-29 所示的电话听筒后盖曲面模型，加上分型面及模具型芯的镶嵌结构，就构成了电话听筒后盖的前模型芯。该前模型芯为凹模，为了加工时方便，要将腔型开口朝上，也就是要将如图 14-29 所示的图形绕 X 轴旋转 180°。

14.4.1 旋转

将电话听筒后盖旋转 180°，方法如下所述。

① 设置构图平面为侧视图 S，打开所有的图层，被隐藏的线框架及分型面都显示出来了。

② 单击主菜单→转换→旋转→窗选命令，窗选所有图素，单击执行命令，在系统信息提示区提示：请指定旋转之基准点，单击原点，弹出如图 14-30 所示的对话框。单击选中 移动选项，输入旋转次数为 1，旋转角度为 180°，单击确定按钮，结果如图 14-31 所示。

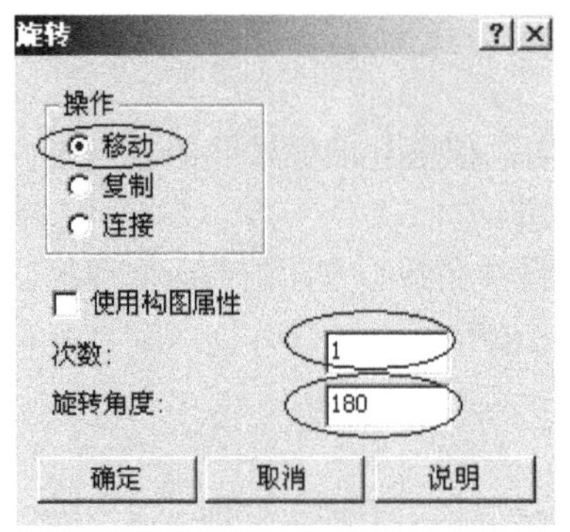

图 14-30 “旋转”对话框

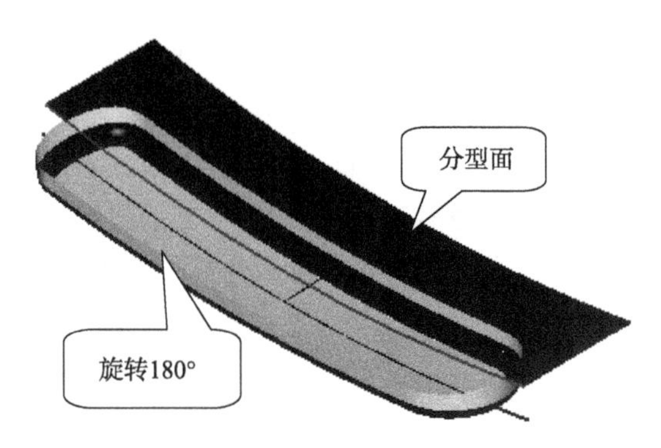

图 14-31 旋转 180°

14.4.2 缩水

电话听筒后盖材料采用 ABS，缩水率为 5‰，模具型腔需要放大（1+缩水率）倍，放大比例为 1：1.005。

① 打开所有的图层。

② 单击主菜单→转换→比例缩放命令，窗选所有的图素，单击执行命令。

③ 在信息提示区提示：请指定缩放之基准点，捕捉原点为缩放的基准点。

④ 出现如图 14-32 所示的对话框，单击选中 移动选项，输入缩放的比例为 1.005，单击确定按钮。

⑤ 产生了放大 1.005 倍的图形，结果如图 14-33 所示。

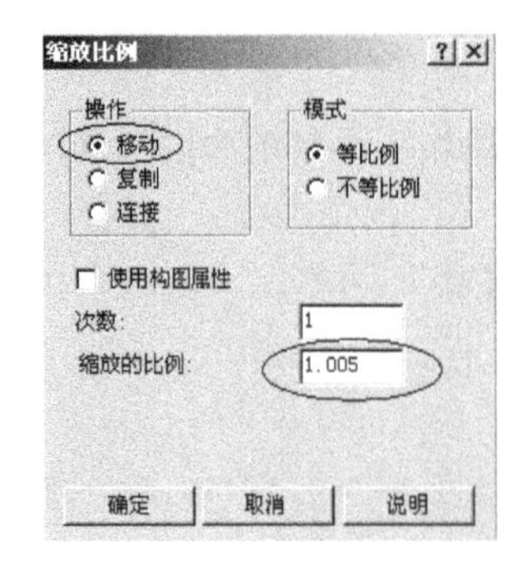

图 14-32 “缩放比例”对话框

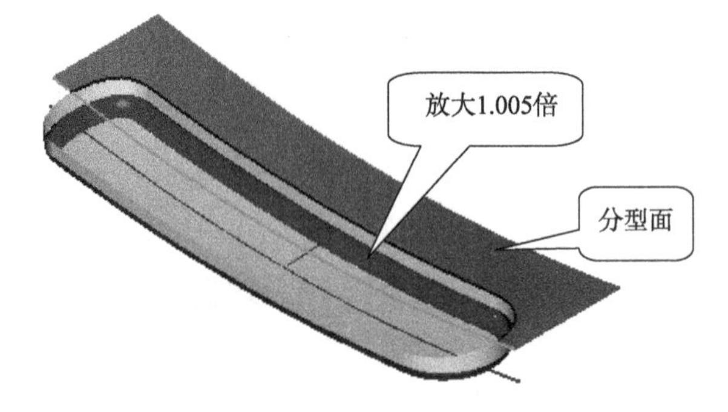

图 14-33 缩水（放大 1.005 倍）

14.4.3 设计模具型芯的分型面

分析图 14-33 所示图形的分型面，可知是一个弧形面，在测量与装配模具时不方便，一般需要构建辅助平面作为测量与装配的基准面，为此在分型面两头分别构建平面。

① 设置构图平面为前视图 F，构图深度为 Z：0，将当前图层设为 10，命名为“模具型芯分型面”，打开图层 3（分型面线框），关闭其余图层，显示原分型面线框，如图 14-5 所示。作图颜色选择 2 号颜色（绿色）。

② 在 *Y* 坐标为 0 的位置绘制水平线 1 和水平线 2，对称分布，水平方向尺寸总长为 280。

③ 在水平线与原分型面线框之间倒圆角，半径为 *R*10。

注意

倒该圆角主要是为方便后模的加工，这样一来，后模也能在相应的地方倒圆角，加工较容易，不需专门编写清角程序，减少了加工时间与编程难度。

④ 上述 5 图素即水平线 1、水平线 2、原分型面线框、2 个倒圆角 *R*10，共同构成前模型芯分型面线框图，后模型芯分型面线框与前模的相同，如图 14-34 所示。

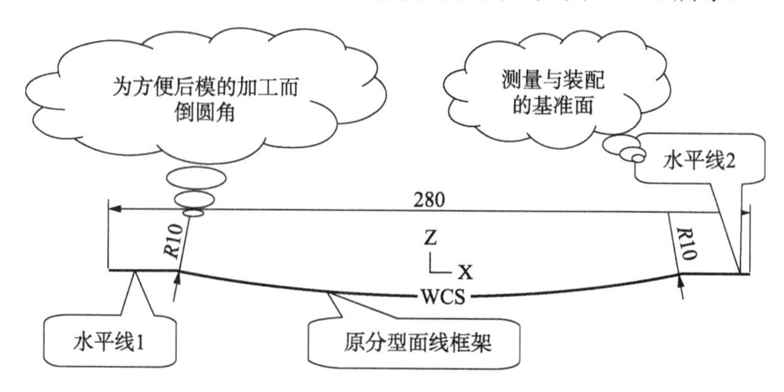

图 14-34　电话听筒后盖前模型芯分型面线框架

⑤ 设置图形视角为等角视图 I，构图平面为前视图 F。打开图层 5、7、8、9，选择作图颜色为 10 号颜色（绿色）。

⑥ 单击主菜单→绘图→曲面→牵引曲面→串联命令，选中如图 14-34 所示的模具型芯分型面线框，单击执行命令，产生一个向 *Y* 轴方向的箭头。

⑦ 单击牵引长度命令，在信息提示区显示：牵引长度=，输入 50，回车。

⑧ 单击牵引角度命令，在信息提示区显示：牵引角度=，输入 0，回车。

⑨ 单击执行命令，产生了牵引曲面，如图 14-35 所示，为电话听筒后盖分型面（只做出了一半）。

⑩ 用投影线修剪模具型芯分型面。

- 单击主菜单→绘图→曲面→曲面修整→至曲线命令，过程参考图14-21。
- 选中分型面，单击执行→串联命令，选中投影线，单击执行→执行命令。在信息提示区显示：请指出要保留的区域—选择要修整的曲面。
- 选中分型面，移动鼠标，拉动箭头到投影线的外边，单击鼠标左键，生成了修剪曲面，如图14-36所示。

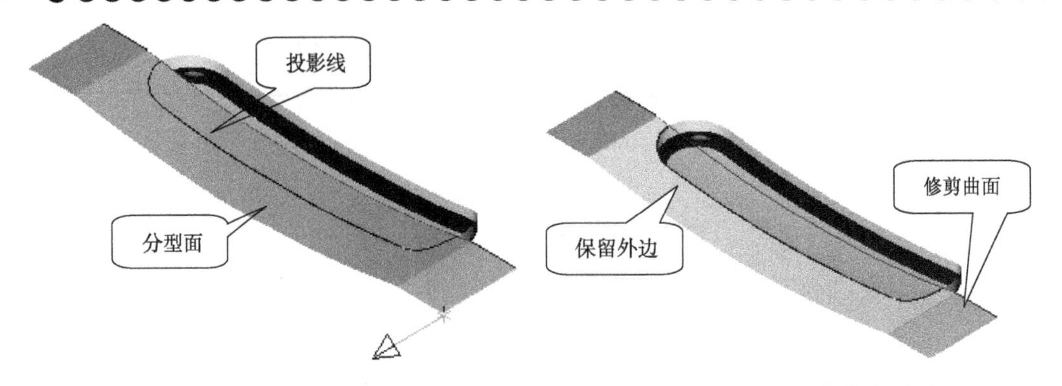

图 14-35　电话听筒后盖前模型芯分型面　　　　图 14-36　修剪分型面

⑪ 单击主菜单→转换→镜像命令，选中所有分模曲面，单击执行→X 轴命令，在出现的对话框中单击并选中 ⊙复制 ，单击确定按钮，另一半曲面构建成功，关闭图层 3 和图层 5。清除颜色，效果图如图 14-37 所示。该图可作为模具型芯前模加工图。

14.4.4　设计模具型芯的镶嵌结构

模具型芯要镶嵌到模架中，组成一个整体。因此，需设计一个长方体，作为镶嵌结构，方法如下所述。

① 设置构图平面为俯视图 T，构图深度为 Z：0，将当前图层设为 11，命名为“镶嵌结构”，作图颜色选择 5 号颜色（紫色）。

② 绘制一个长 280、宽 100 的矩形，如图 14-38 所示。该线框可作为型芯镶嵌在模架内的外形线框。

③ 为更形象地表达该模具型芯前模图，将四周的垂直面用牵引曲面的方法画出，牵引高度为 50，如图 14-39 所示。

④ 设置构图面为前视图 F，打开图层 3，显示分型面线框架。

⑤ 单击主菜单→绘图→曲面→曲面修整→至曲线命令，过程参考图 14-21。

⑥ 选中牵引面前面、牵引面后面，单击执行→串联命令，选中分型面线框架，单击执行→执行命令，在信息提示区显示：请指出要保留的区域—选择要修整的曲面。

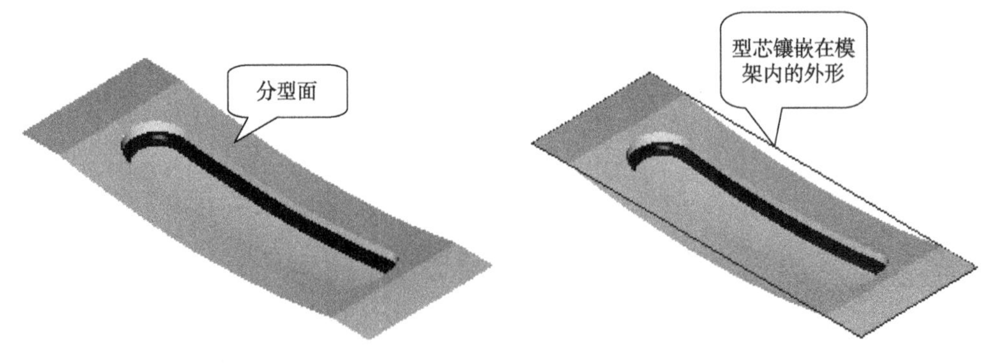

图 14-37　电话听筒后盖前模加工图　　　　图 14-38　镶嵌外形线框

⑦ 选中牵引面前面，移动鼠标，拉动箭头到分型面线框架的下边，单击鼠标左建，生成了修剪曲面，构成了模具型芯前模图，如图 14-40 所示。

⑧ 文件名为“电话听筒后盖前模.MC9”，存档。

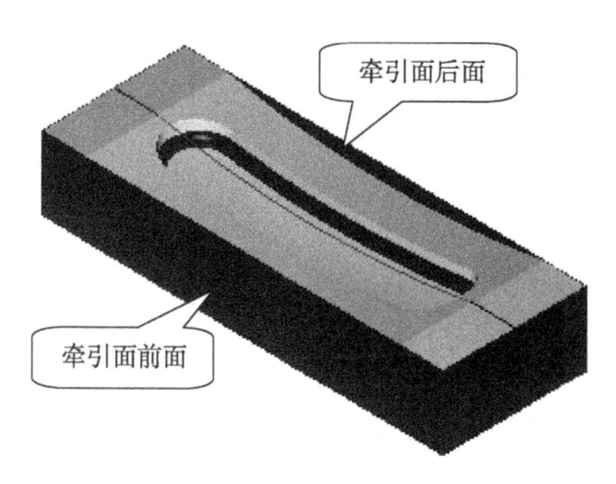

图 14-39　绘制镶嵌结构

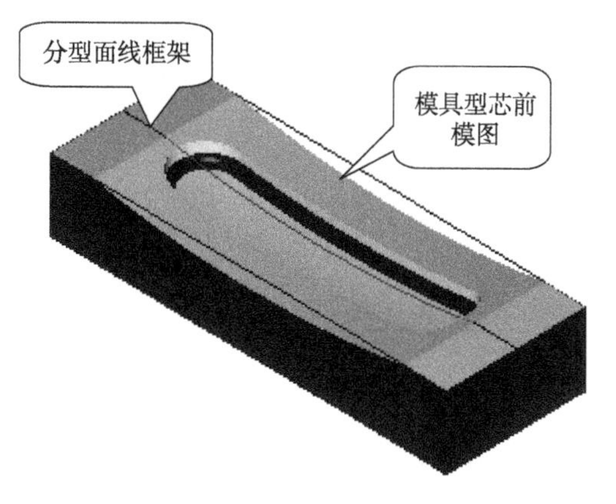

图 14-40　电话听筒后盖前模型芯

练习 14

14.1　叙述扫描曲面的绘制方法。

14.2　叙述前模的设计过程。

14.3　用曲面造型的方法，设计电话听筒后盖后模。

第15章 烟灰缸的设计

本章主要介绍工作坐标系 WCS 的设置，实体的挤出、旋转切割、挤出切割、倒圆角等内容。

15.1 烟灰缸的三维立体零件图

设计烟灰缸零件图，如图 15-1 所示，材料为铝，粗糙度要求为 *Ra*3.2。

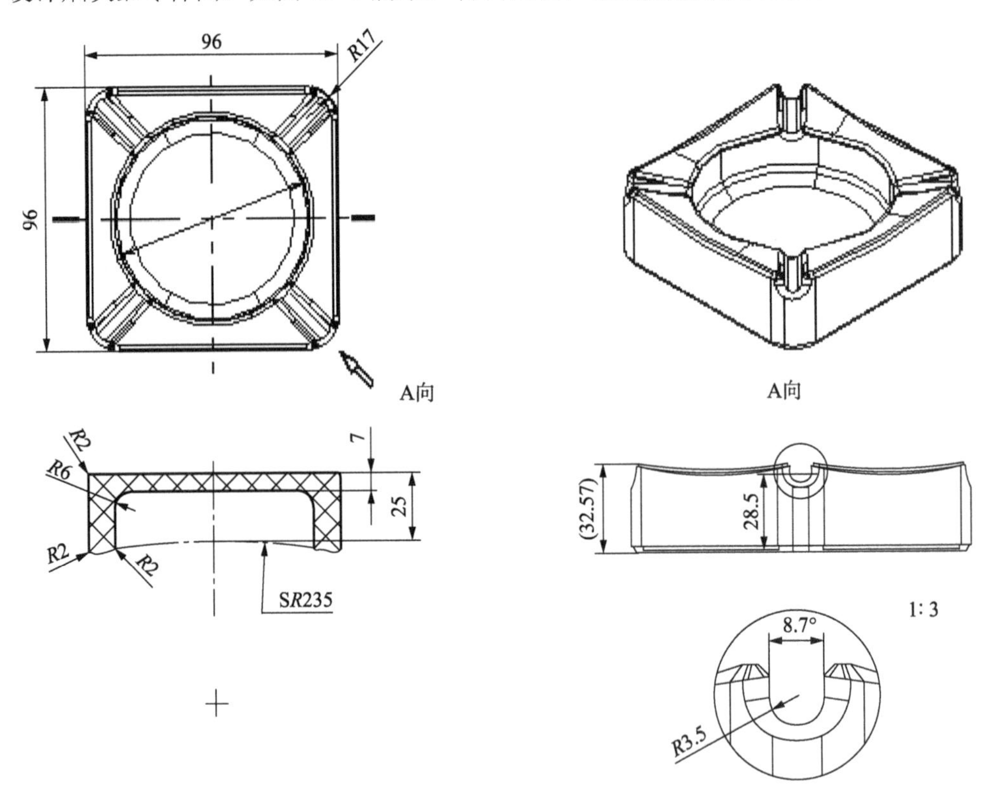

图 15-1 烟灰缸零件图

15.2 绘图思路

分析如图 15-1 所示的烟灰缸的结构，可采用实体造型的方法绘制其模型。先采用挤出实体的方法绘制主体图形，再采用挤出实体切割的方法绘制内腔及四个烟槽，然后采用旋转实体切割的方法绘制顶部曲面特征，最后采用实体倒圆角的方法绘制圆角。具体的绘图思路如图 15-2 所示。

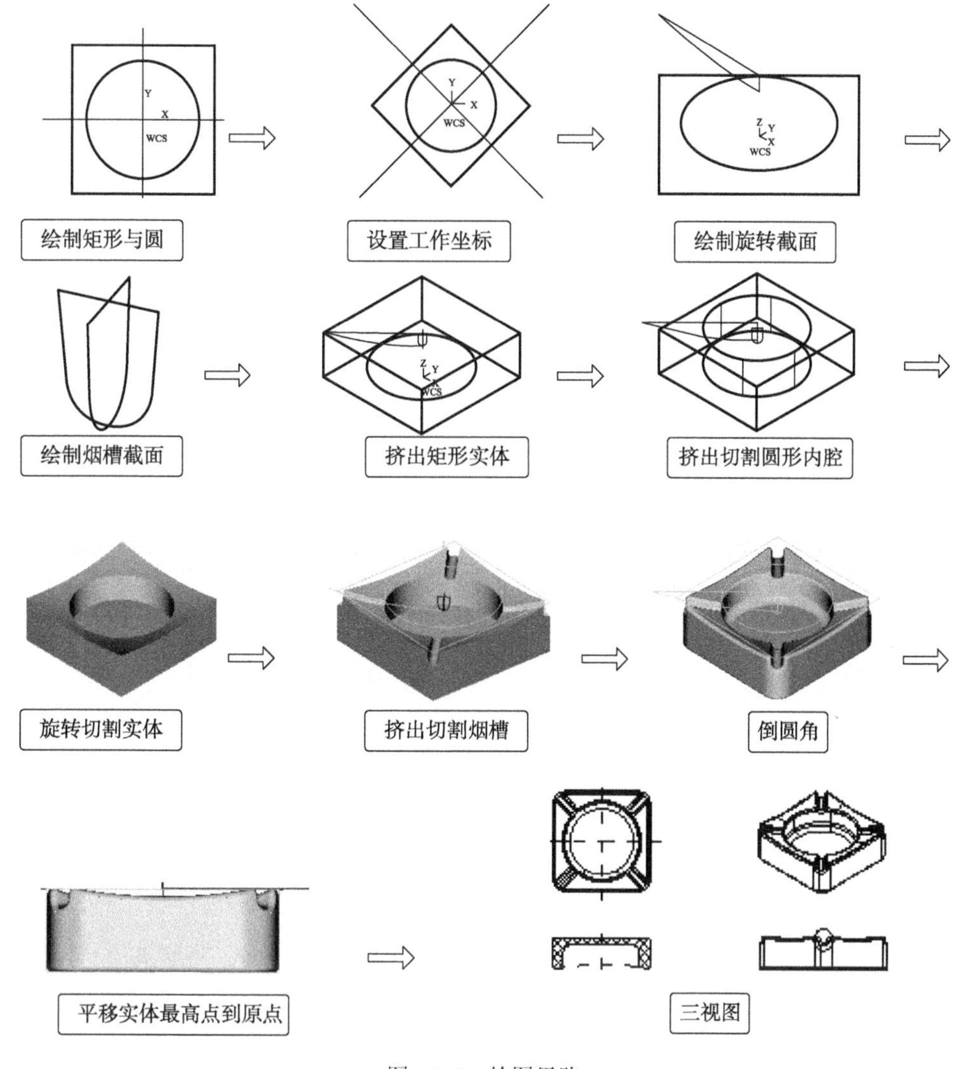

图 15-2　绘图思路

15.3　绘制线框模型

15.3.1　绘制俯视图线框架图

1. 绘制矩形外形

烟灰缸的基本外形为方形结构，线框架模型为一个矩形，绘制方法如下所述。

① 设定构图平面为 T，构图深度为 Z：0，当前图层设置为 1，命名为“俯视图线框架”。

② 绘制一个 96×96 的四边形。单击绘图→矩形→一点命令，在对话框中输入宽度为 96，高度为 96，单击确定按钮后，捕捉原点为中心点，这样就绘制好尺寸为 96×96 的四边形，如图 15-3 所示。

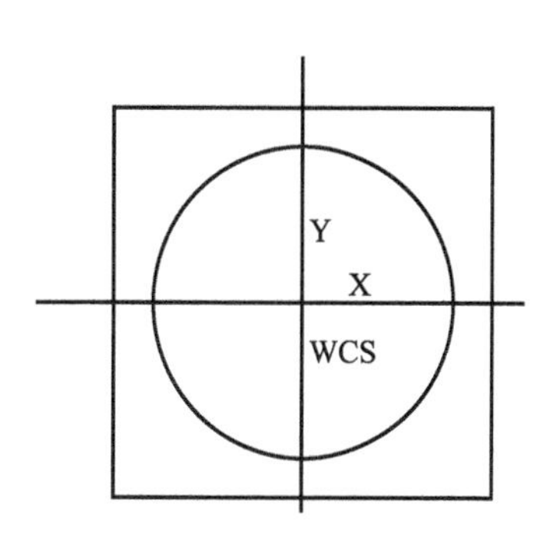

图 15-3　俯视图线框架图

2. 绘制圆内腔

设定构图深度为 Z：7，单击绘图→圆弧→点直径圆命令，在信息提示区出现提示：请输入直径，输入：75，回车，捕捉原点为中心点，这样就绘制好ϕ75 的圆，如图 15-3 所示。

15.3.2　设定新工作坐标系 WCS

工作坐标系 WCS 就是构图平面的 XY 坐标轴，加上垂直于构图面的 Z 轴构成的一个坐标系统。系统默认的工作坐标系是以俯视图（T）为构图平面而建立的，视角号码为 1，表示为“WCS：T”，其中的“T”是俯视图（TOP）的第一个英文字母。

用户可以选择任何一个构图平面来定义 WCS，定义了新的 WCS 后，其图形视角、构图平面的俯视图（T）、前视图（F）、侧视图（S）、等角视图（I）或空间绘图（3D）均以新的工作坐标为基准。绘图时，可以利用工具栏中的图形视角、构图平面的工具按扭：视角_等角视图（I）、视角_俯视图（T）、视角_前视图（F）、视角_侧视图（S）、视角_动态旋转（D）、构图面_俯视图（T）、构图面_前视图（F）、构图面_侧视图（S）、构图面_空间绘图（3D），来设定俯视图（T）、前视图（F）、侧视图（S）、等角视图（I）或空间绘图（3D），这样，可以方便地在新的工作坐标系（WCS）中绘制图形。

为了方便构建顶面圆弧面的旋转截面以及烟灰槽，我们将系统默认的工作坐标系的 *XY* 坐标轴，绕 *Z* 轴旋转 45°，构成新的工作坐标系（9 号系统视角），在新的工作坐标系（WCS：9）下绘图。

系统默认的 8 个标准构图平面（1～8），是以新的工作坐标系 WCS 为基准的 8 个新的构图平面。

1. 设定新的构图平面

采用旋转定面的方法，设定新的构图平面（构图平面号码为 9），步骤如下：

① 设定图形视角为等角视图 I。

② 单击构图平面→旋转定面→针对 Z 命令，过程如图 15-4 所示。

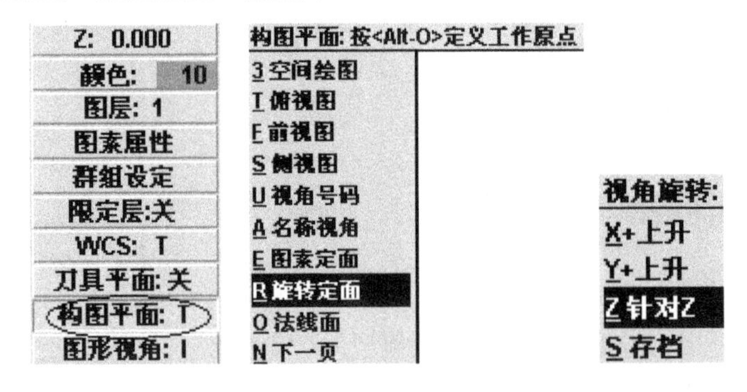

图 15-4　旋转定面菜单

③ 在信息提示区出现提示：旋转角度，输入 45，回车。在图中出现 *XY* 坐标轴绕 *Z* 轴旋转了 45°，如图 15-5 所示。

④ 单击存档命令，则设定构图平面号码为 9，如图 15-6 所示。

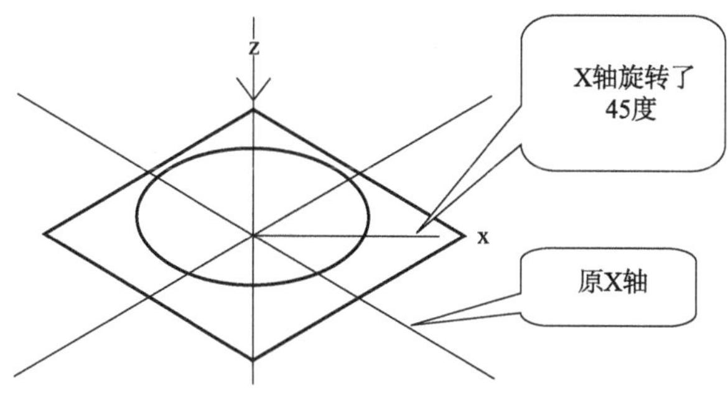

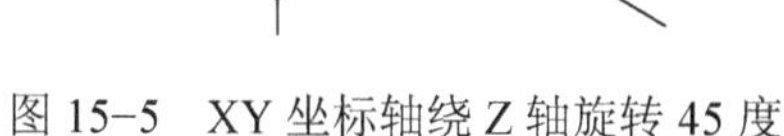
图 15-5　XY 坐标轴绕 Z 轴旋转 45 度

图 15-6 辅助菜单

2. 设定工作坐标系为 9 号视角

以新的构图平面（号码为 9）为基准，建立新的工作坐标系，方法如下所述。

① 单击 WCS：T 命令，出现如图 15-7 所示的对话框。

② 在“系统视角的显示”处，单击选中 ⊙ 全部，系统显示出第 9 视角。

③ 单击第 9 行的 WCS 列下的空格，则出现字母“W”，该行改变为蓝颜色，表示工作坐标系统从原来默认的系统视角 1-TOP 改为建立在系统视角 9 上，如图 15-8 所示。

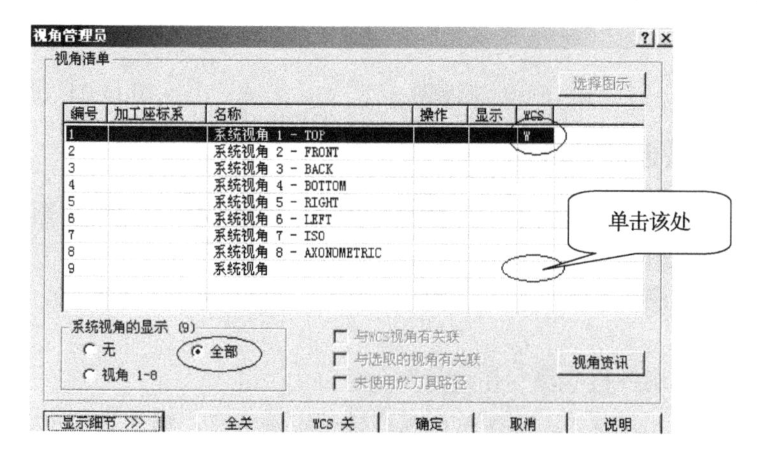

图 15-7　“视角管理员“对话框

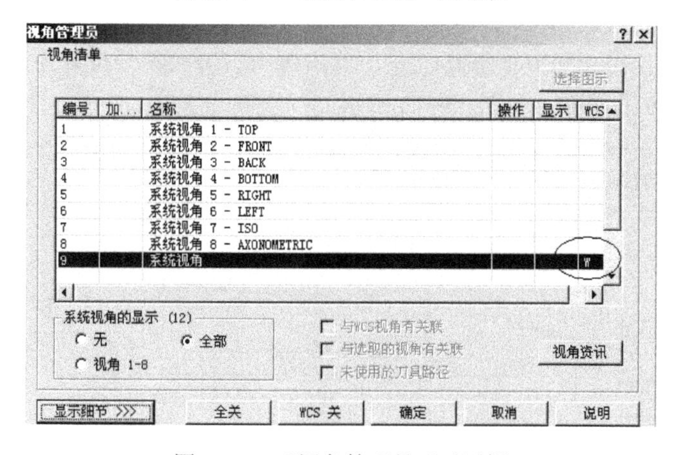

图 15-8　“视角管理员“对话框

④ 单击确定按钮，将工作坐标系统设为 9 号系统视角，如图 15-9 所示。表示 9 号构图

面的 *XY* 坐标轴加上垂直于构图面的 *Z* 轴构成了新的工作坐标系统。

⑤ 单击工具按钮，将图形视角设为俯视图 T，结果如图 15-10 所示。新的工作坐标系 WCS：9 的 *X* 轴正向水平向右，此时的图形与原图比，显然是不一样的，看起来旋转了 45°。

⑥ 单击工具按钮，将图形视角设为前视图 F，结果如图 15-11 所示。图 15-10 中的顶点 1、顶点 2 的位置如图 15-11 的所示。

注意

设定新的工作坐标后，单击视角平面与构图平面的工具按钮，都是以新的工作坐标为基准来设置视角平面与构图平面的，这样一来，我们可以很方便利用 8 个标准构图平面来绘图。

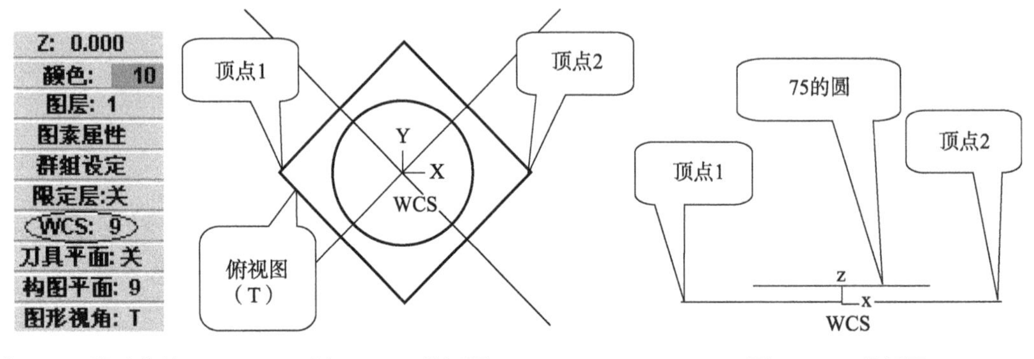

图 15-9　辅助菜单　　图 15-10　俯视图　　图 15-11　前视图

15.3.3　绘制顶面圆弧截面

在工作坐标系为“9”的情况下，在前视图中绘制一个 *R*235 的圆弧，圆心在（0，260），可采用极坐标方式画圆，方法如下所述。

① 单击工具按钮，设定构图平面为前视图（F），构图深度为 Z：0，当前图层为 2，命名为“旋转截面”。

② 单击绘图→圆弧→极坐标→任意角度命令。

③ 在信息提示区出现提示：极坐标画弧：请指定圆心点，输入 0，260，回车。

④ 在信息提示区出现提示：输入半径，输入 235，回车。

⑤ 使用滑鼠指出起始角度的概略位置，单击选中左边的某一位置为起始点。

⑥ 使用滑鼠指出终止角度的概略位置，单击选中右边的某一位置为终止点。

⑦ 绘制好 *R*235 的圆弧，如图 15-12 所示。

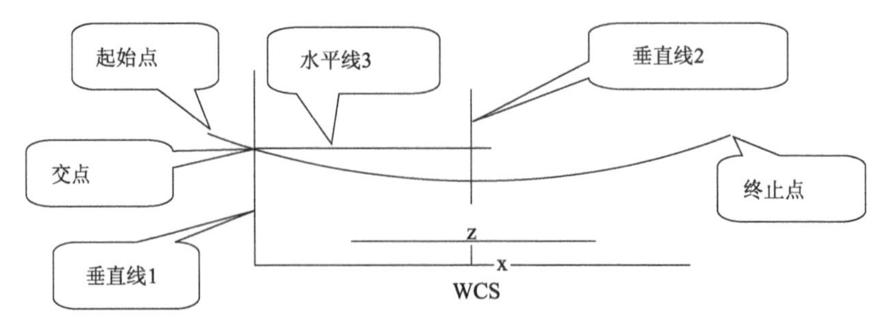

图 15-12　绘制旋转截面草图

⑧ 通过顶点 1 的位置绘制垂直线 1，在 *X* 坐标为 0 的位置绘制垂直线 2，通过垂直线 1

与圆弧的交点绘制水平线 3，修剪成如图 15-13 所示的旋转截面图形，实体截面要求封闭。

⑨ 单击工具按钮，将图形视角设为等角视角 I，结果如图 15-14 所示。

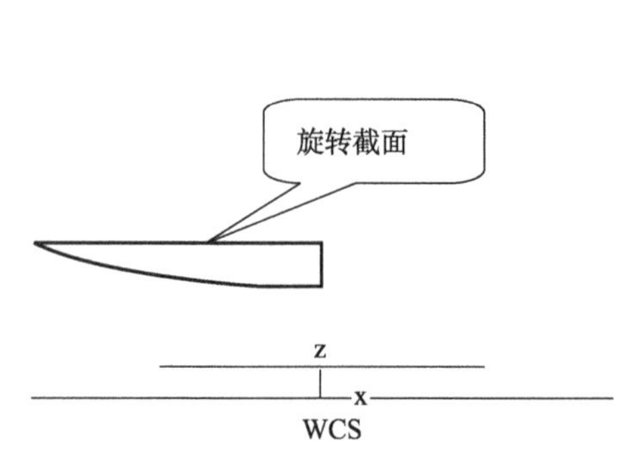

图 15-13　旋转截面前视图

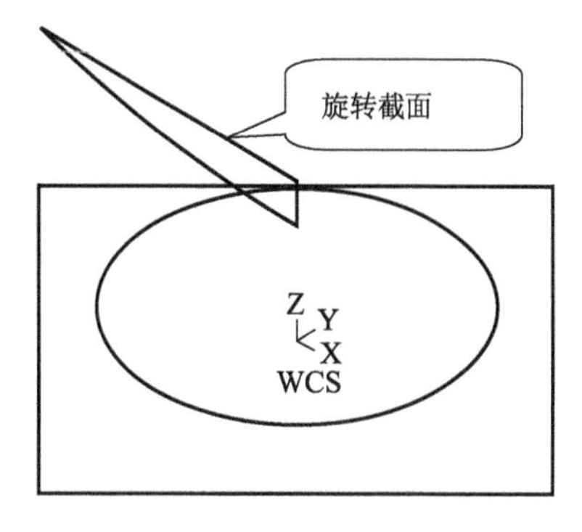

图 15-14　旋转截面等角视图

15.3.4　绘制烟槽

为保持画面的整洁，方便画图，现将原有图素隐藏，按 Alt+F7 组合键，或单击屏幕→隐藏图素命令，窗选所有图素，则所有图素都消失了。绘制一烟槽，底部圆直径为ϕ7，圆心为（0，28.5），两边的夹角为 8.6 度，绘图过程如下所述。

① 设构图平面为前视图 F，工作深度为 Z：0，当前图层为 3，命名为“烟槽截面”。

② 单击绘图→圆弧→点直径圆命令，在信息提示区输入圆的直径 7，回车，输入 0，28.5 为圆心点。绘制好直径为 7 的圆 C1，如图 15-15 所示。

③ 单击主菜单→绘图→直线→水平线命令，通过原点，绘制好直线 L1。如图 15-15 所示。

④ 单击绘图→直线→切线→角度命令。

⑤ 在信息提示区出现提示：由已知角度画切线：请选择圆弧或曲线，单击圆弧 C1。

⑥ 在信息提示区出现提示：请输入角度，输入 90-8.6/2，回车。

⑦ 在信息提示区出现提示：请输入线长，输入 12，回车，出现有两条直线。

⑧ 在信息提示区出现提示：请选择要保留的线段，选择上面的一条直线，画好直线 L2。

⑨ 同样办法绘制好 L3，输入角度改为 90+8.6/2。

⑩ 修剪多余的部分，结果如图 15-16 所示。单击工具按钮，将图形视角设为等角视图 I。

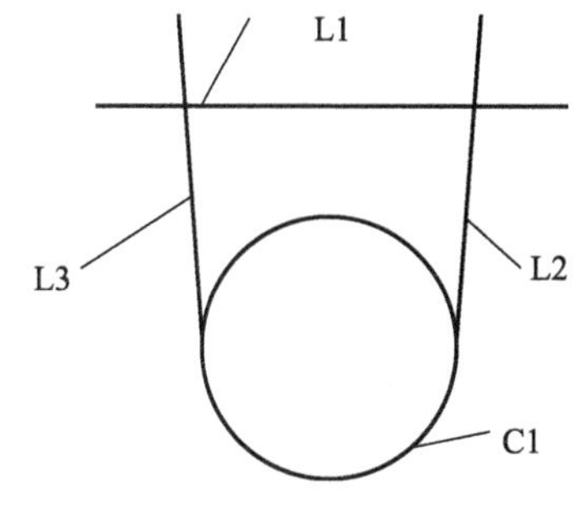

图 15-15　烟槽截面草图

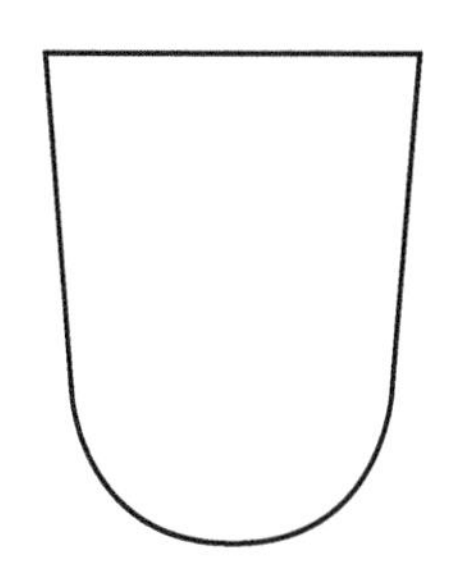

图 15-16　烟槽截面

⑪ 将已绘制好的烟槽复制旋转 90°，绘制好另一方向的烟槽。

- 单击主菜单→转换→旋转→串连命令，过程如图15-17所示。
- 选中已绘制好的烟槽，单击执行→执行命令，在信息提示区出现提示：请指定旋转之基准点。
- 选中原点为基准点，出现如图15-18所示对话框，参数填选如图所示。

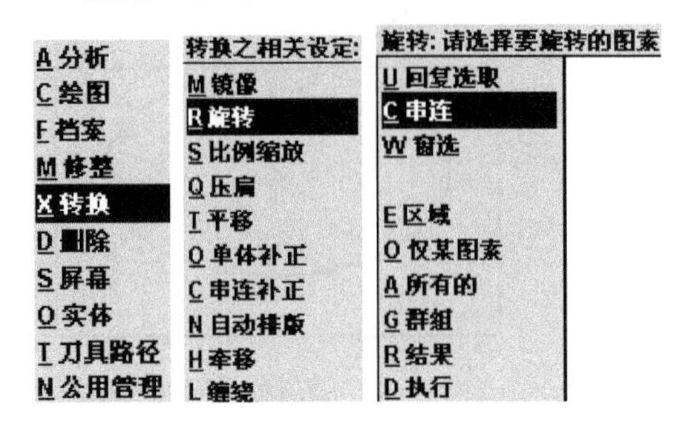

图 15-17　旋转菜单

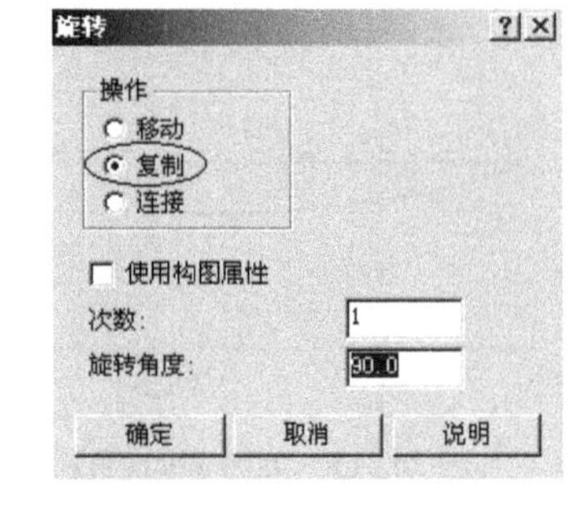

图 15-18　“旋转”对话框

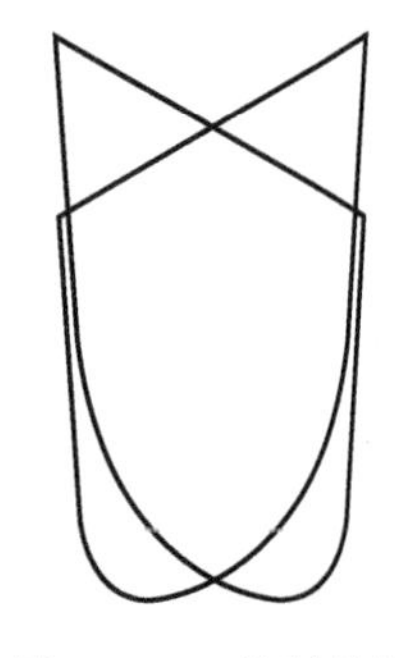

图 15-19　旋转结果

- 单击确定按钮，得到如15-19 所示图形。

⑫ 显示所有图素。按 Alt+F7 组合键，或单击屏幕→隐藏图素→回复隐藏命令，窗选出现的所有需要恢复的图素，则画面上所有需要恢复图素都消失了，单击主菜单或返回命令，则所有图素又显示在画面中。如图 15-20 所示。

15.3.5　设定工作坐标系统为系统视角 1-TOP

为了观察及后续的加工方便，将工作坐标系从 WCS：9，重新设置回系统默认的 WCS：T，方法如下所述。

① 单击 WCS：9 命令，出现如图 15-7 所示的对话框。

② 单击第一行的 WCS 列下的空格，则出现字母“W”，该行改变为蓝颜色，表示工作坐标系统从原来的系统视角 9 改为建立在系统视角 1-TOP 平面上。

③ 单击确定按钮，返回主菜单，工作坐标改变为 WCS：T，单击工具按钮，将图形视角设为等角视图 I，如图 15-21 所示，返回了原默认的工作坐标系。

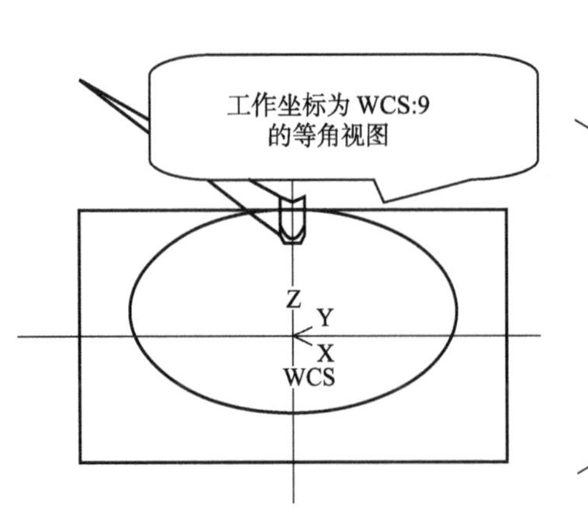

图 15-20　工作坐标为 WCS：9 的等角视图

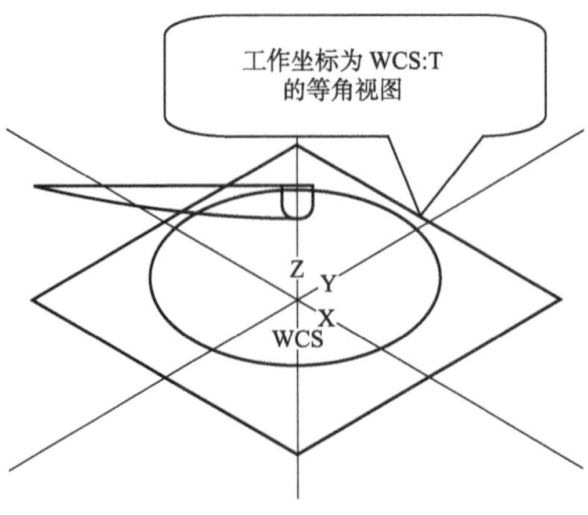

图 15-21　工作坐标为 WCS：T 的等角视图

15.4 实体造型

设定图层为 4，命名为“实体”。

15.4.1 挤出基本实体

烟灰缸的主体可采用挤出实体的方法绘制，过程如下所述。

① 单击实体→挤出→串联命令，单击 96×96 方形串联，单击执行命令。

② 若挤出方向向下，则单击全部换向命令，保证向上挤出。

③ 单击执行命令，出现如图 15-22 所示对话框。

④ 输入距离为 35，单击确定按钮，得到挤出实体，如图 15-23 所示。

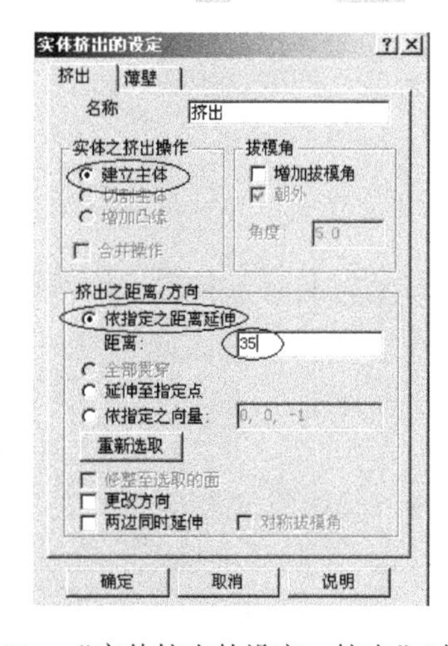

图 15-22　“实体挤出的设定—挤出”对话框

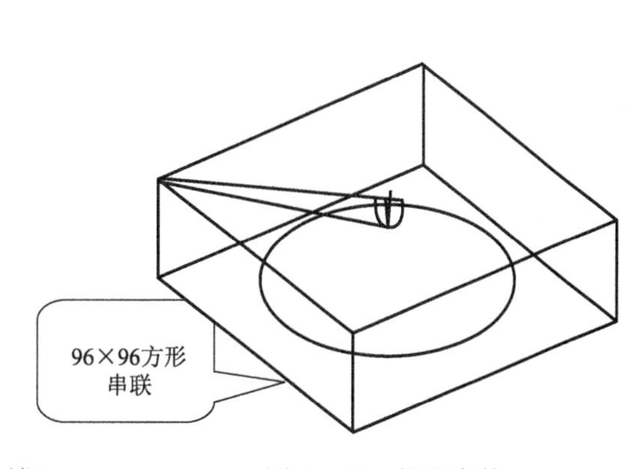

图 15-23　挤出实体

15.4.2 挤出实体切割内孔

烟灰缸的内孔可采用挤出实体切割主体的方法绘制。

① 单击实体→挤出→串联命令，选择直径为 75 的圆为串联，单击执行命令。

② 若挤出方向向下，则单击全部换向命令，保证向上挤出。

③ 单击执行命令，出现如图 15-24 所示对话框。

④ 在实体的挤出操作选择中，单击选择 ⊙ 切割主体选项，输入距离为 28，单击确定按钮，得到切割挤出实体如图 15-25 所示。

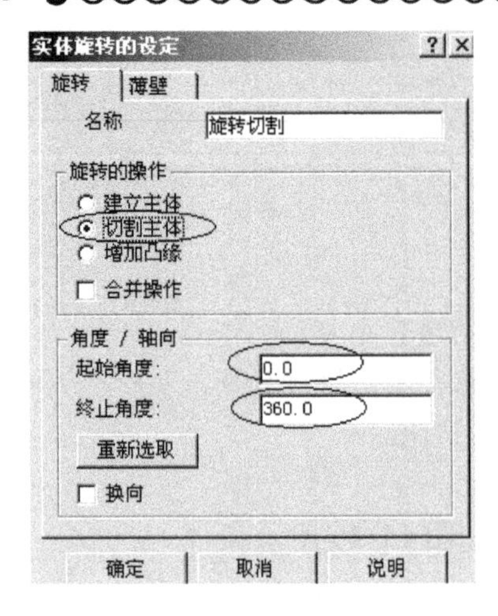

图 15-24 “实体挤出的设定”对话框

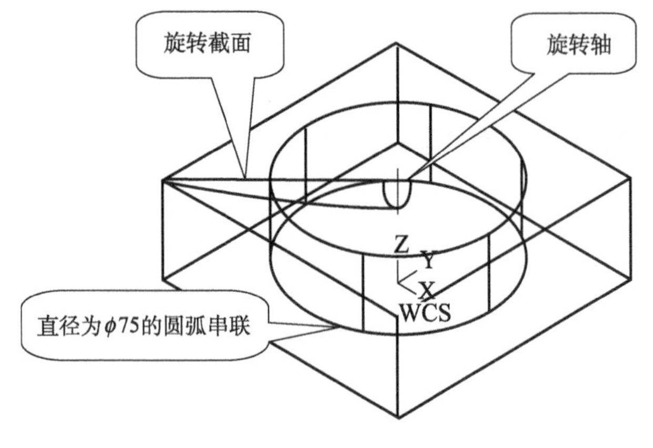

图 15-25 挤出实体切割内孔

15.4.3 旋转实体切割实体顶面

顶面是一个圆球面，可由旋转实体切割而成。

① 单击实体→旋转→串联命令，单击如图 15-25 所示的旋转截面为串联，单击执行命令。

② 在信息提示区出现提示：请选择一直线作为旋转轴...，选中通过圆的直径的垂直线为旋转轴。

③ 单击执行命令，出现如图 15-26 所示对话框。

④ 在实体的操作选择中，单击选中 切割主体选项，输入起始角度为 0，终止角度为 360，单击确定按钮，得到切割实体，如图 15-27 所示。

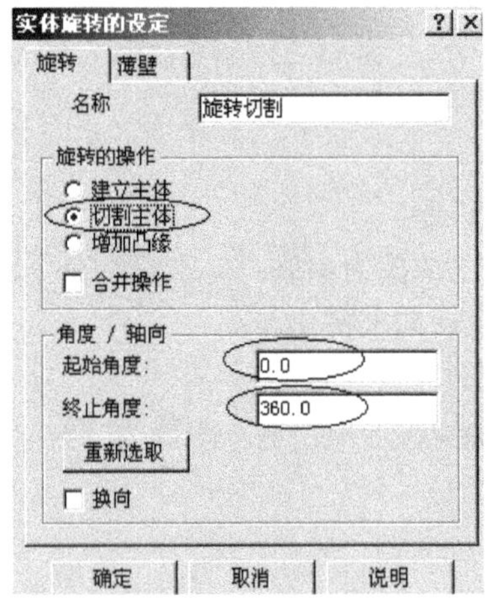

图 15-26 “实体旋转的设定”对话框

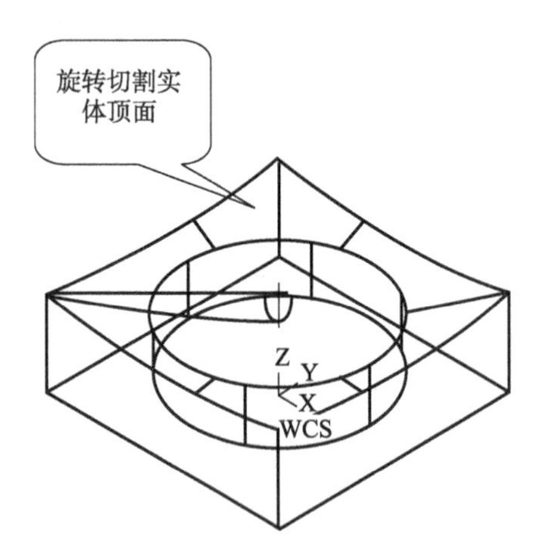

图 15-27 旋转实体切割实体顶面

15.4.4 切割实体烟槽

四个烟槽可采用挤出实体的方法切割主体而成，方法如下所述。

① 单击实体→挤出→串联命令，单击某一烟槽为串联，单击执行→执行命令，出现如图 15-28 所示对话框。

② 在实体的挤出操作选择中，单击选中 切割主体选项。

③ 在挤出之距离/方向选择中，单击选中 ⊙ 全部贯穿，选项。

④ 单击选中 ☑ 两边同时延伸 选项。

⑤ 单击确定按钮，得到切割挤出实体。同样方法，可得到另一方向的烟槽，按 Alt+S 组合键，实体着色，如图 15-29 所示。

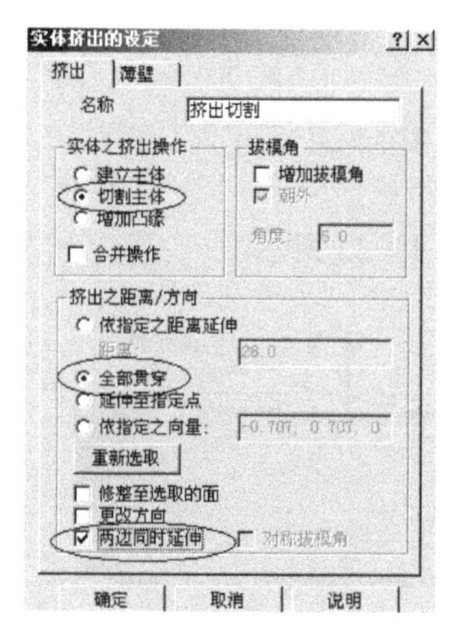

图 15-28　“挤出实体设定”对话框

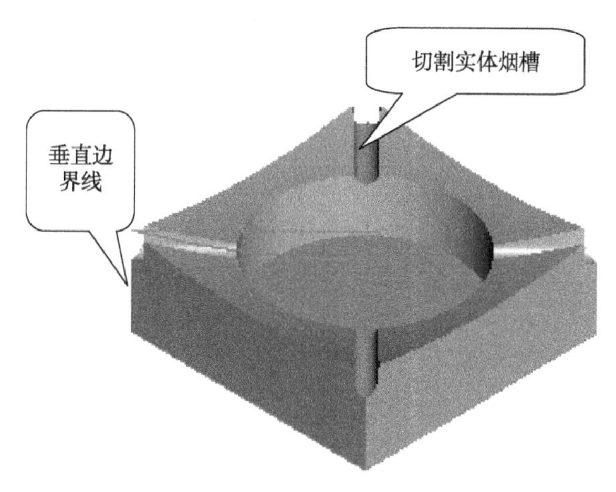

图 15-29　挤出实体切割烟槽

15.4.5　倒圆角

在绘制实体模型时，一般将倒圆角的操作放在最后。选择需要倒圆角的边界线，可倒好圆角，方法如下所述。

① 倒 *R*12 圆角。单击实体→倒圆角命令，选中实体的四个角的垂直边界线（见图 15-29）为实体边界，单击执行命令，出现如图 15-30 所示的对话框，输入半径 12.0，单击确定按钮，倒好 *R*12 的圆角，如图 15-31 所示。

② 倒 *R*6 圆角。选中实体的底部圆周为要倒圆角的图素，输入半径 6，倒好 *R*6 的圆角，如图 15-31 所示。

③ 倒 *R*2 圆角。选中整个实体为要倒圆角的图素，输入半径 2，倒好 *R*2 的圆角，如图 15-31 所示。

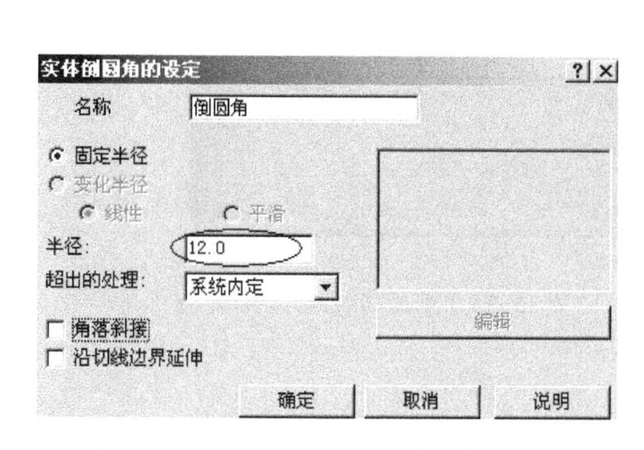

图 15-30　“实体倒圆角的设定”对话框

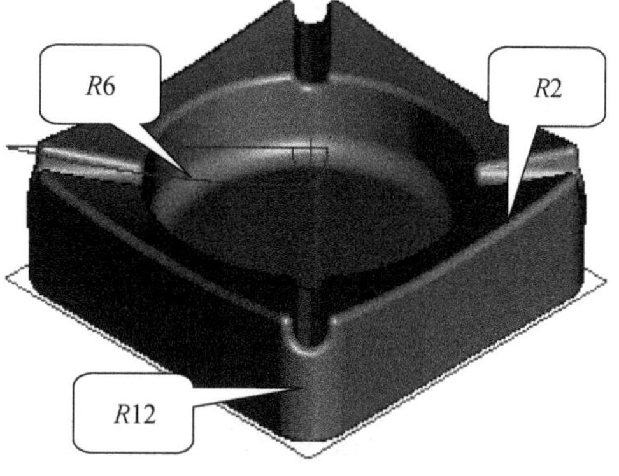

图 15-31　实体倒圆角

15.4.6 将图形的最高点移动到Z轴的零点

1. 绘制边界盒

边界盒是一个包容图形的长方体线框架，绘制方法如下所述。

① 设定图层为5，命名为边界盒，关闭线框架图层1、2、3， 图形视角、构图平面设为前视图F，工作深度为Z：0。

② 单击主菜单→绘图→下一页→边界盒命令，出现如图15-32所示对话框。

③ 单击确定按钮。

④ 窗选实体，单击执行命令，可得到一边界盒，如图15-33所示。

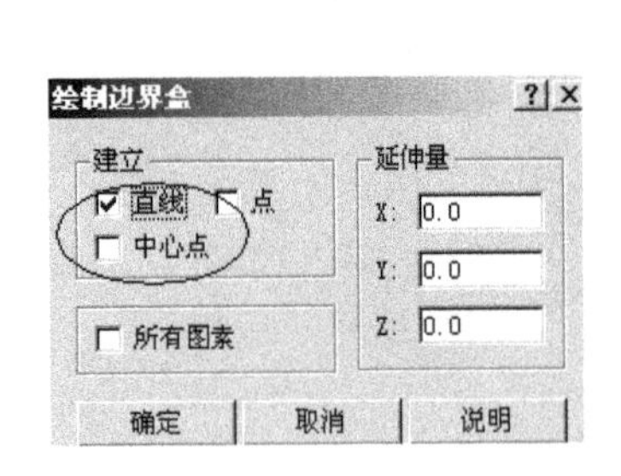

图15-32 “绘制边界盒”对话框

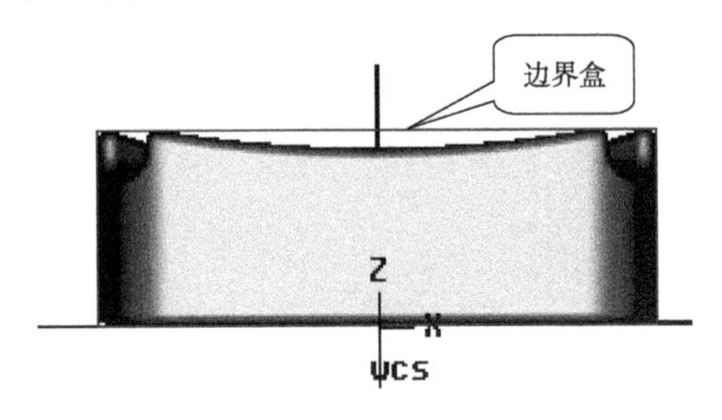

图15-33 绘制边界盒

2. 将图形的最高点移动到Z轴的零点

为了方便加工，在编制刀具路径时，一般将图形的中心点移到*XY*轴的零点，图形的最高点移动到*Z*轴的零点。烟灰缸图形的中心点已在*XY*轴的零点，只需移动图形的最高点到*Z*轴的零点。

① 构图平面设为前视图F。

② 单击主菜单→转换→平移→窗选命令，窗选实体。

③ 单击执行→两点间命令，在信息提示区出现提示：请输入平移之起点。

④ 捕捉边界盒上边的中点为起点，原点为终点，出现如图15-34所示的对话框。

⑤ 单击确定选项，得到如图15-35所示的图形。

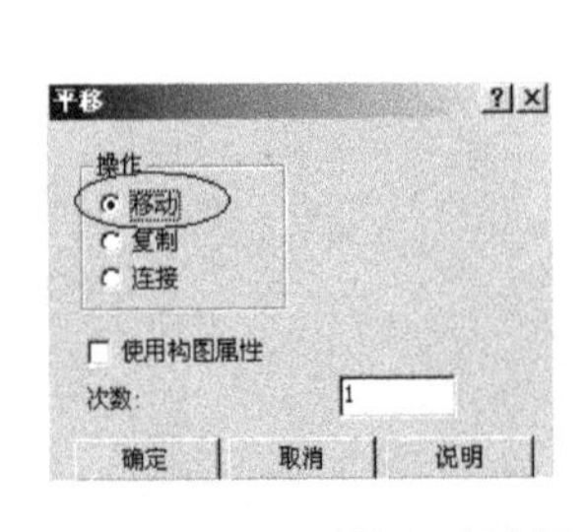

图15-34 “平移”对话框

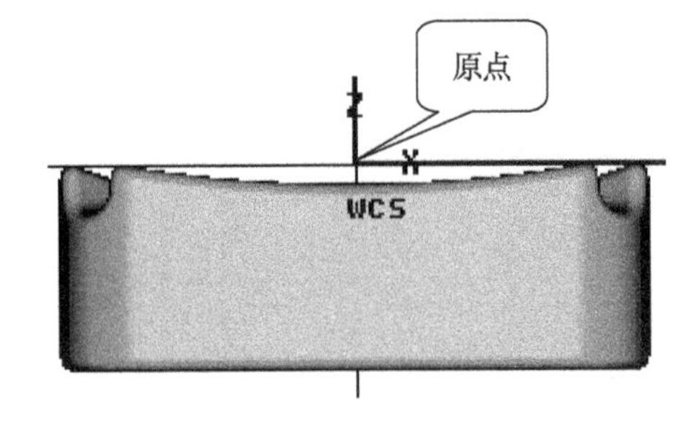

图15-35 平移最高点到Z轴的零点

15.5 三视图的绘制

图层设定为5，命名为“三视图”。关闭图层1，2，3。

1. 绘制三视图

Mastercam 软件具有将实体模型自动转化为三视图的功能，操作过程简述如下：

① 单击主菜单→实体→下一页→绘三视图命令，出现如图 15-36 所示的对话框。

② 单击确定→确定按钮，出现三视图。

③ 通过移除、调整视图、增加断面、增加详图、尺寸标注等操作，生成如图 15-1 所示的三视图。

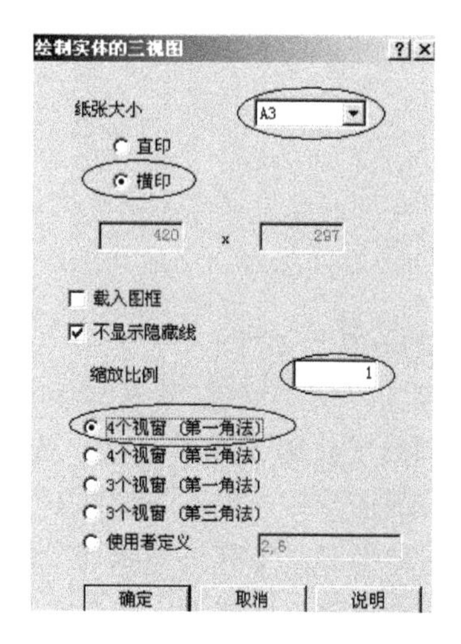

图 15-36　“绘制实体的三视图”对话框

2. 检验图纸的正确性

标注完尺寸，可检验所绘制的模型是否符合要求。将主图层设为 4，关闭图层 5。则三视图被隐藏。

3. 存档

单击档案→存档命令，输入档案名称“烟灰缸.MC9”，按存档键。

练习 15

15.1　如何设定工作坐标系 WCS？

15.2　编制烟灰缸的加工刀具路径。

附录A　电话听筒后盖前模的加工工艺

A.1　设定加工范围

绘制曲面边界线。

① 打开“电话听筒后盖前模.MC9”文档。

② 将当前图层设为 12，命名为“加工范围”，设定画图颜色为 12 号颜色（红色）。

③ 单击主菜单→绘图→曲面曲线→单一边界选项，选中分模面两端的某一平面，并拉动箭头到 $R10$ 圆角的边界，单击鼠标左键，生成了曲面边界线，如图 A-1 所示。

④ 逐一单击分模面两端的其余平面，生成了四条曲面边界线。

⑤ 连接边界线的端点，画两条直线，组成加工范围，如图 A-1 所示。

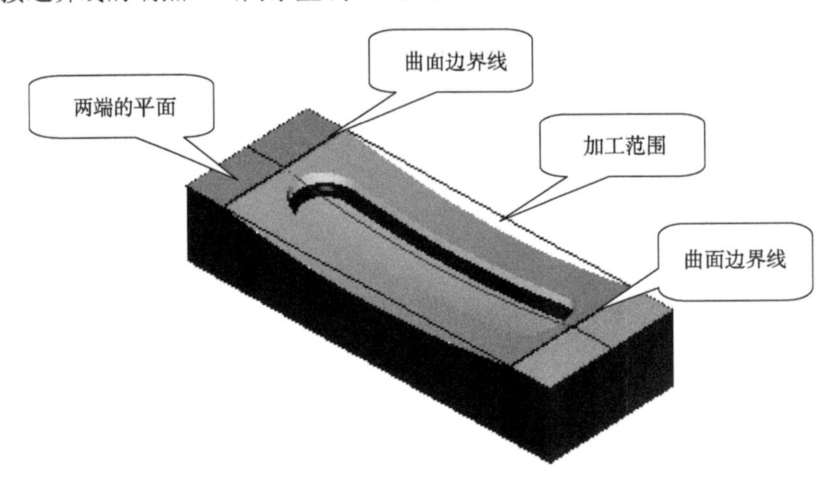

图 A-1　电话听筒后盖前模型芯

A.2　加工工艺

选择合适的模具钢毛坯，粗加工采用普通铣床铣削加工，精加工采用磨床磨削加工，加工好的长方体钢料的尺寸为 280mm×100mm×50mm，以此作为数控机床加工的坯料。

1. 装夹方法

采用平口虎钳装夹，需要用杠杆百分表打表校正钢料的顶面及四周。电话听筒后盖前模采用 DYNA 加工中心加工，机床的最高转速为 8 000r/min。

2. 设定毛坯的尺寸

① 单击主菜单→刀具路径→工作设定选项，出现“工作设定”对话框。

② 输入毛坯长、宽、高尺寸：X 280，Y 100，Z 50。

③ 输入工件原点：X 0，Y 0，Z 0。

④ 其余为默认选项。

⑤ 单击确定按钮，设定好毛坯尺寸。

3. 加工中心上的加工工艺

电话听筒后盖前模在加工中心上加工，采用的是方形已磨削的坯料，分模面上两头的平面不需要再加工，中间凹下去的部位先采用曲面挖槽粗加工的办法，快速去除多余毛坯，再采用半精加工的方法加工，留下小量的精加工余量。中间凹下去的分模面，采用平行铣削精加工，将分模面加工到位。内腔部分精加工一般采用铜公，进行电火花精加工，该部分的加工我们不做介绍。

电话听筒后盖前模在加工中心上初步的加工工艺如下所述。

① 曲面粗加工（开粗）采用曲面挖槽刀路。刀具采用$\phi 25R5$的合金钢圆鼻刀，加工余量为0.4。

② 曲面半精加工采用平行铣削刀路。刀具采用$\varnothing 10R5$的球刀，加工余量为0.2。

③ 分模面精加工采用平行铣削刀路。刀具采用 $\phi 16R8$ 的球刀，加工余量为0.0。

电话听筒后盖前模加工程序单见表A-1。

表A-1　电话听筒后盖前模加工程序单

<table>
<tr><td colspan="7">数控加工程序单</td></tr>
<tr><td>图号：</td><td>工件名称：电话听筒后盖</td><td>编程人员：
编程时间：</td><td colspan="2">操作者：
开始时间：
完成时间：</td><td>检验：
检验时间：</td><td>文件名：D:\Mcam9.1\mill\MC9\电话听筒后盖前模.MC9</td></tr>
<tr><td>序号</td><td>程序号</td><td>加工方式</td><td>刀具</td><td>装刀长度</td><td>理论加工进给/时间</td><td>备注</td></tr>
<tr><td>1</td><td>DHHG1</td><td>挖槽粗加工</td><td>$\phi 25R5$ 合金钢圆鼻刀</td><td>100</td><td>1 200/57min</td><td>加工余量：0.4</td></tr>
<tr><td>2</td><td>DHHG2</td><td>平形铣削半精加工</td><td>$\varnothing 10R5$ 合金钢球刀</td><td>35</td><td>1 200/1h</td><td>加工余量：0.2</td></tr>
<tr><td>3</td><td>DHHG3</td><td>平形铣削精加工</td><td>$\phi 16R8$ 合金钢球刀</td><td>45</td><td>1 000/1h32min</td><td>加工余量：0</td></tr>
<tr><td colspan="3">装夹示意图：
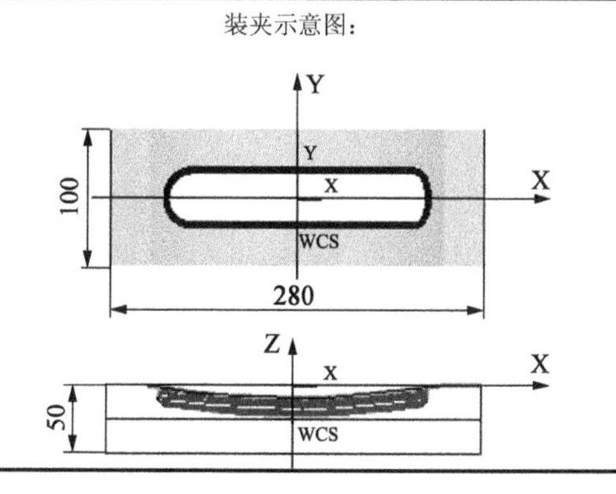
</td><td colspan="4">1. 坯料采用已磨削的280mm×100mm×50mm的一个长方形钢料。
2. 采用虎钳装夹，毛坯顶面高与钳口至少11mm。需要用杠杆百分表打表校正钢料的顶面及四周。
3. X和Y方向用分中棒分中为零点，Z方向以坯料顶面为零点。
4. 记录对刀器顶面距Z轴零点的距离Z0：</td></tr>
</table>

附录 B　烟灰缸的加工工艺

B.1　加工前的设置

烟灰缸为第 15 章所绘制的烟灰缸。

单击档案→取档选项，输入档案名“烟灰缸.MC9”，回车，烟灰缸的零件图如图 B-1 所示。

当前图层设为 6，关闭图层 1、2、3、5。将烟灰缸 *XY* 方向的对称中心，*Z* 轴方向的最高点设定为工作坐标原点，如图 15-35 所示。

设定构图平面为俯视图 T，刀具平面为“关”，即默认为俯视图 T，其余设置为默认值，辅助菜单如图 B-2 所示。

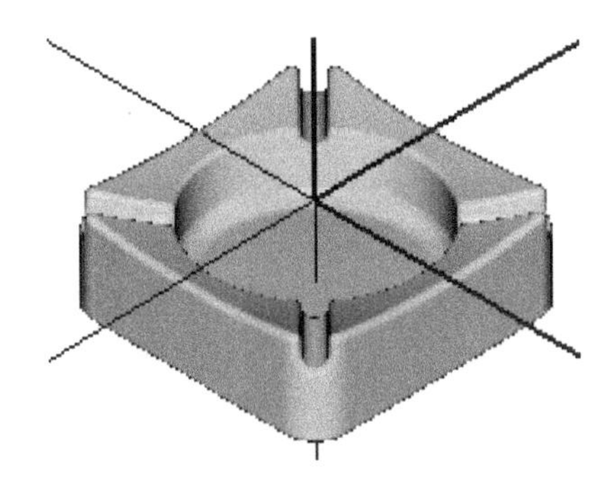

图 B-1　烟灰缸

图 B-2　辅助菜单

B.2　加工工艺

通过对图 15-1 所示烟灰缸零件图进行分析，毛坯可采用 100mm×40mm 的铝型材，用锯床落料，长为 100mm。

1. 设定毛坯的尺寸

设定毛坯的方法如下所述。

① 单击主菜单→刀具路径→工作设定选项，出现“工作设定”对话框。

② 输入毛坯长、宽、高尺寸：X 100，Y 100，Z 40。

③ 输入工件原点：X 0，Y 0，Z 1。

④ 其余为默认选项。

⑤ 单击确定按钮，设定好毛坯尺寸。

2. 装夹方法

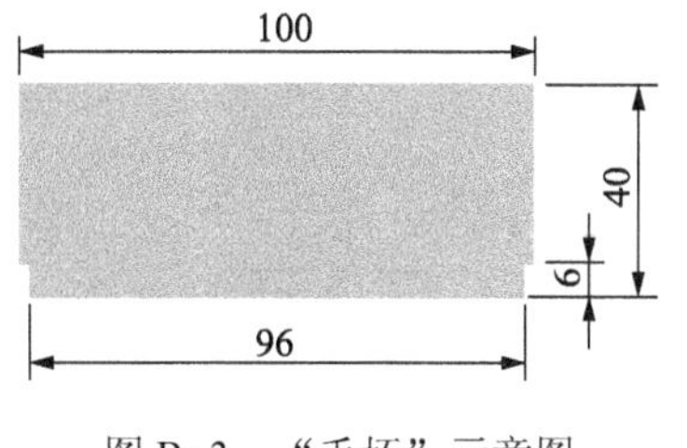

图 B-3　“毛坯”示意图

普通铣床铣一夹位，尺寸如图 B-3。烟灰缸采用数控铣床加工，机床的最高转速为 5 000r/min。工件装夹采用虎钳装夹。

3. 数控加工工艺

烟灰缸的数控加工工艺如下所述。

① 粗加工（开粗）：用$\phi 16$ 的高速钢平刀进行端面铣削和曲面（实体）挖槽；未加工完的部分再用$\phi 4$ 的平底刀进行曲面（实体）挖槽，采用手工换刀。

② 半精加工：用$\phi 6R3$ 的球刀进行平行铣削精加工，四周垂直部分用$\phi 16$ 的平底刀进行 2D 外型铣削半精加工。

③ 精加工：烟灰缸内底部平面及四周垂直部分用$\phi 16$ 的平底刀进行 2D 外型铣削精加工，用$\phi 6R3$ 的球刀进行径向式铣削精加工。

④ 将烟灰缸掉头装夹，用$\phi 16$ 的高速钢平刀进行曲面（实体）挖槽，粗加工上一道工序留下的装夹位。

⑤ 用$\phi 6R3$ 的球刀进行平行铣削精加工，加工出烟灰缸的底面。

烟灰缸加工程序单见表 B-1。

表 B-1

<table>
<tr><td colspan="7">数控加工程序单</td></tr>
<tr><td>图号：</td><td>工件名称：
烟灰缸</td><td>编程人员：
编程时间：</td><td>操作者：
开始时间：
完成时间：</td><td>检验：
检验时间：</td><td colspan="2">文件名：D：\Mcam9.1\mill\MC9\烟灰缸.MC9</td></tr>
<tr><td>序号</td><td>程序号</td><td>加工方式</td><td>刀　　具</td><td>装刀长度</td><td>理论加工进给/时间</td><td>备注</td></tr>
<tr><td>1</td><td>YHG1</td><td>粗加工</td><td>$\phi 16$ 高速钢平刀</td><td>35</td><td>1 500/38 min</td><td></td></tr>
<tr><td>2</td><td>YHG2</td><td>粗加工</td><td>$\phi 4$ 高速钢平刀</td><td>15</td><td>400/16 min</td><td></td></tr>
<tr><td>3</td><td>YHG3</td><td>精加工</td><td>$\phi 6R3$ 高速钢球刀</td><td>30</td><td>1 000/124 min</td><td></td></tr>
<tr><td>4</td><td>YHG4</td><td>精加工</td><td>$\phi 16$ 高速钢平刀（新刀）</td><td>35</td><td>400/3 min</td><td></td></tr>
<tr><td colspan="3">装夹示意图：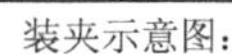
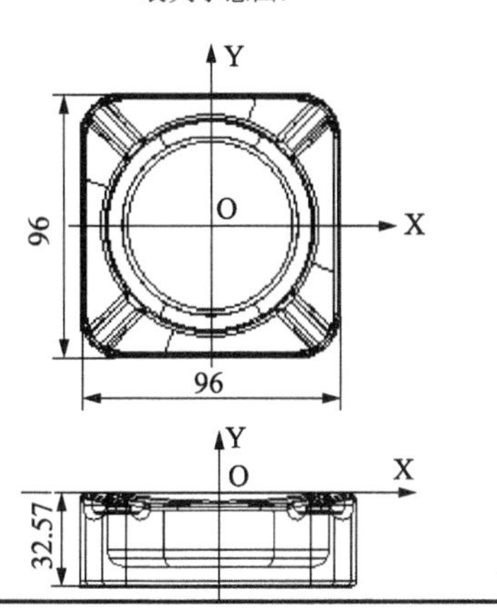</td><td colspan="4">1. 毛坯尺寸为 100mm×100mm×40mm 的铝型材工件。
2. 采用虎钳装夹，毛坯顶面距钳口至少 34mm。
3. X、Y 方向分中为零点，Z 向以工件顶面为零点。
4. 记录对刀器顶面距零点的距离 Z0：</td></tr>
</table>

附录 C　系统内设快捷键表

快　捷　键	功　　能
F1	窗口放大
F2	窗口缩小一半
F3	重画视图
F4	分析
F5	删除
F6	文件操作
F7	修整
F8	绘图
F9	显示坐标系及其原点
F10	列出所有功能键的定义
Alt+F1	屏幕适度化
Alt+F2	缩小 0.8
Alt+F3	切换显视光标位置的坐标
Alt+F4	退出 Mastercam
Alt+F5	删除窗口内的图素
Alt+F7	隐藏
Alt+F8	系统规划
Alt+F9	显示所有坐标轴
Alt+0	设置工作深度
Alt+1	设置绘图颜色
Alt+2	设置系统层别
Alt+3	设置限定层
Alt+4	设置刀具平面
Alt+5	设置构图平面
Alt+6	改变图形视角
Alt+A	自动存盘
Alt+B	切换显视工具栏
Alt+C	运行 C-H00KS 应用程序
Alt+D	设置尺寸标注的参数

续表

快　捷　键	功　　能
Alt+E	显示部分图素
Alt+F	设置菜单字体
Alt+G	显示网络网格点
Alt+H	在线求助
Alt+J	表格设置
Alt+L	定义线型及线宽
Alt+N	列出名称视角
Alt+O	操作管理
Alt+P	切换显示刀具路经
Alt+Q	删除最后的操作
Alt+R	编辑最后的操作
Alt+S	切换着色模式
Alt+T	切换显示刀具路经
Alt+U	退回上一步
Alt+V	显示版本
Alt+W	设置多种窗口
Alt+X	转换
Alt+Y	实体管理
Alt+Z	观看各图层

参考文献

[1] 严烈. Mastercam 8 模具设计教程. 北京：冶金出版社，2001

[2] 徐灏. 机械设计手册（第 3 卷）. 北京：机械工业出版社，1991

[3] 李柏枝. CAD 软件应用技术基础. 广东：广东高等教育出版社，2006

反侵权盗版声明